Aachener Bausachverständigentage 2019

Martin Oswald · Matthias Zöller
(Hrsg.)

Aachener Bausachverständigentage 2019

Haftungsfalle Europa – Handelbarkeit versus Verwendbarkeit

Friedrich Fath • Thomas Hartmann • Bettina Hemme •
Oliver Jann • Thomas Kempen • Gerhard Klingelhöfer •
Géraldine Liebert • Heinz-Jörn Moriske •
Michael Raupach • Nicole Richardson • Eckehard Scheller •
Mario Sommer • Martin Teibinger • Thomas Warscheid •
Matthias Zöller

Rechtsfragen für Baupraktiker: Markus Cosler •
Heide Mantscheff • Thomas Ziegler

Springer Vieweg

Hrsg.
Martin Oswald
Aachener Institut für Bauschadens-
forschung und angewandte Bauphysik
gGmbH (AIBau)
Aachen, Deutschland

Matthias Zöller
Aachener Institut für Bauschadensforschung und angewandte Bauphysik
gGmbH (AIBau)
Aachen, Deutschland

ISBN 978-3-658-27445-0   ISBN 978-3-658-27446-7   (eBook)
https://doi.org/10.1007/978-3-658-27446-7

Die Deutsche Nationalbibliothek verzeichnet diese Publikation in der Deutschen Nationalbibliografie; detaillierte bibliografische Daten sind im Internet über http://dnb.d-nb.de abrufbar.

Springer Vieweg
© Springer Fachmedien Wiesbaden GmbH, ein Teil von Springer Nature 2020
Das Werk einschließlich aller seiner Teile ist urheberrechtlich geschützt. Jede Verwertung, die nicht ausdrücklich vom Urheberrechtsgesetz zugelassen ist, bedarf der vorherigen Zustimmung des Verlags. Das gilt insbesondere für Vervielfältigungen, Bearbeitungen, Übersetzungen, Mikroverfilmungen und die Einspeicherung und Verarbeitung in elektronischen Systemen.
Die Wiedergabe von allgemein beschreibenden Bezeichnungen, Marken, Unternehmensnamen etc. in diesem Werk bedeutet nicht, dass diese frei durch jedermann benutzt werden dürfen. Die Berechtigung zur Benutzung unterliegt, auch ohne gesonderten Hinweis hierzu, den Regeln des Markenrechts. Die Rechte des jeweiligen Zeicheninhabers sind zu beachten.
Der Verlag, die Autoren und die Herausgeber gehen davon aus, dass die Angaben und Informationen in diesem Werk zum Zeitpunkt der Veröffentlichung vollständig und korrekt sind. Weder der Verlag, noch die Autoren oder die Herausgeber übernehmen, ausdrücklich oder implizit, Gewähr für den Inhalt des Werkes, etwaige Fehler oder Äußerungen. Der Verlag bleibt im Hinblick auf geografische Zuordnungen und Gebietsbezeichnungen in veröffentlichten Karten und Institutionsadressen neutral.

Springer Vieweg ist ein Imprint der eingetragenen Gesellschaft Springer Fachmedien Wiesbaden GmbH und ist ein Teil von Springer Nature.
Die Anschrift der Gesellschaft ist: Abraham-Lincoln-Str. 46, 65189 Wiesbaden, Germany

Vorwort

Handelbar = verwendbar = brauchbar?
   Wie ist eine Dachbahn zu beurteilen, die notwendige Prüfzeugnisse aufweist, aber bei üblichen Anwendungen versagen kann? Handelt es sich um ein Problem, das ausschließlich beim Dachdecker verbleibt oder kann (auch) der Architekt in Anspruch genommen werden? Wie verhält es sich mit bereits fertig gestellten Bauteilen, die uneingeschränkt brauchbar sind, aber in Abweichung zu Normen und Herstellerrichtlinien errichtet wurden? Müssen vor Ort hergestellte Produkte, z. B. aus Mörteln hergestellte Estriche oder Putze, mit CE-Kennzeichnungen versehen werden? Muss ein Dachstuhl abgebrochen werden, dessen Pfetten zum Zeitpunkt der Anlieferung keine CE-Kennzeichnung trugen?
   Die europäische Harmonisierung von Bauprodukten baut Handelshemmnisse ab, die sich bislang durch abweichende nationale Regelungen ergaben. Bisher war das DIBt in der Lage, nationale Sicherheitsinteressen an Bauprodukten in den Bauregellisten „nachzuregeln". Das EuGH-Urteil von Oktober 2014 beendete z. T. diese Praxis und fordert die Handelbarkeit im rechtlichen Rahmen auch für Produkte, die nach nationalem Verständnis Risiken bei der Nutzung haben könnten.
   Die Verwendbarkeit von Bauprodukten, insbesondere aber die davon zu unterscheidende Brauchbarkeit im Sinne des Werkvertragsrechts, sind Kernthemen für das Bauen und somit für Architekten, aber auch für alle Bauschaffenden – und für Juristen und Sachverständige, um sachgerechte Beurteilungen vornehmen zu können.
   Auch das Thema Schimmel führt immer wieder zu kontroversen Diskussionen. Müssen Bauteile, die im Inneren Schimmel haben, grundsätzlich ausgetauscht werden? Falls sie verbleiben können, unter welchen Rahmenbedingungen? Welche Risiken (z. B. Schimmelbildung) sind mit belüfteten Holzdächern verbunden?

Wie gefährlich sind Radon, fest gebundener Asbest und Ausgasungen aus Bauprodukten in Innenräumen und die darin lebenden Menschen? Welche baulichen Maßnahmen sind nötig, welche Kompensationen gibt es?

Der Tagungsband enthält alle Vorträge der Tagung, die sich mit den bislang offengebliebenen Fragen auseinandersetzen sowie weitere, ergänzende Informationen. Sie erhalten ein Nachschlagewerk, das den heutigen Diskussionsstand zum Themenkomplex „Bauprodukte" in vielen Facetten wiedergibt.

Wir wünschen viel Spaß beim Lesen der Beiträge.

November 2019

Dipl.-Ing. Martin Oswald, M.Eng.
Prof. Dipl.-Ing. Matthias Zöller

Inhaltsverzeichnis

Wichtige Neuerungen in bautechnischen Regelwerken – ein Überblick 1
Géraldine Liebert

Schuldrechtsreform 2018: Haftungserleichterung oder aktionistische Augenwischerei? 27
Markus Cosler

Änderungen in den Abdichtungsnormen – schon wieder und warum? 35
Matthias Zöller

Schadstoffe im Innenbereich – Fachhandel-, Baumarkt-, Bioprodukte: Nicht deklarierte Emissionen versus Verwendbarkeit – eine Qual der Wahl! 65
Oliver Jann

Harmonisierte Bauprodukte – besser als ihr Ruf?! Lücken zwischen Handelbarkeit, Verwendbarkeit und Brauchbarkeit 75
Thomas Ziegler

CE, Ü, hEN, EAD, ETA, aBG, abZ, abP – Was ist das? Unterschiede? Schließung der Lücken durch die MVV TB 89
Bettina Hemme

CE, Ü, hEN, EAD, ETA, aBG, abZ, vBG – Lösungsansätze im Dschungel der Regelungen 109
Thomas Kempen

Mauersteine, Mauersteinbausätze: Mauern oder Montieren, Kleben und Verankern – Praxisbewährung neuer Verarbeitungstechniken 115
Eckehard Scheller

Europäische und nationale Regeln für Abdichtungen – Widersprüche und Lösungen. 125
Gerhard Klingelhöfer

Produkte für die Betoninstandsetzung – aktueller Diskussionsstand zur Instandhaltungs-Richtlinie des DAfStb 143
Michael Raupach

Pro + Kontra – Das aktuelle Thema: Schimmel in Bauteilen 157
Einleitung
Matthias Zöller

Pro + Kontra – Das aktuelle Thema: Schimmel in Bauteilen 169
Feuchtigkeits- und Schimmelbildung an Dächern
Martin Teibinger, Daniel Kehl und Martin Mohrmann

Pro + Kontra – Das aktuelle Thema: Schimmel in Bauteilen 185
Aus gesundheitlicher Vorsorge: Alles muss raus!
Nicole Richardson

Pro + Kontra – Das aktuelle Thema: Schimmel in Bauteilen 195
Schimmel ohne Auswirkungen in Innenräumen kann bleiben!
Thomas Warscheid

Pro + Kontra – Das aktuelle Thema: Schimmel in Bauteilen 213
Rechtliche Aspekte bei schimmelbelasteten Gebäuden
Heide Mantscheff

Asbest: alte und neue Risiken – wie nicht gefährdende Gesundheitssituationen zum Problemfall werden 219
Heinz-Jörn Moriske

Wärmeleitfähigkeiten von Perimeterdämmung – Fallstricke bei Prospektangaben!. 227
Friedrich Fath

Grenzen und Möglichkeiten der Machbarkeit am Beispiel großformatiger Fliesen 237
Mario Sommer

Stand der Normung zum Schutz vor Radon 249
Thomas Hartmann

1. Podiumsdiskussion am 08.04.2019............................ 261

2. Podiumsdiskussion am 08.04.2019............................ 269

1. Podiumsdiskussion am 09.04.2019............................ 281

2. Podiumsdiskussion am 09.04.2019............................ 297

Verzeichnis der Aussteller Aachen 2019 309

Register 2009–2019 323

Stichwortverzeichnis.. 345

Wichtige Neuerungen in bautechnischen Regelwerken – ein Überblick

Géraldine Liebert

Mit dieser Beitragsreihe werden die aus der Sicht eines in der Praxis tätigen Bausachverständigen wichtigsten Neuerungen in bautechnischen Regelwerken vorgestellt. Da innerhalb des letzten Jahres – seit meinem Vortrag im April 2018 – viele Regelwerke neu erschienen sind, kann im Vortrag nur auf einen Teil der Neuerungen eingegangen werden (Redaktionsschluss: April 2019).

1 Wärmeschutz und Energie-Einsparung in Gebäuden – klimabedingter Feuchteschutz (DIN 4108-3:2018-10)

Im Oktober 2018 ist die Norm DIN 4108 Teil 3 „*Wärmeschutz und Energie-Einsparung in Gebäuden – Teil 3: Klimabedingter Feuchteschutz – Anforderungen, Berechnungsverfahren und Hinweise für die Planung und Ausführung*" neu erschienen. Sie ersetzt DIN 4108 Teil 3 von November 2014. Im Folgenden wird auf die Neuerungen in DIN 4108-3:2018-10 im Vergleich zur Vorgängernorm eingegangen.

1.1 Einleitung und Anwendungsbereich

Neu in die Norm aufgenommen wurde ein Einleitungs-Kapitel. Neben den möglichen Einwirkungen von Tauwasser, Schlagregen und deren Schadensfolgen wird

---

Dipl.-Ing. G. Liebert
AIBau, Aachen, Deutschland

© Springer Fachmedien Wiesbaden GmbH, ein Teil von Springer Nature 2020
M. Oswald und M. Zöller (Hrsg.), *Aachener Bausachverständigentage 2019*,
https://doi.org/10.1007/978-3-658-27446-7_1

dort ganz am Anfang der Norm klargestellt, dass die Anforderungen und Hinweise aus der Norm sich auf **trockene Bauteile**, also Bauteile nach Abgabe der Rohbaufeuchte, beziehen.

Feuchte in Bauteilen (z. B. Rohbaufeuchte oder später in die Konstruktion eingedrungene Feuchte) muss immer gesondert berücksichtigt werden. Je nach Situation können zusätzliche Maßnahmen wie z. B. eine Trocknung der Bauteile (inklusive Kontrolle des Trocknungserfolgs) erforderlich werden.

Der Nachweis einer feuchtetechnischen Unbedenklichkeit von Baukonstruktionen kann jetzt mithilfe einer dreistufigen Beurteilungsmethodik erfolgen. Sie setzt sich aus folgende Nachweisstufen zusammen:

1. Nachweis durch Auswahl einer nachweisfreien Konstruktion (DIN 4108-3:2018-10)
2. Nachweis mithilfe des Periodenbilanzverfahrens
3. Nachweis durch hygrothermische Simulation

Die Stufen 1 und 2 des Nachweises der feuchtetechnischen Unbedenklichkeit von Baukonstruktionen können, wie bisher auch, ausschließlich bei nicht klimatisierten Gebäuden mit wohnähnlicher Nutzung angewendet werden.

Die Möglichkeit der Feuchteschutzbemessung durch hygrothermische Simulation ist als normativer Anhang D in DIN 4108-3:2018-10 aufgenommen worden.

1.2 Begriffe

Es wurden Begriffe zur Feuchtespeicherung (Ausgleichsfeuchte/Sättigungsgrad) und zu Bauteilkonstruktionen neu in die DIN 4108-3:2018-10 aufgenommen.

Die wichtigste und wesentlichste Änderung ist jedoch bei den Begriffen zur Wasserdampfdiffusion zu finden: die Benennung der Diffusionseigenschaften von Schichten wurde überarbeitet.

In der Tabelle 1 sind die neuen Begriffe denen aus der Vorgängernorm DIN 4108-3:2014-11 (jeweils inkl. der Angabe des dazugehörigen s_d-Wertes) gegenübergestellt:

Neu aufgenommen wurden die Begriffe diffusionsbremsende bzw. diffusionssperrende Schicht. Der Begriff der *„Dampfsperre"* ist vielen sicher noch bekannt. Letztmalig tauchte er in DIN 4108-3:1981-08 auf und beschrieb (bis zum Erscheinen von DIN 4108-3:2001-07) Bauteilschichten mit einer wasserdampf-diffusionsäquivalenten Luftschichtdicke $s_d \geq 100$ m.

Tab. 1 Gegenüberstellung der neuen Begriffe DIN 4108-3

	DIN 4108-3:2018-10	DIN 4108-3:2014-11
	Bauteilschicht mit	Bauteilschicht mit
Diffusions**offene** Schicht	$s_d \leq 0{,}5$ m	$s_d \leq 0{,}5$ m
Diffusions**bremsende** Schicht	$0{,}5$ m $< s_d \leq 10$ m	–
Diffusions**hemmende** Schicht	10 m $< s_d \leq 100$ m	$0{,}5$ m $< s_d < 1500$ m
Diffusions**sperrende** Schicht	100 m $< s_d < 1500$ m	–
Diffusions**dichte** Schicht	$s_d \geq 1500$ m	$s_d \geq 1500$ m

Um Missverständnissen bei der Verwendung der neuen Begriffe vorzubeugen ist es daher ratsam, auf die entsprechende Spanne der neuen s_d-Werte oder alternativ auf die in Bezug genommene Ausgabe von DIN 4108-3 zu verweisen.

Ganz überraschend ist die Einführung dieser neuen Begriffe nicht. Eine übereinstimmende Benennung inkl. gleicher s_d-Werte findet sich bereits seit Mai 2018 im „*Merkblatt Wärmeschutz bei Dach und Wand*" aufgestellt und herausgegeben vom Zentralverband des Deutschen Dachdeckerhandwerks – Fachverband Dach-, Wand- und Abdichtungstechnik – e. V. (ZVDH).

1.3 Anwendungsgrenzen des Periodenbilanzverfahrens

Das Periodenbilanzverfahren (stationäres Verfahren zur Berechnung von Diffusionsvorgängen nach Glaser) darf ausschließlich bei nicht klimatisierten Gebäuden mit wohnähnlicher Nutzung angewendet werden. Es ist ein Hilfsmittel für den Fachmann zur Beurteilung des klimatischen Feuchteschutzes und bildet im Vergleich zur hygrothermischen Simulation nicht die realen physikalischen Vorgänge in ihrer tatsächlichen zeitlichen Abfolge ab.

Die Auflistung der Bauteile/Konstruktionen, bei denen das Periodenbilanzverfahren nicht geeignet ist, wurde erweitert. Für die folgenden Räume/Bauteile ist es demnach **ungeeignet:**

- unbeheizte, gekühlte oder mit hoher Feuchtelast beaufschlagte Konstruktionen/Räume (z. B. Schwimmbäder)
- erdberührte Bauteile
- Gründächer

- einschalige Außenwände mit ausgeprägten sorptiven und kapillaren Eigenschaften mit Innendämmungen mit $R > 1,0 \text{ m}^2\text{*K/W}$
- zur Berechnung des natürlichen Austrocknungsverhaltens (Rohbaufeuchte oder eingedrungenes Niederschlagswasser)
- gedämmte, nicht belüftete Holzdachkonstruktionen mit Metalldeckung oder Abdichtung auf Schalung/Beplankung ohne Hinterlüftung der Abdichtungs-/Decklage

In diesen Fällen muss der Nachweis mithilfe hygrothermischer Simulation erfolgen.

Neu aufgenommen wurde der Hinweis, dass das Periodenbilanzverfahren nur **eingeschränkt anwendbar** ist bei:

- überwiegend verschatteten Dachkonstruktionen
- Dachkonstruktionen mit sehr heller Oberfläche (Adsorptionsgrad < 0,6)
- Bauteilen mit geringem Trocknungspotenzial (z. B. begrenzt durch Folien/Membranen/Beschichtungen mit $s_d > 2$ m) mit erhöhten Feuchten im Bauteilquerschnitt durch konvektive Feuchteeinträge, Leckagen oder erhöhte Einbaufeuchte

Bei solchen Konstruktionen müssen beim Nachweis mit dem Periodenbilanzverfahren in der Verdunstungsperiode die Klimabedingungen (Sättigungsdampfdrücke) für Wände angenommen werden. Alternativ ist immer ein Nachweis durch hygrothermische Simulation möglich, bei erhöhter Feuchte im Querschnitt sogar unumgänglich.

1.4 Nachweisfreie Konstruktionen

Das Kapitel zu Bauteilen, für die kein rechnerischer Nachweis erforderlich ist, gliedert sich in die Unterkapitel Außenwände und Bodenplatten sowie Dächer.

Die Liste der nachweisfreien Wandkonstruktionen wurde im Vergleich zur Vorgängernorm DIN 4108-3:2014-11 um „*Verblendmauerwerk nach DIN EN 1996/NA*" erweitert, das künftig auch zu den nachweisfreien Konstruktionen zählt.

Eine wesentliche Umstrukturierung wurde hingegen im Abschnitt der nachweisfreien Dachkonstruktionen vorgenommen.

Dächer mit Abdichtungen sind nur noch dann nachweisfrei, wenn sich kein Holz zwischen der Abdichtung und der inneren Schicht (s_{di}) befindet.

1.4.1 Anforderungen an Luftschichten belüfteter Dächer

Der Abschnitt zu allgemeinen Angaben zu Dächern in der Neuausgabe von DIN 4108-3:2018-10 ist umfangreicher geworden und fasst nun z. B. Hinweise und Anforderungen an Luftschichten von Dächern zusammen, die bisher teilweise in den einzelnen Unterkapiteln zu finden waren. Hierbei wird zwischen Dächern und belüfteten Luftschichten/Dachdeckungen bei Dachneigungen $\geq 5°$ und $< 5°$ unterschieden.

Belüftete Luftschichten von Dächern und belüftete Dachdeckungen bei Dachneigungen $\geq 5°$ müssen folgende Mindesteigenschaften aufweisen:

- Mindesthöhe des freien Lüftungsquerschnitts innerhalb des Dachbereichs $\geq 2,0$ cm
- Luftschicht muss sich über die gesamte Fläche erstrecken
- trotz kleiner, lokaler Einschränkungen muss Belüftung gewährleistet sein
- freie Lüftungsquerschnitte an den Traufen bzw. an Traufe und Pultdachabschluss von ≥ 2 ‰ der zugehörigen Dachfläche (mind. 200 cm²/m)
- Mindestlüftungsquerschnitte an First und Grat von 0,5 ‰ der zugehörigen geneigten Dachfläche (mind. 50 cm²/m)

Es wurden neue Querschnittszeichnungen von Dachaufbauten in die Norm aufgenommen, die die Lage des freien Mindest-Lüftungsquerschnitts innerhalb des Dachs darstellen und verdeutlichen.

Auch zur Konkretisierung der zugehörigen Dachfläche je Meter Traufe und Grat für die Bemessung der Lüftungsquerschnitte an den Dachrändern wurde u. a. eine Isometrie aufgenommen. Die vorgenannten Anforderungen entsprechen denen im ZVDH „*Merkblatt Wärmeschutz bei Dach und Wand*" (Ausgabe Mai 2018). Auch die Isometrie ist identisch mit der im ZVDH-Merkblatt enthaltenen Zeichnung.

Zur Sicherstellung der Belüftungsquerschnitte im Dach, können mechanische Vorrichtungen/Hilfskonstruktionen eingesetzt werden.

Belüftete Luftschichten von Dächern müssen bei Dachneigungen $< 5°$ folgende Mindesteigenschaften erfüllen:

- max. Luftraum- bzw. Sparrenlänge ≤ 10 m
- Mindestlüftungsquerschnitte an gegenüberliegenden Dachrändern von ≥ 2 ‰ der zugehörigen geneigten Dachfläche (mind. 200 cm²/m)
- Mindesthöhe des freien Lüftungsquerschnitts innerhalb des Dachbereichs über der Dämmschicht ≥ 2 ‰ der zugehörigen geneigten Dachfläche (mind. 5 cm)

Bei diesen flach geneigten Luftschichten ist besonders wichtig, dass die freie Lüftungshöhe sichergestellt ist, damit eine ausreichende Belüftung erfolgen kann. Dafür sind eine freie Anströmung der Öffnungen an den Dachrändern auch nach Baufertigstellung und eine durchgehende Luftschicht in ausreichender Höhe erforderlich – auch unter Beachtung von Materialtoleranzen! Gemeint ist hiermit beispielsweise das Aufwölben von Mineralwolle-Zwischensparrendämmungen in den Lüftungsquerschnitt. Muss eine 5 cm hohe Luftschicht bei Fertigstellung vorhanden sein, ist es daher ratsam mit einer mind. 7 cm hohen Luftschicht zu planen.

1.5 Nicht belüftete Dächer bei bestehenden Dachkonstruktionen

Neu aufgenommen in DIN 4108-3:2018-10 wurden weiterhin folgende Detailzeichnungen (Abb. 1) für bestehende Gebäude, bei denen von außen Dampfsperrbahnen (Schicht 9) mit Wechsel der Lage von der Bauteilinnenseite zur -außenseite eingebaut werden.

Die Voraussetzungen für eine feuchteschutztechnisch nachweisfreie Konstruktion bei schlaufenförmig eingebauten diffusionshemmenden Schichten werden in DIN 4108-3:2018-10 in Tab. 5 zusammengefasst. Demnach muss der $s_{d,feucht}$-Wert (gemessen bei einer mittleren Umgebungsfeuchte von 90 % ± 2 %) $\leq$ 0,5 m betragen und der $s_{d,trocken}$-Wert (gemessen bei einer mittleren Umgebungsfeuchte von 25 % ± 2 %) zwischen 2,0 m $\leq s_{d,trocken} \leq$ 10,0 m liegen.

Dieses Konstruktionsprinzip mit schlaufenförmiger Verlegung von außen wird auch schon im ZVDH *„Merkblatt Wärmeschutz bei Dach und Wand" (Ausgabe Mai 2018)* als nachweisfreie Konstruktion beschrieben. Die an die Bauteile gestellten Anforderungen für eine Nachweisfreiheit stimmen mit den Angaben in DIN 4108-3:2018-10 überein.

Ein Wechsel der Lage der Luftdichtheitsschicht von der Sparrenunterseite zur -oberseite, wie er in den ersten beiden Details von Abb. 1 oder in Abb. 2 bei einer nachträglich von der Oberseite gedämmten obersten Geschossdecke dargestellt ist, kann zu erhöhten Feuchten und ggf. einem Tauwasserausfall auf der kalten Seite des Sparrens/Balkens führen.

Durch Konvektionsströmung kann feuchte Raumluft zwischen dem Sparren/Balken und der Folie bis auf die Oberseite des Holzes gelangen und dort zu hohen Holzfeuchten führen (Abb. 3). Diese wiederum können einen Befall mit holzzerstörenden Pilzen und eine Schädigung des Holzbauteils begünstigen. Aus diesem Grund wird im ZVDH *„Merkblatt Wärmeschutz bei Dach und Wand"*

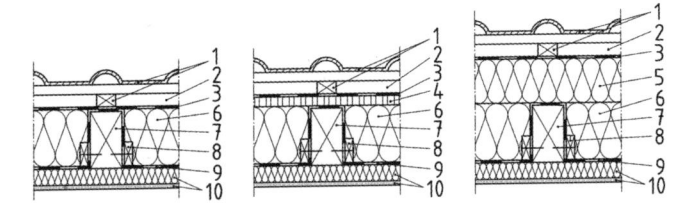

Legende

1. belüftete Dachdeckung (Dachdeckung auf Trag- und Konterlattung) oder nicht belüftete Dachdeckung mit darunterliegender belüfteter Luftschicht (Dachdeckung auf Konterlattung, Schalung und Vordeckung) oder Dachabdichtung mit darunterliegender belüfteter Luftschicht (Dachabdichtung auf Konterattung und Schalung)
2. belüftete Luftschicht nach 5.3.3.1
3. Unterdeckung $s_d \leq 0{,}5$ m
4. Vollholz-Brettschalung, Nenndicke ≤ 24 mm
5. Aufsparrendämmung
    Holzfaser nach DIN EN 13171,
    Mineralwolle nach DIN EN 13162,
    PU mineralvlieskaschiert nach DIN EN 13165 mit einer Mindestdicke von 50 mm
    Phenolharz-Hartschaumdämmung nach DIN EN 13166 mit einer Mindestdicke von 50 mm
6. Mineralwolle-Zwischensparrendämmung, 12 cm $\leq$ Dämmschichtdicke ≤ 20 cm
7. Holzsparren, 12 cm $\leq$ Sparrenhöhe ≤ 20 cm
8. durchgehende lineare Anpressung
9. Schicht mit variablem s_d-Wert nach Tabelle 5
10. raumseitige Bekleidung mit Unterkonstruktion, ggf. inkl. Dämmung

Abb. 1 Nicht belüftete, bestehende Dächer mit von außen in das Gefach eingelegter und über den Sparren geführter Schicht mit variablem s_d-Wert. (aus DIN 4108-3:2018-10)

Abb. 2 Übersicht zu einer nachträglich gedämmten obersten Geschossdecke mit schlaufenförmiger Verlegung der Luftdichtheitsschicht

Abb. 3 Erhöhte Holzfeuchte an der Oberseite der Holzbalken

(Ausgabe Mai 2018) Folgendes empfohlen: *„Dies kann durch eine durchgehende linienförmige Anpressung an den Sparren der Bahnen im unteren Bereich des Sparrens verhindert werden. Unabhängig von der Luftdichtheit ist der Feuchteschutz ... zu berücksichtigen. Im Gefachbereich können Nagelspitzen durch eine Dämmschicht ausgeglichen und darauf die Bahnen verlegt werden."*

In den Zeichnungen von DIN 4108-3:2018-10 (Abb. 1) sind deshalb Anpresslatten im unteren Bereich der Sparren vorhanden. Durch unvermeidbare „Fehlstellen" im Holz – wie z. B. Risse oder Fugen – kann dennoch Feuchte auf die Oberseite der Holzbauteile gelangen. Um Schäden sicher zu vermeiden, kann – und sollte, sofern möglich – eine (wenn auch nur geringe) Überdämmung der Holzoberseiten zur Erhöhung der Temperatur an dieser Stelle erfolgen.

1.6   Änderungen in den Anhängen B und D

Der informative Anhang B *„Berechnungsbeispiel"* von DIN 4108-3:2018-10 wurde überarbeitet. Er enthält jetzt nur noch ein Berechnungsbeispiel für eine sanierte Außenwand mit vorhandenem Wärmedämmverbundsystem und zusätzlicher, nachträglich eingebauter Innendämmung. Die in der Vorgängernorm DIN 4108-3:2014-11 enthaltenen Berechnungen für eine leichte Außenwand mit hinterlüfteter Vorsatzschale sowie für ein nicht belüftetes Flachdach mit Dachabdichtung sind entfallen.

Der ehemals informative Angang D *„Genauere Berechnungsverfahren"* in der Normfassung von DIN 4108-3:2014-11 umfasste nur eine Seite Text und war informativ.

Seit dem Neuerscheinen des Teils 3 von DIN 4108 im Oktober 2018 ist dieser Anhang normativ und in „*Feuchteschutzbemessung durch hygrothermische Simulation*" umbenannt worden. Er beinhaltet An- bzw. Vorgaben zu folgenden Themen:

- Vorbemerkungen zur hygrothermischen Simulation
- äußere Randbedingungen (z. B. Klimadatensätze, Wärme- und Feuchteübertragung an der Außenoberfläche)
- raumseitige Randbedingungen
- Wärme- und Feuchteübertragung an der raumseitigen Oberfläche
- Anfangsbedingungen
- Feuchtequellen aufgrund von Luftkonvektion oder Schlagregenpenetration durch unvermeidbare Leckagen
- Beurteilung der Simulationsergebnisse (z. B. zum eingeschwungenen Zustand, Feuchtezuständen an den Oberflächen innerhalb der Konstruktion, Vermeidung von Schimmelpilzbildung/Holzzerstörung/Frostschäden, Korrosionsschutz)
- Wahl geeigneter Simulationsverfahren
- Fehlerkontrolle
- Dokumentation

In der Vorgängernorm DIN 4108-3:2014-11 gab es zur hygrothermischen Simulation folgenden Hinweis: „*Von derartigen Modellen ist zu erwarten, dass sie eine größere Genauigkeit als dasjenige besitzen, das in dieser Norm beschrieben wird*" (gemeint war das Periodenbilanzverfahren). Grund für diesen Hinweis war, dass Eingabedaten (z. B. hygrothermische Stoffeigenschaften oder Klimabedingungen für Außen- und Raumklima in zeitlicher Auflösung als Stundenwerte oder feiner) häufig nicht ausreichend bekannt waren.

Für die physikalischen Modellansätze und Lösungsverfahren gibt es mittlerweile z. B. in DIN EN 15026 „*Wärme- und feuchtetechnisches Verhalten von Bauteilen und Bauelementen – Bewertung der Feuchteübertragung durch numerische Simulation*" oder in dem WTA-Merkblatt 6-2 „*Simulation wärme- und feuchtetechnischer Prozesse*" Vorgaben. Weitere Literaturhinweise sind im Anhang von DIN 4108-3:2018-10 zu finden.

Abweichungen von den im normativen Anhang D von Oktober 2018 zusammengestellten Eingangsparametern bzw. Ergebnisanalysen sind in begründeten Fällen zulässig, wenn sie gut dokumentiert werden und somit die Simulation für einen Fachmann nachvollziehbar bleibt.

2 Kosten im Bauwesen (DIN 276:2018-12)

Im Dezember 2018 ist die Norm DIN 276 „Kosten im Bauwesen" neu erschienen. Sie ersetzt DIN 277 Teil 3 (April 2005), DIN 276 Teil 1 (Dezember 2008) für DIN 276 Teil 4 (August 2009).

2.1 Anwendungsbereich und grundsätzliche Änderungen

In der Neufassung der Norm werden neben den Hochbaukosten jetzt auch Kosten für Ingenieurbauten und Freiflächen behandelt. Die Ermittlung und Gliederung von Kosten sowie die Kostenplanung nach DIN 276:2018-12 ist anwendbar für Neu- und Umbauten sowie für Modernisierungen von Bauwerken im Hoch- und Ingenieurbau, bei Infrastrukturanlagen und Freiflächen.

Kosten der Nutzungsphase sind nicht in der Norm aufgeführt, da diese DIN 18960 „Nutzungskosten im Hochbau" beinhaltet.

Ziel der Normverfasser ist es, eine einheitliche Vorgehensweise in der Kostenplanung und bei der Ermittlung und Gliederung von Kosten zu ermöglichen. Dafür sind u. a. ein gemeinsamer Sprachgebrauch in der Planungs- und Bauökonomie, einheitliche Grundsätze, Unterscheidungsmerkmale sowie Bezugseinheiten für Kostengruppen erforderlich, die es bisher in den Vorgängernormen nicht durchweg gab.

Durch das Zusammenfassen von Kosten für den Hoch- und Ingenieurbau sowie für Infrastrukturanlagen und Freiflächen in einem Normenteil wird eine einheitliche Vorgehensweise in der Kostenplanung, -ermittlung und -gliederung ermöglicht, die zu einer besseren Vergleichbarkeit der Ergebnisse führt. So sind u. a. die Begriffe der „Kostensicherheit" und der „Kostentransparenz" neu in die Norm aufgenommen und definiert worden, die unterschiedliche Kostenziele benennen. Anlass für die klare Definition dieser beiden Begriffe war, dass diese bisher im Sprachgebrauch häufig fälschlich synonym verwendet wurden.

Im Anwendungsbereich der Norm wird wie bisher auch darauf hingewiesen, dass die nach DIN 276:2018-12 ermittelten Kosten bei der Verwendung „für andere Zwecke" verwendet werden können, eine Bewertung der Kosten in der Norm jedoch nicht erfolgt. Diese Anmerkung bezieht sich beispielsweise auf die Vergütung von Architekten- und Ingenieurleistungen, steuerliche Förderungen, Finanzierungen, Haushaltsveranschlagungen oder Vermarktungen von Bauwerken, Infrastrukturanlagen bzw. Freiflächen.

2.2 Grundsätze der Kostenplanung

Mit dem Ziel einer sicheren und einheitlichen Anwendung wurden die Grundsätze der Kostenplanung in DIN 276:2018-12 geändert bzw. ergänzt. So sollen bei einem Bauprojekt Wirtschaftlichkeit, Kostensicherheit und Kostentransparenz ermöglicht werden. Die Kostenplanung ist kontinuierlich und systematisch über alle Phasen eines Projektes durchzuführen. Entsprechend des Grundsatzes der Wirtschaftlichkeit kann hierbei das sog. *„Maximalprinzip"* (Prinzip zum Erreichen möglichst hoher quantitativer und qualitativer Planungsinhalte) bzw. das sog. *„Minimalprinzip"* (Prinzip zum Erreichen möglichst geringer Kosten) verfolgt werden.

2.3 Stufen der Kostenermittlung

Bei den Stufen der Kostenermittlung wurden die Anforderungen an die Gliederungstiefe erhöht, und die Abstufungen im Hinblick auf eine kontinuierliche Kostenplanung erweitert. Zu den bisherigen fünf Kostenermittlungsstufen *„Kostenrahmen – Kostenschätzung – Kostenberechnung – Kostenanschlag – Kostenfeststellung"* wurde eine sechste Stufe des *„Kostenvoranschlags"* neu in die Norm aufgenommen, die der Stufe des Kostenanschlags vorausgeht.

Beim Kostenvoranschlag werden die Kosten auf der Grundlage der Ausführungsplanung und der Vorbereitung der Vergabe ermittelt. Dies kann wahlweise einmalig oder in mehreren Schritten erfolgen.

Der Kostenanschlag hingegen beschreibt künftig die auf Grundlage der Vergabe und Ausführung ermittelten Kosten und wird im Projektablauf wiederholt und in mehreren Schritten durchgeführt.

2.4 Kostengliederung

Die Kostengliederung nach DIN 276:2018-12 wurde insgesamt überarbeitet. In der ersten Ebene wurde die Kostengliederung auf insgesamt acht Kostengruppen erweitert. Die Kosten der Finanzierung wurden aus der alten „Kostengruppe 700: Baunebenkosten" nach DIN 276-1:2008-12 ausgegliedert und als eine neue, eigenständige „Kostengruppe 800: Finanzierung" in die neue Norm DIN 276:2018-12 aufgenommen. Ziel ist eine Verbesserung bei der Vergleichbarkeit dieser beiden Kostengruppen.

Für eine einheitliche Gliederung der Kosten sind die Kostengruppen 300 und 400 so überarbeitet worden, dass sie nun für Hochbauten, Ingenieurbauten und Infrastrukturanlagen anwendbar sind. Die Kostengruppe 500 wurde neu gefasst und in „*Außenanlagen und Freiflächen*" umbenannt, sodass sie nun Außenanlagen von Bauwerken und gebäudeunabhängige Freiflächen erfasst.

2.5 Mengen und Bezugseinheiten für Kostengruppen

Aufgrund des unmittelbaren Zusammenhangs mit der Kostengliederung wurden die Regelungsinhalte über Mengen und Bezugseinheiten für Kostengruppen aus DIN 277-3:2005-04 in DIN 276:2018-12 übernommen, da für die Vergleichbarkeit von Kostenkennwerten eine eindeutige Zuordnung der Kosten nach einheitlichen Mengen und Einheiten Voraussetzung ist.

Dem Anwender von DIN 276:2018-12 wird empfohlen sich an den neu aufgenommenen Festlegungen zu orientieren, die sich vorrangig an normativen Grundlagen und Gegebenheiten von Hochbauten orientieren, sinngemäß aber auch auf Ingenieurbauten, Infrastrukturanlagen und Freiflächen übertragen werden können.

3 Toleranzen im Hochbau (E DIN 18202:2018-12)

Im Dezember 2018 ist DIN 18202:2018-12 „*Toleranzen im Hochbau – Bauwerke*" als Normentwurf neu erschienen. Dieser ist vorgesehen als Ersatz für die derzeit gültige Normfassung von DIN 18202 von April 2013.

Im Kapitel zu den Grundsätzen wurde neu in den Normentwurf aufgenommen, dass Genauigkeiten, beispielsweise bezüglich des optischen Erscheinungsbilds, die über die Anforderungen in E DIN 18202:2018-12 hinausgehen, im Einzelfall gesondert festzulegen sind und nach wirtschaftlichen Maßstäben vereinbart werden sollten.

Die genormten Zahlenwerte für die unterschiedlichen Grenzwerte/-abweichungen bleiben unverändert und entsprechen denen der Norm DIN 18202:2013-04.

3.1 Einführung des Boxprinzips

Die wichtigste Änderung im Normentwurf E DIN 18202:2018-12 ist die Einführung des sog. Grundsatzes des Boxprinzips für einen Passungsraum. Dieser Grundsatz gemäß ISO 1803:1997 findet bereits in DIN 18202:2013-04

Anwendung, z. B. für die Kombination von Grenzabweichungen für Maße und Grenzwerte für Winkelabweichungen. Das Boxprinzip selber wurde bisher in der Vorgängernorm jedoch nicht erläutert. Auch die Anforderungen aus DIN EN 13670:2011-01 „*Ausführung von Tragwerken aus Beton*" richten sich beispielsweise nach diesem Grundsatz.

Zur Verdeutlichung der Anforderungen des Boxprinzips wurde die Zeichnung in Abb. 4 in den Normentwurf aufgenommen.

Der Grund für die Einführung des Box- bzw. Schachtelprinzips ist, dass bisher eine Kombination von unterschiedlichen Toleranzarten (z. B. Lageabweichung einer Bauteiloberfläche im Raum und Formabweichung dieser Fläche) als Addition der Grenzwerte interpretiert werden konnte. Das Boxprinzip legt nun zusätzlich einen Rahmen für die insgesamt mögliche Abweichung unabhängig von der Toleranzart fest. Es erfordert, dass alle Punkte einer Bauteiloberfläche – einschließlich der zulässigen Abweichungen – innerhalb eines definierten Hüllkörpers liegen.

Die Anforderungen an Maße, Winkel, etc. jede für sich sind wie bisher einzuhalten.

Abb. 4 Skizze zur Verdeutlichung des Boxprinzips für einen Körper (aus E DIN 18202:2018-12)

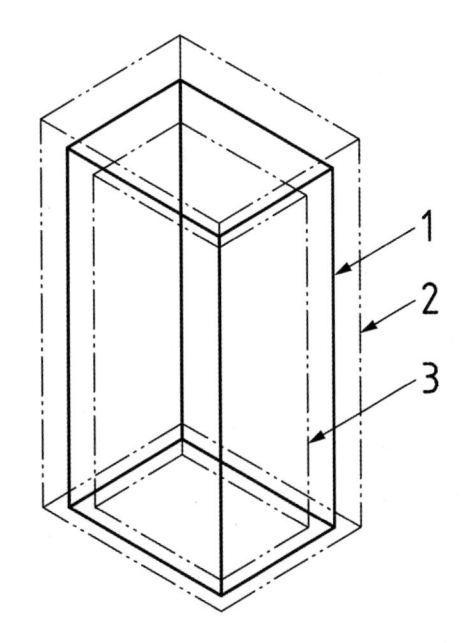

3.2 Fugen an Fügestellen

Das Kapitel zu den Maßtoleranzen wurde um den Unterpunkt „*Fugen an Fügestellen*" erweitert, in dem die Funktion von Fugen für die Fügestellen benachbarter Bauteile in Bezug auf Toleranzen klargestellt wird. So können durch die Variation der Fugenbreite Toleranzen benachbarter Bauteile bzw. Leistungsbereiche ausgeglichen werden (Passungsausgleich).

Werden jedoch z. B. aus gestalterischen Gründen Anforderungen an die Gestaltung des Fugenbilds gestellt, so ist dies **vor** der Bauausführung festzulegen. Hierbei sind auch Angaben zum möglichen Toleranzausgleich in den angrenzenden Bauteilen zu machen.

3.3 Messpunkte für Prüfungen

Die bisher in DIN 18202:2013-04 angegebenen Messpunkte/Messungen sind für die baupraktische Verwendung unzureichend, wenn das Ziel eine Überprüfung der Einhaltung des Grundsatzes des Boxprinzips ist. Hierfür ist eine zusätzliche Längenmessung erforderlich.

Diese dritte Längenmessung in Bauteilmitte, zusätzlich zu den Messungen an den Rändern bzw. zwischen den Eckpunkten, ist daher in den Normentwurf von Dezember 2018 neu aufgenommen.

Diese zusätzlichen Längenmessungen sind schon seit längerem in anderen Bauteilnomen für die Prüfung der Maßhaltigkeit vorgesehen (z. B. DIN EN 771-2:2015-11 „*Festlegung für Mauersteine – Kalksandsteine*" oder DIN EN 13369:2013-08 „*Allgemeine Regeln für Betonfertigteile*").

Der Weißdruck der Norm soll im Juli 2019 veröffentlicht werden.

4 Liste der neu erschienen Regelwerke

Die folgende Tabelle listet die bis Anfang April 2019 erschienenen wichtigsten Neuerungen auf. Sie sind nach Themen sortiert; die Aufstellung hat keinen Anspruch auf Vollständigkeit.

Beton	DIN SPEC 18004	Anwendungen von Bauprodukten in Bauwerken – Prüfverfahren für Gesteinskörnungen für Beton nach DIN 1045-2 (2019-02, Entwurf)
	DIN SPEC 18119	Leitlinien für ein Verfahren zur Unterstützung der europäische Normung von Zement (2018-07)
	DIN EN 197 - Teil 1:	Zement Zusammensetzung, Anforderungen und Konformitätskriterien von Normalzement (2018-11, Entwurf)
	DIN EN 1992 - Teil 4:	Eurocode 2: Bemessung und Konstruktion von Stahlbeton- und Spannbetontragwerken Bemessung von Befestigungen in Beton (2018-07)
	DIN EN 13369	Allgemeine Regeln für Betonfertigteile (2018-09)
	DIN EN 14889 - Teil 2:	Fasern für Beton Polymerfasern – Begriffe, Festlegungen und Konformität (2018-09, Entwurf)
	Bundesverband Spannbeton-Fertigdecken e. V., Berlin	
		Industrierichtlinie – Spannbeton-Fertigdecken (2018-06)
	Deutscher Ausschuss für Stahlbeton e. V. (DAfStb), Berlin	
	Heft 630	Bemessung nach DIN EN 1992 in den Grenzzuständen der Tragfähigkeit und der Gebrauchstauglichkeit (2018-09)
	Deutscher Beton- und Bautechnik-Verein e. V. (DBV), Berlin	
	MB	Brückenmonitoring – Planung, Ausschreibung und Umsetzung (2018-08)
	Heft 43	WU-Bauwerke aus Beton (2018-06)
	Heft 44	Frischbetonverbundsysteme (FBV-Systeme) – Sachstand und Handlungsempfehlungen (2018-10)
	Fachvereinigung Deutscher Betonfertigteilbau e. V. (FDB), Bonn	
	MB 4	Befestigung vorgefertigter Betonfassaden (2018-10)
	MB 5	Checkliste für das Zeichnen von Betonfertigteilen (2018-10)
Estrich	Industriegruppe Estrichstoffe (IGE) im Bundesverband der Gipsindustrie e. V., Berlin und Verband für Dämmsysteme, Putz und Mörtel e. V. (VDPM), Berlin	
		- Calciumsulfat-Fließestriche in Feuchträumen – Hinweise und Richtlinien für die Planung und Ausführung von Calciumsulfat-Fließestrichen (2018-08)
		- Belegreife von Fließestrichen auf Restfeuchte für die Oberbelagsverlegung (2018-05) Putz
	Merkblätter der Wiss.-Techn. Arbeitsgemeinschaft für Bauwerkserhaltung und Denkmalpflege (WTA) e. V., Pfaffenhofen	
	E-2-9-18	Sanierputzsysteme (2018-06, Entwurf)
	2-11-18	Gipsmörtel im histor. Mauerwerksbau und an Fassaden (2018-08)
	E 2-14-18	Funktionsputze (2018-07, Entwurf)
	Verband für Dämmsysteme, Putz und Mörtel e. V. (VDPM), Berlin	
		Leitlinien für das Verputzen von Mauerwerk und Beton (2018-09)

Fliesen und Platten	DIN EN 16954	Künstlich hergestellter Stein – Platten und zugeschnittene Produkte für Fußboden- und Stufenbeläge (innen und außen) (2018-07)
	DIN EN ISO 10545 Keramische Fliesen und Platten	
	- Teil 2:	Bestimmung der Maße und der Oberflächenbeschaffenheit (2019-01)
	- Teil 3:	Bestimmung von Wasseraufnahme, offener Porosität, scheinbarer relativer Dichte und Rohdichte (2018-06)
Lehm/ Lehmbaustoffe	DIN 18942	Lehmbaustoffe und Lehmbauprodukte
	- Teil 1:	Begriffe (2018-12)
	- Teil 100:	Konformitätsnachweis (2018-12)
	DIN 18945	Lehmsteine – Anforderungen und Prüfverfahren (2018-04, Entwurf)
	DIN 18946	Lehmmauermörtel – Anforderungen, Prüfung und Kennzeichnung (2018-12)
	DIN 18947	Lehmputzmörtel – Anforderungen, Prüfung und Kennzeichnung (2018-12)
	DIN 18948	Lehmplatten – Anforderungen, Prüfung und Kennzeichnung (2018-12)
Putz	DIN EN 413 - Teil 1:	Putz- und Mauerbinder Zusammensetzung, Anforderungen und Konformitätskriterien (2018-07)
	Merkblätter der Wiss.-Techn. Arbeitsgemeinschaft für Bauwerkserhaltung und Denkmalpflege (WTA) e. V., Pfaffenhofen	
	2-11-18	Gipsmörtel im historischen Mauerwerksbau und an Fassaden (2018-08)
Holz	DIN EN 1534	Holzfußböden – Bestimmung des Eindruckwiderstands (Brinell) Prüfmethode (2019-03, Entwurf)
	VDI 3414	Beurteilung von Holz- und Holzwerkstoffoberflächen
	Blatt 1:	Oberflächenmerkmale (2019-02)
	Blatt 2:	Prüf- und Messmethoden (2019-02)
	Blatt 3:	Gefräste, gesägte, gehobelte, gebohrte und gedrehte Oberflächen (2019-02)
	Blatt 4:	Geschliffene Oberflächen (2019-02)
	Deutscher Holz- und Bautenschutzverband e. V., Köln	
	02/15/S	Schimmelpilzbefall an Holz und Holzwerkstoffen in Dachstühlen, 3. Auflage (2018-10)
	Informationsverein Holz e. V., Berlin (informationsdienst-holz.de)	
		- Flachdächer in Holzbauweise – holzbau handbuch in der Reihe 3, Teil 2, Folge 1 (2019-01)
		- Brandschutzkonzepte für mehrgeschossige Gebäude und Aufstockungen – holzbau handbuch in der Reihe 3, Teil 5, Folge 1 (2019-01)
		- Baustoffe für den konstruktiven Holzbau – spezial (2018-10)
		- Bemessung von aussteifenden Deckentafeln – holzbau statik aktuell 03 (2018-11)

	Institut für Holztechnologie gGmbH (IHD), Dresden Merkblattsammlung zum Thema: Thermisch modifiziertes Holz (TMT – Thermoholz), (2018-03)	
	Merkblätter der Wiss.-Techn. Arbeitsgemeinschaft für Bauwerkserhaltung und Denkmalpflege (WTA) e. V., Pfaffenhofen	
	E 7-2-18	Historische Holzkonstruktionen – Zustandsermittlung und Beurteilung der Tragfähigkeit geschädigter und verformter Holzkonstruktionen (2018-06, Entwurf)
	Verband Holzfaser Dämmstoffe e. V. (VHD), Wuppertal	
	Merkblatt:	Anwendung von Unterdeckplatten aus Holzfasern (2018-12)
Mauerwerk	DIN 105 - Teil 4: - Teil 41:	Mauerziegel Keramikklinker (2019-01) Konformitätsnachweis für Keramikklinker nach DIN 105-4 (2019-01)
	DIN 1053 - Teil 4: - Teil 41:	Mauerwerk Fertigbauteile (2018-05) Konformitätsnachweis für Fertigbauteile nach DIN 1053-4 (2018-05)
	DIN 18555 - Teil 4:	Prüfung von Mörteln mit mineralischen Bindemitteln – Frischmörtel Bestimmung der Längs- und Querdehnung sowie von Verformungskenngrößen von Mauermörteln (Festmörtel) im statischen Druckversuch (2019-04)
	- Teil 7:	Bestimmung des Wasserrückhaltevermögens von Frischmörteln nach dem Filterplattenverfahren (2019-04)
	- Teil 9:	Bestimmung der Fugendruckfestigkeit von Festmörteln (2019-04)
	DIN EN 772 - Teil 5:	Prüfverfahren für Mauersteine Bestimmung des Gehalts an aktiven löslichen Salzen von Mauerziegeln (2018-12)
	- Teil 22:	Bestimmung des Frost-Tau-Widerstandes von Mauerziegeln (2019-02)
	DIN EN 1052 - Teil 2:	Prüfverfahren für Mauerwerk Bestimmung der Biegezugfestigkeit (2018-05)
	Deutscher Naturwerkstein Verband e. V. (DNV), Würzburg	
	BTI 1.2	Massive Bauteile (2018)
	Merkblätter der Wiss.-Techn. Arbeitsgemeinschaft für Bauwerkserhaltung und Denkmalpflege (WTA) e. V., Pfaffenhofen	
	E 3-13-18	Salzreduzierung an porösen mineralischen Baustoffen mittels Kompressen (2018-12)
	7-1-18	Erhaltung und Instandsetzung von Mauerwerk – Konstruktion und Tragfähigkeit (2018-12)
Wärmeschutz und Energieeinsparung	DIN 1946 - Teil 4, Bbl.1:	Raumlufttechnik Raumlufttechnische Anlagen in Gebäuden und Räumen des Gesundheitswesens Beiblatt 1: Checkliste für Planung, Ausführung und Betrieb der Gerätekomponenten (2018-06)
	DIN 4108 - Teil 3:	Wärmeschutz und Energie-Einsparung in Gebäuden Klimabedingter Feuchteschutz – Anforderungen, Berechnungsverfahren und Hinweise für Planung und Ausführung (2018-10)
	- Teil 11:	Mindestanforderungen an die Dauerhaftigkeit von Klebeverbindungen mit Klebebändern und Klebemassen zur Herstellung von luftdichten Schichten (2018-11)

Wichtige Neuerungen in bautechnischen Regelwerken – ein Überblick

DIN SPEC 12831 - Teil 1:	Verfahren zur Berechnung der Raumheizlast Nationale Ergänzungen zur DIN EN 12831-1-1 (2018-10, Entwurf)
DIN SPEC 15240	Energetische Bewertung von Gebäude – Lüftung von Gebäuden – Energetische Inspektion von Klimaanlagen (2018-08, Entwurf)
DIN V 18599	Energetische Bewertung von Gebäuden – Berechnung des Nutz-, End- und Primärenergiebedarfs für Heizung, Kühlung, Lüftung, Trinkwarmwasser und Beleuchtung (Vornorm)
- Teil 1:	Allgemeine Bilanzierungsverfahren, Begriffe, Zonierung und Bewertung der Energieträger (2018-09)
- Teil 2:	Nutzenergiebedarf für Heizen und Kühlen von Gebäudezonen (2018-09)
- Teil 3:	Nutzenergiebedarf für die energetische Luftaufbereitung (2018-09)
- Teil 4:	Nutz- und Endenergiebedarf für Beleuchtung (2018-09)
- Teil 5:	Endenergiebedarf von Heizsystemen (2018-09)
- Teil 6:	Endenergiebedarf von Lüftungsanlagen, Luftheizungsanlagen und Kühlsystemen für den Wohnungsbau (2018-09)
- Teil 7:	Endenergiebedarf von Raumlufttechnik- u. Klimakältesystemen für den Nichtwohnungsbau (2018-09)
- Teil 8:	Nutz- und Endenergiebedarf von Warmwasserbereitungssystemen (2018-09)
- Teil 9:	End- und Primärenergiebedarf von stromproduzierenden Anlagen (2018-09)
- Teil 10:	Nutzungsrandbedingungen, Klimadaten (2018-09)
- Teil 11:	Gebäudeautomation (2018-09)
DIN EN 13141	Lüftung von Gebäuden – Bauteile/Produkte für die Lüftung von Wohnungen
- Teil 4:	Aerodynamische, elektrische und akustische Leistung von uni- direktionalen Lüftungsgeräten (2018-09, Entwurf)
- Teil 7:	Leistungsprüfung von mechanischen Zuluft- und Ablufteinheiten (einschließlich Wärmerückgewinnung) (2018-09, Entwurf)
- Teil 8:	Leistungsprüfung von mech. Zuluft- und Ablufteinheiten ohne Luft- führung (einschließlich Wärmerückgewinnung) (2018-09, Entwurf)
DIN EN 13142	Lüftung von Gebäuden – Bauteile/Produkte für die Lüftung von Wohnungen – Geforderte und frei wählbare Leistungskenngrößen (2018-19, Entwurf)
DIN EN 16798 - Teil 17:	Energetische Bewertung von Gebäuden – Lüftung von Gebäuden Leitlinien für die Inspektion von Lüftungs- und Klimaanlagen (Module M4-11, M5-11, M6-11, M7-11) Änderung A20 (2018-09, Entwurf)
DIN EN ISO 7345	Wärmeverhalten von Gebäuden und Baustoffen – Physikalische Größen und Definitionen (2018-07)
DIN EN ISO 9972	Wärmetechnisches Verhalten von Gebäuden – Bestimmung der Luftdurchlässigkeit von Gebäuden – Differenzdruckverfahren (2018-12)
DIN EN ISO 15148	Wärme- und feuchtetechnisches Verhalten von Baustoffen und Bauprodukten – Bestimmung des Wasseraufnahmekoeffizienten bei teilweisem Eintauchen (2018-12)
VDI 4610 - Bl. 2:	Energieeffizienz betriebstechnischer Anlagen Wärmebrückenkatalog (2018-12)

Wärme-dämm-stoffe	DIN EN 13497	Bestimmung der Schlagfestigkeit von außenseitigen Wärmedämm-Verbundsystemen (WDVS) (2018-11)
	DIN EN 17101	Methoden der Identifizierung und Testmethoden für Ein-Komponenten-PU-Klebstoffschaum für WDVS (2018-11)
	DIN EN 17237	Außenseitige Wärmedämmverbundsysteme mit Putzoberfläche (WDVS) – Spezifikation (2018-06, Entwurf)
	VDI 3469 - Bl. 6:	Emissionsminderung – Herstellung und Verarbeitung von faserhaltigen Materialien Mineralwolledämmstoffe (2018-12, Entwurf)
Abdichtung	DIN 18532 - Teil 3: - Teil 5:	Abdichtung von befahrbaren Verkehrsflächen aus Beton Abdichtung mit zwei Lagen Polymerbitumenbahnen; Änderung A1 (2018-04, Entwurf) Abdichtung mit einer Lage Polymerbitumenbahn und einer Lage Kunststoff- oder Elastomerbahn, Änderung A1 (2018-04, Entwurf)
	DIN 18533 - Teil 1: - Teil 3:	Abdichtung von erdberührten Bauteilen Anforderungen, Planungs- und Ausführungsgrundsätze; Änderung A1 (2018-09) Abdichtung mit flüssig zu verarbeitenden Abdichtungsstoffen; Änderung A1 (2018-09)
	DIN 18534 - Teil 5:	Abdichtung von Innenräumen Abdichtung mit bahnenförmigen Abdichtungsstoffen im Verbund mit Fliesen und Platten (AIV-B), Änderung A1 (2018-09)
	Beratungsstelle für Gussasphaltanwendung e. V. (bga), Bonn - Band 54 - Band 55	Bauwerksabdichtungen gemäß DIN 18531 und 18533 (2019) Innenraumabdichtungen gemäß DIN 18534 (2019)
	Deutsche Bauchemie e. V., Berlin	Richtlinie für die Planung und Ausführung von Abdichtungen mit polymermodifizierten Bitumendickbeschichtungen (PMBC), 4. Ausgabe (2018-12)
	Merkblätter der Wiss.-Techn. Arbeitsgemeinschaft für Bauwerkserhaltung und Denkmalpflege (WTA) e. V., Pfaffenhofen E 4-9-18	Instandsetzen von Gebäude- und Bauteilsockeln (2018-08, Entwurf)
Dach	DIN SPEC 20000 - Teil 201:	Anwendung von Bauprodukten in Bauwerken Anwendungsnorm für Abdichtungsbahnen nach Europäischen Produktnormen zur Verwendung in Dachabdichtungen (2018-08)
	DIN EN 492	Faserzement-Dachplatten und dazugehörige Formteile – Produktspezifikation und Prüfverfahren (2018-07)
	DIN EN 12310 - Teil 2:	Abdichtungsbahnen – Bestimmung des Widerstandes gegen Weiterreißen Kunststoff- und Elastomerbahnen für Dachabdichtungen (2019-02)
	DIN EN 12467	Faserzement-Tafeln – Produktspezifikation und Prüfverfahren (2018-07)
	DIN EN 12691	Abdichtungsbahnen – Bitumen-, Kunststoff- und Elastomerbahnen für Dachabdichtungen – Bestimmung des Widerstandes gegen stoßartige Belastung (2018-05)

	DIN EN 14509 - Teil 1:	Selbsttragende Sandwich-Elemente mit beidseitigen Metalldeckschichten – Werkmäßig hergestellte Produkte Spezifikationen (2018-10, Entwurf)
	DIN EN 16002	Abdichtungsbahnen – Bestimmung des Widerstandes gegen Windlast von mechanisch befestigten bahnenförmigen Stoffen für die Dachabdichtung (2019-02)
	Arbeitsgemeinschaft Industriebau e. V. (AGI), Bensheim	
	- B 10	Industriedächer – Leitlinien für Planung und Ausführung von Dächern mit Abdichtungen auf Tragschalen aus Stahltrapezprofilen – Porenbeton – Stahlbeton (2018-05)
	Forschungsgesellschaft Landschaftsentwicklung Landschaftsbau e. V. (FLL), Bonn Dachbegrünungsrichtlinien. Richtlinie für Planung, Bau und Instandhaltung von Dachbegrünungen (2018) (mit "Untersuchungsmethoden für Vegetationssubstrate und Dränschichtschüttstoffe bei Dachbegrünungen" (Ausgabe 2018))	
	Informationsverein Holz e. V., Berlin (informationsdienst-holz.de) Flachdächer in Holzbauweise – holzbau handbuch in der Reihe 3, Teil 2, Folge 1 (2019-01)	
	Internationaler Verband für den Metallleichtbau e. V. (IFBS), Krefeld	
	- GL 08	Richtlinie für Anschlageinrichtungen zum Befestigen von persönlicher Schutzausrüstung gegen Absturz (2019-01)
	- GL 09	Transport und Lagerung von Bauelementen des Metallleichtbaus (2019-01)
	- PA 10	Solartechnik im Metallleichtbau (2019-01)
	Zentralverband des Dt. Dachdeckerhandwerks (ZVDH), Köln: - Fachregel für Außenwandbekleidungen mit ebenen Faserzement-Platten (2018-12) - Fachregel für Dachdeckungen mit Faserzement-Dachplatten (2018-05) - Merkblatt Wärmeschutz bei Dach und Wand (2018-05) - Merkblatt äußerer Blitzschutz auf Dach und Wand (2018-12) - Produktdatenblatt Reet (2018-12) - Fachinformation Umweltschutz (2018-11)	
	Zentralverband Sanitär Heizung Klima (ZVSHK), Sankt Augustin Richtlinien für die Ausführung von Klempnerarbeiten an Dach und Fassade (Klempnerfachregeln) (2018-06, Ergänzung)	
Wand/ WDVS/ Innendämmung	DIN 18181	Gipsplatten im Hochbau – Verarbeitung (2018-10)
	DIN 18183 - Teil 1:	Trennwände und Vorsatzschalen aus Gipsplatten mit Metallunterkonstruktionen Beplankung mit Gipsplatten (2018-05)
	Bundesverband der Gipsindustrie e. V. (GIPS), Berlin	
	- MB 3	Fugen und Anschlüsse bei Gipsplatten- und Gipsfaserplattenkonstruktionen (2018-05)
	Bundesverband Porenbetonindustrie e. V., Berlin: Porenbeton-Handbuch – Planen und Bauen mit System, 7. Auflage (2018-12)	

		Fachverband der Stuckateure für Ausbau und Fassade Baden-Württemberg, Stuttgart Richtlinie – Anschlüsse an Fenster und Rollläden bei Putz, Wärmedämm–Verbundsystem und Trockenbau, 3. Auflage (erscheint voraus. Mitte 2019) Verband für Dämmsysteme, Putz und Mörtel e. V. (VDPM), Berlin Ratgeber rund um die Außenwand (2018-11) Verband Holzfaser Dämmstoffe e. V. (VHD), Wuppertal Checkliste Holzfaser-WDVS (2018-07) Zentralverband des Dt. Dachdeckerhandwerks (ZVDH), Köln: Hinweise für Außenwandbekleidungen (2018-12, Gelbdruck) Zentralverband Sanitär Heizung Klima (ZVSHK), Sankt Augustin Richtlinien für die Ausführung von Klempnerarbeiten an Dach und Fassade (Klempnerfachregeln) (2018-06, Ergänzung)
Glas/ Fenster/ Türen	DIN 18008 - Teil 1: - Teil 2:	Glas im Bauwesen – Bemessungs- und Konstruktionsregeln Begriffe und allgemeine Grundlagen (2018-05, Entwurf) Linienförmig gelagerte Verglasungen (2018-05)
	DIN 18055	Kriterien für die Anwendung von Fenstern und Außentüren nach DIN EN 14351-1 (2018-11, Entwurf)
	DIN 18073	Rollläden, Markisen und sonstige Abschlüsse im Bauwesen – Begriffe und Einsatzempfehlungen (2018-09, Entwurf)
	DIN EN 1096 - Teil 4:	Glas im Bauwesen – Beschichtetes Glas Produktnorm (2018-11)
	DIN EN 1279 - Teil 1: - Teil 2: - Teil 3: - Teil 4: - Teil 5: - Teil 6:	Glas im Bauwesen – Mehrscheiben-Isolierglas Allgemeines, Systembeschreibung, Austauschregeln, Toleranzen und visuelle Qualität (2018-10) Langzeitprüfverfahren und Anforderungen bezüglich Feuchtigkeitsaufnahme (2018-10) Langzeitprüfverfahren und Anforderungen bezüglich Gasverlustrate und Grenzabweichungen für die Gaskonzentration (2018-10) Verfahren zur Prüfung der physikalischen Eigenschaften der Komponenten des Randverbundes und der Einbauten (2018-10) Produktnorm (2018-10) Werkseigene Produktionskontrolle und wiederkehrende Prüfungen (2018-10)
	DIN EN 12216	Abschlüsse – Terminologie, Benennungen und Definitionen (2018-12)
	DIN EN 12519	Fenster und Türen – Terminologie (2019-02)
	DIN EN 13830	Vorhangfassaden – Produktnorm; Änderung A1 (2018-09, Entwurf)
	DIN EN 14351 - Teil 2:	Fenster und Türen – Produktnorm, Leistungseigenschaften Innentüren (2019-01)
	DIN EN 14500	Abschlüsse – Thermischer und visueller Komfort – Prüf- und Berechnungsverfahren (2018-06, Entwurf)
	DIN EN 14501	Abschlüsse – Thermischer u. visueller Komfort – Leistungsanforderungen u. Klassifizierung (2018-06, Entwurf)

	DIN EN 17257 - Teil 1: - Teil 2:	Glas im Bauwesen – Säuregeätztes Glas Definition und Beschreibung (2018-06, Entwurf) Produktnorm (2018-06, Entwurf)
	DIN EN 17258 - Teil 1: - Teil 2:	Glas im Bauwesen – Sandgestrahltes Glas Definition und Beschreibung (2018-06, Entwurf) Produktnorm (2018-06, Entwurf)
	VDI 6008 - Bl. 5:	Barrierefreie Lebensräume Möglichkeiten der Ausführung von Türen und Toren (2019-03, Entwurf)
	Bundesverband Flachglas e. V. (BF), Troisdorf	
	022/2018	BF-Merkblatt: Verglasungsrichtlinie (2018-11)
	Bundesinnungsverband des Glaserhandwerks, Hadamar	
	- TR 2	Anwendung der Glasbemessungsnorm DIN 18008. Anwendungsbeispiele und Ausführhilfen für die Praxis, aktualisierte Neuauflage erscheint im Herbst 2019
	Flachglas MarkenKreis GmbH, Gelsenkirchen	
		GlasHandbuch 2019 (2018-10, Redaktionsschluss)
	Institut für Fenstertechnik e. V. (ift), Rosenheim	
	- BA-01/1	Ermittlung und Klassifizierung der Überrollbarkeit von Schwellen (2018-10)
	- BA-02/1	Empfehlungen zur Umsetzung der Barrierefreiheit im Wohnungsbau mit Fenstern und Türen (2018-10)
	- VE-07/3	Mehrscheiben-Isolierglas mit beweglichen Sonnenschutzsystemen integriert im Scheibenzwischenraum (2018-11)
	Verband Fenster + Fassade (VFF), Frankfurt/Main (www.window.de)	
	- ES 01	Energetische Kennwerte von Fenstern, Türen und Fassaden (2018-07)
	- FA 01	Potentialausgleich und Blitzschutz von Vorhangfassaden (2018-08)
	- HO 06-1	Holzarten für den Fensterbau –Teil 1 „Holzarten für den Fensterbau, Eigenschaften Holzartentabelle (2018-08)
	- HO 11	Holzschutz bei Holz- und Holz-Metall-Fenstern, -Haustüren, -Fassaden und -Wintergärten (2018-08)
	- ST 01	Beschichten von Stahlteilen im Metallbau (2018-07)
Brand- schutz	DIN 4102 - Teil 4: - Teil 7:	Brandverhalten von Baustoffen und Bauteilen Zusammenstellung und Anwendung klassifizierter Baustoffe, Bauteile und Sonderbauteile; Änderung A1 (2018-11) Bedachungen – Anforderungen und Prüfungen (2018-11)
	DIN SPEC 4102 - Teil 23:	Brandverhalten von Baustoffen und Bauteilen Bedachungen – Anwendungsregeln für Prüfergebnisse von Bedachungen nach DIN CEN/TS 1187, Prüfverfahren 1, und DIN 4102-7 (2018-07)

	DIN 18234	Baulicher Brandschutz großflächiger Dächer – Brandbeanspruchung von unten
	- Teil 1:	Geschlossene Dachflächen – Anforderungen und Prüfung (2018-05)
	- Teil 2:	Verzeichnis von Dächern, welche ohne weiteren Nachweis die Anforderungen nach DIN 18234-1 erfüllen – Dachflächen (2018-05)
	- Teil 3:	Durchdringungen, Anschlüsse und Abschlüsse von Dachflächen – Anforderungen und Prüfung (2018-05)
	- Teil 4:	Verzeichnis von Durchdringungen, Anschlüssen und Abschlüssen von Dachflächen, welche ohne weiteren Nachweis die Anforderungen nach DIN 18234-3 erfüllen (2018-05)
	DIN EN 13823	Prüfungen zum Brandverhalten von Bauprodukten – Thermische Beanspruchung durch einen einzelnen brennenden Gegenstand für Bauprodukte mit Ausnahme von Bodenbelägen (2019-02, Entwurf)
	Informationsverein Holz e. V., Berlin (informationsdienst-holz.de)	
		Brandschutzkonzepte für mehrgeschossige Gebäude und Aufstockungen – holzbau handbuch in der Reihe 3, Teil 5, Folge 1 (2019-01)
	Internationaler Verband für den Metallleichtbau e. V. (IFBS), Krefeld	
	- BS	Brandschutz (2019-01)
	- BS 03	Baulicher Brandschutz großflächiger Dächer nach DIN 18234 (2019-01)
Schallschutz	DIN 4109	Schallschutz im Hochbau
	- Teil 34:	Daten für die rechnerischen Nachweise des Schallschutzes (Bauteilkatalog) – Vorsatzkonstruktionen vor massiven Bauteilen; Änderung A1 (2018-10, Entwurf)
	- Teil 35:	Daten für die rechnerischen Nachweise des Schallschutzes (Bauteilkatalog) – Elemente, Fenster, Türen, Vorhangfassaden; Änderung A1 (2018-10, Entwurf)
	DIN 8989	Schallschutz in Gebäuden – Aufzüge (2018-12, Entwurf)
	DIN EN 12354	Bauakustik – Berechnung der akustischen Eigenschaften von Gebäuden aus den Bauteileigenschaften
	- Teil 5:	Installationsgeräusche (2019-02)
	DIN EN ISO 16283	Akustik – Messung der Schalldämmung in Gebäuden und von Bauteilen am Bau
	- Teil 1:	Luftschalldämmung (2018-04)
	- Teil 2:	Trittschalldämmung (2018-11)
Baugrund	DIN 4085 Beiblatt 1:	Baugrund – Berechnung des Erddrucks Berechnungsbeispiele (2018-12)
	DIN 18124	Baugrund, Untersuchung von Bodenproben – Bestimmung der Korndichte – Weithalspyknometer (2019-02)
	DIN 19639	Bodenschutz bei Planung und Durchführung von Bauvorhaben (2018-05)
	DIN EN 1997	Eurocode 7 – Entwurf, Berechnung und Bemessung in der Geotechnik
	- Teil 1-1/NA:	allgemeine Regeln – Nationaler Anhang zu NF (2018-09-15)
	DIN EN 15129	Erdbebenvorrichtungen (2018-07)
	DIN EN ISO 14688	Geotechnische Erkundung und Untersuchung – Benennung, Beschreibung und Klassifizierung von Boden

	- Teil 1:	Benennung und Beschreibung (2018-05)
	- Teil 2:	Grundlagen für Bodenklassifizierungen (2018-05)
	DIN EN ISO 14689	Geotechnische Erkundung u. Untersuchung – Benennung, Beschreibung u. Klassifizierung von Fels (2018-05)
Sonstiges	DIN 276	Kosten im Bauwesen (2018-12)
	DIN 1946	Raumlufttechnik
	- Teil 4:	Raumlufttechnische Anlagen in Gebäuden und Räumen des Gesundheitswesens (2018-09)
	- Teil 4, Bbl.1	Beiblatt 1: Checkliste für Planung, Ausführung und Betrieb der Gerätekomponenten (2018-06)
	DIN 18202	Toleranzen im Hochbau – Bauwerke (2018-12, Entwurf)
	DIN SPEC 55684	Korrosionsschutz von Stahlbauten durch Beschichtungen – Prüfung von Oberflächen auf visuell nicht feststellbare Verunreinigungen vor dem Beschichten (2018-07)
	DIN EN 1090	Ausführung von Stahltragwerken und Aluminiumtragwerken
	- Teil 1:	Bewertung und Überprüfung der Leistungsbeständigkeit für tragende Bauteile aus Stahl und Aluminium (2018-12, Entwurf)
	- Teil 4:	Technische Anforderungen an tragende, kaltgeformte Bauelemente aus Stahl und tragende, kaltgeformte Bauteile für Dach-, Decken-, Boden- und Wandanwendungen (2018-09)
	DIN EN 1991	Eurocode 1: Einwirkungen auf Tragwerke
	- Teil 3:	Einwirkungen infolge von Kranen und Maschinen (2019-02)
	DIN EN 1993	Eurocode 3: Bemessung und Konstruktion von Stahlbauten
	- Teil 1-1:	Allgemeine Bemessungsregeln und Regeln für den Hochbau (2018-12)
	- Teil 1-5:	Plattenförmige Bauteile (2019-03, Entwurf)
	- Teil 1-6:	Festigkeit und Stabilität von Schalen (2018-11)
	- Teil 4-1:	Silos, Tankbauwerke und Rohrleitungen – Silos; Änderung 1 (2018-06, Entwurf)
	- Teil 4-1:	Silos (2018-11)
	- Teil 4-2:	Tankbauwerke (2018-05, Entwurf)
	DIN EN 1998	Eurocode 8: Auslegung von Bauwerken gegen Erdbeben
	- Teil 1:	Grundlagen, Erdbebeneinwirkungen und Regeln für Hochbau (2018-10)
	DIN EN ISO 12570	Wärme- und feuchtetechnisches Verhalten von Baustoffen und Bauprodukten – Bestimmung des Feuchtegehaltes durch Trocknen bei erhöhter Temperatur (2018-07)
	MVV TB 2019/1	Muster-Verwaltungsvorschrift Technische Baubestimmungen (MVVTB), Änderungsentwurf für 2019/1, (Stand 18.12.2018)
	VDI 2067 Blatt 50	Wirtschaftlichkeit von Bauteilen (2018-10)
	VDI/GIF 6209	Redevelopment – Entwicklung von Bestandsimmobilien (2018-08, Entwurf)
	VDI 6210 Blatt 2	Abbruch von baulichen und technischen Anlagen (2018-10, Entwurf)
	Bundesverband Flächenheizungen und Flächenkühlungen e. V. (BVF), Dortmund Schnittstellenkoordination bei Flächenheizungs- und Flächenkühlungssystemen in bestehenden Gebäuden (2018-05)	

5 Schlussbemerkung

Regelwerke sind nicht zwangsläufig im werkvertraglichen Sinn „anerkannte Regeln der Bautechnik", sondern haben lediglich die – widerlegbare – Vermutung für sich, solche Regeln darzustellen.

Wer Abweichendes für richtig hält, muss die Norm und Ihre Entwicklung kennen, um im Streitfall überzeugend argumentieren zu können. An der Regelwerkkenntnis führt daher kein Weg vorbei.

Dipl.-Ing. Géraldine Liebert Architekturstudium an der RWTH Aachen; seit 2001 wissenschaftliche Mitarbeiterin im Büro von Prof. Dr.-Ing. Oswald und beim AIBau – Aachener Institut für Bauschadensforschung und angewandte Bauphysik gemeinn. GmbH; seit 2009 staatlich anerkannte Sachverständige für Schall- und Wärmeschutz; seit 2017 DGNB Consultant.

Tätigkeitsschwerpunkte: baukonstruktive und bauphysikalische Beratungen, Planungen von Bauleistungen im Bestand, Mitarbeit bei Gutachten, praktische Bauschadensforschung u. a. zu den Themen Wärmeschutz, Energieeinsparung, Solaranlagen auf Bestandsdächern, Innendämmungen, Schimmelpilzbildung, Flachdachabdichtung, Instandsetzung und Instandhaltung von Gebäuden/Kostengünstiges Bauen.

Schuldrechtsreform 2018: Haftungserleichterung oder aktionistische Augenwischerei?

Markus Cosler

Hersteller H liefert an Lieferant L Siphons. Dieser verkauft die Siphons an Werkunternehmer W. W schließt mit Besteller B einen Werkvertrag, er schuldet sowohl die Lieferung als auch den Einbau der Siphons. W baut die Siphons in die bodengleichen Duschen der Badezimmer des neuen Hotelgebäudes des B ein. Nach der Inbetriebnahme fällt auf, dass die Siphons wegen eines Fabrikationsfehlers defekt sind. Um die Siphons auszutauschen, ist es u. a. erforderlich die Bodenfliesen aufzureißen und im Anschluss neue Fliesen zu verlegen.

Es stellt sich die Frage, wer die Kosten des Aus- und Einbaus zu tragen hat.

1 Vor der Schuldrechtsreform 2018

Beim Kauf einer Sache, die zum Einbau bestimmt ist, ist ein Mangel häufig – wie auch im Beispiel – erst nach dem Einbau erkennbar. Verlangte der Käufer in einem solchen Fall Ersatzlieferung gem. §§ 437 Nr. 2, 439 Abs. 1 2. Alt. BGB, so war der Umfang des Anspruchs uneinheitlich: Unternehmer hatten nach der gängigen Rechtsprechung im Gegensatz zum Verbraucher gegen den Verkäufer keinen Anspruch auf Erstattung der Ein- und Ausbaukosten.[1]

Daneben bestand vor der Gesetzesreform das praktische Problem, dass eine Nachbesserung, also eine Beseitigung des Mangels, aus technischen Gründen

---

[1] BGHZ 195, 135; BGHZ 200, 337.

RA M. Cosler
Lehrbeauftragter für Baurecht an der FH Hannover, Aachen, Deutschland

© Springer Fachmedien Wiesbaden GmbH, ein Teil von Springer Nature 2020
M. Oswald und M. Zöller (Hrsg.), *Aachener Bausachverständigentage 2019*,
https://doi.org/10.1007/978-3-658-27446-7_2

häufig nicht möglich ist. Somit ist der Anspruch auf Nachbesserung häufig gem. § 275 Abs. 1 2. Alt. BGB ausgeschlossen. Es bleibt daneben nur der Anspruch auf Nachlieferung. Eine Nachlieferung ist jedoch häufig mit sehr hohen Kosten, nämlich solchen für den Ausbau der mangelhaften und den Einbau der neuen, mangelfreien Sache, verbunden. Es stellte sich daher die Frage, ob bei einem Verbrauchsgüterkauf auch die Ersatzlieferung wegen dieser Kosten gem. § 439 Abs. 3 S. 3 2. HS BGB a. F. verweigert werden konnte.

Mit Urteil vom 16.06.2011 entschied der EuGH, dass der Verkäufer gem. Art. 3 Abs. 2, Abs. 3 Verbrauchsgüterkauf-Richtlinie zum Ausbau der mangelhaften Kaufsache und dem Einbau der neuen, mangelfreien Sache bzw. zur entsprechenden Kostentragung verpflichtet ist, sofern der Einbau der Kaufsache gutgläubig vor dem Auftreten des Mangels gemäß ihres Verwendungszwecks und ihrer Art erfolgte.[2] Der Verkäufer könne die Ersatzlieferung nicht wegen absoluter Unverhältnismäßigkeit verweigern, da diese die einzige Möglichkeit der Nacherfüllung in diesen Fällen sei. Es sei jedoch nicht ausgeschlossen, den Anspruch des Verbrauchers auf die Übernahme eines angemessenen Betrags zu beschränken.[3]

Gem. §§ 478, 479 BGB a. F. war es dem Unternehmer im Rahmen des sogenannten Unternehmerregresses möglich, die Kosten für die Nacherfüllung, also auch für den Aus- und Wiedereinbau, die er als Vertragspartner tragen musste, vom Lieferanten zurückzuverlangen. Voraussetzung hierfür war gem. § 478 Abs. 2 BGB a. F. allerdings, dass der Endabnehmer Verbraucher war. Eine analoge Anwendung auf Fälle, in denen der Endabnehmer kein Verbraucher war, fand nicht statt.[4]

Wie auch im Beispiel konnte in solchen Fällen der Besteller B, bei dem als Hotelbetreiber die Unternehmereigenschaft im Sinne des § 14 Abs. 1 BGB zu bejahen ist, gem. §§ 634 Nr. 1, 635 BGB den Ausbau der mangelhaften und den Einbau einer neuen, mangelfreien Sache von seinem Vertragspartner W verlangen. Der W konnte jedoch gegen seinen Lieferanten nicht die gesamten Kosten geltend machen. Ihm blieb so nur die Möglichkeit der Geltendmachung eines verschuldensabhängigen Schadensersatzanspruchs (§ 437 Nr. 3, 280 Abs. 1 BGB), dessen Voraussetzungen regelmäßig mangels Vertretenmüssen des Mangels durch

---

[2] EuGH NJW 2011, 2269 Rn. 62.
[3] EuGH NJW 2011, 2269 Rn. 78.
[4] Lorenz, JuS 2018, S. 10 (11); BGH, Urteil vom 2. April 2014 – VIII ZR 46/13 –, BGHZ 200, 337–350.

den Lieferanten nicht vorlagen.[5] So blieb der Werkunternehmer regelmäßig auf den Aus- und Einbaukosten sitzen.

2 Rechtslage seit dem 01.01.2018

2.1 Gesetzesänderungen im Rahmen der Schuldrechtsreform 2018

In § 439 BGB wurde ein neuer Absatz 3 eingefügt. Danach werden Nachbesserung und Nachlieferung erfasst, da auf den Käufer bei beiden Alternativen zusätzliche Aus- und Einbaukosten zukommen können, die er schon einmal aufgewandt hat und die bei mangelfreier Leistung nicht nochmals angefallen wären.[6]

Die Stellung der Vorschrift im allgemeinen Teil des Kaufrechts sorgt dafür, dass die Nacherfüllungspflicht nicht nur im Verhältnis zwischen Unternehmer und Verbraucher gilt, sondern bei jedem Kaufvertrag Anwendung findet. Durch die Neuregelung wird daher der Unternehmerregress der §§ 478, 479 BGB a. F. modifiziert. Die Norm enthält nicht die Voraussetzung, dass der Käufer die Kaufsache bei sich selbst eingebaut oder angebracht haben muss. Daher kann auch der Werkunternehmer, der die Sache bei seinem Kunden eingebaut oder angebracht hat, nach der Vorschrift des § 439 Abs. 3 BGB n. F. von seinem Lieferanten die erforderlichen Aufwendungen verlangen.

Da der Mangel regelmäßig nicht vom Letztverkäufer, sondern vielmehr vom Lieferanten oder Hersteller zu verantworten ist, besteht die Möglichkeit des Regresses gem. §§ 445 a, 445 b BGB n. F.[7] Begründet wird die Neuregelung damit, dass die Stärkung der Mängelrechte des Käufers sich nicht einseitig zulasten einer Partei in der Lieferkette auswirken soll, die den Mangel nicht zu vertreten hat. Es soll so die sogenannte Gewährleistungsfalle vermieden werden.[8] Zu berücksichtigen ist, dass die Regelung nur im Fall einer neu hergestellten Sache gilt, da bei einer gebrauchten Sache nicht von einer geschlossenen Lieferkette auszugehen ist.[9]

---

[5]Vgl. auch Looschelders, JA 2018, S. 81 (82).
[6]Bundestagsdrucksache, 18/8486, S. 39.
[7]Bundestagsdrucksache, 18/8486, S. 25.
[8]Looschelders, JA, S. 81 (84).
[9]Bundestagsdrucksache, 14/6040, S. 248.

Die Rechte des Käufers aus § 445 a Abs. 1 BGB n. F. und § 437 BGB i. V. m. § 445 a Abs. 2 BGB n. F. erlauben keinen unmittelbaren Durchgriff auf den Hersteller. Vielmehr erfolgt der Rückgriff im jeweiligen Vertragsverhältnis, jedoch in der Lieferkette bis zum Hersteller bzw. dem für den Sachmangel Verantwortlichen.[10] Voraussetzung ist jedoch, dass es sich beim Schuldner um einen Unternehmer handelt, da ein solcher Rückgriff gegenüber einem Verbraucher nicht zu rechtfertigen wäre.[11] § 445 b BGB n. F. soll vor Regresslücken verursacht durch Verjährung schützen.

Gem. § 439 Abs. 4 S. 3 2. HS BGB n. F. kann der Verkäufer die Nacherfüllung wegen absoluter Unverhältnismäßigkeit vollständig verweigern. Der Werkunternehmer, der mit dem Verkäufer einen Kaufvertrag hat, wird hierdurch jedoch nicht unangemessen benachteiligt, da dieser wiederum im Verhältnis zum Besteller gem. § 635 Abs. 3 BGB die Nacherfüllung wegen unverhältnismäßig hoher Kosten verweigern kann.[12] § 475 Abs. 4 BGB n. F. enthält für den Verbrauchsgüterkauf eine Einschränkung des Einwands der absoluten Unverhältnismäßigkeit. Der Unternehmer kann demnach nicht die einzig mögliche Art der Nacherfüllung wegen unverhältnismäßiger Kosten verweigern. Es kommt lediglich eine Beschränkung des Aufwendungsersatzes auf einen angemessenen Betrag in Betracht. Bei der Bemessung des Betrages ist gem. § 475 Abs. 4 S. 3 BGB n. F. insbesondere auf den Wert der Sache im mangelfreien Zustand und die Bedeutung des Mangels zu abzustellen. Diesbezüglich kommt es vor allem darauf an, ob der Mangel die Funktionstüchtigkeit oder lediglich die Ästhetik der Sache beeinträchtigt.[13]

2.2 Probleme in der Praxis

2.2.1 Handelsrechtliche Untersuchungs- und Rügepflicht

Die Vorschrift des § 377 HGB bleibt gem. § 445 a Abs. 4 BGB n. F. unberührt. Damit ist ein Rückgriff auf den Vertragspartner ausgeschlossen, wenn der Verkäufer oder der Lieferant im Falle eines Handelsgeschäfts im Sinne des § 343 HGB seine handelsrechtliche Untersuchungs- und Rügepflicht verletzt hat.

---

[10]Weidt, NJW 2018, S. 263 (265).
[11]Looschelders, JA, S. 81 (85).
[12]Looschelders, JA, S. 81 (84).
[13]Bundestagsdrucksache, 18/8486, S. 45.

Wie man den Untersuchungs- und Prüfungsaufwand vor einer Weiterveräußerung bemessen sollte, ist jedoch fraglich. Die Umstände des Weiterverkaufs der Ware sind die Sache des Käufers und berühren seine Untersuchungs- und Rügeobliegenheit nicht. Dies gilt auch, wenn der Endabnehmer bezüglich der Abnahme Erfüllungsgehilfe im Sinne des § 278 BGB des Käufers ist und auch dann, wenn der Endabnehmer Verbraucher ist und für ihn daher die Vorschrift des § 377 HGB nicht gilt.[14] Die Art und der Umfang der Untersuchungspflicht müssen im konkreten Fall dem Käufer zumutbar sein, was sich wiederum nach objektiven Kriterien bestimmt. Es bedarf einer Interessenabwägung, wobei Schwierigkeiten bei der Entdeckung des Mangels nicht von der Untersuchungspflicht befreien.[15] Im Einzelfall zu berücksichtigen sind u. a. auch Beschädigungen oder Zerstörungen der Kaufsachen (beispielsweise auch durch Zerstörung der Originalverpackung)[16], bei der Lieferung größerer Warenmengen sind aussagekräftige Stichproben zu nehmen.[17] Im Hinblick auf anfallende Kosten sind bis zu 15 % des Warenwertes angemessen.[18] Es zeigt sich, dass der Käufer nur bei Greifen des Arglisteinwands (§ 377 Abs. 5 HGB) oder bei Abbedingung der Rügeobliegenheit vor der Ausschlusswirkung des § 377 HGB sicher ist.[19] Es ist möglich, die Untersuchungs- und Rügepflicht des § 377 Abs. 1 HGB als auch die Rügepflicht des § 377 Abs. 3 HGB abzubedingen oder auch anders auszugestalten, beispielsweise zu verschärfen.[20]

2.2.2 Verlust des Rechts zur zweiten Andienung

Im Werkrecht ist der Nacherfüllungsanspruch der §§ 634 Nr. 1, 635 BGB gegenüber der Selbstvornahme vorrangig (vgl. § 637 Abs. 1 BGB). Das heißt, dass der Werkunternehmer grundsätzlich ein Recht zur zweiten Andienung hat.[21] Anders ist es seit der Gesetzesänderung im Kaufrecht in den beschriebenen Einbaufällen.

---

[14]Baumbach/Hopt-HGB, Hopt, 38. Auflage, München 2018, § 377 Rn. 23.
[15]Baumbach/Hopt-HGB, Hopt, 38. Auflage, München 2018, § 377 Rn. 25; BGH NJW 77, 1150; BGH NJW 16, 2645.
[16]MüKo-HGB, Grunewald, 4. Auflage, München 2018, § 377 Rn. 41.
[17]Baumbach/Hopt-HGB, Hopt, 38. Auflage, München 2018, § 377 Rn. 26; RG 68, 369; RG 106, 362; BGH NJW 77,1151.
[18]Baumbach/Hopt-HGB, Hopt, 38. Auflage, München 2018, § 377 Rn. 25; BGH NJW 16, 2645.
[19]Nietsch/Osmanovic, NJW 2018, S. 1 (5).
[20]MüKo-BGB, Lorenz, München 2018, 7. Auflage.
[21]Palandt-BGB, Sprau, 78. Auflage, München 2019, § 634 Rn. 11.

Gem. § 439 Abs. 3 BGB n. F. kann der Käufer die erforderlichen Aufwendungen für den Aus- und Einbau vom Verkäufer ersetzt verlangen. Er kann also einen beliebigen Werkunternehmer engagieren oder selbst tätig werden.[22] Im Gesetzesentwurf war zunächst ein Wahlrecht des Verkäufers enthalten, den Aus- und Einbau selbst vorzunehmen oder sich zum Ersatz der angemessenen Aufwendungen zu verpflichten. Dieses Wahlrecht sollte dem Verkäufer einen wirtschaftlichen Vorteil verschaffen, wenn er sach- und fachgerechte Aus- und Einbauleistungen günstiger selbst vornehmen bzw. durch seine geschäftlichen Kontakte die Arbeiten zu einem geringeren Preis durchführen lassen kann, als dies dem Käufer möglich ist.[23] Um den Endabnehmer zu schützen, wurde jedoch auf das Wahlrecht verzichtet. Begründet wird dies damit, dass der Endabnehmer, der einen Werkvertrag mit dem Werkunternehmer geschlossen hat, welcher wiederum einen Kaufvertrag mit dem Lieferanten hat, bei einem Anspruch aus § 439 Abs. 3 BGB n. F. dulden müsste, dass der Lieferant, zu dem er als Endabnehmer keinerlei Beziehung hat, die Nacherfüllung durchführt.[24] Daneben hätte eine differenzierte Lösung, die die Zumutbarkeit für den Endabnehmer berücksichtigt hätte, zu erheblicher Rechtsunsicherheit geführt.[25] Das Recht zur zweiten Andienung geht folglich verloren. Als Ausgleich ist im Interesse des Verkäufers der Ersatz auf den der erforderlichen Aufwendungen beschränkt.[26] Daneben besteht das Verweigerungsrecht des Verkäufers bei absoluter Unmöglichkeit gem. § 439 Abs. 4 S. 3 2. HS BGB n. F. bzw. die Beschränkung auf einen angemessenen Betrag gem. § 475 Abs. 4 S. 2 BGB n. F.

2.2.3 Abdingbarkeit

Gem. § 476 Abs. 1 BGB n. F. ist beim Verbrauchsgüterkauf eine Vereinbarung, die vor Mitteilung des Mangels getroffen wurde und das Recht aus § 439 Abs. 3 BGB n. F. abbedingen soll, unwirksam. Auch durch AGB kann der Aufwendungsersatzanspruch nach § 439 Abs. 3 BGB n. F. wegen § 309 Nr. 8 b cc BGB n. F. nicht abbedungen werden. Diese Regelung hat jedoch nur einen begrenzten unmittelbaren Anwendungsbereich, da im Verhältnis zu einem Unternehmer oder

---

[22]Weidt, NJW 2018, S. 263 (265).
[23]Bundestagsdrucksache, 18/8486, S. 39, 95.
[24]Bundestagsdrucksache, 18/8486, S. 82.
[25]Looschelders, JA, S. 81 (83).
[26]Bundestagsdrucksache 18/11437, S. 40.

einer juristischen Person des öffentlichen Rechts § 309 BGB gem. § 310 Abs. 1 S. 1 BGB keine Anwendung findet.[27]

Es stellt sich die Frage, inwiefern im unternehmerischen Verkehr in AGB die Kostentragungspflicht für die Ein- und Ausbaukosten abbedungen werden kann. Zwar ist das Klauselverbot des § 309 Nr. 8 b cc BGB n. F. nicht direkt anwendbar, jedoch kann ein solches über § 307 BGB Ausstrahlungswirkung auf AGB im unternehmerischen Bereich haben.[28] Fällt eine Klausel bei ihrer Verwendung gegenüber Verbrauchern unter die Verbotsnorm des § 309 BGB, stellt dies nach der Rechtsprechung ein Indiz dafür dar, dass sie auch im Falle der Verwendung gegenüber Unternehmern zu einer unangemessenen Benachteiligung führt. Auf der anderen Seite kann die Klausel jedoch wegen der besonderen Interessen und Bedürfnisse des unternehmerischen Geschäftsverkehrs ausnahmsweise als angemessen angesehen werden. Es werden daher nur in besonderen Fällen, die von der Rechtsprechung herauszubilden sind, entsprechende Klauseln wirksam sein.[29] Es ist also davon auszugehen, dass entsprechende Klauseln auch zwischen Unternehmern grundsätzlich unwirksam sind.[30] Um unwirksame AGB zu vermeiden und so das Abmahnrisiko zu senken, sollten daher unternehmerische AGB bezüglich der Ein- und Ausbaukosten angepasst werden.[31]

Der Lieferantenregress und die Vorschriften der §§ 445 a, 445 b BGB n. F. sind nicht zwingend, sofern es sich beim Käufer nicht um einen Verbraucher handelt. Dies ergibt sich aus dem Wortlaut des § 309 Nr. 8 b cc BGB n. F., dessen Indizwirkung wiederum zu berücksichtigen ist.[32] Gem. § 478 Abs. 2 BGB n. F. kann der Rückgriff ganz ausgeschlossen werden, wenn ein Ausgleich vereinbart wird.[33]

2.2.4 Beweislast

Im Grundsatz gilt gem. § 434 BGB in Verbindung mit § 363 BGB, dass der Schuldner (in unserem Fall der Verkäufer) die Beweislast dafür trägt, dass die

---

[27]Looschelders, JA, S. 81 (84).
[28]Orlikowski-Wolf, ZIP 2018, S. 360 (362); vgl. BGHZ 89, 363 ff.
[29]Bundestagsdrucksache, 18/8486, S. 37; vgl. BGHZ 174, 1–6; BGHZ 90, 273, 278.
[30]So auch Orlikowski-Wolf, ZIP 2018, S. 360 (363); Palandt-BGB, Grüneberg, 78. Auflage, München 2019, § 309 Rn. 73.
[31]Orlikowski-Wolf, ZIP 2018, S. 360 (363).
[32]So auch Orlikowski-Wolf, ZIP 2018, S. 360 (363); ähnlich auch Palandt-BGB, Weidenkaff, 78. Auflage, München 2019, § 445 a Rn. 4, § 445 b Rn. 3.
[33]Palandt-BGB, Weidenkaff, 78. Auflage, München 2019, § 445 a Rn. 4.

Leistung obligationsgemäß war. Sobald der Gläubiger (in unserem Fall der Käufer) die Sache als Erfüllung angenommen hat, sein Verhalten also bei und nach der Entgegennahme der Sache zu erkennen gegeben hat, dass er die Leistung als eine im Wesentlichen ordnungsgemäße Erfüllung gelten lassen will, tritt eine Beweislastumkehr ein. Der Käufer hat dann den Mangel zu beweisen.[34]

Die Beweislastumkehr des § 477 BGB n. F. (entspricht § 476 BGB a. F.) findet auch zwischen Lieferant und Werkunternehmer Anwendung, jedoch gem. § 478 Abs. 1 BGB n. F. nur, sofern es sich beim Besteller um einen Verbraucher handelt. Begründet wird die eingeschränkte Anwendung damit, dass der Unternehmer wegen § 478 Abs. 2 BGB n. F. an die Verbrauchsgüterkaufregeln gebunden ist (zwingendes Recht).[35]

RA Markus Cosler Studium der Rechtswissenschaften in Trier und Betriebswirtschaftslehre in Aachen. Seit dem 1. Staatsexamen tätig für die Kanzlei Delheid, Soiron, Hammer; während des Referendariates Mitarbeit für den Deutschen Bundestag und das Deutsch-Saudi-Arabische Verbindungsbüro für Wirtschaftsangelegenheiten. Tätigkeitsschwerpunkte sind das private Baurecht, Architektenrecht sowie Miet-, WEG- und Maklerrecht. Bundesweite Dozententätigkeit und zahlreiche Veröffentlichungen zu baurechtlichen Fachthemen wie z. B. der VOB/B.

---

[34]Palandt-BGB, 78. Auflage, München 2019, Grüneberg, § 363 Rn. 1–3, Weidenkaff, § 434 Rn. 59.
[35]Lorenz, JuS 2018, S. 10 (13).

Änderungen in den Abdichtungsnormen – schon wieder und warum?

Matthias Zöller

1 Anlass

Bekanntermaßen ist die neue Reihe der Abdichtungsnormen DIN 18531 bis DIN 18535 [1–5] im Juli 2017 erschienen. Die Entscheidung für die Neugliederung fiel im Jahr 2010 mit der Absicht, Inhalte aus der DIN 18195 [6] sowie der DIN 18531 [1], die Dächer für nicht genutzte Dachflächen regelte, möglichst zu übernehmen bzw. fortzuführen und lediglich strukturelle Änderungen vorzunehmen. Das ist nur zum Teil so umgesetzt worden. Die länger als geplante Bearbeitungszeit bis zur Veröffentlichung der Entwürfe im Jahre 2016 umfasste zum Teil auch eine notwendige inhaltliche Bearbeitung. Diese ist aber unvollständig geblieben.

Zum Beispiel nahm DIN 18534 [4] die wenigen Regelungen der DIN 18195-5 auf und führte in Symbiose mit dem ZDB Merkblatt Verbundabdichtungen [7] zu einer insgesamt sechsteiligen Normenreihe. In DIN 18531 wurde zwar ein fünfter Normenanteil für Balkone, Laubengänge und ähnliche Flächen angehängt sowie die Anforderungen an Abdichtungen genutzter Flächen in Teile 1 bis 4 integriert. Wesentliche Bestandteile der Vorgängernorm wurden aber ohne große inhaltliche Veränderungen übernommen. So wurden die Strukturen, die die anderen vier Normen aufweisen, nicht eingearbeitet, sondern die bestehende übernommen.

DIN 18533 [3] übernahm wesentliche Bestandteile der DIN 18195 Teile 1, 3, 4, 6, sowie 8 bis 10. Sie hatte sich aber zum Ziel gesetzt, nicht mehr die Einwirkungen aus dem Boden zu differenzieren, sondern lediglich die Anforderungen an Abdichtungen zu beschreiben. Unterscheidungen sind unter

---

Prof. Dipl.-Ing. M. Zöller
ö. b. u. v. Sachverständiger, AIBau, Aachen, Deutschland

physikalischen Aspekten nicht sinnvoll, wenn Einwirkungen jeweils gleich sind. Bei Druckwasser ist es unerheblich, ob dieses durch Stauwasser oder durch Grundwasser zustande kommt.

Dieser Beitrag befasst sich mit den notwendigen inhaltlichen und zum Teil strukturellen Änderungen der Normen DIN 18531 und DIN 18533 und gibt einen Ausblick auf die zurzeit in Bearbeitung befindliche DIN 4095, die den Teil der noch in DIN 18533 enthaltenen Zuordnungen aus dem Baugrund auf die Abdichtung übernehmen soll. Dies ist für Anwender der Normen wesentlich, weil im erdberührten Bereich Abdichtungen und wasserundurchlässige Konstruktionen häufig kombiniert eingesetzt werden. Die Anforderungen der Abdichtungsnorm und der WU-Richtlinie widersprechen sich aber teilweise, an der Schnittstelle verbleiben Unklarheiten. Wenn Einwirkungen einheitlich geregelt sind, können bauweisenbezogene Maßnahmen an der Widerstandsseite, also Abdichtungen oder wasserundurchlässige Konstruktionen, widerspruchsfrei gewählt werden. Dazu ist teilweise eine Neuordnung nötig.

Ein Grundsatz der Normungsarbeit besteht darin, dass diese sich als anerkannte Regel der Technik etablieren sollen (s. [8, 9]). Die ständige Rechtsprechung des BGH z. B. zu DIN 4109 in der Ausgabe 1989 sowie die Anforderungen aus der Bauproduktevorordnung legen fest, dass anerkannte Regeln der Technik den jeweiligen Mindeststandard abbilden, um die Gebrauchstauglichkeit mit einem ausreichenden Zuverlässigkeitsgrad für die Zeitdauer der vorgesehenen Nutzung unter üblichen, wenn möglichen Instandhaltungen sicherstellen sollen. Das wiederum hat zur Folge, dass Regeln, die anerkannte Regel der Technik werden wollen, diesen Mindeststandard beschreiben sollen, also keinen deutlich höheren oder niedrigeren. Wenn Regeln davon abweichen, ist dies dort entsprechend zu kennzeichnen. Daraus ergibt sich, dass Qualitätsklassen vom Standard der anerkannten Regeln der Technik abweichen und als rechtliche Anforderungen nicht ohne weiteres in technischen Regeln abgebildet werden dürfen.

Normen sollen transparent und widerspruchsfrei sein. Für den Bereich des Bauens sollen sie Grundsätze regeln und keine lehrbuchartigen Konstruktionsempfehlungen beinhalten. Sie sollen sich auf den Normungsgegenstand beschränken und nicht Dinge regeln, die außerhalb dessen liegen.

Diese Grundsätze sind in den bisherigen Normen leider nicht konsequent beachtet worden. So beinhalten die Regelwerke für Dachabdichtungen auch Regelungen für Beläge und pauschalieren dabei. Beläge sind aber nicht Gegenstand der Abdichtungsnormen. Es gibt Belagskonstruktionen, die bestimmte Anforderungen an den Untergrund erfordern, andere dagegen kommen mit anderen Situationen gut aus. Eine zu pauschale Regelung außerhalb des Regelungsgegenstands entspricht nicht dem Sinn einer Standardisierung einer Norm für Dachabdichtungen.

Wenn z. B. Gefälle von Dachabdichtungen ausschließlich für die Gebrauchstauglichkeit bestimmter Belagskonstruktionen erforderlich werden, ist dies in den Regeln für Beläge zu bestimmen und nicht in den Regeln für Dachabdichtungen.
Die Festlegung von Mindestanforderungen für z. B. Aufkantungshöhen relativieren sich, wenn z. B. der Untergrund, die Einbausituation oder andere situative Eigenschaften diese nicht erfordern. Wenn öffentlich-rechtlich relevante Regeln Aufkantungshöhen (z. B. DIN 18040-2) verbieten, dürfen privatrechtliche Handlungsempfehlungen diese nicht als uneingeschränkt erforderlich darstellen. Wenn niveaugleiche Schwellen nicht uneingeschränkt verwendungsgeeignet sind und z. b. mit zeitlich und örtlich punktuellen Wassereintritten zu rechnen ist, sind die Grundsätze des Werkvertragsrechts missachtet. Wenn niveaugleiche Schwellen aber machbar sind, können die Maßnahmen auch an anderen Stellen ergriffen werden – anderes widerspräche den Grundsätzen von anerkannten Regeln der Technik. Wenn also Aufkantungshöhen von Abdichtungen in bestimmten Situationen, z. B. an niveaugleichen Schwellen, entfallen können, sind trotzdem niveaugleiche Schwellen uneingeschränkt gebrauchstauglich zu gestalten. Wenn dies der Fall ist, gibt es keinen Grund, für andere Situationen, in denen genauso die Gebrauchstauglichkeit sichergestellt werden kann, Aufkantungshöhen, sozusagen als Selbstzweck, einzufordern.

Um Regeln zu schaffen, die uneingeschränkt gebrauchstaugliche Konstruktionen sicherstellen und andererseits Dinge nicht als Mindeststandard dargestellt werden, die (widersprüchlicher Weise) unterschritten werden können, wäre die folgende, grundsätzliche Vorgehensweise denkbar. Regeln können nach grundsätzlichen Prinzipien als unterer Mindeststandard (anerkannte Regel der Technik) und nach Anwendungsbeispielen unterscheiden. Die grundsätzlichen Prinzipien sollen keine Festlegungen enthalten, die durch Ausnahmen unterschritten werden können. So sollten die normativen Texte z. B. keine Zahlen zu Anforderungen von Gefälle oder Aufkantungen beinhalten, da diese nicht widerspruchsfrei unterschritten werden könnten. Die erläuternden, nicht normativen, sondern informativen Beispiele dagegen wären geeignet, die einzuhaltenden Schutzziele erläuternd darzustellen.

2 Änderungsbedarf DIN 18531

2.1 Differenzen der Regelwerke

Annähernd zeitgleich zur Änderung der DIN 18531 wurde auch die Flachdachrichtlinie [10] neu herausgegeben. Entgegen den früheren Ausgaben differieren die Inhalte der beiden Regelwerke, die sich mit Flachdachabdichtungen beschäftigen. Das ist für Anwender ein unglücklicher Umstand: Die Flachdachrichtlinie können sie nicht mehr als praktische Erläuterung zur Norm verwenden, sondern haben beide Regelwerke parallel hinsichtlich der Verwendbarkeit im Bezug zur jeweiligen Aufgabenstellung anzuwenden.

2.2 Qualitätsklassen ≠ Anwendungsbezogener Mindeststandard

Der wesentliche Unterschied zwischen der Norm und der Richtlinie liegt in den Anwendungsklassen, die die Abdichtungsnorm als Qualitätsklassen auffasst.

Zur letztjährigen Tagung habe ich mich mit der Frage auseinandergesetzt, ob ein Regelwerk, das sich als anerkannte Regel der Technik etablieren will, unterschiedliche Qualitätsklassen benennen kann oder als anerkannte Regel der Technik, die als jeweiliger Mindeststandard verstanden wird, davon Abstand nehmen sollte.

Regelwerke, die sich als a. R. d. T. etablieren sollen, aber mehr als für den Werkerfolg notwendige Maßnahmen fordern, sollten Klassen bilden, die nach möglichen Anwendungsfällen und Zuverlässigkeitsaspekten differenzieren. Anwendungsklassen können für Planung und Ausführung eine sinnvolle Hilfestellung bieten. Das hat zur Folge, dass Qualitätsklassen nicht ohne Not definiert werden sollten.

Dagegen lassen sich anwendungsbezogene Mindeststandards bilden, die nicht unterschritten werden sollten: Ein Dach für eine offene Unterstellhalle oder ein Vordach über einem Eingang braucht nicht den gleichen Abdichtungsaufwand wie das Dach über einem Wohnhaus oder, mit noch höheren Anforderungen, über einem Museum oder einem Gebäude, bei dem kleinere Undichtheiten gravierende Folgen haben können.

So können sich die Anwendungsklassen an den Raumnutzungsklassen der DIN 18533 orientieren. Im Grunde sind die bisherigen Anwendungsklassen auch keine Qualitätsklassen, sondern ein jeweiliger anwendungsbezogener Mindeststandard.

2.3 Fehler der bisherigen Klassenbildungen

Allerdings sind die Merkmale dieser Standards bisher nicht qualitätsbildend. Die Anwendungsklassen K1 und K2 (Anwendungskategorien nach bisheriger DIN 18531 und Anwendungsklassen nach DIN 18531:2017-07) leiden darunter, dass sie aufgrund der Weiterentwicklung von Technologien keine qualitätsorientierten Merkmale (mehr) beschreiben. Zwischen den beiden Klassen wird hauptsächlich nach Stoffeigenschaften und der Planung eines Gefälles differenziert. Bei Verbrauchern könnte der Eindruck entstehen, dass die jeweilig höhere Qualitätsklasse eines Stoffs auch tatsächlich zu einer erhöhten Qualität am Dach führt. Das ist aber nicht immer so. Es hängt oft von anderen Einflüssen ab, ob eine Abdichtung lange hält oder vorzeitig geschädigt bzw. gar zerstört wird.

2.4 Bisherige Zuordnungen nach Anforderungen

Der Mindeststandard für Vordächer, Balkone Loggien und Laubengänge wird jetzt in Teil 5 der DIN 18531 beschrieben. Der Mindeststandard für Wohnhausdächer entspricht prinzipiell der bisherigen Anwendungsklasse K1. Der Mindeststandard für Abdichtungen über Museen oder anderen Gebäuden bzw. Bauteilen, an denen höhere Anforderungen als an den guten Standard von Wohnhausdächern zu stellen sind, entspricht der bisherigen Anwendungsklasse K2.

2.5 Notwendigkeit von Neudefinitionen

Bei all diesen Klassen sind aber die jeweiligen Merkmale neu zu definieren, wobei die Folgen der Unterläufigkeit von Dachabdichtungen sowie die Auffindbarkeit möglicher Fehlstellen wesentliche Kriterien bilden sollen.

Die Anforderung an ein Gefälle – ein wesentlicher Bestandteil der Kategorisierung nach Qualitätsklassen – beschränkt sich auf die Planungsangabe. Sowohl Norm, als auch Richtlinie weisen (richtigerweise) ausdrücklich darauf hin, dass die gebaute Dachfläche von dieser Planungsvorgabe abweichen darf – und das in beiden Anwendungsklassen!

Eine geplante zweiprozentige Neigung kann, aufgrund von unvermeidbaren Deckendurchbiegungen, zulässigen, weil nicht vermeidbaren Ebenheitstoleranzen und Ebenheitsversätzen auf größere Flächen, am gebauten Dach nicht erwartet werden. Abweichungen von der Planungsvorgabe sind nicht vermeidbar – dieser Sachverhalt ist insbesondere in DIN 18531 eingeflossen.

Auch bisher waren die Regelungen inhaltlich gleichartig, aber inkonsequent formuliert. Die Anforderung, dass ein Gefälle von 2 % zu planen und auszuführen ist, ist missverständlich und widersprüchlich zu dem ebenfalls enthaltenen und richtigen Hinweis, dass Pfützenfreiheit auf Flachdächern eine Gefälleplanung von 5 % erfordert. Die Planung eines Gefälles von 2 % kann im besten

Fall sicherstellen, dass es keine größeren und tieferen Pfützen gibt – ohne Unterscheidung zwischen den Qualitätsklassen. Was aber nutzt dem Anwender bzw. Gebäudeeigentümer eine Planungsangabe, wenn sie im Kern für seine Dachfläche irrelevant ist? Gefällegebungen verlieren ihre Bedeutung, wenn Abdichtungsschichten verwendet werden, die gegen stehendes Wasser dauerhaft beständig sind. Sie sind – unabhängig von einer Raumnutzungsklasse oder anwendungsbezogener Mindestklasse – dann mit einem deutlich stärkeren Gefälle als 2 % zu verlegen, wenn sie bzw. deren Nahtfügungen nicht dauerhaft von Wasser überstaut werden dürfen.

Die im ersten Kapitel vorgeschlagene, nach Prinzipien und Anwendungsbeispiele differenzierende Vorgehensweise möchte ich am Beispiel ‚Gefälle von Dachabdichtungen' erläutern.

Die normative Festlegung könnte z. B. lauten:

In Abhängigkeit von der Bauart und der Bauweise ist Wasser von der Oberseite der Abdichtung wirksam abzuführen, sodass sich keine größeren Pfützen langanhaltend auf den Abdichtungsschichten bilden. Bei Bauarten, die einen hinreichenden Widerstand gegen lang stehendes Wasser aufweisen, sind diese Maßnahmen nicht erforderlich.

Die informative Ergänzung dazu könnte lauten:

Um die Wasserableitung von der Abdichtungsschicht insbesondere bei nicht genutzten Dächern zu erreichen, kann die Abdichtungsschicht mit einem Gefälle von ca. 2 % geplant werden, wodurch unter Berücksichtigung von unvermeidbaren Deckendurchbiegungen, Unebenheiten und Höhenversätze größere Gegengefällestrecken am errichteten Dach vermieden werden können.

Wenn Gefälle bei bestimmten Stoffen in bestimmten Aufbauten für die Gebrauchstauglichkeit wesentlich sind, können diese nach den vorherigen Anforderungen geregelt werden. Sonst muss man sich die Frage stellen, warum Gefälle zwingend erforderlich ist, wenn z. B. unter intensiven Begrünungen Dachabdichtungsschichten kein Gefälle aufweisen sollen. Auch in mit Abdichtungen versehenen Behältern stellt sich die Frage nach einem Gefälle nicht. Damit wird verdeutlicht, dass die Anforderungen der Abdichtung selbständige Merkmale sind und nicht von anderen, nicht in den jeweiligen Abdichtungsnormen geregelten Konstruktionen beeinflusst werden dürfen.

Das zweite Merkmal ist die Stoffqualität. Dazu hat sich aber inzwischen herauskristallisiert, dass überwiegend die höhere Stoffqualität gewählt wird. Bei Bitumenbahnen sind dies zwei Lagen Polymerbitumen, bei Kunststoffbahnen wird in der Regel die Bahn mit einer Nenndicke höher gewählt.

Damit sind die bisherigen, beiden Merkmale einer Qualitätszuordnung für Besteller unwichtig geworden. Andererseits sind die Beschaffenheitsmerkmale, die zu einem aus Bestellersicht dauerhaft zuverlässigem Dach führen, bei einer Klassifizierung unberücksichtigt geblieben. Auch wenn die Norm – noch mehr die Flachdachrichtlinie – auf solche technischen Möglichkeiten hinweist, bleiben die Regelwerke hinter ihrer Aufgabe zurück, den Planer und den Ausführenden bei einer richtigen Auswahl hinreichend zu unterstützen.

Ich halte es für verständlich, dass das Regelwerk der Dachdecker, die Flachdachrichtlinie [10], die nicht mehr zu überschauenden Klassifizierungen nicht übernommen hat. Sie ist nicht zielführend und nach meiner Beobachtung weder von Planern, noch von Ausführenden detailliert und konsequent umgesetzt worden.

Andererseits sollte eine sich in der Praxis wegen Detailfragen nicht bewährte Klassifizierung nicht zwangsläufig dazu führen, dass gänzlich von ihr Abschied genommen wird. Wenn eine auf eine überschaubare Anzahl und mit nachvollziehbaren Merkmalen belegte Klassifizierung zu einem brauchbaren Instrument führt, das sowohl Planer, als auch Ausführende unterstützt, erfüllt sie und damit das betreffende Regelwerk die wesentliche Aufgabe, perspektivisch beim Werkerfolg zu unterstützen.

Damit besteht die Herausforderung, die bisherige Klassifizierung auf ein notwendiges, nachvollziehbares Mindestmaß zu reduzieren und die jeweiligen Klassen mit nachvollziehbaren Beschaffenheitsmerkmalen auszustatten, sodass Anwender mit ihnen umgehen können.

Diese Umstellung erfordert eine grundlegende inhaltliche Änderung und bietet gleichzeitig die Chance, die Struktur der DIN 18531 an die Strukturen der anderen Normen anzupassen.

3 Änderungsbedarf DIN 18533

3.1 Regelung außerhalb des Regelungsbereichs

Teil 1 der DIN 18533 enthält eine Reihe von Festlegungen, die den Baugrund betreffen, aber nicht den Kernbereich der Norm, nämlich die Abdichtungen.

So wird die Wassereinwirkungsklasse W1-E, die Situationen oberhalb des Grundwasserbemessungsstands beschreibt, in zwei Unterklassen W1.1-E und W1.2-E unterteilt. Diese Differenzierung nimmt Rücksicht auf die Sickerfähigkeit des Baugrunds. Diese wird seit Jahrzehnten nach der in DIN 18130 [13] beschriebenen Bodendurchlässigkeit k bestimmt, der mindestens stark durchlässig sein muss ($k > 10^{-4}$ m/s).

Wenn diese starke Durchlässigkeit des Baugrunds vorliegt, bei der Stauwasser auch bei stark durchlässigen Arbeitsraumauffüllungen und Abdeckungen sicher ausgeschlossen werden kann, können anstelle von Abdichtungen auf Bodenplatten auch Estrichbahnen verwendet werden. Wird der Laborwert nicht erreicht, ist nach DIN 18533 – wie schon in der Vorgängernorm DIN 18195-1 – eine Dränung nach DIN 4095 [11] nötig, wenn nicht druckwasserhaltende Abdichtungen an Außenseiten von Wänden und an Unterseiten von Bodenplatten nach Wassereinwirkungsklasse W2-E gewählt werden.

DIN 18533 hat somit sich nicht vollständig von der Entstehungsart des Wassers aus dem Baugrund gelöst, sondern regelt diesen, ohne die Fragen zur Entstehung von Wassereinwirkungen im Baugrund befriedigend zu klären. Dabei ist es Aufgabe der Abdichtungsnorm, Abdichtungen zu regeln, und nicht Baugrund.

Die Norm differenziert nicht nach den fünf Klassifizierungen der Laborprüfnorm und differenziert nicht nach Schichtenfolgen im Boden, die maßgeblich dazu beitragen, ob Stauwasser entstehen kann oder nicht. Sie bleibt bei der extrem ungünstigen Betrachtung eines Worst-Case-Szenarios und legt Anforderungen fest, die unrealistisch hoch sind und nur in seltenen Fällen zutreffen. Sie regelt daher nicht Regelfälle, sondern Ausnahmen.

3.2 Abdichtungen unter Bodenplatten

Abdichtungen sind bei Druckwassereinwirkungen nach W2-E unter Bodenplatten – und nicht auf ihnen – anzuordnen.

Druckwasserhaltende Abdichtung unter Bodenplatten benötigen nach deren Errichtung Schutzlagen gegen Beschädigungen der Abdichtungsschicht beim Einbau der Bodenplatte. Diese sind allerdings in der Regel von Wasser durchströmbar und erzeugen damit eine Unterläufigkeit zwischen Abdichtung und Bodenplatte.

Bodenplatte und Rohbau eines Gebäudes werden nicht unter Druckwassereinwirkung hergestellt, sondern im Trockenen. Erst wenn das Gebäude steht, kann eine Wasserhaltung abgestellt werden. Eine gleiche Situation liegt vor, wenn Grundwasserstände gegebenenfalls auch erst Jahre später steigen. Fehlstellen werden aber erst bemerkt, wenn entweder Wasserhaltungen abgestellt werden oder Grundwasser ansteigt und Wasser durch Leckstellen nach innen eindringt.

Kein Planer möchte sich zum Vorwurf machen lassen, einen Planungs- oder Bauüberwachungsfehlers begangen zu haben. Wird ein solcher unterstellt, löst das einen Schadensersatzanspruch aus, der schon für die Leckortung zumindest den abschnittsweisen Abbruch einer Bodenplatte und deren Neuerrichtung bedeutet. Weil Abdichtungen unter Bodenplatten noch nicht einmal für Inspektionen zugänglich sind, werden sie in der Praxis nur selten angewendet.

3.3 Bedarf an Standardisierung

Abdichtungen im erdberührten Bereich beschränken sich regelmäßig auf Wandflächen, die an deren unterem Ende an wasserundurchlässige Betonplatten angeschlossen werden. Diese Übergänge werden seit Jahrzehnten erfolgreich praktiziert, auch wenn klar ist, dass eine besondere Sorgfalt bei der Untergrundvorbehandlung, der Auswahl des Systems und bei dessen Verarbeitung erforderlich ist.

Für Anwender sind aber die grundsätzlichen Unterschiede zwischen der Abdichtungsnorm DIN 18533 und der WU-Richtlinie, die dann beide zu beachten sind, nicht nachvollziehbar. Die unterschiedlichen Vorgehensweisen sind für Anwender zu kompliziert und bedürfen der Vereinheitlichung.

Das erfordert eine Änderung in der Systematik der Einwirkungszuordnung. So ist vorgesehen, die Einwirkungen durch Wasser aus dem Baugrund nicht mehr in der Abdichtungsnorm, sondern in der Norm, die sich mit Baugrund und Dränungen beschäftigt, zu regeln. Daraus folgt das Grenzflächenmodell (Abb. 1), wonach in DIN 4095-1 zukünftig einheitliche Standards für Wassereinwirkungen aus dem Baugrund beschrieben werden sollen. Der Widerstand gegen das Wasser wird dann in Abhängigkeit von der Bauweise entweder in der WU-Richtlinie oder in der Abdichtungsnorm beschrieben.

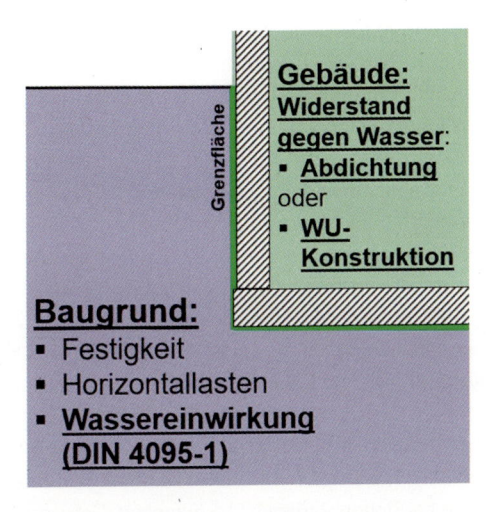

Abb. 1 Grenzflächenmodell „Jedem das Seine": Regelungen, die den Baugrund betreffen, sollen in einer Norm beschrieben werden, die Baugrund beschreibt. Das betrifft die Entstehung von Wasser und die daraus folgenden Einwirkung bis zur Grenzfläche der Abdichtung oder der Außenseite von WU-Bauteilen.

Damit sollen aber nicht nur DIN 18533, sondern auch die WU-Richtlinie Bezug auf diese Norm nehmen, um einheitliche Festlegungen bei den inzwischen üblichen Kombinationen aus Abdichtungen und wasserundurchlässigen Bauteilen zu haben. Auch andere Regelwerke, etwa Merkblätter der WTA, können dann widerspruchsfrei Bezug auf diese Norm nehmen.

4 Änderungsbedarf DIN 4095

4.1 In Kanäle als Vorflut ableitbares Wasser

Die Norm für die Dränung zum Schutz baulicher Anlagen und Gebäude DIN 4095 [11], Stand von Juni 1990, und wurde in den 1980er Jahren ausgearbeitet. Zum damaligen Zeitpunkt galt es vornehmlich, Grundstücke trocken zu legen. So war es noch in den 1960er und 1970er Jahren üblich, öffentlichen Kanälen Begleitdränungen anzufügen, die Wasser aus dem Gelände aufnahmen und dauerhaft die Grundwasserspiegel absenkten.

Seit Jahren aber soll Niederschlagswasser möglichst nicht in Fließgewässer abgeleitet, sondern örtlich versickert und damit dem Baugrund zugeführt werden.

Dies ist allerdings weniger zum Erhalt und Schutz vom Grundwasser erforderlich, dazu sind die durch Gebäude und deren unmittelbaren Umgebung versiegelten Flächen im Bezug zur Gesamtfläche zu klein. Es geht vielmehr um die Vermeidung von Überflutungsereignissen an Flussunterläufen. Darüber hinaus verbietet das Wasserhaushaltsgesetz die Einleitung von Grundwasser in die öffentliche Kanalisation. Das Gesetz lässt nur die Einleitung von Abwasser zu. Niederschlagswasser kann Abwasser sein, solange es auf befestigten Flächen gesammelt wird. Sobald es aber durch Bodenschichten sickert, beschreibt es das Gesetz als Grundwasser. Das hat zur Folge, dass selbst genehmigte Einleitungen von Grundwasser in die öffentliche Kanalisation grundsätzlich der übergeordneten Gesetzgebung widersprechen, solange nicht die darin vorgesehenen Ausnahmen ausgesprochen sind.

Öffentliche Kanäle, die Niederschlagswasser entweder getrennt oder zusammen mit Schmutzwasser als Mischwasser aufnehmen, werden nicht zur Ableitung von Grundwasser dimensioniert, sondern lediglich zur Entwässerung von befestigten Flächen (meistens im Zusammenhang mit Gebäuden), Dachflächen oder anderen baulichen Anlagen. In manchen Gebieten wird auch dieses Niederschlagswasser nicht mehr durch die öffentliche Kanalisation abgeleitet, sondern versickert.

In diese Situation passt nicht mehr der Ansatz, Niederschlagswasser aus einer größeren Umgebung, das einem Gebäude entweder an der Oberfläche oder als Grundwasser unterirdisch zufließt, durch Dränungen ableiten zu wollen. Die Einleitung in die öffentliche Kanalisation ist zudem unzulässig, wenn Niederschlagswasser als Grundwasser im Boden dem Gebäude unterirdisch zuströmt, da das grundsätzlich dem Wasserhaushaltsgesetz widerspricht.

Zwar schließt schon DIN 4095:1990 die Ableitung von Grundwasser aus. Aus den textlichen Beschreibungen ergibt sich aber, dass sowohl Oberflächenwasser, als auch Schichtenwasser bei der Dimensionierung von Dränungen zu berücksichtigen sind (Definitionen dazu finden sich in nachfolgendem Abschnitt). Diese Einwirkungsarten sind auch im Merkblatt mit Erläuterungen zur DIN 4095 [12] enthalten, das die Grundsätze der alten Norm berücksichtigt.

Dies widerspricht dem heutigen Gedanken, lediglich unmittelbar am Gebäude anfallendes Niederschlagswasser einer Dränung zuzuführen. Weil aber regelmäßig Dränanlagen nur Wasser führen, wenn dies von einer größeren Umgebung zum Gebäude hinströmt, lehnen Entsorgungsunternehmen oder -behörden üblicherweise die Ableitung von Wasser aus Dränungen durch die öffentliche Kanalisation ab.

Wenn aber nur Niederschlagswasser abgeleitet werden soll, das auf die Oberfläche einer Arbeitsraumverfüllung eines Gebäudes auftrifft, ist in den meisten Fällen der Versickerungswiderstand durch die Verfüllung oder deren oberseitigen Abdeckung durch Begrünungen oder Belägen so hoch, dass sich dieses nicht vor dem Gebäude anstauen kann und so nicht in die Dränung gelangt – diese bleibt trocken. Nur bei starkdurchlässigen Auffüllungen und stark durchlässiger Abdeckung des Arbeitsraums und schwach bis sehr schwach durchlässigem Baugrund könnte sich Stauwasser aus Sickerwasser von auf die Oberseite des verfüllten Arbeitsraums niedergehenden Regens bilden, das durch Dränungen abgeleitet werden könnte. Diese Situation ist aber eher selten anzutreffen. Es ist zu erwarten, dass DIN 4095-1 grundlegend neue Definitionen zu den Fallkonstellationen enthält, in denen sich Stauwasser bilden kann. Weiterhin ist davon auszugehen, dass der Sickerwert k von 10^{-4} m/s als (unrealistischer) Grenzwert, unter dem sich Stauwasser bildet, nicht weiter enthalten sein wird.

Die in DIN 4095:1990 beschriebenen Dränungen sind so zu dimensionieren, dass sie grundsätzlich Grundwasser ableiten können. DIN 4095:1990 trifft damit auf einer sehr ungünstigen Seite Annahmen, die für die Ableitung von Stauwasser zu überdimensionierten Dränungen führen.

Daher entspricht die Norm nicht mehr den heutigen Rahmenbedingungen und damit nicht mehr dem Gedanken von anerkannten Regeln der Technik. Die Norm beschreibt die Entwässerung in eine Vorflut, worunter sie auch die Kanalisation versteht, ohne darauf hinzuweisen, dass dies (mittlerweile zumindest) grundsätzlich gesetzeswidrig ist. Selbstverständlich können in Ausnahmefällen noch immer diese Arten von Ableitungen in Kanäle vorgenommen werden, wenn sie (als Ausnahme) genehmigt werden.

Normen können technische Ausnahmelösungen anbieten, die aus rechtlichen Gründen nicht grundsätzlich, sondern nur in Sonderfällen umsetzbar sind. DIN 4095 kann deswegen Dränungen beschreiben, die auch Grundwasser ableiten können – nur sind diese zur Ableitung von Stauwasser überdimensioniert.

Unter Bodenplatten kann sich i. d. R. kein Stauwasser aus Sickerwasser bilden, das einer Dränung zugeführt werden kann.

Die Diskrepanz zwischen den Rahmenbedingungen, die vor ca. 40 Jahren und früher gegeben waren, und den heutigen, führt zu dem dringenden Gebot, DIN 4095 grundlegend zu überarbeiten. Die Situation, unter denen heute Dränungen regelmäßig möglich sind, ist in einem eigenen Teil 2 zu beschreiben, um das üblicherweise nicht und nur in Ausnahmefällen durch Dränungen ableitbare Grundwasser klar auszuschließen. Daneben können Dränungen beschrieben werden, die als Sonderfälle umgesetzt werden können, aber zuvor die rechtlichen Rahmenbedingungen zu klären sind.

Dazu hat sich im April 2018 ein neuer Normenausschuss zur Neufassung der DIN 4095 konstituiert. Die Neufassung bietet weiterhin die Möglichkeit, an zentraler Stelle die Wassereinwirkungen zu definieren, damit sie einheitlich von anderen Regelwerken verwendet werden können, die den Schutz gegen von außen einwirkendes Wasser an Gebäuden und baulichen Anlagen beschreiben.

4.2 Entstehung von Wassereinwirkungen

DIN 18533 [3] definiert in Teil 1 Wassereinwirkungsklassen. Um diese zu verstehen, ist es erforderlich, auf die Entstehungsarten einzugehen (Abb. 2 und 3):

Abb. 2 Sickerwasser wird als das Niederschlagswasser und der von aufgehenden Fassaden ablaufende Schlagregen verstanden, das auf dem verfüllten Arbeitsraum niedergeht und in der Verfüllung versickert.

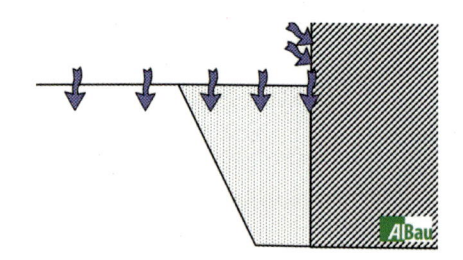

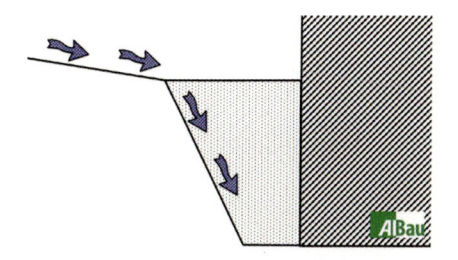

Abb. 3 Oberflächenwasser versteht sich als Niederschlagswasser, das auf einer (auch größeren) umgebenden Fläche niedergeht und durch Gefälle auf der Geländeoberfläche zum Sockel hinläuft. DIN 18533-1 fordert in Abschnitt 8 Maßnahmen, damit Oberflächenwasser nicht auf den Gebäudesockel einwirkt. Damit soll auch vermieden werden, dass dieses Wasser in die Arbeitsraumverfüllung sickern kann.

Grundwasser (Abb. 4) lässt sich geologisch nicht von Schichtenwasser unterscheiden. Es handelt sich um Grundwasser im oberen Stockwerk. Eine Differenzierung zwischen den beiden Einwirkungsarten an Gebäuden ist nicht möglich, auch eine nach der zuströmenden Menge nicht, weil das von der tatsächlichen Durchlässigkeit der wasserführenden Schicht abhängt.

Sickerwasser befindet sich im Boden unter Saugspannung und ist damit drucklos. Es bewegt sich in der ungesättigten Bodenzone, ist damit nicht frei beweglich kann nicht gedränt werden (Abb. 5 und 6).

Die Durchlässigkeit als Voraussetzung, dass sich kein Stauwasser bildet, ist eine starke Vereinfachung, die unter Berücksichtigung der heutigen technischen Möglichkeiten unangemessen ist. Sie führt regelmäßig zu unrichtigen Ergebnissen. Ebenso unberücksichtigt bleiben die in der Durchlässigkeitsprüfnorm DIN 18130 [13] vorhandenen Differenzierungen von fünf Stufen der Durchlässigkeiten.

Ebenfalls unberücksichtigt sind Schichtenfolgen. Tatsächlich kann Stauwasser nur in durchlässigeren Schichten über geringer durchlässigen Schichten entstehen. Stauwasserbildung hängt damit auch von den relativen Durchlässigkeiten der Schichtenfolgen ab. So kann selbst in schwach durchlässigem Baugrund kein Druckwasser durch Stauwasser entstehen, wenn darüber noch geringer durchlässige Schichten liegen oder der Arbeitsraum mit z. B. einem „Lehmschlag" oder geringdurchlässigen Belagsschichten aus z. B. Pflasterbelägen abgedeckt ist. Unter diesen Aspekten erscheinen Kiesrandstreifen in neuem Licht, insbesondere dann, wenn vor die Außenwände durchlässige Schutzschichten aus z. B. Noppenbahnen gestellt werden. Wird dagegen auf Kiesstreifen verzichtet und nicht strukturierte Schutzschichten für eine Abdichtung verwendet, ist die tatsächliche

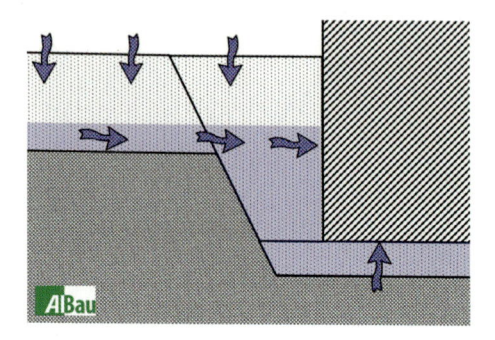

Abb. 4 Grundwasser ist Niederschlagswasser, das auf einer größeren, umgebenden Fläche niedergeht, durch Bodenschichten sickert, sich über relativ gering durchlässigen Schichten staut. Auf Gebäude wirkt es ein, wenn es im Erdreich zum Gebäude in Abhängigkeit der Durchlässigkeit der Bodenschichten sickert oder fließt.

Abb. 5 Stauwasser (DIN 18533 spricht von *drückendem Sickerwasser*) entsteht durch in die Arbeitsraumverfüllung sickerndes Niederschlagswasser, das sich in durchlässigeren Schichten über geringer durchlässigen Schichten staut.

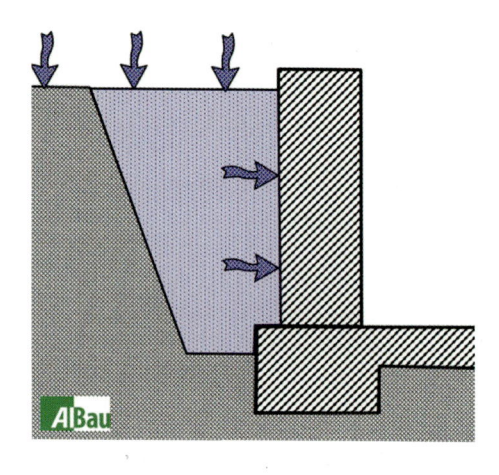

Wassereinwirkung an den erdberührten Bauteilen oberhalb des Bemessungswasserstands regelmäßig wesentlich geringer als nach normativer, vereinfachter Festlegung anzunehmen ist.

Die Unterscheidungsmerkmale in DIN 18533 zwischen W1.1-E, W1.2-E und W2-E (Stauwasser) nach der Durchlässigkeit $k > 10^{-4}$ m/s sind physikalisch nicht zu begründen und damit theoretisch unrichtig. Sie beschreiben damit nicht anerkannte Regel der Technik, weil die theoretische Richtigkeit eine wichtige Voraussetzung dazu ist.

Abb. 6 Nur Stauwasser kann durch Dränungen abgeleitet werden, nicht Sickerwasser. Unterhalb der Dränung sickert das Wasser weiter auch durch gering durchlässige Schichten, auf denen es sich staut.

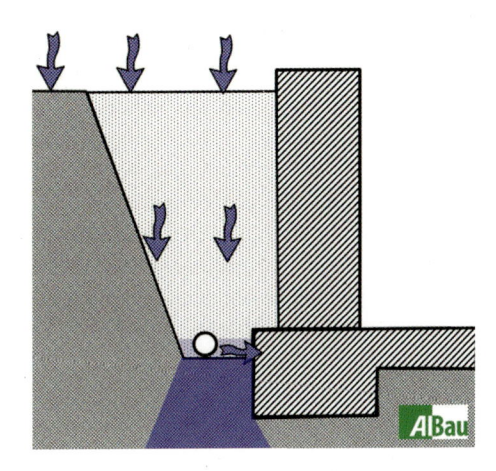

4.3 Regelfall gering durchlässiger Baugrund oberhalb des Bemessungswasserstand

Untersuchungen der Wohnungswirtschaft haben ergeben, dass nur in 15 % bis 20 % aller Bauvorhaben von Ein- und Zweifamilienhäusern in Deutschland Druckwasser durch Grund- oder sog. Schichtenwasser vorherrscht. Allerdings liegt ebenfalls nur in 15 % aller Fälle eindeutig ausschließlich Bodenfeuchte sowie (nicht drückendes) Sickerwasser an den Wänden vor, also ein stark durchlässiger Baugrund in Verbindung mit einem ausreichenden Abstand zum Bemessungswasserstand.

Deswegen führte der Verzicht auf die Untersuchung zur tatsächlichen Wassereinwirkung meistens zu unwirtschaftlichen Ergebnissen, da bei Bauwerkstiefen von mehr als ca. ½ m oder bei geringer Bauwerksauflast nicht nur der hohe Abdichtungsaufwand, sondern der hydrostatische Druck des ungünstigstenfalls aus bis zur Geländeoberfläche anzunehmenden Auftriebs und der zusätzliche seitliche Druck aufwändige Konstruktionen erfordert, die i. d. R. nicht gebraucht werden. Genauso kann durch die Detailgestaltung in 65 % bis 70 % aller Fälle, in denen schwach durchlässiger Baugrund oberhalb des Bemessungswasserstands vorliegt, Einfluss darauf genommen werden, ob und an welchen Bauteilen tatsächlich mit Druckwasser durch Stauwasser zu rechnen ist.

DIN 18533 differenziert bei Druckwasser nicht nach der Entstehungsart, da es für die Gebrauchstauglichkeit einer Abdichtung gleichgültig ist, warum das Wasser ansteht. Dennoch ist zur Festlegung, an welchen Flächen Druckwasser anstehen kann, eine Differenzierung zwischen Druckwasser aus Stauwasser und Druckwasser aus Grundwasser erforderlich.

Stauwasser kann sich ausschließlich aus Sickerwasser bilden, das im verfüllten Arbeitsraum als Niederschlag versickert und wirkt in den meisten Fällen nur auf die Wandfläche ein. Die Wassermenge ist regelmäßig erheblich geringer als bei Grundwasser. Nur bei einer ungünstigen Überlagerung von sehr schwach durchlässigem Baugrund, einer hydraulischen Verbindung zwischen dem Verfüllmaterial vor den erdberührten Außenwänden und durchlässigem Material unter der Bodenplatte über fast dichtem Baugrund und einer sehr großen zuströmenden Wassermenge (dazu ist mehr erforderlich als Niederschlag, der auf den Arbeitsraum abregnet) könnte Druckwasser an der Unterseite einer Bodenplatte entstehen. Wenn aber die durch die kleine Fläche um ein Gebäude, auf die der Niederschlag auftrifft, sickernde Wassermenge in einer starkdurchlässigen Auffüllung unter einer Bodenplatte gleich einer Rigole in den Baugrund versickert, bevor es sich in nennenswerter Höhe anstauen kann, ist ebenfalls eine Druckwassereinwirkung an der Unterseite einer Bodenplatte auszuschließen (Abb. 7 und 8).

In den meisten Fällen entsteht unter Bodenplatten kein Druckwasser, wenn der Bemessungswasserstand nicht bis an die Unterseite der Bodenplatte reicht, auch nicht in schwach durchlässigem Baugrund. Das wäre nur bei der Überlagerung von mehreren Bedingungen denkbar: große Sickerwassermenge in sehr stark durchlässiger Arbeitsraumverfüllung oder durch ein Flächendrän vor der Wand **und** hydraulische Verbindung **und** geringes Stauvolumen unter der Bodenplatte in einer dünnen, stark durchlässigen Schicht **und** sehr schwach durchlässiger, fast

Abb. 7 Stauwasser sickert in homogenem Baugrund wegen der Erdanziehungskraft in Verbindung mit den jeweils gleichen Durchdringungswiderstand nach unten, solange keine hydraulische Verbindung unter ein Gebäude besteht.

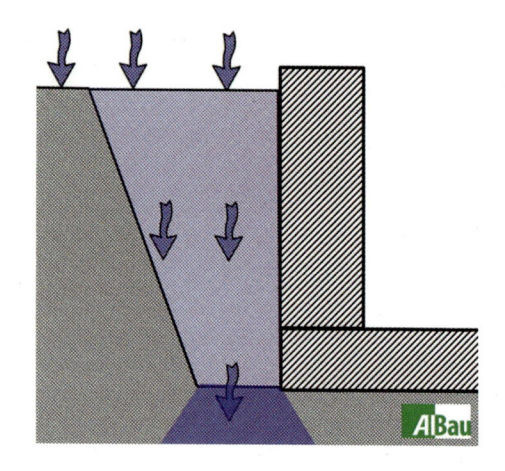

dichter Baugrund. Wenn eine dieser Bedingungen ausfällt, kann Druckwasser durch Stauwasser unter Bodenplatten ausgeschlossen werden.

Wenn z. B. der Arbeitsraum mit schwach durchlässigem Material ohne Flächendrän vor einer Außenwand aufgefüllt wird oder mit einer schwach durchlässigen Schicht abgedeckt bzw. mit einem Belag befestigt wird, gelangt wenig oder gar kein Wasser in den Baugrund, es kann sich schon so kein Druckwasser unter der Bodenplatte bilden.

Eine Ausnahme bilden Grundleitungen unter Bodenplatten, die in mit Sand o. ä. aufgefüllten Gräben verlegt werden. Wenn keine flächige, rigolenartige Sickerschicht (oft als kapillarbrechende Schüttung aufgefasst) vorhanden ist und die Gräben eine hydraulische Verbindung zwischen dem Bereich unter der Bodenplatte und dem des Arbeitsraums bildet, kann bei großen Niederschlagsmengen in den Gräben Druckwasser entstehen. Dabei sieht die Entwässerungsnorm DIN 1986-100 [14] vor, Grundleitung unter Bodenplatten (wegen der schwierigen Zugänglichkeit zu Inspektions- und Instandhaltungszwecken) zu vermeiden. Tatsächlich gibt es häufig sinnvolle Alternativen, nicht nur zur besseren Instandhaltung, sondern auch zur Vermeidung von Druckwasser unter Bodenplatten.

Diese Überlegungen können bereits nach der heutigen Abdichtungsnorm DIN 18533 angestellt werden, da diese die Auseinandersetzung mit den einzelnen Festlegungen fordert. Anwender der Normen müssen Festlegungen treffen,

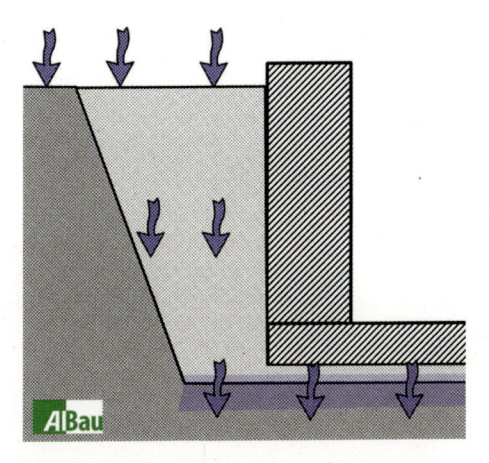

Abb. 8 Wenn eine hydraulische Verbindung unter ein Gebäude besteht, hängt es vom Verhältnis der zufließenden Wassermenge, dem Stauvolumen unter einem Gebäude und der tatsächlichen Durchlässigkeit des Baugrunds ab, ob sich Stauwasser bildet und dieses einen Wasserdruck an die Unterseite des Gebäudes ausüben kann. Meistens ist dies nicht der Fall, Stauwasser versickert durch die Rigole staufrei.

um mit einer hinreichenden Sicherheit eine dauerhaft gebrauchstaugliche Lösung zu finden. Andererseits sind unter werkvertraglichen Aspekten unnötige Aufwendungen zu vermeiden, sodass nicht notwendige Festlegungen nicht beachtet werden müssen.

Für Neubaumaßnahmen bedeuten diese Überlegungen, dass in den vielen Fällen mit schwach durchlässigem Baugrund oberhalb des Bemessungswasserstands festzulegen ist, wie die Wände und, unabhängig davon, die Bodenplatte gegen von außen einwirkende Feuchtigkeit zu schützen sind. Bei den Wänden kann mit einem geringen Mehraufwand gegen Druckwasser aus Stauwasser geschützt werden, während an Bodenplatten der Aufwand nicht nur gegen den Druckwasserschutz, sondern auch gegen Auftrieb in den meisten Situationen unnötig ist.

4.4 Dränmaßnahmen

Dränmaßnahmen für Gebäude zielen darauf ab, die Druckwassereinwirkung aus Stauwasser auf nicht drückendes Sickerwasser an Wänden und Bodenfeuchte unter Bodenplatten zu reduzieren. Sie sollen damit nicht nur die Wasserbeanspruchung, sondern auch den durch Wasser erzeugten Druck reduzieren. Gebäudedränungen können in bestimmten Situationen berechtigt sein, etwa bei Maßnahmen im Bestand oder zur Verringerung von auftreibenden Kräften bei leichten Gebäuden.

Wenn sie geplant werden, müssen Dränmaßnahmen dauerhaft (über die Zeitdauer der Nutzbarkeit der erdberührten Bauteile) Stauwasser fernhalten.

Dränungen erdberührter Bauteile von Gebäuden sollen nach DIN 4095 [11] aus Flächendränen vor den zu schützenden Wandflächen, aus in Filterpaketen verlegten Dränleitungen, die das in die Flächendränschichten sickernde Wasser sammeln, aus Kontrollvorrichtungen und einer Vorflut, die das anfallende Wasser ableitet, bestehen.

All diese Maßnahmen stehen unter dem Vorbehalt, dass Dränungen überhaupt erforderlich werden.

4.5 Vorflut

Bevor eine Dränung geplant wird, ist zu klären, wohin das aus der Dränung abzuleitende Wasser geführt werden kann. Bauordnungsrechtlich wird eine Einleitung in die öffentliche Kanalisation regelmäßig nicht genehmigt, obwohl es sich unter den heutigen Rahmenbedingungen nur um verzögert abgegebenes

Niederschlagswasser handelt, das auf den verfüllten Arbeitsraum niedergeht. Wie ausgeführt, wird Wasser, das Bodenschichten durchsickert, als Grundwasser aufgefasst und ist damit kein Abwasser mehr, dass einer öffentlichen Kanalisation zugeleitet werden darf.

Schichtenwasser ist Grundwasser im oberen Grundwasserstockwerk und darf nicht ohne weiteres in Kanäle geführt werden.

Da Dränanlagen nach normativer Festlegung ohnehin nur in Situationen oberhalb des Bemessungswasserstands in gering durchlässigem Baugrund in Erwägung zu ziehen sind, ist die Versickerung des Dränwassers vor Ort i. d. R. nicht oder nur mit großen unterirdischen Versickerungseinrichtungen möglich.

Diese haben aber auf häufig nur kleinen Grundstücken eine zu geringe Fläche, um die normativ abzuleitende Wassermenge versickern zu können. Die (unrealistisch hohen anzunehmenden) Wassermengen könnten im Dränsystem rückstauen und so eine Druckwassereinwirkung erzeugen, die durch die Dränung eigentlich vermieden werden sollte.

Praktisch wird aber bei Beachtung der in DIN 18533-1 [3] geforderten Rahmenbedingungen nur sehr wenig oder überhaupt kein Wasser über Dränsysteme abgeleitet.

Dränungen sind überflüssig, wenn kein Stauwasser anfällt. Dies ist bei homogenem Baugrund und Verfüllung sowie gering durchlässiger Abdeckung der Fall, und zwar unabhängig von der Bodendurchlässigkeit – solange keine durchlässigen Elemente Wasser durchleiten, etwa Flächendräne vor Wänden, die bis zur Belagsoberfläche geführt sind, und die Oberflächenwasser aufnehmen können.

Andererseits sind keine Schäden durch Rückstau aus einer unterirdischen Versickerungseinrichtung (aus z. B. einem Sickerschacht oder einer Rigole) zu befürchten, wenn die tatsächliche Stauwassermenge berücksichtigt wird und kein Schichten-, Grund- oder Oberflächenwasser hinzukommt, das in ein Dränsystem gelangen kann.

Dränungen scheiden wegen der Schwierigkeit bei der Vorflut in vielen Neubausituationen bereits von vornherein aus, wenn die bisherigen Wasserspenden angesetzt werden. Daher ist eine Überarbeitung der normativen Grundsätze geboten.

4.6 Flächendränungen unter Bodenplatten

DIN 4095 gibt bei Dränungen vor, dass auch Bodenplatten unterseitig durch Flächendränungen gegen Druckwasser geschützt werden sollen.

Allerdings kann unter Bodenplatten unter den Voraussetzungen, unter denen Dränanlagen errichtet werden dürfen (oberhalb des Bemessungswasserstands und kein Wasserzufluss aus umgebendem Gelände), sich kein Druckwasser bilden. Das könnte nur sein, wenn sich unter Bodenplatten Quellen durch angeschnittene Grundwasserleiter befinden. Da es sich aber dann nicht um Sickerwasser, sondern um Grundwasser handelt, darf dies nicht (als Regelfall!) ohne behördliche Genehmigung durch Dränanlagen abgeleitet werden.

Auch bei undichten, niederschlagswasserführenden Grundleitungen unterhalb von Bodenplatten kann Druckwasser entstehen. Selbstverständlich dürfen Dränanlagen aber nicht aus Undichtheiten von Grundleitungen unter Gebäuden austretendes Wasser aufnehmen. An dieser Stelle erlaube ich mir nochmals den Hinweis, dass DIN 1986-100 [14] berechtigterweise fordert, nach Möglichkeit auf Grundleitungen unter Gebäuden zu verzichten. Diese sind dort zu Instandsetzungen nur unter sehr hohem Aufwand zugänglich, weiterhin können sie bei Undichtheiten zu Druckwasser an den erdberührten Bauteilen führen und dann zu Unterspülungen der Gründung, was wiederum die Standsicherheit eines Gebäudes zumindest einschränken kann.

Vorhandene Dränanlagen, die Wasser führen, leiten regelmäßig kein Stauwasser ab, sondern tatsächlich Druckwasser durch Grundwasser, das aber nicht (als Regelfall) zu Bodenfeuchte und Sickerwasser reduziert werden darf. Das gilt sowohl für die Wassereinwirkung an Wänden, als auch für Quellen unter Bodenplatten.

Flächendränungen unterhalb von Gebäuden können nur ausnahmsweise, in Sonderfällen, Grundwasser ableiten und können regelmäßig entfallen, da im seitlichen Arbeitsraum möglicherweise aufstauendes Wasser nicht unter die Bodenplatte gelangen kann. Spätestens der (auf richtiger Höhe angeordnete) Ringdrän verhindert das. Wenn z. B. Streifenfundamente der Außenwände unmittelbar im anstehenden Boden gegründet werden, bleibt das Wasser vor den Fundamenten und kommt nicht unter das Gebäude. Aber selbst dann, wenn ein Ringdrän höher angeordnet werden soll, was bei einer Druckwasserabdichtung (oder einer entsprechenden wasserundurchlässigen Betonkonstruktion) der darunterliegenden Wandbereiche denkbar ist, kann Stauwasser nicht unter das Gebäude gelangen, solange keine hydraulische Verbindungen bestehen.

Dränmaßnahmen vor erdberührten Außenwänden müssen daher nicht regelmäßig, sondern nur bei (gesondert zu genehmigenden) Grundwasserableitungen mit Dränmaßnahmen unter der Bodenplatte kombiniert werden.

4.7 Flächendränungen vor erdberührten Außenwänden

Dränschichten vor erdberührten Außenwänden sollen:

- seitlich auf die Wand einwirkendes Wasser staufrei an den Fußpunkt ableiten,
- dauerhaft sickerfähig bleiben und sind deswegen so zu schützen, dass keine Bodenfeinteile die Hohlräume der Dränschicht zusetzen,
- durch seitlichen Erddruck auch bei üblichen Verkehrslasten auf der Geländeoberfläche nicht stark deformiert werden.

Unnötig hohe Wassereinwirkungen sind zu vermeiden. Dazu sollten Flächendränungen nicht bis zur Geländeoberfläche geführt werden, damit kein über die Geländeoberfläche fließendes Wasser in den Flächendrän vor der Wand gelangt. Die Abdeckung des verfüllten Arbeitsraums sollte mit einem Gefälle vom Gebäude weg angelegt und mit schwach durchlässigem Material oder einem Belag abgedeckt werden, um möglichst wenig Niederschlagswasser in den Boden abzuleiten.

Die Sickermenge soll also gering gehalten werden. Übliche Kiesstreifen an den Sockeln lassen aber viel Wasser in den Baugrund.

Wenn der Arbeitsraum mit geringdurchlässigem Material abgedeckt und mit einem vom Gebäude wegführenden angelegt wird, ist zwar die Spritzwassereinwirkung an der Sockelzone etwas höher, die erdberührten Bauteile werden aber geringer bis gar nicht durch Sickerwasser und eventuell daraus resultierendem Stauwasser beansprucht. So wurden Jahrhunderte lang keine Kiesrandstreifen an Sockelzonen von Gebäuden angelegt, obwohl erdberührte Untergeschosswände in der Regel keine Abdichtung aufwiesen. Untergeschosse von solchen Gebäuden haben zwar feuchte Wände, werden aber nur dann geflutet, wenn Grundwasser durch Bodenflächen oder Wände eindringen kann. Ansonsten sind diese Untergeschosse in einer großen Anzahl noch heute vorhanden und können (wegen regelmäßig höherer Luftfeuchtigkeit mit bestimmten Einschränkungen) genutzt werden, ohne dass Abdichtungen nachträglich anzubringen sind.

Grundsätzlich können als Dränschichten durchlässige Schüttungen verwendet werden. Wenn Dränschichten als Schutzschichten für die Abdichtung der Außenwand unmittelbar vor der Abdichtung angeordnet werden, dürfen sie die Abdichtung nicht beschädigen können. Häufig sind Dränschichten selbst nicht filterfest, Erdbestandteile können sich in diese einmischen. Dann sind Sie z. B. mit Vliesen abzudecken.

Noppenbahnen können als Teil von Dränsystemen verwendet werden, wobei diese üblicherweise gebäudeseitig ein Gleitvlies erhalten, damit sich im Arbeitsraum setzendes Erdreich keine Kräfte über die Noppenbahn auf die Abdichtung ausüben, die diese beschädigen können. Auf der Seite zum Erdreich sind üblicherweise Filtervliese notwendig, um die Hohlräume zwischen den nach außen gerichteten Noppen dauerhaft frei und damit sickerfähig zu halten. Ohne diese beiden Beschichtungen durch Vliese sind Noppenbahnen als Flächendrän nicht und als Schutz- oder Trennlage nur wenig gut geeignet, da der seitliche Erddruck durch die strukturierte Bahn sich auf kleinere Flächen konzentriert und die Abdichtung leichter beschädigen kann als bei nicht strukturierten Trenn- oder Schutzlagen.

4.8 Dränleitungen

Der Kies von Ringdränungen sollte stark durchlässig sein. Allerdings wird die Durchlässigkeit nur in Abhängigkeit des Druckgefälles, damit in senkrechter Sickerrichtung bestimmt, nicht in waagrechter (s. [13]). Sowohl auf Deckenflächen, als auch an den Gebäudegründungen kann Wasser nur durch den geringen vektoriellen Anteil der Erdanziehungskraft, dem hydraulischen Gefälle, strömen. Das Druckgefälle ist somit sehr gering. Der Wasserbewegung steht der Fließwiderstand aufgrund der Adhäsion von Wasser im Kies entgegen.

Um Stauwasser im Kies zu vermeiden, werden zur Verringerung des Fließwiderstands Dränleitungen eingesetzt. Diese müssen nicht die Anforderungen an geschlossene Grundleitungen einhalten. Die Rohre können kein sickerndes Wasser aufnehmen, sondern nur Druckwasser in Form von Stauwasser. Sickerwasser muss erst stauen, bevor es abgeleitet werden kann. Dazu müssen die Rohre Öffnungen in Form von Lochungen aufweisen, durch die Stauwasser eintreten kann.

Zur Vermeidung von Schmutzablagerungen sollten größere Gegengefällestrecken vermieden werden. DIN 4095 sieht ein Mindestgefälle von (nur) 0,5 % vor. Damit werden große Höhendifferenzen zwischen dem Hoch- und dem Tiefpunkt vermieden, was in der Regel zu unwirtschaftlich hohen Streifenfundamenten unter den Bodenplatten führt. Diese geringe Gefällegebung ist bei Stangenware einfacher sicherzustellen als bei für die landwirtschaftliche Dränung (oder Bewässerung) vorgesehenen Rollenware mit Endlosdränschläuchen, die nicht mit einem kontinuierlichen Gefälle verlegt werden können. Das bedeutet aber nicht, dass auch diese Rohre nicht funktionierten, sie sind aber für Planung und Ausführung wegen der geringeren Formstabilität (und, wegen fehlender Zulassung, aus rechtlichen Gründen) nicht zu empfehlen.

Das Dränrohr kann nur helfen, wenn es tiefer als die gegen Druckwasser zu schützenden Bauteile liegt. Die Rohrsohle sollte am Hochpunkt mindestens 0,2 m unter der Bauteilhöhe liegen, die zu schützen ist. In der Regel handelt es sich dabei um die Höhe der Oberfläche der Rohbodenplatte. Selbstverständlich können Dränanlagen auch höher angeordnet werden, wenn die Wandbereiche darunter gegen Druckwasser entweder durch Abdichtungen oder durch wasserundurchlässige Betonkonstruktionen geschützt werden.

Um Setzungsschäden zu vermeiden, darf der Rohrgraben andererseits nicht tiefer als die Fundamentsohle liegen, es sei denn, der Rohrgraben liegt außerhalb des Druckausbreitungsbereichs der Fundamente.

4.9 Kontrollschächte

Bei Richtungswechseln und bei Dränlängen über 60 m sind Kontroll- und Spülmöglichkeiten vorzusehen. Allerdings kann die Anzahl von Spül- und Kontrollschächten bei heutigen Hochdruckspülschläuchen sowie Inspektionskameras, die auch bei Kanalanlagen eingesetzt werden, reduziert werden. Sie müssen nicht (wie früher, als die Leitungen mit Spiegeln inspiziert wurden) an jedem Richtungswechsel angeordnet werden. Daher sind die Leitungen mit Biegeradien zu verlegen, sodass die Inspektions- oder Spülschläuche an den Richtungswechseln durchgeführt werden können.

Die Übergabestelle zur Vorflut sollte als Schacht mit einem für Zugänglichkeit von Personen ausreichendem Durchmesser von mindestens 1 m hergestellt werden.

Grundsätzlich ist auf die Rückstausicherheit des Dränsystems zu achten. Dränleitungen dürfen nicht unmittelbar an Grundleitungen unterhalb der Rückstauebene angeschlossen werden, da sonst durch Rückstauereignissen eine Wassereinwirkung provoziert werden kann, die durch Dränanlagen vermieden werden soll. Rückstauklappen sind zwar grundsätzlich denkbar, laufen aber Gefahr, im Laufe der Jahre wegen z. B. Verschmutzungen auszufallen. Hebeanlagen sollen unterbrechungsfrei arbeiten, ggfls. mit zweizügigen Hebeanlagen, Alarmgeber und Stromversorgung.

4.10 Wechselwirkung Dränwasser und Baugrund

Wie bereits ausgeführt, soll die durch Dränanlagen abzuleitende Wassermenge möglichst gering gehalten werden. Dabei geht es nicht nur um die Begrenzung der Wassermenge in die Vorflut, sondern auch um die Gefahr der Wechselwirkung zwischen Wasser und der Beschaffenheit des Bodenmaterials unter der Gründung. Dränungen werden regelmäßig in gering durchlässigem Baugrund vorgesehen, der feinkörnig und damit gegen wechselnde Wassergehalte nur bedingt formbeständig ist. Lehmiger Boden weicht auf und wird matschig, wenn Wasser zugeleitet wird. Das passiert auch am unteren Ende einer senkrechten Dränanlage, da der Ringdrän Wasser nur ableitet, aber nicht absaugt (vgl. Abb. 9). In horizontaler Richtung wird Wasser überwiegend durch das hydraulische Gefälle gegen den Durchdringungswiderstand des Kieses sickern können, sodass unterhalb von Dränleitungen mit stehendem Wasser zu rechnen ist (solange Niederschlagswasser über Flächendräne vor den Außenwänden an deren Fußpunkte gelangt).

Daher sollte auch der Aspekt der Wechselwirkung und der Formbeständigkeit des Bodens unter Berücksichtigung der durch die Dränung zugeleiteten Wassermenge berücksichtigt werden. Ob die in DIN 4095 geforderte Maßnahme, den Drängraben nicht tiefer als die Fundamentsohle zu legen, genügt, hängt von der zufließenden Wassermenge ab. Ist diese gering, reicht das aus. Bei (unzulässigerweise) größeren Mengen durch Oberflächenwasser und Schichtenwasser besteht aber die Gefahr, dass das Erdreich auch unterhalb der Gründung aufweicht.

Um sicher zu gehen, sollten Drängräben nicht unterhalb der Fundamentsohlen liegen, sondern höher, damit vor den Fundamenten ein Puffer für Feuchtigkeit verbleibt. Entgegen DIN 4095 können Dränleitungen auch oberhalb der Bodenplatte gelegt werden, wenn die erdberührten Bauteile bis auf die Höhe, in der Druckwasser anstehen kann, gegen Druckwasser abgedichtet werden oder aus gegen Druckwasser bemessenen wasserundurchlässigen Betonkonstruktionen bestehen. Auch dadurch erhöht sich die Sicherheit gegen die Wechselwirkungen aus Sickerwasser und aufweichendem Boden unter einer Gründung.

Dann relativiert sich zwar die Bedeutung von Dränanlagen. Diese können aber noch immer sinnvoll sein, wenn z. B. Fensteröffnungen in Untergeschossen vor Stauwasser geschützt werden sollen.

Bei umlaufenden Gräben, die unterhalb der Unterkante einer Öffnung einer erdberührten Außenwand bleiben, können Bodenabläufe eingesetzt werden, die Niederschlagswasser unmittelbar aufnehmen und ableiten. In den meisten Fällen sind diese sinnvoller als Dränungen, da Starkregenereignisse durch Dränanlagen nur zeitverzögert abgeleitet werden und Geländeüberflutungen bzw. Oberflächenstauwasser in Gräben nicht sicher vermieden werden können. Wenn Bodenabläufe Niederschlagswasser aufnehmen, werden Dränanlagen überflüssig, wenn die Bereiche unterhalb von Öffnungen in Untergeschossen gegen Druckwasser geschützt sind.

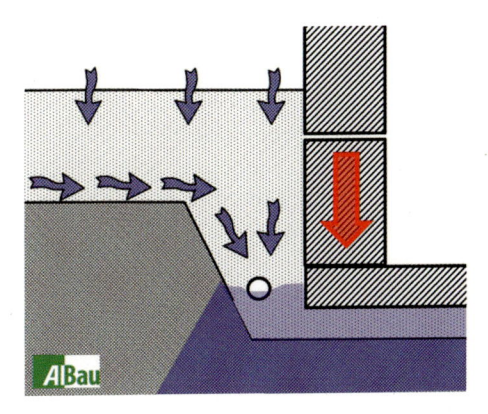

Abb. 9 Wenn Wasser bis unter die lastableitende Gründung gelangt, kann dort feinkörniger Boden aufweichen. Liegt zwischen der Unterkante der Gründung und dem feinkörnigen Boden grobkörniges Material aus z. B. Kies und ist dieser nicht durch ein Geotextil vom Boden getrennt, kann aufgeweichter Boden in die Hohlräume des Kieses ausweichen.

4.11 Direktdränung (Umleitung von Grundwasser)

Zum Schutz der natürlichen Grundwasservorkommen sind in vielen Neubaugebieten mittlerweile oberirdische oder unterirdische Versickerungseinrichtungen von Niederschlagswasser als Mulden oder Rigolen vorgeschrieben, auch wenn die darunterliegenden Schichten schwach durchlässig oder sehr schwach durchlässig sind. Mulden sind oberflächige Geländesenkungen, in denen sich Wasser stauen kann, bevor es versickert. Rigolen sind mit Kies gefüllte, unterirdische Versickerungseinrichtungen, während Sickerschächte größere Hohlräume bilden und damit bei kleineren Außenvolumina größere Wassermengen aufnehmen können, bevor diese an den unteren, offenen Seiten aus den Schächten versickern.

Versickerungseinrichtungen sind in Abhängigkeit der Durchlässigkeit des darunterliegenden Baugrunds zu dimensionieren. Ist diese gering, sind die Versickerungseinrichtungen größer zu dimensionieren, sodass Niederschlag in diesen länger verbleiben kann, bevor es versickert.

In einem Beispielfall ging es um die Frage, ob ein halbseitig in einem geneigten Gelände stehendes Untergeschoss eines zweigeschossigen Gebäudes gegen drückendes Wasser durch eine Dränung geschützt werden kann. Nach dem Baugrundgutachten befindet sich unter einer Deckschicht eine Bodenschicht, die der Stufe *schwach durchlässig* nach DIN 18130 [13] zuzuordnen ist. Darunter folgt eine Schicht der geringeren Durchlässigkeit *sehr schwach durchlässig*.

In der oberen Schicht bildete sich Grundwasser, das aber aufgrund des vergleichsweise geringen hydraulischen Gefälles der Grenzfläche zwischen den beiden Schichten und der geringeren Durchlässigkeit der aufliegenden Schicht nur wenig schnell sickern kann. Es handelte sich um eine nur wenig ergiebige Quelle.

In die geneigte Schichtenfolge wurde das untere Geschoss so eingesetzt, dass das Gelände an der Bergseite ebenerdig zum Geschoss über dem unteren anschließt, während das untere Geschoss talseitig ebenerdig zum angrenzenden Gelände liegt (s. Abb. 10).

Die Grenzfläche zwischen den beiden Schichten befindet sich bergseitig etwa auf der halben Geschosshöhe. Unterhalb des Gebäudes wurde eine sehr stark durchlässige, 50 cm starke Auffüllung mit Schotter eingesetzt.

Der bergseitige Arbeitsraum wurde ebenfalls mit sehr stark durchlässigem Schotter verfüllt und oberseitig mit einem Belag abgedeckt, sodass kein Niederschlagswasser unmittelbar von oben eindringen kann.

Das Wasser aus der Quelle kann in den Schotter unter dem Gebäude eindringen. Die vergleichsweise geringe Wassermenge kann aber über die vergleichsweise große Fläche unter und vor dem Gebäude versickern. Die Schotterfüllung bildet eine Rigole. Zwar sind die beiden Schichten unter dem

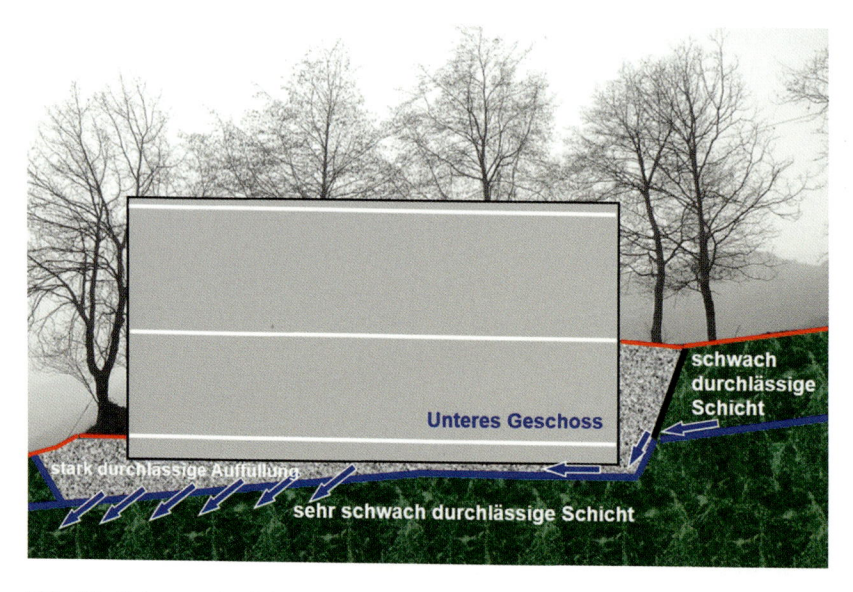

Abb. 10 Sickerweg des Schichtenwassers unter einem Gebäude in Hanglage

Gebäude schwach durchlässig bis sehr schwach durchlässig, was aber nicht bedeutet, dass sie wasserundurchlässig sind. Wenn in offene Baugruben Niederschlagswasser auf schwach durchlässige bis sehr schwach durchlässige Schichten fällt, steht dieses nicht über sehr lange Zeit. Ein Teil des Wassers wird in trockenen Phasen verdunsten, ein anderer Teil in den Baugrund versickern.

Aufgrund der wenig ergiebigen Quelle in Verbindung mit dem großen Stauvolumen in der Schotterschicht unter und vor dem Gebäude kann sich unter dem Gebäude nicht so viel Wasser stauen, dass dieses die durch die Schotterschicht gebildete Rigole füllt und dann als Druckwasser von unten auf die Bodenplatte einwirkt.

Das von oben kommende Schichtenwasser wird an der Basis der geringdurchlässigen Schicht über der noch geringer durchlässigen Schicht durch die starkdurchlässige Auffüllung auf dem Boden der Baugrube und der seitlichen Auffüllung vor den bergseitigen Außenwände des unteren Geschosses durchgeleitet. Die durch die Schotterfüllung erzeugte Rigole unter dem Gebäude wirkt als unmittelbar angeordnete Entwässerung einer Dränanlage auf direktem Wege ohne die Zwischenstufen eines Ringdräns, der aus Sammlung des Wassers und Zuleitung in eine Sickereinrichtung durch Leitungen bestünde. Diese Situation macht eine Dränung nach DIN 4095 überflüssig. Das „Dränwasser" wird unmittelbar dem Baugrund zugeleitet, es handelt sich bei der Durchleitung von Grundwasser um ein System der „Direktdränung". Im engen Sinne handelt es sich aber um nichts anderes als die Wiederherstellung des Zustandes vor der Baumaßnahme.

4.12 Dränung auf Deckenflächen

Sowohl die Abdichtungsnormen DIN 18195 und DIN 18533, als auch DIN 4095 beziehen sich bei der Frage der Durchlässigkeit des Baugrunds auf die Prüfnorm DIN 18130-1 [13]. Die Durchlässigkeit des Baugrunds wird in einem Laborversuch bei einem hydraulischen Gefälle ermittelt. Dabei wirkt die Erdanziehungskraft auf die Masse des Wassers ein und befördert dieses durch das Prüfmedium. Der Durchlässigkeitsbeiwert k wird als konstanter Quotient der Filtergeschwindigkeit v und dem hydraulischen Gefälle i bei laminarer Durchströmung des wassergesättigten Prüfbodenmaterials ermittelt. Das hydraulische Gefälle i wiederum ist der Quotient aus dem hydraulischen Höhenunterschied und der durchströmten Länge des Probekörpers.

Die Prüfnorm beschreibt die Durchlässigkeit als konstanter Quotient zwischen hydraulischem Druck und Fließgeschwindigkeit. Das bedeutet, dass die

Fließgeschwindigkeit und damit die transportierte Wassermenge entscheidend davon abhängen, ob das Wasser nach unten durch den Baugrund sickert oder auf z. B. Deckenflächen bzw. schwach geneigten, geringdurchlässigen Schichten. Bei geringem hydraulischem Gefälle auf Deckenflächen oder auf geringdurchlässigen Schichten nimmt die Fließgeschwindigkeit und damit die transportierte Menge gegenüber der senkrechten Fließrichtung erheblich ab, da auf die Wassermoleküle nur der kleine vektorielle Anteil der Erdanziehungskraft einwirkt.

Sowohl die frühere DIN 18195, als auch DIN 4095 unterscheiden nicht nach den Anforderungen für die Durchlässigkeit von Schichten auf Deckenflächen gegenüber denen vor Wandflächen. In annähernd waagrechter Sickerrichtung (auch der Wert von 3 % der DIN 4095 zählt unter hydraulischen Aspekten noch dazu) bleibt Wasser in Schichten quasi stehen, in denen es in senkrechter Richtung rasch sickert. Die Festlegungen in der älteren DIN 18195 sowie der DIN 4095 bezüglich der Durchlässigkeit von Dränschichten auf Deckenflächen sind damit fehlerhaft. Auf Deckenflächen werden in Dränschichten erhebliche größere Hohlräume, also erheblich geringeren Fließwiderstände notwendig, um Wasser in einer hinreichenden Geschwindigkeit abzuleiten. Die beste Ablaufleistung wird durch aufgeständerte Beläge oder Dränmatten erzielt.

4.13 Zusammenfassung

Die heute noch gültige Norm für Gebäudedränungen DIN 4095 wurde im Jahre 1990 veröffentlicht und stammt damit aus einer Zeit, in der andere Rahmenbedingungen galten als heute. Die Dimensionierungsregeln dieser mittlerweile 28 Jahre alten Norm beinhalten Grundwasser, obwohl in der Norm selbst dieses von Dränungen ausgeschlossen werden soll. Aus den textlichen Umschreibungen ergibt sich aber, dass nicht nur Oberflächenwasser, das nach den heutigen Grundsätzen als Einwirkung zu vermeiden ist, sondern auch Schichtenwasser, das nichts anderes als Grundwasser im oberen Stockwerk ist, bei der Dimensionierung zu berücksichtigen ist.

Sowohl die heutige Abdichtungsnorm DIN 18533, als auch die aktuelle WU-Richtlinie beziehen sich auf die in die Jahre gekommene DIN 4095, um Stauwasser zu vermeiden und dadurch die Einwirkung an die erdberührten Bauteile zu verringern.

In der vollständigen Überarbeitung der Norm wird es einen Teil geben, der die Wassereinwirkung aus dem Baugrund an Gebäuden und baulichen Anlagen beschreibt. Ein zweiter, eigener Normenteil soll die Dränung von Stauwasser beinhalten, das nichts anderes als durch den verfüllten Arbeitsraum sickerndes

Wasser ist, das sich in der Arbeitsraumverfüllung staut. Dabei handelt es sich ausschließlich um Niederschlagswasser, das auf die Oberfläche der Arbeitsraumverfüllung niedergeht. Niederschlagswasser von einer größeren Umgebung, sei es als Oberflächenwasser oder im oberen Stockwerk in der Erde zum Gebäude sickerndes Grundwasser, ist für diesen Normenteil auszuschließen. Deswegen werden bei der Dränung von Stauwasser nach diesem Normenteil keine Dränanlagen unter Bodenplatten notwendig.

Erst bei der Dränung von Grundwasser sind allseitige Dränungen erforderlich, die in einem weiteren Normenteil 3 beschrieben werden sollen. Der Leser mag sich fragen, wozu eine Norm die Dränung von Grundwasser beschreibt, wo dies doch regelmäßig aus Rechtsgründen nicht zulässig ist. DIN-Normen beschreiben technische Sachverhalte und regeln keine Rechtsfragen. Mit der Beschreibung von technischen Möglichkeiten wird nicht die Legitimation ausgesprochen, Grundwasser dränen zu dürfen. Das bedarf einer behördlichen Genehmigung. Gibt es die, finden sich die technischen Lösungen in der zukünftigen Norm.

Literatur

1. Reihe der DIN 18531:2017-07 Abdichtung von Dächern sowie von Balkonen, Loggien und Laubengängen.
2. Reihe der DIN 18532:2017-07 Abdichtung von befahrbaren Verkehrsflächen aus Beton.
3. Reihe der DIN 18533:2017-07 Abdichtung von erdberührten Bauteilen.
4. Reihe der DIN 18534:2017-07 Abdichtung von Innenräumen.
5. Reihe der DIN 18535:2017-07 Abdichtung von Behältern und Becken.
6. Reihe DIN 18195 Bauwerksabdichtungen Teile 1-10, darin: DIN 18195-1:2011-12 Bauwerksabdichtungen, Grundsätze, Definitionen, Zuordnung der Abdichtungsarten.
7. Hrsg.: Zentralverbands Deutsches Baugewerbe (ZDB), Fachverband Deutsches Fliesengewerbe im Zentralverband des Deutschen Baugewerbes Verbundabdichtungen: Merkblatt – Hinweise für die Ausführung von flüssig zu verarbeitende Verbundabdichtungen mit Bekleidungen und Belägen aus Fliesen und Platten für den Innen- und Außenbereich. Berlin, Stand August 2012.
8. Boldt, A.; Zöller, M.: Anerkannte Regeln der Technik – Inhalt eines unbestimmten Rechtsbegriffs. Baurechtliche und – technische Themensammlung Heft 8, Bundesanzeiger Verlag und Fraunhofer IRB Verlag 2017.
9. Zöller, M.: Anerkannte Regel der Technik (a. R. d. T.): Ein Begriff – drei Bedeutungen IBR 2017, 601
10. Hrsg.: Zentralverband des Deutschen Dachdeckerhandwerks – Fachverband Dach-, Wand- und Abdichtungstechnik e.V. und Hauptverband der Deutschen Bauindustrie e.V. – Bundesfachabteilung Bauwerksabdichtung: Deutsches Dachdeckerhandwerk – Regelwerk. Fachregel für Abdichtungen – Flachdachrichtlinie. Verlagsgesellschaft Rudolf Müller, Köln, Ausgabe Dezember 2016.

11. DIN 4095:1990-06 Baugrund; Dränung zum Schutz baulicher Anlagen, Planung, Bemessung und Ausführung.
12. Hrsg.: Verband baugewerblicher Unternehmer Hessen e.V., Bauunternehmensberatung Hessen-Thüringen GmbH: Merkblatt – Dränung zum Schutz baulicher Anlagen – Baupraktische Hinweise zur DIN 4095.; Frankfurt am Main, Januar 2018.
13. DIN 18130-1:1998-05 Baugrund, Untersuchung von Bodenproben. Bestimmung des Wasserdurchlässigkeitsbeiwerts Teil 1: Laborversuche.
14. DIN 1986-100:2016-12 Entwässerungsanlagen für Gebäude und Grundstücke – Teil 100: Bestimmungen in Verbindung mit DIN EN 752 und DIN EN 12056
15. Hrsg.: Deutscher Ausschuss für Stahlbeton im Deutschen Institut für Normung e.V., DAfStb: Richtlinie Wasserundurchlässige Bauwerke aus Beton (WU-Richtlinie). Ausgabe November 2003, Neuausgabe Dezember 2017, Berlin.

Prof. Dipl.-Ing. Matthias Zöller Honorarprofessor für Bauschadensfragen am Karlsruher Institut für Technologie (Universität Karlsruhe), Architekt und ö. b. u. v. Sachverständiger für Schäden an Gebäuden; am Aachener Institut für Bauschadensforschung und angewandte Bauphysik (AIBau gGmbH) forscht er systematisch an den Ursachen von Bauschäden und formuliert Empfehlungen zu deren Vermeidung; Übernahme der Leitung der Aachener Bausachverständigentage nach dem Tod von Prof. Dr.-Ing. Rainer Oswald; Referent im Masterstudiengang Altbauinstandsetzung an der Universität in Karlsruhe; Mitarbeit in Fachgremien, die sich mit Regelwerken der Abdichtungstechniken beschäftigen; Autor von Fachveröffentlichungen, u. a. die regelmäßig erscheinenden Bausachverständigenberichte in der Zeitschrift „IBR Immobilien- & Baurecht" (Mitherausgeber) sowie der „Baurechtlichen und -technischen Themensammlung".

Schadstoffe im Innenbereich – Fachhandel-, Baumarkt-, Bioprodukte: Nicht deklarierte Emissionen versus Verwendbarkeit – eine Qual der Wahl!

Oliver Jann

1 Einführung

Schadstoffe im Innenbereich sind unerwünscht, da sich der mitteleuropäische Mensch 80–90 % der Zeit in Innenräumen aufhält und einen Anspruch auf gute Luftqualität hat.

Je nach Aktivität atmet er 10–20 m^3 bzw. 12–24 kg Luft täglich, was weit mehr als das Doppelte der täglichen konsumierten Gesamtmasse an Essen und Trinken ist.

Gleichzeitig ist eine zunehmende Menge an neuen, häufig komplexen Materialien und Produkten zu verzeichnen.

Hinzu kommt häufig ein reduzierter natürlicher Luftwechsel infolge energiesparenden Bauens.

Infolge schadstoffbelasteter Innenraumluft kann es zu Gesundheits- und Befindlichkeitsstörungen, wie z. B. Geruchsbeschwerden, Kopfschmerzen, Augen- und Atemwegsirritationen kommen. Beschwerdebilder sind beispielsweise auch das SBS (Sick Building Syndrom) oder MCS (Multiple Chemical Syndrome).

Zu berücksichtigen ist ebenfalls, dass sich in Innenräumen häufig Risikogruppen wie Kinder, Allergiker, alte Menschen und immungeschwächte Personen aufhalten.

Prof. Dr.-Ing. O. Jann
Bundesanstalt für Materialforschung und -prüfung (BAM), Berlin, Deutschland

© Springer Fachmedien Wiesbaden GmbH, ein Teil von Springer Nature 2020
M. Oswald und M. Zöller (Hrsg.), *Aachener Bausachverständigentage 2019*,
https://doi.org/10.1007/978-3-658-27446-7_4

Durch Belastungen der Innenraumluft kommt es immer wieder zu Sanierungsfällen.

Bauprodukte – ob es sich nun um Fachhandel-, Baumarkt- oder Bioprodukte handelt, müssen daher so beschaffen sein, dass sie möglichst wenig zu einer Belastung der Innenraumluft mit Schadstoffen beitragen.

2 Regelungen

Diesen Anspruch hat auch die europäische Bauproduktenverordnung [1] in ihrer Grundanforderung 3 „Hygiene, Gesundheit, Umweltschutz" verankert, die gleichberechtigt besteht neben den sechs anderen Grundanforderungen; diese sind mechanische Festigkeit und Standsicherheit, Brandschutz, Sicherheit und Barrierefreiheit bei der Nutzung, Schallschutz, Energieeinsparung und Wärmeschutz sowie nachhaltige Nutzung der natürlichen Ressourcen.

Nach der Grundanforderung 3 „muss das Bauwerk derart entworfen und ausgeführt sein, dass es während seines gesamten Lebenszyklus weder die Hygiene noch die Gesundheit und Sicherheit von Arbeitnehmern, Bewohnern oder Anwohnern gefährdet und sich über seine gesamte Lebensdauer hinweg weder bei Errichtung noch bei Nutzung oder Abriss insbesondere durch folgende Einflüsse übermäßig stark auf die Umweltqualität oder das Klima auswirkt:

a) Freisetzung giftiger Gase;
b) Emission von gefährlichen Stoffen, flüchtigen organischen Verbindungen, Treibhausgasen oder gefährlichen Partikeln in die Innen- oder Außenluft;
c) Emission gefährlicher Strahlen;
d) Freisetzung gefährlicher Stoffe in Grundwasser, Meeresgewässer, Oberflächengewässer oder Boden;
e) Freisetzung gefährlicher Stoffe in das Trinkwasser oder von Stoffen, die sich auf andere Weise negativ auf das Trinkwasser auswirken;
f) unsachgemäße Ableitung von Abwasser, Emission von Abgasen oder unsachgemäße Beseitigung von festem oder flüssigem Abfall;
g) Feuchtigkeit in Teilen des Bauwerks und auf Oberflächen im Bauwerk." [1]

Im vorliegenden Beitrag wird insbesondere auf die Emission flüchtiger organischer Verbindungen eingegangen. Hierbei wird je nach Flüchtigkeit in VVOC, VOC, SVOC und POM unterschieden (siehe Tab. 1). Die Einteilung erfolgt entweder nach dem Siedebereichs- oder dem Retentionszeitkriterium, wobei sich Letzteres in neuerer Zeit etabliert hat.

Tab. 1 Unterteilung flüchtiger organischer Verbindungen

Kategorie	Beschreibung	Abkürzung	Siedebereichs-Kriterium [°C]	Retentionszeit-Kriterium*
1	Very volatile (gaseous) organic compounds	VVOC	< 0 bis 50–100	< n-Hexan
2	Volatile organic compounds	VOC/TVOC	50–100 bis 240–260	n-Hexan – n-Hexadekan
3	Semivolatile organic compounds	SVOC	240–260 bis 380–400	> n-Hexadekan
4	Organic compounds associated with particulate matter or particulate matter	POM	> 380	Zu SVOC gerechnet, („besonders schwer flüchtig")

1: Sehr flüchtige organische Verbindungen *unpolare Säule
2: Flüchtige organische Verbindungen
3: Schwerflüchtige organische Verbindungen
4: Schwerflüchtige organische Verbindungen, die überwiegend staubgebunden auftreten

Bis heute ist die Auswahl emissionsarmer Bauprodukte eine Herausforderung, da sowohl emissionsreiche, als auch emissionsarme Produkte auf den Markt gelangen, es aber für den Anwender schwierig bis unmöglich ist, hier differenzieren zu können. Zwar gibt es in Teilbereichen bereits Label-Systeme, frei verfügbare Emissionsdaten sind aber Mangelware, wie auch bei der überwiegenden Produktanzahl die einfache belastbare Grundinformation, ob das Produkt emissionsarm oder emissionsreich ist, nicht zur Verfügung steht.

Nahezu alle europäischen Bauproduktnormen haben bisher die Produkteigenschaft „Emissionsverhalten", hier in das Umweltkompartiment Luft, **nicht** adressiert. Allerdings ist immerhin seit Anfang 2018 die europäische mandatierte und harmonisierte horizontale Prüfnorm EN 16516 [2] veröffentlicht. Diese beschreibt die Grundlage der Durchführung und Bewertung von Emissionsmessungen an Bauprodukten. Hierzu werden Emissionsszenarien auf Basis eines europäischen Referenzraumes festgelegt und spezifische Material- und Umweltparameter definiert. Konkret werden in der Norm im Wesentlichen die Probengewinnung, die Emissionsprüfkammer und deren Randbedingungen, sowie die Gewinnung von Luftproben und deren analytische Auswertung beschrieben. Da es sich um eine **Prüf**norm handelt, sind keine Grenzwerte, Beurteilungswerte oder Ähnliches genannt. Dies wäre zukünftig Aufgabe der Produktnormen und/oder der übergeordneten Definition von Emissionsklassen vorbehalten.

Hierzu sind seit längerem Diskussionen im Gange, der sogenannte delegated act zur Festlegung eines europäischen Klassensystems für Emissionen aus Bauprodukten steht noch aus.

In Deutschland sind in mehreren Anpassungen Anforderungen an die Gesundheitsverträglichkeit von Bauprodukten formuliert worden. Der Ausschuss für die gesundheitliche Bewertung von Bauprodukten (AgBB) hat hierzu das AgBB-Bewertungsschema veröffentlicht [3]. Dieses ist in seinen wesentlichen Kriterien auch durch das Deutsche Institut für Bautechnik (DIBt) übernommen und ergänzt worden, zunächst in die Zulassungsgrundsätze, heute in die ABG (Anforderungen an bauliche Anlagen hinsichtlich des Gesundheitsschutzes), die Teil der MVV TB (Musterverwaltungsvorschrift Technische Baubestimmungen) [8] sind. Die genannten Aktivitäten haben wesentlich Einfluss auf die Entwicklung der DIN EN 16516 genommen und sind in den Prüfparametern heute nahezu deckungsgleich mit dieser horizontalen Prüfnorm.

3   Bewertung

In Erweiterung dieser Prüfnorm und in Ermangelung entsprechender europäischer Festlegungen (Produktnormen, Klassenkonzept) finden aber auch konkrete Bewertungen statt. Dies sind im Wesentlichen die Anfangs- und die Endemissionen nach 3 Tagen bzw. 28 Tagen Prüfdauer mit den in Abb. 1 aufgeführten Kriterien und Anforderungen.

Die Berechnung des R-Wertes bei den bewertbaren Stoffen erfolgt auf Basis der NIK- bzw. LCI-Werte (Niedrigste Interessierende Konzentration bzw. Lowest Concentration of Interest), die einbezogenen Substanzgruppen gliedern sich in

1. Aromatische Kohlenwasserstoffe
2. Aliphatische Kohlenwasserstoffe (n-, iso- und cyclo-)
3. Terpene
4. Aliphatische mono Alkohole (n-, iso- und cyclo-) und Dialkohole
5. Aromatische Alkohole (Phenole)
6. Glykole, Glykolether, Glykolester
7. Aldehyde
8. Ketone
9. Säuren
10. Ester und Lactone
11. Chlorierte Kohlenwasserstoffe
12. Andere

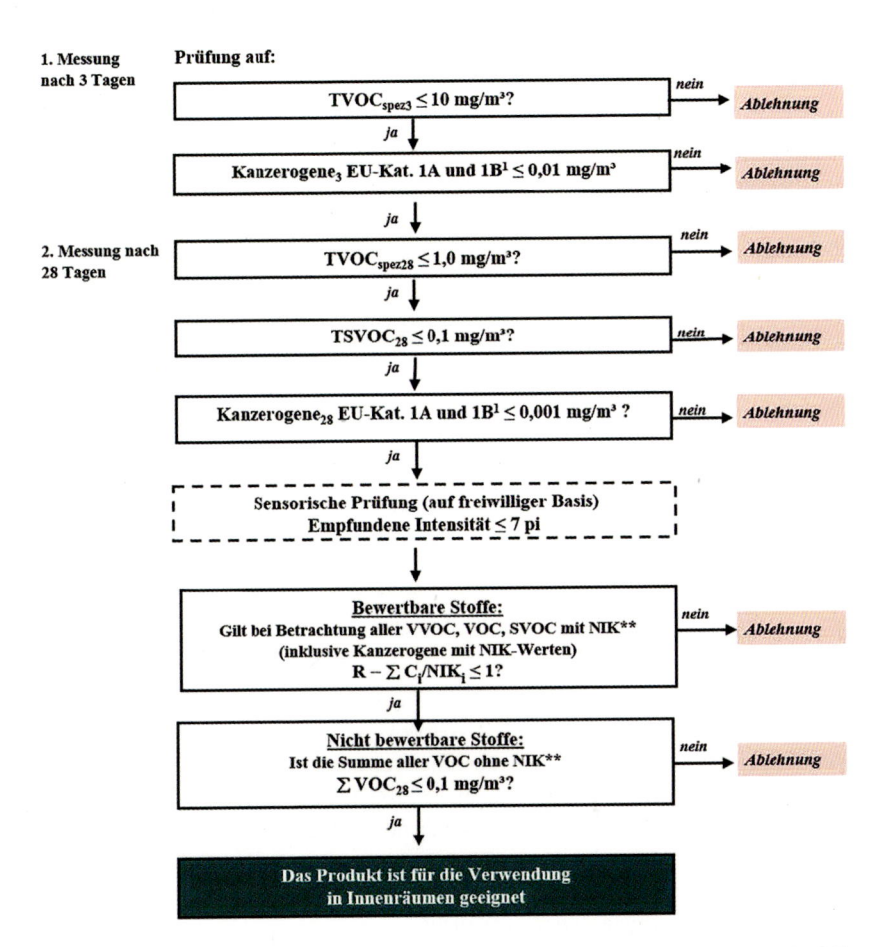

	Prüfung auf:
1. Messung nach 3 Tagen	$TVOC_{spez3} \leq 10$ mg/m³? → nein → *Ablehnung*
	ja ↓
	Kanzerogene₃ EU-Kat. 1A und 1B[1] $\leq 0{,}01$ mg/m³ → nein → *Ablehnung*
	ja ↓
2. Messung nach 28 Tagen	$TVOC_{spez28} \leq 1{,}0$ mg/m³? → nein → *Ablehnung*
	ja ↓
	$TSVOC_{28} \leq 0{,}1$ mg/m³? → nein → *Ablehnung*
	ja ↓
	Kanzerogene₂₈ EU-Kat. 1A und 1B[1] $\leq 0{,}001$ mg/m³? → nein → *Ablehnung*
	ja ↓
	Sensorische Prüfung (auf freiwilliger Basis) Empfundene Intensität ≤ 7 pi
	↓
	Bewertbare Stoffe: Gilt bei Betrachtung aller VVOC, VOC, SVOC mit NIK** (inklusive Kanzerogene mit NIK-Werten) $R - \sum C_i/NIK_i \leq 1$? → nein → *Ablehnung*
	ja ↓
	Nicht bewertbare Stoffe: Ist die Summe aller VOC ohne NIK** $\sum VOC_{28} \leq 0{,}1$ mg/m³? → nein → *Ablehnung*
	ja ↓
	Das Produkt ist für die Verwendung in Innenräumen geeignet

Abb. 1 AgBB-Schema zur gesundheitlichen Bewertung von VVOC, VOC- und SVOC-Emissionen aus Bauprodukten [3]

4 Prüfinfrastruktur

Für die Ermittlung von Produktemissionen besteht bereits seit vielen Jahren in Deutschland, Europa und weltweit eine Prüfinfrastruktur. Hierzu führt die BAM (Bundesanstalt für Materialforschung und -prüfung) seit mehreren Jahren Ringversuche mit jeweils rund 50 Teilnehmern weltweit durch, die belegen, dass Messungen der Produktemission von einer zunehmenden Anzahl von Instituten beherrscht werden und mittlerweile tägliche Routine sind. Produktemissionsmessungen werden dementsprechend zahlreich durchgeführt. Deren Ergebnisse stellen ein wesentliches Know-How von Herstellern dar, sind aber auch ein Informationsfundus von Prüfinstituten und Haltern diverser Umwelt- und Produktlabels. Allgemein zugängliche Informationen über Produktemissionen liegen jedoch nur in vergleichsweisem geringem Umfang vor, beispielsweise über drittmittelfinanzierte öffentliche Forschungsprojekte, zum Beispiel in Finanzierung durch das Umweltbundesamt durch die BAM ermittelt und in der Reihe UBA-Texte veröffentlicht [4–6].

5 Emissionsdaten

Insgesamt lässt sich für eine Vielzahl von untersuchten Bauprodukten (z. B. Bodenbeläge, Verlegewerkstoffe, Holz/Holzwerkstoffe, Lacke, Farben, Kunstharzfertigputze, Dichtstoffe) die Erkenntnis gewinnen, dass es in jeder Produktgruppe emissionsarme und emissionsreiche Produkte gibt. Die Tab. 2 und 3 geben einen Überblick über die aus den vorstehend genannten Produkten emittierten Verbindungen und deren Konzentrationen, gereiht nach der Häufigkeit ihres Auftretens am 28. Tag, es wurden insgesamt 50 unterschiedliche Produkte aus den oben genannten Produktgruppen untersucht.

Eine direkte Gegenüberstellung und Vergleich ausgewählter emissionsarmer und emissionsreicher Produkte findet sich in [7].

Tab. 2 VOC bestimmt mittels Tenax/Thermodesorption/GC/MS nach ISO 16000-6 (Maximum- (Max), Minimum- (Min), Mittel- und Medianwerte in µg/m^3)

Komponenten	Anzahl	Max	Min	Mittelwert	Median
Essigsäure	17	750	1	68	14
Hexanal	11	170	3	63	33
Benzaldehyd	9	18	1	4	1
Alpha-Pinen	9	130	2	45	35
3-Caren	8	200	17	52	31
1 Hexanol-2 ethyl	7	38	2	13	10
Butanol	7	24	2	6	3
Decamethylcyclopentasiloxan	7	410	1	63	2
Hexansäure	7	86	6	52	60
Nonanal	7	20	1	8	2
Octanal	7	19	3	11	8
Pentanal	7	49	22	32	40
Pentanol	7	130	9	35	19
Beta-Pinen	6	5	1	4	4
Octamethylcyclotetrasiloxan	6	19	1	6	3
Heptanal	6	13	1	6	5
Longifolen	6	4	1	3	3

Tab. 3 Carbonylverbindungen (Aldehyde und Ketone) bestimmt mittels DNPH/HPLC nach ISO 16000-3 (Maximum- (Max), Minimum- (Min), Mittel- und Medianwerte in µg/m^3)

Komponenten	Anzahl	Max	Min	Mittelwert	Median
Formaldehyd	22	165	1	22	8
Acetaldehyd	14	23	1	10	8
Propanal	11	23	2	8	8
Aceton	10	107	2	36	17
Hexanal	9	130	2	52	35
Pentanal	7	31	3	20	22
Butanal	5	10	4	7	7
Heptanal	5	41	2	21	20

(Fortsetzung)

Tab. 3 (Fortsetzung)

Komponenten	Anzahl	Max	Min	Mittelwert	Median
Octanal	5	24	2	12	12
Nonanal	5	18	6	10	8
Cyclohexanon	4	15	3	8	6
Benzaldehyd	4	12	2	6	5
Octenal	4	36	2	21	24
Decanal	4	5	3	4	4
Heptenal	3	4	3	4	4
Hexenal	2	3	3	3	3
Nonenal	2	18	2	10	10

6   Labels

Für viele Produkte und deren Emissionseigenschaften gib es mittlerweile eine Kennzeichnung über freiwillige Labels, wie z.B. Blauer Engel, GuT, Emicode, natureplus und viele andere. Ein Vergleich dieser Labels und ihrer Anforderungen gestaltet sich nicht immer leicht.

Nachstehend findet sich exemplarisch für das Label Blauer Engel ein Überblick der berücksichtigten Produktgruppen:

RAL-UZ 76	Emissionsarme plattenförmige Werkstoffe (Bau- und Möbelplatten) für den Innenausbau
RAL-UZ 113	Emissionsarme Bodenbelagsklebstoffe und andere Verlegewerkstoffe
RAL-UZ 120	Elastische Fußbodenbeläge
RAL-UZ 123	Emissionsarme Dichtstoffe für den Innenraum
RAL-UZ 128	Emissionsarme textile Bodenbeläge
RAL-UZ 132	Emissionsarme Wärmedämmstoffe und Unterdecken für die Anwendung in Gebäuden
RAL-UZ 156	Emissionsarme Verlegeunterlagen für Bodenbeläge
RAL-UZ 176	Emissionsarme Bodenbeläge, Paneele und Türen aus Holz und Holzwerkstoffen für Innenräume
RAL-UZ 198	Emissionsarme Putze für den Innenraum

Weitere Produktgruppen, die nicht den Bauprodukten zugeordnet sind, finden sich in

RAL-UZ 38	Emissionsarme Möbel und Lattenroste aus Holz und Holzwerkstoffen
RAL-UZ 117	Emissionsarme Polstermöbel
RAL-UZ 119	Matratzen
RAL-UZ 148	Emissionsarme Polsterleder

7 Zusammenfassung

Es lässt sich feststellen, dass eine Vielzahl unterschiedlicher flüchtiger organischer Verbindungen aus Bauprodukten freigesetzt werden kann. Hierbei gibt es in den meisten Bauproduktgruppen sowohl emissionsarme als auch emissionsreiche Produkte.

Manche Verbindungen sind produktgruppenspezifisch; so werden beispielsweise Siloxane aus Silikondichtmassen freigesetzt, andere Verbindungen sind eher unspezifisch wie Formaldehyd und Essigsäure, die aber in unterschiedlichen Konzentrationen aus einer Vielzahl von Produkten abgegeben werden und zu den am häufigsten emittierten Verbindungen zählen.

Es ist darauf hinzuweisen, dass VOC-Analytik und Gerüche im Allgemeinen keinen Zusammenhang zeigen.

Gerade bei modernen, dichten Bauten mit geringem natürlichem Luftwechsel sind hohe Schadstoffkonzentrationen zu erwarten, wenn nicht emissionsarme Materialien und Produkte zum Einsatz kommen.

8 Fazit

Die an sich segensreiche Erkenntnis, nämlich dass die technischen Möglichkeiten für die Herstellung emissionsarmer Produkte existieren, hat für den Nutzer keine positiven Aspekte, solange nicht eine entsprechende Kennzeichnung, Klassifizierung oder Deklaration vorliegt. Insofern bleibt bedauerlicherweise für eine Vielzahl von Produkten bis auf Weiteres die Qual der Wahl bestehen und damit die Frage der Verwendbarkeit ohne das Risiko einer unzumutbaren Belastung der Innenraumluft mit negativen Folgen für Gesundheit und Wohlbefinden.

Literatur

1. Verordnung (EU) Nr. 305/2011 des Europäischen Parlaments und des Rates vom 9. März 2011 zur Festlegung harmonisierter Bedingungen für die Vermarktung von Bauprodukten und zur Aufhebung der Richtlinie 89/106/EWG des Rates; Text von Bedeutung für den EWR. (https://eur-lex.europa.eu/eli/reg/2011/305/oj)
2. DIN EN 16516:2018-01, Bauprodukte – Bewertung der Freisetzung von gefährlichen Stoffen – Bestimmung von Emissionen in die Innenraumluft; Deutsche Fassung EN 16516:2017. (https://www.beuth.de/de/norm/din-en-16516/270097686)
3. Ausschuss zur gesundheitlichen Bewertung von Bauprodukten (AgBB): Anforderungen an die Innenraumluftqualität in Gebäuden – Gesundheitliche Bewertung der Emissionen von flüchtigen organischen Verbindungen (VVOC, VOC und SVOC) aus Bauprodukten, August 2018. (https://www.umweltbundesamt.de/sites/default/files/medien/355/dokumente/agbb-bewertungsschema_2018.pdf)
4. Horn, W.; Jann, O.; Kasche, J.; Bitter, F.; Müller, D.; Müller, B.: Umwelt- und Gesundheitsanforderungen an Bauprodukte – Ermittlung und Bewertung der VOC-Emissionen und geruchlichen Belastungen. Dessau-Roßlau: Umweltbundesamt, 2007 (UBA-Texte 16/2007). (https://www.umweltbundesamt.de/sites/default/files/medien/publikation/long/3197.pdf)
5. Wilke, O.; Jann, O.; Brödner, D.: Untersuchung und Ermittlung emissionsarmer Klebstoffe und Bodenbelage. Berlin: Umweltbundesamt, 2003 (UBA-Texte 27/03) (https://www.umweltbundesamt.de/sites/default/files/medien/publikation/long/2278.pdf)
6. Wilke, O.; Wiegner, K.; Jann, O.; Brödner, D.; Scheffer, H.: Emissionsverhalten von Holz und Holzwerkstoffen. Dessau-Roslau: Umweltbundesamt, 2012 (UBA-Texte 07/2012). (https://www.umweltbundesamt.de/sites/default/files/medien/461/publikationen/4262.pdf)
7. Jann; Walker; Witten: Innenraumluftqualität und Bauprodukte; Emissionen – Bewertung, Minderung, Vermeidung. Verlagsgesellschaft Rudolf Müller GmbH @ Co. KG, Köln 2018. (ISBN 978–3-481-03710-9 Buch-Ausgabe, ISBN 978–3-481-03711-6 E-Book-Ausgabe als pdf)
8. Muster-Verwaltungsvorschrift Technische Baubestimmungen (MVV TB), Deutsches Institut für Bautechnik (DIBt), Amtliche Mitteilungen. Ausgabe 2017-01 mit Druckfehlerkorrektur vom 11. Dezember 2017

Direktor und Prof. Dr.-Ing. Oliver Jann Leiter des Fachbereiches 4.2 Materialien und Luftschadstoffe der Bundesanstalt für Materialforschung und -prüfung (BAM) in Berlin.

Mitglied im Ausschuss für die gesundheitliche Bewertung von Bauprodukten (AgBB), in der Kommission für Innenraumlufthygiene (IRK) und im Sachverständigenrat beim Institut Bauen und Umwelt (IBU). Obmann im Sachverständigenausschuss Gesundheitsschutz beim Deutsches Institut für Bautechnik (DIBt).

Harmonisierte Bauprodukte – besser als ihr Ruf?! Lücken zwischen Handelbarkeit, Verwendbarkeit und Brauchbarkeit

Thomas Ziegler

1 Vorbemerkung

Professor Zöller und ich, wir diskutieren seit einer gefühlten Ewigkeit Probleme an der Schnittstelle zwischen Natur, Technik und Recht. Da treffen dann häufig die gegenläufigen Meinungen hart aufeinander. Das größte Problem bei einem solchen Austausch zwischen dem Techniker und dem Juristen ist es, eine gemeinsame Sprache zu finden.

Das betrifft zum einen die Bedeutung der Worte, die wir verwenden. Nehmen wir das Diktum der „hinzunehmenden Unregelmäßigkeiten". Für einen deutschen Juristen, der sich auf dem Boden des Grundgesetzes heimisch fühlt, ist diese Begriffsschöpfung unerhört. Was hinzunehmen ist, regeln Recht und Gesetz, und im Streitfall der Richter. Für den Juristen leichter verdaulich, aber weniger prägnant und provokant, wäre das, was sich wohl rechtlich gesehen hinter der Begriffsbildung verbirgt: Es handelt sich um Unregelmäßigkeiten, die aber dem entsprechen, was „mittlerer Art und Güte" ist. Und wenn beim Kauf- oder Werkvertrag ein Produkt geschuldet ist, das mittlerer Art und Güte entspricht, dann ist das auch rechtlich vom Käufer oder Besteller „hinzunehmen".

Die Problematik der gemeinsamen Sprache betrifft aber auch die Struktur des Denkens: Das technische Denken ist – jedenfalls in Deutschland – geprägt von technischen Normen, die wiederum ganz ähnlich gestrickt sind wie Gesetze.

RA T. Ziegler
Neustadt an der Weinstraße, Deutschland

Nur werden technische Normen – idealerweise – aus der Erfahrung hergeleitet, also induktiv gebildet. Gesetze hingegen werden, jedenfalls handwerklich gut gemachte, aus Abstraktionen hergeleitet, also deduktiv gebildet. Es sind diese unterschiedlichen Denkweisen in der Herstellung der „Normen", die im Gespräch der Disziplinen die größten Schwierigkeiten bereiten und zu Missverständnissen führen.

Das führt in dem Bereich, in dem technische Sachverhalte rechtlich geregelt werden, zu Verwerfungen, wie sich im Verlauf meines Vortrags zeigt.

2 Vom Handwerk zum Bauprodukt

Bis vor etwa 100 Jahren wurden Gebäude noch mit einfachen Werkzeugen und Materialien durch Handwerker errichtet. So regelte noch die erste VOB/C die Arbeit des Glasers, der vor Ort eine Glasscheibe in einen Fensterrahmen einfügt. Es war die Erfahrung des Handwerkers, die es ihm erlaubte, die Baustoffe auf ihre Geeignetheit zu prüfen und sie zu einem sinnvollen Ganzen zusammenzufügen. Baustoffe wurden meist lokal oder regional hergestellt, auch wenn es für einzelne von ihnen bereits seit tausenden von Jahren einen internationalen Handel gab.

Mittlerweile ist der einfache Baustoff durch die mehr oder weniger komplexen Bauprodukte ersetzt und ergänzt worden. Wo früher die Erfahrung des Handwerkers bei der Beurteilung der Qualität und Brauchbarkeit der von ihm verwendeten Materialien eine zentrale Rolle spielte, ist dies heute nicht mehr der Fall. Überspitzt gesagt sind Bauwerke heute mehr ein Puzzle aus vorgefertigten Bauprodukten als ein vor Ort hergestelltes Werk.

Deshalb muss der Handel von Bauprodukten genauso reguliert werden wie ihre Verwendung. So komplex inzwischen Bauprodukte sind, so unübersichtlich ist ihre gesetzliche Regulierung. Für den Verwender ist sie nicht mehr nachvollziehbar. Zentral für die Akzeptanz der Regulierung war deshalb schon immer das Vertrauen darin, dass die Regeln sinnvoll und richtig sind.

Für die nationalen deutschen Regelungen war und ist dieses Vertrauen gegeben. Gegenüber den europäischen Regeln fehlt dieser Vertrauensvorschuss und sie sind in der jüngeren Vergangenheit in immer stärkerem Maße aktiv in Frage gestellt worden.

Wenn das Vertrauen fehlt, muss man sich stärker mit den zugrunde liegenden Strukturen und Regeln befassen. Der folgende Vortrag gibt hierfür Hinweise.

3   Vom Bewährten zum Neuen

Die Entwicklung der Bauprodukte hat sich von der Verwendung des Bewährten zum Einsatz des immer Neuen gewandelt.

Bei der Regulierung der Verwendbarkeit von Baustoffen, Bauteilen und Bauarten fußten die Bauordnungen der Länder zunächst auf den „**allgemein gebräuchlichen und bewährten Baustoffen**". Diese wurden nicht näher definiert oder reguliert. Die Beteiligten wussten, was darunter zu verstehen war.

Baustoffe, Bauteile und Bauarten, die nicht allgemein gebräuchlich und bewährt waren, wurden als „neu" bezeichnet und bedurften des Nachweises ihrer Verwendbarkeit. Dieser wurde auf der Ebene der einzelnen Bundesländer bei den jeweiligen obersten Baubehörden geführt. Je mehr neue Baustoffe es gab, desto dringender wurde die Regulierung auf Bundesebene, die durch einen Staatsvertrag herbeigeführt wurde. Angesiedelt wurde die Regulierung beim Deutschen Institut für Bautechnik und die Bauordnungen erhielten eine Öffnungsklausel für diese an sich im System des Grundgesetzes systemwidrige, aber praktisch notwendige Entwicklung.

4   Was vom Handwerk bleibt

Was ist aber mit den Handwerkern, die noch nach alter Schule arbeiten und aus einfachen Baustoffen etwas herstellen, das beim Bau verwendet wird?

Nehmen wir zunächst die Regulierung auf der nationalen Ebene. Bei Bauprodukten, bei denen die Verwendbarkeit durch das Ü-Zeichen nachgewiesen wird, wird als Voraussetzung der Abgabe der Übereinstimmungserklärung die Durchführung einer „werkseigenen Produktionskontrolle" verlangt. Was darunter zu verstehen ist, ist nicht definiert. Nach Art. 2 Nummer 26 Bauprodukteverordnung ist „werkseigene Produktionskontrolle" die dokumentierte, ständige und interne Kontrolle der Produktion in einem Werk im Einklang mit den einschlägigen harmonisierten technischen Spezifikationen. Mit „Werk" ist die Fabrik gemeint, so zumindest ergibt es sich aus der englischen Fassung der Verordnung („factory").

Bei handwerklich hergestellten Produkten ist eine solche Produktionskontrolle schon mangels eines Werkes, nämlich einer Fabrik, in der die Produktion erfolgt, kaum sinnvoll durchzuführen.

Früher war die Übereinstimmungserklärung nicht unmittelbar an die werkseigene Produktionskontrolle geknüpft, sondern sie konnte insbesondere bei nicht serienmäßig hergestellten Produkten entfallen, wenn für einzelne Produkte nichts anderes geregelt war. Heute ist diese Möglichkeit nicht mehr gegeben. Ob das so gewollt ist oder ein Redaktionsversehen der Landesgesetzgeber, kann hier nicht vertieft werden.

Die Situation auf der Ebene der europäischen Regulierung ist ähnlich. Die Bauprodukteverordnung lässt zwar in ihrem Artikel 5 für drei Produktgruppen eine Ausnahme zu, bei deren Vorliegen weder eine Leistungserklärung noch eine CE-Kennzeichnung für das Produkt zu erstellen bzw. an diesem anzubringen ist.

Diese Ausnahmen setzen aber voraus, dass der nationale Gesetzgeber keine „Erklärung wesentlicher Merkmale dort vorschreibt, wo die Bauprodukte zur Verwendung bestimmt sind", Art. 5 Bauprodukteverordnung. Da die Bauordnungen der Länder für Bauprodukte, die harmonisierten Normen unterfallen, ganz allgemein und ausnahmslos eine CE-Kennzeichnung verlangen, ist unklar, ob die Ausnahmen des Artikels 5 der Bauprodukteverordnung in Deutschland greifen. Derzeit gibt es hierzu keine klaren Aussagen von Behörden, insbesondere des Deutschen Instituts für Bautechnik.

5 Handelbarkeit, (öffentlich-rechtliche) Verwendbarkeit und (zivilrechtliche) Brauchbarkeit von Bauprodukten

Die gesetzlichen Regelungen der Handelbarkeit, der Verwendbarkeit und der Brauchbarkeit verfolgen ganz unterschiedliche Zwecke. Dennoch beeinflussen sich die drei Bereiche und es ist für die Lösung von Problemen durchaus nützlich, sich zu vergegenwärtigen, wo sie sich überlappen und wo sie eigenständige Voraussetzungen und Ergebnisse haben.

In aller Regel werden Bauprodukte fabrikmäßig hergestellt und kommen dann in den Handel. Die Handelbarkeit wird durch eine europäische Verordnung, die Bauprodukteverordnung, geregelt. Sie gilt unmittelbar in allen Staaten der europäischen Union. Die Verwendbarkeit des Bauprodukts wird durch die Bauordnungen der einzelnen Bundesländer geregelt. Das ist das öffentliche Baurecht, das Sicherheit und Gesundheit gewährleisten soll.

Handelbarkeit und Verwendbarkeit werden häufig als deckungsgleich angesehen. Das ist im Ansatzpunkt falsch, wie sich bereits aus der Gesetzgebungskompetenz für die einzelnen Bereiche ergibt. Deshalb verwischen bereits in der Bauprodukteverordnung die Gesetzeszwecke der Freizügigkeit des Handels einerseits und der sicherheitsrelevanten Regulierung der Verwendbarkeit andererseits.

So ist zwar richtig, dass nach Art. 8 Abs. 4 BauPV

„Ein Mitgliedstaat in seinem Hoheitsgebiet oder in seinem Zuständigkeitsbereich die Bereitstellung auf dem Markt oder die Verwendung von Bauprodukten, die die CE-Kennzeichnung tragen, weder untersagen noch behindern ..."

darf,
richtig ist aber andererseits auch, dass das nur der Fall ist, wenn die (mit der CE-Kennzeichnung erklärten)

„Leistungen den Anforderungen für diese Verwendung in dem betreffenden Mitgliedstaat entsprechen."

Die Mitgliedstaaten dürfen also weiterhin die konkreten Anforderungen für die Verwendung der Bauprodukte auf ihrem Hoheitsgebiet festlegen. Sie können die Anforderungen an die einzelnen geregelten Leistungen bestimmen, dürfen aber keine nicht geregelten Leistungen hinzufügen.

Deshalb muss die Leistungserklärung Angaben zur Leistung derjenigen wesentlichen Merkmale des Bauprodukts enthalten, für die an dem Ort der Bereitstellung auf dem Markt Anforderungen zu berücksichtigen sind, Art. 6 Abs. 4 Buchst. c) BauPV.

Handelbarkeit und Verwendbarkeit sagen aber noch nicht notwendig etwas darüber aus, ob die vertraglich vereinbarten oder vorausgesetzten Standards erreicht werden. Auch wenn alle Voraussetzungen für die Verwendbarkeit eines Produktes vorliegen, kann es vorkommen, dass die Brauchbarkeit im Sinne der vertraglichen Vereinbarungen nicht erreicht wird.

6 Handelbarkeit von Bauprodukten (Europarecht)

6.1 Harmonisierte technische Normen = Rechtsnormen

Die konkrete Umsetzung der Bauprodukteverordnung – früher der Bauprodukterichtlinie – erfolgt durch die harmonisierten technischen Normen, die hEN. Bei diesen handelt es sich nicht um bloß unverbindliche Formulierungen, sondern sie sind Rechtsnormen.

Dies hat der Gerichtshof der europäischen Gemeinschaft (EuGH) inzwischen in der Rechtssache Elliot ausdrücklich festgestellt:

„(E)ine harmonisierte Norm (...), die auf der Grundlage der RL 89/106 angenommen wurde und deren Fundstellen im Abl EU veröffentlicht wurden, (ist) Teil des Unionsrechts, da durch Bezugnahme auf die Bestimmungen einer solchen Norm festgestellt wird, ob die in Art 4 II der RL 89/06 aufgestellte Vermutung auf ein bestimmtes Produkt anwendbar ist."

Damit ist der Europäische Gerichtshof für die Auslegung der harmonisierten Normen zuständig, eine Konsequenz, die in ihren Auswirkungen bisher kaum verstanden wird.

Jedenfalls soweit es um die harmonisierten Normen geht, hat derzeit der gerichtliche Sachverständige ein Minenfeld potentieller Rechtsfragen vor sich, das allerdings von der deutschen Rechtsprechung bisher nicht wahrgenommen wird.

Woran erkennt man eine harmonisierte Norm?

Zum einen daran, dass regelmäßig im Amtsblatt der Europäischen Union eine Liste der derzeit maßgeblichen Normen veröffentlicht wird. Außerdem enthalten die harmonisierten Normen immer einen Abschnitt „ZA", in dem die wesentlichen Eigenschaften der harmonisierten Produkte benannt werden, für die eine Erklärung gefordert werden kann (hier geregelte Leistungen genannt).

Ob nur dieser Abschnitt ZA Rechtsnormcharakter hat oder die ganze harmonisierte, ist vom EuGH noch nicht abschließend beantwortet worden.

6.2 Voraussetzung der Handelbarkeit

Die europaweite Verkehrsfähigkeit eines Bauproduktes setzt voraus, dass das Produkt entweder von einer harmonisierten europäischen Norm (hEN) erfasst wird, oder dass es einer Europäischen technischen Bewertung (ETA – European Technical Assessment) unterfällt. Grob gesagt entspricht erstere Variante in etwa der früheren deutschen Klassifikation der Bauregelliste Teil A, die zweite Variante der allgemeinen bauaufsichtlichen Zulassung.

6.2.1 Vorliegen einer Leistungserklärung

Die korrekte Leistungserklärung ist Voraussetzung der Handelbarkeit. Entscheidend ist, ob sie die zu erklärenden Leistungen enthält. Das bedeutet umgekehrt, dass man vor allem wissen muss, welche Leistungen zu erklären sind und welche nicht. Der Verwender hat natürlich ein Interesse daran, dass möglichst viele Leistungen erklärt werden, der Hersteller hat ein Interesse daran, möglichst wenige Leistungen zu erklären.

6.2.2 Die zu erklärenden Leistungen

Erklärt werden muss die Leistung zumindest eines der wesentlichen Merkmale, die in der technischen Spezifikation für den erklärten Verwendungszweck festgelegt wurden, Art. 6 (3) (c) BauPV.

6.2.3 Die nicht zu erklärenden Leistungen nach den Anhängen ZA der hEN

Die Notwendigkeit der Erklärung der Leistung für eine bestimmte Eigenschaft gilt nicht in den Mitgliedsländern, in denen keine gesetzlichen Anforderungen in Bezug auf diese Eigenschaft für den vorgesehenen Verwendungszweck des Produktes vorhanden sind.

6.2.4 Vorliegen einer CE-Kennzeichnung

Diese beinhaltet eine Auflistung der mit der Leistungserklärung erklärten Leistungen.

6.3 Beispiel 1: Fenster

In der CE-Kennzeichnung eines Fensters sind keine Angaben zu den Windlasten enthalten, denen dieses standhält. Es enthält nur Angaben zur „Tragfähigkeit von Sicherheitsvorrichtungen".

Fenster und Außentüren werden durch die hEN 14351–1 in der Fassung vom August 2010 geregelt. Die Tragfähigkeit von Sicherheitsvorrichtungen ist eine der im Abschnitt ZA der DIN EN 14351–1 genannten wesentlichen Eigenschaften.

Damit ist die Mindestanforderung für eine CE-Kennzeichnung nach der Bauprodukteverordnung erfüllt.

In der Anlage ZA der DIN EN 14351–1 ist weiter geregelt:

„Die Anforderung an eine bestimmte Eigenschaft gilt nicht in denjenigen Mitgliedstaaten, in denen es keine **gesetzlichen Bestimmungen** für diese Eigenschaft für den vorgesehenen Verwendungszweck des Produkts gibt. **In diesem Fall** sind Hersteller, die ihre Produkte auf dem Markt dieser Mitgliedstaaten einführen wollen, nicht verpflichtet, die Leistung ihrer Produkte in Bezug auf diese Eigenschaft zu bestimmen oder anzugeben und es **darf die Option „Keine Leistung festgestellt" (KLF)** in den Angaben zur CE-Kennzeichnung (siehe ZA.3) **verwendet werden**. Die Option KLF darf **jedoch nicht** verwendet werden, **wenn** für die Eigenschaft ein **einzuhaltender Grenzwert angegeben ist."**

In der Bauordnung des Landes Nordrhein-Westfalen oder in einer aufgrund der Bauordnung erlassenen Rechtsverordnung sind keine Anforderungen an Windlasten festgelegt.

Dann müssen in der Leistungserklärung eines Fensters oder der CE-Erklärung auch keine weiteren Angaben enthalten sein.

Möglicherweise ergeben sich diese Anforderungen aus der Verwaltungsvorschrift Technische Baubestimmungen (VV-TB). Diese ist aber nach deutschem Rechtsverständnis keine „gesetzliche Vorschrift".

Ob sie vielleicht eine gesetzliche Vorschrift im Sinne der Anlage ZA der hEN sein könnte, müsste der EuGH entscheiden.

7 Verwendbarkeit von Bauprodukten (Europarecht und nationales Recht)

7.1 Gesetzliche Vorgaben

Die Verwendbarkeit von Bauprodukten, die einer harmonisierten Norm unterliegen, regelt beispielsweise § 19 BauO NRW.

§ 19 BauO NRW Anforderungen für die Verwendung von CE-gekennzeichneten Bauprodukten

> „Ein Bauprodukt, das die CE-Kennzeichnung trägt, darf verwendet werden, wenn die **erklärten** Leistungen den in diesem Gesetz oder auf Grund dieses Gesetzes festgelegten Anforderungen für diese Verwendung entsprechen. Die §§ 20 bis 25 Absatz 1 gelten nicht für Bauprodukte, die die CE-Kennzeichnung auf Grund der Verordnung (EU) Nr. 305/2011 tragen."

Danach ist ein Fenster ohne Angaben zur Windlast in der CE-Kennzeichnung verwendbar.

7.2 Anforderungen an die Leistung

7.2.1 Beispiel 2: Dämmstoffe DIN EN 13162

Bei den Dämmstoffen hat das sogenannte Glimmverhalten eine gewisse Berühmtheit erlangt. In Deutschland wurde zusätzlich zu den Angaben in der CE-Kennzeichnung auch ein Ü-Zeichen verlangt, mit dem die Übereinstimmung des Produkts mit den nationalen Anforderungen an das Glimmverhalten bescheinigt wurde.

Das hat der EuGH als unzulässig angesehen, da neben dem CE-Kennzeichen keine weiteren Anforderungen an das Bauprodukt gestellt werden dürfen. In dem Anhang ZA der einschlägigen harmonisierten Norm DIN EN 13162 ist das Glimmverhalten als eines der wesentlichen Merkmale angeführt, unter Verweis auf Ziffer 4.3.15 der Norm.

> „4.3.15 Glimmverhalten
> ANMERKUNG Ein Prüfverfahren wird zurzeit erarbeitet. Sobald es zur Verfügung steht, wird diese Norm entsprechend geändert werden."

Das Glimmverhalten ist danach ein wesentliches Merkmal des Bauproduktes „Werkmäßig hergestellte Produkte aus Mineralwolle". Auf nationaler Ebene kann die Berücksichtigung dieses Merkmals vorgegeben werden. Was in der DIN EN 13162 fehlt, ist eine standardisierte Untersuchungsmethode zur Beurteilung des Glimmverhaltens.

Auch wenn der Status der Beurteilungsmaßstäbe derzeit noch ungeklärt ist, hat der Generalanwalt in der Rechtssache Elliott die Auffassung vertreten, dass die in den harmonisierten Normen genannten Beurteilungsnormen nicht zwingend sind, sondern dass auch andere Normen herangezogen werden können. Eine nationale Vorgabe im System des europäischen Bauproduktenrechts wäre unter dieser Voraussetzung ohne weiteres möglich.

7.3 Exkurs: Vertragliche Vorgaben

Wie ist es, wenn das Leistungsverzeichnis Vorgaben zu den Windlasten macht?

7.3.1 Beispiel 3: Fenster

Wenn es richtig ist, dass betreffend die Windlasten von Fenstern gesetzliche Vorgaben fehlen (hierzu oben Beispiel 1), und wenn diese in einem Leistungsverzeichnis angegeben sind, dann muss man zum Einen fragen, ob das eigentlich zulässig ist, und zum Anderen stellt sich die Frage, anhand welcher technischer Regeln festgestellt werden kann, ob diese Vorgaben richtig sind.

7.3.2 Zulässigkeit von vertraglichen Vorgaben betreffend Leistungen eines Bauprodukts

Vertraglich vereinbaren darf man im Rahmen der gesetzlichen Bestimmungen, was man will. Das gilt natürlich auch für die Windlasten, die ein Fenster aushalten muss.

Das führt aber zu einem nicht unerheblichen Problem:
Die Bauprodukteverordnung ist eine solche einen Rahmen setzende gesetzliche Bestimmung, und in ihrem Artikel 8 Abs. 4 wird Folgendes geregelt:

„Ein Mitgliedstaat stellt sicher, dass öffentliche oder private Stellen, die als öffentliches Unternehmen oder aufgrund einer Monopolstellung oder im öffentlichen Auftrag als öffentliche Einrichtung handeln, die Verwendung von Bauprodukten, die CE-Kennzeichnung tragen, nicht durch Vorschriften oder Bedingungen behindern, wenn die erklärten Leistungen den Anforderungen für diese Verwendung in dem betreffenden Mitgliedstaat entsprechen."

Eine Reihe von Auftraggebern könnte danach gehindert sein, vertragliche Anforderungen an Leistungen von Produkten zu stellen, die von den gesetzlichen Anforderungen abweichen.

7.3.3 Prüfung der Richtigkeit der Vorgaben

Welche Windlasten legt der Sachverständige seiner Beurteilung zugrunde?

Es kommt vor, dass Sachverständige in einem Gerichtsverfahren die Richtigkeit der im Leistungsverzeichnis geforderten Windlastwerte von Fenstern an der ift-Richtlinie FE-05/02 „Einsatzempfehlungen für Fenster und Außentüren" messen und Gerichte dies übernehmen. Das scheint zunächst nicht abwegig. Wenn der Sachverständige dann aber sagt, dass es sich um eine technische Norm handelt und dass sie die anerkannten Regeln der Technik wiedergibt, sollte der Richter aufmerken. Europarechtlich setzt die Verwendung einer nationalen technischen Norm deren Notifizierung voraus. Die ift-Richtlinie ist nicht notifiziert.

Technische Normen dürfen auch in Rechtsstreitigkeiten zwischen privaten nicht zur Anwendung kommen, wenn sie nicht in dem dafür vorgesehenen Verfahren bei den zuständigen Stellen notifiziert wurden. Das ist bei den genannten ift-Richtlinien nicht der Fall. Also dürfte der Richter die Aussage des Sachverständigen nicht berücksichtigen.

8 Brauchbarkeit von Bauprodukten (Nationales Recht unter Einschluss von Europarecht)

Die Brauchbarkeit ist der Maßstab, den das Zivilrecht an die vertraglich geschuldete Leistung anlegt. Man nennt das auch Werkerfolg, Mangelfreiheit der Leistung oder die Funktionstauglichkeit des Werks.

Das Verhältnis der Brauchbarkeit zur Verwendbarkeit ist komplex. Einerseits spielt die Verwendbarkeit in Mängelstreitigkeiten meist keine Rolle, andererseits haben Gerichte auch schon das bloße Fehlen einer CE-oder Ü-Kennzeichnung als Mangel angesehen. Ich meine, dass die Verwendbarkeit durchaus ein Aspekt der Brauchbarkeit ist, wenn auch nicht der alleinige. Am besten lässt sich das vielleicht damit umschreiben, dass die öffentlich-rechtliche Verwendbarkeit eine vertraglich geschuldete Mindestanforderung ist, denn man wird davon ausgehen können, dass der Besteller eine Leistung möchte, die den Vorgaben des öffentlichen Baurechts entspricht.

Ideal ist es, wenn ein Bauprodukt nicht nur nach den öffentlich-rechtlichen Vorgaben verwendbar ist, sondern auch zivilrechtlich als brauchbar angesehen wird. Für die betroffen Vertragspartner ist es unschön, wenn ein Bauprodukt weder nach den öffentlich-rechtlichen Vorgaben verwendbar noch nach den vertraglichen Vorgaben brauchbar ist. Aus der Sicht des Rechts sind aber beide Alternativen gleich einfach gelagert. Die möglichen Fälle sind in der Tab. 1 dargestellt.

Die aus der Sicht des Rechts schwierigen Fälle liegen in den beiden folgenden Konstellationen:

8.1 Das Bauprodukt ist verwendbar, aber nicht brauchbar

Die Frage, ob ein verwendbares Produkt dennoch nicht brauchbar sein kann, war Gegenstand einer Entscheidung des Europäischen Gerichtshofs im Fall James Elliott. Der Fall spielte noch unter der Geltung der früheren Bauprodukterichtlinie, nach deren Inhalt die Erfüllung der Vorgaben für die Handelbarkeit die Brauchbarkeit des Produktes indizierte.

Das Füllmaterial für die Baugrube war die Ursache dafür, dass die Gründung des Gebäudes sich ausdehnte und anhob. Die dadurch entstandenen Schäden am Gebäude waren so stark, dass es abgerissen und neu errichtet werden musste. Das Füllmaterial entsprach allen Vorgaben der einschlägigen hEN und war damit verwendbar.

Die Kernfrage des Falles, aufgrund derer die Vorlage des nationalen Gerichts an den Europäischen Gerichtshof erfolgte, war die folgende:

Tab. 1 Verhältnis von Brauchbarkeit zu Verwendbarkeit

	Brauchbar	Nicht brauchbar
Verwendbar	Mangelfrei	Mangelhaft
Nicht verwendbar	Mangelfrei oder mangelhaft?	Mangelhaft

Wenn das Produkt nach der einschlägigen harmonisierten Norm verwendbar ist, muss es dann auch zivilrechtlich als brauchbar angesehen werden? Der Europäische Gerichtshof hat die Frage verneint. Die Kriterien für die Beurteilung der Brauchbarkeit nach den vertraglichen Vorgaben sind eigenständig und werden durch die Verwendbarkeit nicht präjudiziert.

8.2 Ist ein nicht verwendbares Bauprodukt nicht brauchbar?

Das Problem kann bei der folgenden Fallgestaltung auftreten:

Dem Produkt fehlt zwar der Verwendbarkeitsnachweis, es erfüllt aber die Leistungsanforderungen, die es nach den einschlägigen harmonisierten Normen erfüllen muss.

Es ist rein praktisch sicher möglich, dass die Leistung des Bauproduktes nachträglich festgestellt wird. Das könnte zur Folge haben, dass die zunächst nicht zulässige Verwendung nachträglich zulässig wird. In der bereits mehrfach zitierten Rechtssache Elliott hatte der Generalanwalt dies in seiner Stellungnahme für möglich gehalten. Damit wäre durch die Bauprodukteverordnung auf europäischer Ebene das eröffnet, was für national geregelte Bauprodukte ohnehin gilt: Die Möglichkeit einer Zustimmung im Einzelfall. Und wenn aufgrund einer solchen Prüfung die Verwendbarkeit bejaht wird, kann das Bauprodukt als verwendbar und brauchbar klassifiziert werden.

Für den vom Gericht ernannten Sachverständigen ergibt sich aus dieser rechtlichen Situation folgende praktische Handlungsmöglichkeit: Er kann, wenn er beispielsweise danach gefragt wird, ob eine Leistung „aus technischer Sicht mangelhaft" ist, bei dem Gericht nachfragen, ob er bei einem Fehlen der Verwendbarkeitsnachweise davon ausgehen soll, dass die Leistung mangelhaft ist.

9 Zusammenfassende Thesen

Die Bauprodukteverordnung ist besser als ihr Ruf. Was fehlt, ist eine transparente und handhabbare gesetzliche Vorgabe für die auf nationaler Ebene anzusetzenden Leistungen betreffend die in den hEN definierten wesentlichen Merkmale.

Der Sachverständige muss bei Auslegungsproblemen der hEN den Richter um Anleitung zum weiteren Vorgehen bitten und er sollte dies auch bei der Anwendung von technischen Normen tun, bei denen er nicht erkennen kann, dass sie das europäische Notifizierungsverfahren durchlaufen haben.

Literatur

1. Verordnung (EU) Nr. 305/2011 des Europäischen Parlaments und des Europäischen Rates vom 9. März 2011 zur Festlegung harmonisierter Bedingungen für die Vermarktung von Bauprodukten und zur Aufhebung der Richtlinie 89/106/EWG des Rates, in Deutschland als Bauprodukteverordnung oder Bauproduktenverordnung bezeichnet, abgekürzt als BauPV oder BauPVO.
2. Urteil des EuGH In der Rechtssache C-613/14 James Elliott Construction Limited gegen Irish Asphalt Limited (zum Gesetzescharakter der hEN-Normen).
3. Schlussanträge des Generalanwalts Manuel Campos Sachez-Bordona vom 28. Januar 2016 in der Rechtssache C-613/14 James Elliott Construction Limited gegen Irish Asphalt Limited (zur nachträglichen Feststellung der Leistung eines Bauproduktes).
4. Urteil des EuGH in der C 194/94 CIA security International SA gegen Signalson SA, Securitel SPRL (Zur Verwendbarkeit notifizierter technischen Normen in Zivilprozessen).
5. DIN EN 13162:2015-04 und DIN EN 14351-1: 2010-08, jeweils zu konkreten wesentlichen Merkmalen.
6. Weiterführend betreffend die Handelbarkeit mit einigen Verweisen zu Verwendbarkeit und Brauchbarkeit: Held/Jaguttis/Rupp, Bauproduktenverordnung VO (EU) 305/2011, Kommentar, C:H:Back Verlag 2019.

RA Thomas Ziegler Seit ca. 20 Jahren Tätigkeit auf dem Gebiet des privaten Baurechts, Architekten- und Ingenieur Honorarsachen, Haftungsangelegenheiten, in der Planungs- und überwachungsbegleitenden Beratung; Themenschwerpunkte: Fragen im Zusammenhang mit Verwendbarkeit und Brauchbarkeit von Bauprodukten, aus der Sicht der Haftung des Planers und Überwachers; Veröffentlichungen in der juristischen Fachliteratur mit dem Schwerpunkt des rechtlichen und praktischen Umgangs mit Bauprodukten.

CE, Ü, hEN, EAD, ETA, aBG, abZ, abP – Was ist das? Unterschiede? Schließung der Lücken durch die MVV TB

Bettina Hemme

1 Einleitung

Auch wenn sich in den vergangenen Jahren die Regelungsgestaltung im Bauwesen scheinbar vollständig geändert hat, so zeigt sich bei näherem Hinsehen, dass die grundlegenden Überlegungen und Regelungen zu Abläufen im Bauwesen unverändert sind.

Im Bauwesen werden üblicherweise keine Endprodukte gehandelt, sondern lediglich einzelne Bauprodukte, die erst nachträglich unter Mitwirkung vieler Beteiligter zu einer baulichen Anlage zusammengefügt werden. Bauaufsichtliche und privatrechtliche Anforderungen richten sich dabei in der Regel nicht direkt an das Bauprodukt, sondern an das fertiggestellte Endprodukt, die bauliche Anlage.

Mit Mauersteinen allein ist also noch kein Gebäude errichtet und mit einer Rolle Dachabdichtungsbahn noch kein Dach abgedichtet. Das heißt, die eigentliche Herstellung der baulichen Anlage findet nicht im Verantwortungsbereich des Herstellers des Bauproduktes statt. Nun ist diese Trennung zwischen Bauprodukt und dessen Anwendung nicht neu, sondern hat sich prozessbedingt schon immer so ergeben. Der europäische Handelsprozess hat diese Trennung lediglich sichtbarer gemacht, sodass nun vermeintlich „Lücken" entstanden sind.

Um diese „Lücken" konform mit dem europäischen Handelsgedanken zu schließen, wurden die „alten" bauaufsichtlichen Regelwerke Musterbauordnung [1], Liste der Technischen Baubestimmunen [2] und Bauregellisten [3] strukturell überarbeitet. Die Liste der Technischen Baubestimmungen und die Bauregellisten

---

Dipl.-Ing. B. Hemme
Deutsches Institut für Bautechnik (DIBt), Berlin, Deutschland

© Springer Fachmedien Wiesbaden GmbH, ein Teil von Springer Nature 2020
M. Oswald und M. Zöller (Hrsg.), *Aachener Bausachverständigentage 2019*,
https://doi.org/10.1007/978-3-658-27446-7_6

sind in der Musterverwaltungsvorschrift Technische Baubestimmungen (MVV TB) [4] zusammengeführt und neu strukturiert.

Nach Klärung der Begriffe und Abkürzungen werden zunächst die bauaufsichtlichen und privatrechtlichen Anforderungen erläutert und die MVV TB vorgestellt. Darauf aufbauend wird dann der Umgang mit den Bauprodukten, den Anforderungen und den Anwendungsregeln dargestellt.

2 Begriffe

Wie in vielen Lebensbereichen üblich, sind auch im Bauwesen viele fachspezifische Kürzel verbreitet. Die häufig sperrigen Begriffe sind oftmals nicht dafür geeignet, in flüssigen Worten Zusammenhänge zu erläutern. Daher werden, zurückkommend auf den Titel, zunächst die in diesem Beitrag wesentlichen Abkürzungen und Begriffe zusammengestellt und erläutert. Die Begriffe sind dabei den Themenkreisen Herstellung und Anwendung zugeordnet und nach europäischen und nationalen Begriffen sortiert (Abb. 1).

Herstellung	Anwendung	
Bauprodukt	Bauart	
Produktregel DIN, hEN, ETA, abZ, abP, ZiE	Anwendungsregeln DIN, EC+NA, aBG, vBG, abP, sowie alle anderen technischen Anwendungsregeln, z. B. Fachregeln	
Herstellung und Kennzeichnung des Produktes, Bereitstellung des Produktes mit zugesicherten Eigenschaften auf dem Markt	Entwurf, Planung, Bemessung, Statische Berechnung, Prüfung der Verwendbarkeit, Auswahl der Produkte, Ausschreibung	Ausführung, Zusammenfügen der Bauprodukte zu Bauteilen/baulichen Anlagen
Produkthersteller	Bauherr/Fachplaner	Ausführende Firma

Abb. 1 Übersicht Produktherstellung und deren Anwendung

2.1 Themenkreis Herstellung

2.1.1 Europäisch

EN	Europäische Norm – allgemein: Produktnormen, Prüfnormen, Anwendungs- bzw. Ausführungsnormen
hEN	harmonisierte Europäische Norm – Produktnorm mit Anhang ZA als Grundlage zur CE-Kennzeichnung (nur bei Produktnormen)
EAD	*European Assessment Document* – Europäisches Technisches Bewertungsdokument (Prüfplan) als Grundlage zur Erteilung einer ETA
ETA	*European Technical Assessment* – Europäische Technische Bewertung, als Grundlage für die Leistungserklärung (DoP) und CE-Kennzeichnung (nur sofern Produkte nicht in hEN geregelt sind bzw. von diesen abweichen; sinngemäß vergleichbar mit abZ)
AVCP	*Assessment and verification of constancy of performance system* – System zur Bewertung und Überprüfung der Leistungsbeständigkeit; Verteilung der Aufgaben im Überwachungsprozess bei der Herstellung (werkseigene Produktionskontrolle, Überwachung des Werkes, Fremdüberwachung, Produktprüfung) zwischen Hersteller und fremdüberwachender Stelle (vgl. Anhang V der EU-BauPVO)
CE	Europäisches Handelszeichen auf dem jeweiligen Produkt, anzubringen durch den Hersteller auf der Grundlage einer hEN oder einer ETA
DoP	*Declaration of Perfomance* – Leistungserklärung, zur Erklärung der Leistungsmerkmale durch den Hersteller

2.1.2 National (Deutschland)

DIN	Produktnorm als Grundlage für das Ü-Zeichen (nur wenn in MVV TB Teil C, Abschnitt C 2 gelistet, sonst kein Ü)
abZ	Allgemeine bauaufsichtliche Zulassung – als Grundlage für das Ü-Zeichen, sofern keine andere technische Regel vorhanden ist; sinngemäß vergleichbar mit ETA; entspricht den Abschnitten 1 und 2 der „alten" abZ
abP	Allgemeines bauaufsichtliches Prüfzeugnis – äquivalent zu abZ, für Produkte deren Eigenschaften nach anerkannte Prüfverfahren geprüft werden (vgl. MVV TB Teil C Abschnitt C 3)
abZ/aBG	„Kombi"-Bescheid – entspricht der „alten" abZ und stellt die Zusammenfassung von abZ und aBG in einem Dokument dar

ZiE   Zustimmung im Einzelfall – Zustimmung durch zuständige örtliche Baubehörde zur Verwendung von Produkten in bestimmten Bauvorhaben
Ü, ÜH, ÜHZ   Übereinstimmungsverfahren gem. Ü-Zeichen Verordnung [5]

2.2 Themenkreis Anwendung

2.2.1 Europäisch

EC   Eurocodes (EN 1990 bis EN 1998) – Bemessungsregeln (Statische Bemessung) für Bauteile; nicht harmonisiert, d. h. europäisch nicht verbindlich geltend, jedoch zusammen mit den nationalen Anhängen in der MVV TB, Teil A als Technische Baubestimmung gelistet

2.2.2 National (Deutschland)

NA   Nationale Anhänge – Präzisierung der Anforderungen und Bemessungsregeln aus den Eurocodes auf das nationale Anforderungsniveau
DIN   Regelungen für die Anwendung bestimmter Bauprodukte, im weitesten Sinn vergleichbar zu NA:
– Anwendungsnormen (z. B. „DIN 20000-Serie"): Bindeglied zwischen Produktnorm (hEN) und Anwendung; enthalten Anforderungen an bestimmte Produktmerkmale, die erfüllt sein müssen, um die Planung und Bemessung national üblicher Bauarten anwendungsbezogen zu ermöglichen (z. B. DIN SPEC 20000–202 [6])
– Bemessungsnormen; Rechen- und Bemessungsverfahren bzw. tabellierte Werte aus den Leistungsmerkmalen nationale Bemessungswerte zu ermitteln (z. B. DIN 4108 [7])
– Konstruktionsnormen; Regelungen zur Planung, Bemessung und Ausführung von Bauteilen (z. B. DIN 18533 [8])
Bauart   Zusammenfügen einzelner Bauprodukte auf der Baustelle zu Bauteilen bzw. baulichen Anlagen
aBG   Allgemeine Bauartgenehmigung – erforderlich für alle Bauarten, die nicht über o. g. Anwendungsregeln geregelt sind
vBG   Vorhabenbezogene Bauartgenehmigung – Zustimmung durch zuständige örtliche Baubehörde für bestimmte Bauarten in bestimmten Bauvorhaben

abZ/aBG	siehe oben
abP	Sogenanntes „Bauart"-abP (vgl. MVV TB Teil C Abschnitt C 4); als äquivalent zur aBG
./.	Übereinstimmungserklärung des Ausführenden

3 Die „Lücken"

Gemeinhin sprechen sowohl Juristen als auch Techniker von „Lücken", die es zu schließen gilt. Werden die am Bau Beteiligten befragt, ergeben sich unterschiedliche Auffassungen dieser „Lücken". Nachfolgend sind ohne Anspruch auf Vollständigkeit mögliche Lücken beschrieben.

1. Fehlende Produkteigenschaften in hEN
Es gibt lückenhafte Europäische Normen. Das heißt, es gibt Anforderungen an Produktmerkmale, die von der Europäischen Norm und ggf. vom Europäischen Mandat zur Norm nicht erfasst sind. Diese Lücken betreffen aber nur einzelne Normen und Produkte und sind damit als Einzelfälle zu betrachten. Vor dem EugH-Urteil [9] wurden diese Lücken einfach durch Nachregelung in abZ geschlossen. Nach dem EugH-Urteil wird über die entsprechenden europäischen Verfahren daran gearbeitet, diese Lücken in den Normen zu beseitigen. In der Übergangszeit können diese Lücken mit freiwilligen Nachweisen (vgl. MVV TB D 3.3) oder über eine ETA geschlossen werden. Als weiteres Hilfsmittel steht dem Planer und Anwender die Prioritätenliste zur Verfügung. Bis zur Vervollständigung der Normen ist damit diese Lücke zumindest provisorisch geschlossen.
2. Anwendungs-„lücke":
Auf europäischer Ebene soll der grenzenlose Handel mit Bauprodukten erleichtert werden. Das CE-Kennzeichen ist dabei ein Handelszeichen mit dem der Hersteller bestätigt, dass ein Produkt die vom Hersteller zugesicherten Leistungsmerkmale tatsächlich aufweist. Aus den gegebenen Merkmalen lässt sich aber nicht ohne weitreichende Fachkenntnisse im Bauwesen ableiten, ob ein Bauprodukt auch für den vorgesehenen Anwendungszweck geeignet ist, da nicht ausgewiesen wird, ob die Merkmale auch ausreichend sind, um die Bauwerksanforderungen zu erfüllen.
Hier wird deutlich, wie sich „alte" Produktregelungen in DIN-Normen und „neue" Regeln der hEN wesentlich unterscheiden. Produkte nach DIN Normen durften nur mit dem Ü-Zeichen versehen werden, wenn das Produkt den

Mindestanforderungen genügte. Darüber hinaus wurden in der Norm (bzw. in weiterführenden Normen) Angaben zur Planung, Bemessung und Ausführung gegeben. Das Ü-Zeichen dokumentiert also nicht nur die Handelbarkeit, sondern auch die Verwendbarkeit in den in Deutschland üblichen Bauarten.

Das CE-Kennzeichen hingegen sagt noch nichts über die tatsächliche Verwendbarkeit aus. Erschwerend kommt hinzu, dass es für das Anbringen des CE-Kennzeichens nicht erforderlich ist, alle relevanten Eigenschaften zu erklären. Theoretisch könnte also ein Produkt mit dem CE-Kennzeichen versehen sein, wenn der Hersteller lediglich ein Leistungsmerkmal erklären möchte.

Dies stellt für den Anwender eine Herausforderung dar, da er im Einzelnen prüfen muss, welches der wesentlichen Merkmale in welcher Qualität vorliegen muss, damit die spätere Bauart auch Ihren Anwendungszweck dauerhaft erfüllen kann.

3. Zuständigkeits- oder „Haftungs-"lücke:
Insbesondere im Fall von vorhandenen Baumängeln erhebt sich zwischen allen Beteiligten die Frage nach dem Verantwortlichen. Dieses Problem lässt sich nicht durch bautechnische Anwendungsregeln oder bauaufsichtliche Anforderungen lösen, sondern ist Aufgabe der Vertragsgestaltung zwischen den Beteiligten. Da es sich hier um ausschließlich juristische Fragestellungen handelt, wird im weiteren Beitrag auf diese Lücke nicht mehr eingegangen.

4 Anforderungen an Bauwerke

4.1 Bauaufsichtliche Anforderungen

Die Anforderungen an Bauwerke sind über alle Änderungen hinweg unverändert geblieben. Bauliche Anlagen sind so anzuordnen, zu errichten, zu ändern und instand zu halten, dass die öffentliche Sicherheit und Ordnung, der Schutz von Leben, Gesundheit und die natürlichen Lebensgrundlagen nicht gefährdet werden (MBO § 3(1)). Die bauaufsichtlichen Anforderungen dienen der Einhaltung der als bedeutsam angesehenen öffentlich-rechtlichen Schutzziele.

Gemäß MBO § 16b dürfen Bauprodukte nur verwendet werden, wenn bei ihrer Verwendung die bauliche Anlagen bei ordnungsgemäßer Instandhaltung während einer dem Zweck entsprechenden angemessenen Zeitdauer die Anforderungen dieses Gesetzes oder aufgrund dieses Gesetzes erfüllen und gebrauchstauglich sind.

Die Musterbauordnung kann von der Homepage der IS-Argebau unter www.bauministerkonferenz.de heruntergeladen werden.

Am grundsätzlichen Verständnis eines öffentlich aufrechtzuerhaltenden Sicherheitsniveaus sowie der zugehörigen technischen Regeln hat sich damit nichts verändert. Nach wie vor sind die öffentlich-rechtlichen Regelungen bei der Planung, Bemessung und Ausführung von Bauwerken zu beachten. Bauaufsichtliche Regelungen beziehen sich auf alle Bauwerke im öffentlichen und privaten Bereich, die den Bauordnungen der Länder (LBO), die auf der Musterbauordnung basieren, unterliegen.

Bauaufsichtliche Regelungen hinsichtlich der zu verwendenden Bauprodukte sowie deren Anwendung finden sich heute in der Muster-Verwaltungsvorschrift Technische Baubestimmungen (MVV TB), die jedes Bundesland dann als Verwaltungsvorschrift Technische Baubestimmungen (VV TB) bekannt macht.

Grundsätzlich ist zu beachten, dass die öffentlich rechtlichen Anforderungen an Bauwerke lediglich ein Mindestschutzniveau im Sinne der bauaufsichtlichen Schutzziele Standsicherheit, Brandschutz, Wärme- und Schallschutz sowie Hygiene und Umweltschutz darstellen. Über die in den MVV TB festgelegten Anforderungen hinaus, können weitere Anforderungen, die z. B. dem Verbraucherschutz oder höheren Qualitätsanforderungen dienen, privatrechtlich vereinbart werden.

Besonders hervorzuheben ist, dass für die Einhaltung der bauaufsichtlichen Mindestanforderungen zunächst erst mal der Bauherr bzw. Eigentümer der baulichen Anlage gesetzlich verpflichtet ist. Aufgrund der Komplexität dieser Aufgabe wird diese Aufgabe üblicherweise an entsprechende Fachleute übertragen.

Es ist nicht Aufgabe von bauaufsichtlichen Regelungen den Bauherrn/Eigentümer vor wirtschaftlichen Schäden zu bewahren. Dies obliegt der freien Vertragsgestaltung zwischen den Beteiligten auf der Grundlage der verschiedenen rechtlichen Regelungen bzw. Vertragsgrundlagen wie BGB, HGB oder VOB.

Im Baurecht wird daher auf den unbestimmten und ggf. auslegbaren Rechtsbegriff der „anerkannten Regel der Technik" (aRdT)[1] verzichtet. Die in den technischen Baubestimmungen bekannt gemachten technischen Regelungen sind

---

[1] Anerkannte Regeln der Technik, Definition nach DIN EN 45020 [10]:
„Technische Festlegung, die von einer Mehrheit repräsentativer Fachleute als Wiedergabe des Standes der Technik angesehen wird. ANMERKUNG: Ein normatives Dokument zu einem technischen Gegenstand wird zum Zeitpunkt seiner Annahme als der Ausdruck einer anerkannten Regel der Technik anzusehen sein, wenn es in Zusammenarbeit der betroffenen Interessen durch Umfrage- und Konsensverfahren erzielt wurde."

verpflichtend zur Einhaltung des Mindestschutzniveaus einzuhalten. Inwieweit die Regelungen ggf. auch „anerkannte Regel der Technik" darstellen, ist für die bauaufsichtlichen Regelungen unerheblich.

4.2 Privatrechtliche Anforderungen

Neben den bauaufsichtlichen Mindestanforderungen gibt es zahlreiche weitere Bauwerksanforderungen, die über Mindestanforderungen hinausgehen können und die im Bauvertrag vereinbart werden. Allen voran wird in vielen Bauverträgen die VOB vereinbart, die eine ganze Reihe von Anwendungs- und Ausführungsnormen beinhalten, die zum großen Teil nicht bauaufsichtlich eingeführt sind. Neben Normen gehören dazu auch alle weiteren technischen Regeln die z. B. von Verbänden als Merkblätter oder Fachregeln herausgegeben werden können. Diese dürfen das bauaufsichtliche Anforderungsniveau nicht unterschreiten, können aber zugunsten höherer Qualität oder sicherer Ausführung erhöhte Anforderungen an Bauprodukte stellen. Hier gilt die Vertragsfreiheit zwischen dem Bauherrn und seinen Auftragnehmern.

Gleiches gilt insbesondere auch für Bauprodukte, die in der MVV TB Teil D aufgelistet sind. Grundsätzlich müssen auch diese Produkte geeignet sein, die bauaufsichtlichen Mindestanforderungen an Bauwerke einzuhalten (z. B. mindestens Brandklasse E aufweisen oder standsicher sein). Als Nachweis hierfür ist aber kein Verwendbarkeitsnachweis im Sinne der MBO vorgesehen. Auch für die Bauprodukte nach Teil D sind in aller Regel technischen Regeln vorhandenen, aus denen das erforderliche Niveau der Leistungsmerkmale des Produktes abgeleitet werden kann.

Im Grundsatz sind für alle gängigen Produktarten neben den eingeführten Technischen Baubestimmungen zahlreiche weitere technische Regeln verfügbar, mit denen Produkte anwendbar gemacht werden.

5 Überblick über die MVV TB

Der aktuelle bauaufsichtliche Regelungsstand ergibt sich aus der MVV TB, Ausgabe 2017/1. In Abb. 2 ist dargestellt, wo die Technischen Baubestimmungen und die Regelungen für Bauprodukte wiederzufinden sind.

In ihrer Struktur besteht die MVV TB aus 4 Teilen, die zusammen die LTB und BRL ersetzen:

A MVV TB Teil A	**B** MVV TB Teil B	**C** MVV TB Teil C	**D** MVV TB Teil D
Konkretisierung der Grundanforderungen an Bauwerke	Ergänzung zu Teil A für Bauteile und Sonderkonstruktionen	Regelungen zur Leistung von nicht harmonisierten Bauprodukten Bauprodukte und Bauarten, für die ein allgemeines bauaufsichtliche Prüfzeugnis als bauaufsichtlicher Verwendbarkeitsnachweis vorgesehen ist	Produkte, für die kein Verwendbarkeitsnachweis notwendig ist
■ Planungs-, Bemessungs- und Ausführungsnormen ■ Stufen und Klassen ■ Fehlende wesentliche Merkmale ■ Unzulässige Verwendungszwecke	■ Planungs-, Bemessungs- und Ausführungsnormen ■ Stufen und Klassen ■ Fehlende wesentliche Merkmale	■ Produktnormen und weitere Anforderungen ■ Voraussetzungen und Verfahren der Übereinstimmungsbestätigung ■ Angaben zu Bauprodukten und Bauarten, die lediglich ein abP benötigen	■ Nicht abschließende Liste von Bauprodukten, für die kein Verwendbarkeitsnachweis notwendig ist ■ Regelungen zur technischen Dokumentation

Abb. 2 Übersicht MVV TB

- A Technische Baubestimmungen, die bei der Erfüllung der Grundanforderungen an Bauwerke zu beachten sind
- B Technische Baubestimmungen für Bauteile und Sonderkonstruktionen, die zusätzlich zu den Abschnitten aufgeführte Technischen Baubestimmungen zu beachten sind
- C Technische Baubestimmungen für Bauprodukte, die nicht die CE-Kennzeichnung tragen und für Bauarten
- D Bauprodukte, die keines Verwendbarkeitsnachweises bedürfen

Im **Teil A** der MVV TB finden sich entsprechend nach den Bauwerksanforderungen der EU-BauPVO sortierte technische Regeln, die im Wesentlichen vormals im Teil 1 der LTB zusammengestellt waren. Hier sind die verpflichtend anzuwendenden technischen Regeln für Planung, Bemessung und Ausführung zusammengefasst.

Im **Teil B** sind im weitesten Sinne technische Regeln für Bauteile erfasst, zu denen z. B. die Abdichtung im Sinne der Abdichtungskonstruktion gezählt wird.

Im **Teil C** finden sich technische Regeln für nicht harmonisierte Bauprodukte wieder. Inhaltlich entspricht diese Liste der Bauregelliste A.

Teil D hingegen beinhaltet im Wesentlichen die ehemalige Liste C der Bauregellisten. Das heißt, es werden Produkte bzw. Produktgruppen aufgeführt, für die kein Verwendbarkeitsnachweis notwendig ist.

Die vollständigen Regelungen können der MVV TB auf der Homepage des DIBt www.dibt.de entnommen werden. Die MVV TB wird regelmäßig fortgeschrieben. Zu beachten ist, dass diese erst durch Umsetzung in die jeweilige VV TB der einzelnen Bundesländer rechtsverbindlichen Charakter bekommt.

6 Von der Verwendbarkeit von Bauprodukten zur Anwendung von Bauarten

6.1 Verwendbarkeit von Bauprodukten

Regeln für die Verwendbarkeit von Bauprodukten beziehen sich zunächst nur auf die werksmäßige Herstellung der Bauprodukte und die Gewähr der Leistungsmerkmale.

Die grundsätzliche Verwendbarkeit von Bauprodukten wird über die Kennzeichnung ausgedrückt.

Nach MBO § 16c dürfen Bauprodukte, die die CE-Kennzeichnung tragen, grundsätzlich verwendet werden, wenn die erklärten Leistungen die in den Technischen Baubestimmungen festgelegten Anforderungen für diese Verwendung erfüllen. Das heißt, das CE-Kennzeichen allein sagt zunächst noch nichts darüber aus, ob das Produkt für den jeweiligen Anwendungsbereich tatsächlich verwendbar ist. Erst nach Überprüfung, ob die in der Leistungserklärung erklärten wesentlichen Merkmale den Technischen Baubestimmungen genügen, dürfen die Bauprodukte verwendet werden.

Für Produkte, für die keine harmonisierte Europäische Norm existiert oder die von dieser abweichen, kann für den Hersteller eine ETA als Grundlage für die CE-Kennzeichnung und die Leistungserklärung ausgestellt werden (Abb. 3).

Für nicht über harmonisierte europäische Spezifikationen geregelte Bauprodukte wird die Verwendbarkeit durch das vom Hersteller anzubringende Ü-Zeichen nachgewiesen.

Das Ü-Zeichen wird auf Grundlage einer technischen Regel (vgl. MVV TB Teil C) angebracht. Als Zeichen für die Übereinstimmung von Produkten mit einer nationalen technischen Regel wird das Produkt vom Hersteller nach dem in der MVV TB Teil C festgelegten Verfahren zur Übereinstimmungsbestätigung (ÜH, ÜHP, ÜZ) mit dem Übereinstimmungszeichen (Ü-Zeichen) versehen.

Wenn es für Bauprodukte keine Technischen Baubestimmungen oder allgemein anerkannte Regeln der Technik gibt oder das Bauprodukt von diesen wesentlich abweicht, benötigen die Bauprodukte einen gesonderten Verwendbarkeitsnachweis

Bewertungs-grundlage	Grundlage zur CE-Kennzeichnung	AVCP-Verfahren	CE + DOP
Harmonisierte Europäische Norm (hEN)	Anhang ZA	Nach in Anhang ZA festgelegtem Verfahren	
Europäisches Technisches Bewertungs-dokument (EAD)	Europäische Technische Bewertung (ETA)	Nach im EAD festgelegtem Verfahren	Leistungserklärung (DOP) + CE durch den Hersteller

Abb. 3 Wege zur CE-Kennzeichnung

nach § 17 MBO, soweit sie nicht über MVV TB Teil D, Abschnitt D2 vom Verwendbarkeitsnachweis ausgenommen wurden.

Diese Verwendbarkeitsnachweise können dabei über eine allgemeine bauaufsichtliche Zulassung (abZ) bzw. ein allgemeines bauaufsichtliches Prüfzeugnis (abP) erbracht werden. Darüber hinaus besteht, bezogen auf das einzelne Bauvorhaben, die Möglichkeit einer Zustimmung im Einzelfall (ZiE) durch die oberste Bauaufsichtsbehörde (Abb. 4).

Im Gegensatz zur CE-Kennzeichnung beinhaltet das Ü-Zeichen bereits die Aussage, dass das Produkt für den jeweiligen Anwendungszweck die Mindestanforderungen erfüllt und damit auch verwendet werden darf, da diese Aussage über den Inhalt und ggf. den Grenzwerten der nationalen Regeln abgedeckt ist (Abb. 5).

6.2 Fehlende Regelungen in der hEN

Aktuell nur schwierig zu erkennen sind die Regelungslücken in den einzelnen harmonisierten Europäischen Normen. Hierfür wurde als Hilfestellung für den Planer, Bauherrn und Anwender eine Prioritätenliste der „Lücken" in den harmonisierten europäischen Normen erstellt und auf der Homepage des DIBt veröffentlicht. In der Prioritätenliste sind alle in den harmonisierten Normen

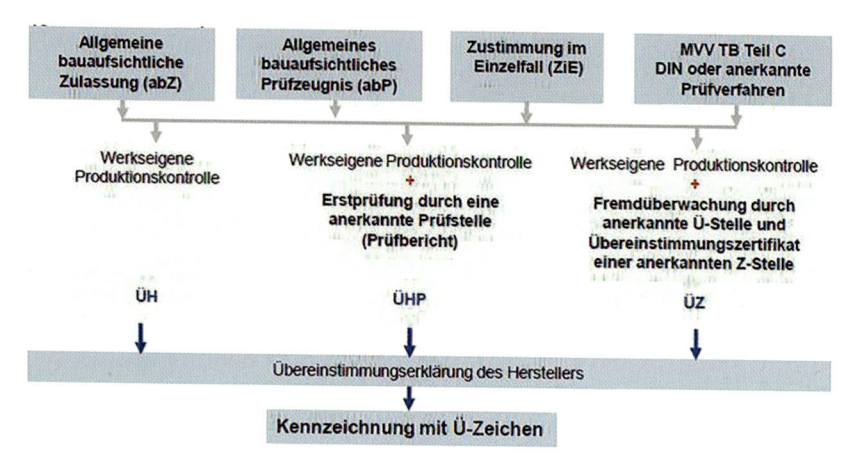

Abb. 4 Wege zum Ü-Zeichen

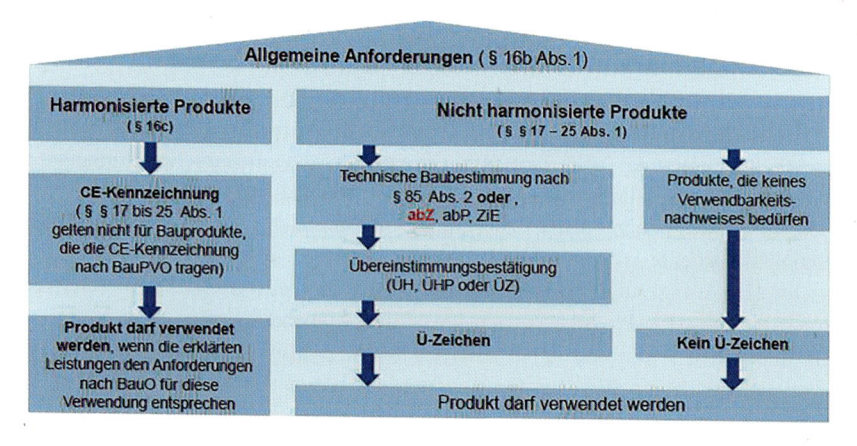

Abb. 5 Regeln zur Verwendung

fehlenden Leistungsmerkmale gelistet, an die bauaufsichtliche Anforderungen gestellt werden.

Es ist Aufgabe der Normung, diese Lücken sukzessive zu schließen. Erfahrungsgemäß wird dieser Prozess längere Zeit in Anspruch nehmen.

In der Übergangszeit können diese Lücken mit freiwilligen Nachweisen (vgl. MVV TB Teil D, Abschnitt D 3.3) oder über eine ETA geschlossen werden. Bis zur Vervollständigung der Normen ist diese Lücke damit zumindest provisorisch geschlossen.

6.3 Regelungen für die Anwendung von Bauarten

In der bisherigen Form der abZ/des abP wurden nicht nur die Bauprodukte als solche, sondern auch deren konkrete Anwendung geregelt. Die abZ/das abP enthielt vollständige Angaben zur Bemessung, zur Ausführung und, soweit erforderlich, auch zu Betrieb und Wartung. Das heißt, es wurde nicht nur die Herstellung des Produktes geregelt, sondern auch die Anwendung im Sinne des Zusammenfügens der Bauart im Bauwerk.

Entsprechend wurde in der MBO § 16a (2) nun für Bauarten, für die es keine Technische Baubestimmung gibt oder die von diesen Regeln abweichen, das Instrument der Bauartgenehmigung (aBG) bzw. ein allgemeines bauaufsichtliches Prüfzeugnis (abP), das sogenannte „Bauart-abP", eingeführt. Alternativ dazu ist eine vorhabenbezogene Bauartgenehmigung durch die oberste Bauaufsichtsbehörde möglich.

In der aBG können für Produkte mit CE-Kennzeichnung Bemessungs- und Anwendungsregeln produktspezifisch festgelegt werden. Die aBG definiert den Anwendungsbereich und die Bemessungs- und Ausführungsregeln für die Bauart und regelt ggf. Eigenschaften, die sich aus der Konstruktion bzw. der konkreten Verwendung (z.B. dem Zusammenbau) im Bauwerk ergeben. Die Bauprodukte erhalten kein Ü-Zeichen, sondern der Ausführende hat über die Einhaltung der Bestimmung der aBG gegenüber dem Bauherrn eine Übereinstimmungserklärung abzugeben (Abb. 6).

6.4 Übersicht und Systematik der erforderlichen Nachweise

Das nationale Ü-Zeichen und das europäische CE-Kennzeichen bilden produktspezifische Leistungsmerkmale, die nach anerkannten Prüfverfahren ermittelt werden ab und regeln die Überwachung der Herstellung der Produkte. Der grundlegende Unterschied ergibt sich in der Verwendung der Produkte. Während mit dem Ü-Zeichen auch eine Aussage über die grundsätzliche Eignung für den

```
harmonisierte Produkte                    nationale geregelte Produkte
   CE-Kennzeichen                              mit Ü-Zeichen
          ↓                                           ↓
Leistungen gemäß Leistungserklärung
                         ↓
                      Durch
                   Anwender zu
          ↓         prüfen                             ↓
     Allgemeine                                  „Kombi-abZ" oder
  Bauartgenehmigung    Technische Baubestimmungen   Allgemeine Bauartgenehmigung
        oder              MVV TB Teil A                    oder
   vorhabenbezogenen      MVV TB Teil B             vorhabenbezogenen
   Bauartgenehmigung      MVV TB Teil C2            Bauartgenehmigung
          ↓                       ↓                        ↓
         ggf. Übereinstimmungserklärung des Anwenders
```

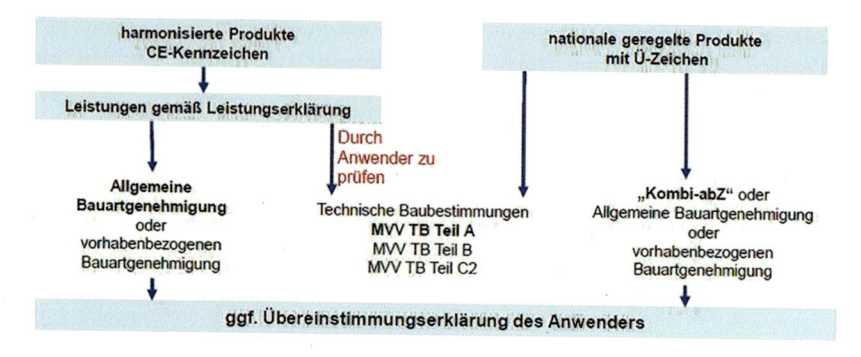

Abb. 6 Regeln zur Anwendung

jeweiligen Verwendungszweck verbunden ist, handelt es sich bei der CE-Kennzeichnung um ein reines Handelszeichen, bei dem der Hersteller für sein Produkt Leistungsmerkmale angibt, für deren Einhaltung er garantiert. Inwieweit diese Leistungsmerkmale aber für den jeweiligen Anwendungsfall auch hinreichend sind und den gesetzlichen Anforderungen an Bauwerke genügen, muss letztendlich vom Anwender überprüft werden.

AbZ und aBG werden vom DIBt erteilt. AbP werden von hierfür bauaufsichtlich anerkannten Prüfstellen erteilt. ETA werden von Europäischen Technischen Bewertungsstellen (TAB) ausgestellt.

Zusammenfassend lässt sich die Nachweiskette für die Verwendung und Anwendung von Bauprodukten auf eine einfache Formel herunter brechen (siehe Abb. 7).

Da es aber vom einzelnen Bauprodukt abhängig ist, ob ein CE oder ein Ü oder aber, ob der Hersteller einen der beiden Wege wählen darf und auch die Notwendigkeit von Bemessungs- und Anwendungsregeln stark differieren, ergeben sich für die einzelnen Produkte unterschiedliche Nachweiskombinationen gemäß Tab. 1 für die Verwendbarkeit und deren Anwendbarkeit.

7 Beispiele

Zum besseren Verständnis werden nachfolgend die theoretischen Ausführungen anhand von Beispielen erklärt. Die Beispiele wurden aus den Produktbereichen Dachabdichtung und Mauerwerk gewählt, die sehr unterschiedlich geregelt sind, aber erkennen lassen, dass das Prinzip gleich ist. In MVV TB Teil A sind nach

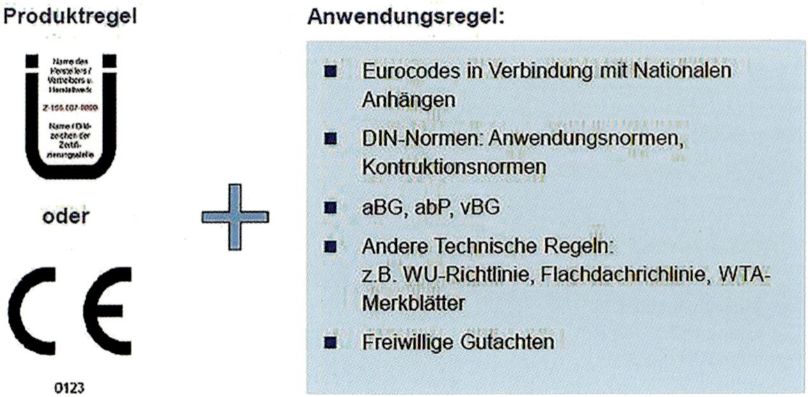

Produktregel

Ü

Name des
Herstellers/
Vertreibers u.
Herstellwerk

Z-155.EG7-0000

Name (DIBt-
zeichen der
Zerti-
fizierungsstelle)

oder

CE

0123

Anwendungsregel:

- Eurocodes in Verbindung mit Nationalen Anhängen
- DIN-Normen: Anwendungsnormen, Kontruktionsnormen
- aBG, abP, vBG
- Andere Technische Regeln: z.B. WU-Richtlinie, Flachdachrichtlinie, WTA-Merkblätter
- Freiwillige Gutachten

Abb. 7 Kennzeichnung und Anwendung von Bauprodukten

Tab. 1 Nachweise im Überblick

Technische Spezifikation/ Verwendbarkeitsnachweis	Produktkennzeichen	Regelungsinhalt des Nachweises, Anwendungsregeln
Technische Regel (z. B. DIN-Norm) nach MVV TB Abschnitt C2	Ü	Produktregeln Gebrauchstauglichkeit: gegeben Bemessung und Anwendung: DIN-Norm, MVV TB, Abschnitt A bzw. C2
Allgemeine bauaufsichtliche Zulassung (abZ)	Ü	Produktregeln Gebrauchstauglichkeit: gegeben Bemessung und Anwendung: Bestandteil der abZ, ggf. Übereinstimmungserklärung des Ausführenden
Allgemeines bauaufsichtliches Prüfzeugnis (abP) nach MVV TB Abschnitt C3	Ü	Produktregeln Gebrauchstauglichkeit: gegeben Bemessung und Anwendung: Bestandteil des abP, ggf. Übereinstimmungserklärung des Ausführenden

(Fortsetzung)

Tab. 1 (Fortsetzung)

Technische Spezifikation/ Verwendbarkeitsnachweis	Produktkennzeichen	Regelungsinhalt des Nachweises, Anwendungsregeln
Harmonisierte Europäische Norm (hEN)	CE	Produktregeln Gebrauchstauglichkeit: durch Anwender zu prüfen! Bemessung und Anwendung: wenn vorhanden, in MVV TB Teil A oder B; sonst aBG erforderlich
Europäische Technische Bewertung (ETA) auf der Grundlage eines EAD	CE	Produktregeln Gebrauchstauglichkeit: durch Anwender zu prüfen! Bemessung und Anwendung: wenn vorhanden in MVV TB Teil A oder B; sonst aBG erforderlich
Bauartgenehmigung (aBG)	CE	Keine Produktregeln: CE-Kennzeichnung vorhanden Gebrauchstauglichkeit: gegeben über aBG Bemessung und Anwendung: produktspezifisch in aBG, ggf. Übereinstimmungserklärung des Ausführenden
Allgemeines bauaufsichtliches Prüfzeugnis (abP) für Bauarten (MVV TB Abschnitt C4)	CE	Keine Produktregeln: CE-Kennzeichnung vorhanden Gebrauchstauglichkeit: gegeben über abP Bemessung und Anwendung: produktspezifisch in aBG, ggf. Übereinstimmungserklärung des Ausführenden
Allgemeine bauaufsichtliche Zulassung/Bauartgenehmigung	Teilweise CE, ggf. Ü	Produktregeln: teilweise; bei Bauprodukten, die aus mehreren Komponenten bestehen, die nur z. T. mit einer CE-Kennzeichnung versehen sind Gebrauchstauglichkeit: gegeben über aBG Bemessung und Anwendung: Bestandteil der abZ/aBG, ggf. Übereinstimmungserklärung des Ausführenden

wesentlichen Anforderungen an Bauwerke und nach Produktbereichen sortierte Bemessungs- und Ausführungsregeln zu finden, die generell bei der Errichtung von Bauwerken den einzuhalten sind. Darüber hinaus finden sich dort sowie im Teil B auch Anwendungsregeln für CE-gekennzeichnete Bauprodukte, die die Einordnung dieser Produkten hinsichtlich der Verwendbarkeit ermöglichen (Abb. 8).

Herstellung	Anwendung	
Bauprodukt	Anwendungsnorm	Konstruktionsnorm
Dachabdichtungsbahn nach hEN 13707 [11]	MVV TB B lfd. Nr. 2.2.5.1: DIN SPEC 20000-201 [12]: Anforderungen an Produktmerkmale, bei Abweichung aBG	DIN 18531 [13] oder Flachdachrichtlinie
Flüssig aufzubringende Dachabdichtung mit CE-Kennzeichnung nach ETA nach ETAG 005 [14]	MVV TB B lfd. Nr. 2.2.5.10, Anlage B 2.2.5/3: Anforderungen an die Klassen	
Mauersteine nach hEN 771-1 bis-4 [15]	MVV TB A ldf. Nr. 1.2.6.1, Anlage A 1.2.6/1: DIN 20000-401 bis 404 [16]	MVV TB A ldf. Nr. 1.2.6.1: DIN EN 1996-1/-2/-3 [17] einschl. der nationalen Anhänge, bei Abweichungen, bzw. fehlenden Bemessungswerten: aBG
Mauermörtel nach hEN 998-2 [18]	MVV TB A ldf. Nr. 1.2.6.1, Anlage A 1.2.6/1: DIN 20000-412 [19]	
Mauersteine oder Mörtel bei Abweichung von oder ohne Produktregel	abZ	aBG

Abb. 8 Beispiele zu Anwendungsregelungen

8 Zusammenfassung

Zusammenfassend kann festgestellt werden, dass keine Regelungslücken bestehen, sondern der Anwender eher mit der Masse an gesetzlichen und freiwilligen Regelungen überfordert wird und, sicherlich zu Recht, die Frage gestellt wird, wie alle diese Regelungen letztlich bis an den einzelnen Ausführenden auf der Baustelle durchgestellt werden sollen.

Das Bauen mit den vielen unterschiedlichen Werkstoffen, vielen Beteiligten und Gewerken, die zudem auch noch ineinander greifen, ist hochkomplex.

Die Vielfalt der Anwendungsregeln resultiert zum einen zwingend aus den sehr vielen verschiedenen Produkten und Gewerken, die in einem Bauwerk zu einer baulichen Anlage verarbeitet werden sollen. Zum anderen ist sie aber auch dem Zustand geschuldet, dass jeder Interessenkreis eigene, vermeintlich eindeutige Regeln aufstellt, die darauf abzielen, vermeintliche Rechtssicherheit für den jeweiligen Interessenkreis zu bringen.

Da bauliche Anlagen in aller Regel Unikate sind, die auf die jeweiligen örtlichen Randbedingungen, bauaufsichtlichen Mindestanforderungen und den Preisvorstellungen des Bauherrn zugeschnitten werden müssen, ist unabhängig von allen Anwendungsregeln eine sorgfältige Fachplanung mit der Aufklärung des Bauherrn für einzelne Risiken sowie die fachgerechte Ausführung unabdingbar. Für jedes Bauwerk sind unzählige Kombinationen von Bauprodukten und Bauarten möglich, sodass es eine „einfache" Anwendungsregel nicht geben kann, solange bauliche Anlagen nicht in Serie werksmäßig vorgefertigt werden.

Das grundsätzliche Konzept, die korrekte Anwendung von Bauprodukten durch Anwendungsregeln sicherzustellen, ist nicht neu. Neu ist nur die dem europäischen Handelsrecht geschuldete scharfe Trennung zwischen der Herstellung des Bauproduktes und der nationalen Anforderungen an Bauwerke. Die Regelungsvielfalt auf der Anwendungsseite ist über Jahrzehnte gewachsen und nur zu einem sehr kleinen Teil (z. B. „20000er-Reihe") dem europäischen Handelsrecht geschuldet.

Auch wenn die bauaufsichtlichen Regelwerke vielfach wegen ihrer Fülle und angeblichen Unübersichtlichkeit kritisiert werden, sollten diese aber doch auch als Hilfestellung für den Anwender angesehen werden. Das Konzept als solches ist einfach. Die Suche nach den „richtigen" Anwendungsregeln ist für den Anwender allein aufgrund der Fülle der Regeln schwierig. Hier kann die MVV TB als Wegweiser dienen, die zumindest das gesetzlich einzuhaltende Mindestniveau zusammenfasst. Die MVV TB ist online verfügbar und verbesserte Suchfunktionen sind in Vorbereitung. Für die Zukunft wären die digitale Verfügbarkeit der Daten bzw. der Anwendungsregeln und eine Verknüpfung von Bauprodukten mit den entsprechenden Regeln bzw. möglicherweise sogar den konkreten Normenabschnitten wünschenswert.

Literatur

1. Musterbauordnung – MBO – Fassung November 2002 – zuletzt geändert durch Beschluss der Bauministerkonferenz vom 13.05.2016, Arbeitsgemeinschaft der für das Bau-, Wohnungs- und Siedlungswesen zuständigen Minister der Länder (ARGEBAU), www.bauministerkoferenz.de.
2. Muster-Liste der Technischen Baubestimmungen, Teil I, II, III Fassung Juni 2015 – Teil A II und Teil B I geändert am 10.10.2016 (Ausgabe 2016/1); Teil A I geändert am 22.12.2016 (Ausgabe 2016/2); Deutsche Institut für Bautechnik, www.dibt.de.
3. Bauregelliste A, Bauregelliste B und Liste C – Ausgabe 2015/2, 6. Oktober 2015; Deutsche Institut für Bautechnik, www.dibt.de.
4. Muster-Verwaltungsvorschrift Technische Baubestimmungen (MVV TB), Ausgabe August 2017; Deutsche Institut für Bautechnik, www.dibt.de.
5. Muster einer Verordnung über das Übereinstimmungszeichen (Muster-Übereinstimmungszeichen-Verordnung – MÜZVO) (Stand Oktober 1997).
6. DIN SPEC 20000-202 Anwendung von Bauprodukten in Bauwerken – Teil 202: Anwendungsnorm für Abdichtungsbahnen nach Europäischen Produktnormen zur Verwendung in der Bauwerksabdichtung.
7. DIN 4108 Wärmeschutz und Energie-Einsparung in Gebäuden.
8. DIN 18533 Abdichtung von erdberührten Bauteilen.
9. EuGH-Urteil vom 16. Oktober 2014 (Rechtssache C-100/13); Stellungnahme des DIBt zur Rechtslage bei Neuanträgen auf Erteilung oder Verlängerung der Geltungsdauer von allgemeinen bauaufsichtlichen Zulassungen für Bauprodukte im Geltungsbereich harmonisierter Spezifikationen, www.dibt.de.
10. DIN EN 45020 Normung und damit zusammenhängende Tätigkeiten – Allgemeine Begriffe.
11. EN 13707 Abdichtungsbahnen – Bitumenbahnen mit Trägereinlage für Dachabdichtungen – Definitionen und Eigenschaften.
12. DIN SPEC 20000-201 Anwendung von Bauprodukten in Bauwerken – Teil 201: Anwendungsnorm für Abdichtungsbahnen nach Europäischen Produktnormen zur Verwendung in Dachabdichtungen.
13. DIN 18531 Dachabdichtungen.
14. ETAG 005 European Technical Approval Guideline 005 – Liquid Applied Roof Waterproofing Kit, www.eota.eu.
15. EN 771-1 bis -4 Festlegungen für Mauersteine.
16. DIN 20000-401, -402, -403, -404 Anwendung von Bauprodukten in Bauwerken – Teil 40x: Regeln für die Verwendung von Mauerziegeln nach DIN EN 771-x.
17. DIN EN 1996 Eurocode 6: Bemessung und Konstruktion von Mauerwerksbauten.
18. EN 998-2 Festlegungen für Mörtel im Mauerwerksbau – Teil 2: Mauermörtel.
19. DIN 20000-412 Anwendung von Bauprodukten in Bauwerken – Teil 412: Regeln für die Verwendung von Mauermörtel nach DIN EN 998-2.

Dipl.-Ing., Dipl.-Wirt.-Ing. Bettina Hemme Studium des Bauingenieurwesens an der TU Berlin (1991), Studium der Wirtschaftswissenschaften an der FernUniversität Hagen (2001); 1992 bis 2001 Tragwerksplanung bei der Fa. Hochtief in Berlin; 2001 bis 2006 Gutachten, Planung und Bauüberwachung im Bereich der Bauwerksabdichtung bei der Firma GuD Consult in Berlin; 2006 bis 2015 Sachbearbeitung und Betreuung des Arbeitsgebietes Bauwerksabdichtungen beim DIBt; seit 2016 Referatsleitung für die Arbeitsgebiete Mauerwerksbau, Erd- und Grundbau und Bauwerksabdichtung beim DIBt.

CE, Ü, hEN, EAD, ETA, aBG, abZ, vBG – Lösungsansätze im Dschungel der Regelungen

Thomas Kempen

Bis zur Entwicklung einer gesicherten ständigen Rechtsprechung zum Bauproduktenrecht in Deutschland ist es noch ein langer Weg, auf den die Richtliniengeber die am Bau Beteiligten geschickt haben. Mit der Neufassung des Produktenrechtes in der MBO nach dem EuGH-Urteil von 2014, der fortschreitenden Harmonisierung der Produktnormen und mit der Umsetzung der Musterverwaltungsvorschrift Technische Baubestimmungen (MVV TB) in den 16 Bundesländern stehen die täglich mit der Realisierung von Bauvorhaben Beschäftigten vor einer großen Herausforderung.

Um aus der Vielzahl der Regelungen die für den individuellen Problemfall maßgeblichen anzuwenden, bedarf es einer Umkehr der Sichtweise, also weg vom Allgemeinfall, von dem sich der Spezialfall ableiten könnte, hin zu einem produktbezogenen Ansatz, weil für die Produktgruppen die jeweiligen Verwendbarkeitsnachweise und Anwendungsregeln in unterschiedlichen Konstellationen vorliegen. Das aus Sicht der Normgebung sicher richtige **"Top-down-System"** ist in der Anwendung auf der Baustelle nur bedingt hilfreich.

Die Umkehrung der Blickrichtung: Bei diesem Ziel braucht es zuvor eine **Abnahme,** deren Grundlage die **Dokumentation** ist über das, was, wo und wie **überwacht** wurde daraufhin, welche **Abweichungen** bestehen, die wie zu handhaben sind, damit das Bauwerk mit der **Ausführungs- und Werkplanung** übereinstimmt, die der **Baugenehmigung** entspricht.

Prof. Dipl.-Ing. T. Kempen
Kempen und Krause Ingenieure GmbH, Aachen, Deutschland

Für die Bau- bzw. Anwendungspraxis sind es drei große Themenkomplexe, für die Lösungsansätze gefragt sind, die alltagstauglich sind bzw. sein müssen:

1. Baugenehmigung und Ausführungsplanung/Werkplanung
2. Dokumentation der Bauausführung und
3. der Abweichungen

Der Baugenehmigung liegt das (föderale) Bauordnungsrecht zugrunde, in dem die Verwendung der Bauprodukte und die Anwendung der Bauarten geregelt wird.

Die Genehmigungsplanung muss die Begriffswelt des materiellen Bauordnungsrechtes anwenden und ist damit weitestgehend unabhängig von den konkreten Anforderungen an Bauprodukte, Bausätze und Bauarten, die auf der Baustelle umzusetzen sind. Die Verwendung einer einheitlichen Plansprache mit identischen Bezeichnungen und einheitlichen Abkürzungen ist ein wesentlicher Lösungsansatz zur Vereinfachung der Schnittstelle Planung/Bauausführung.

Bauteilanforderungen nach MBO:

fb	= feuerbeständige Bauteile
hfh	= hochfeuerhemmende Bauteile
fh	= feuerhemmende Bauteile
rB	= raumabschließende Bauteile
dt	= dichtschließend
dts	= dicht- und selbstschließend
rdts	= rauchdicht und selbstschließend
wmB	= widerstandsfähig gegen mechanische Beanspruchung
sfl	= schwerentflammbar
nbr	= nichtbrennbar
d0	= nicht brennend abtropfend
V	= mit Vorkehrungen gegen die Brandausbreitung

Ausführungsplanung und Ausschreibung müssen (zumindest für öffentliche Auftraggeber) produktneutral erfolgen. Es werden also sowohl nationale als auch europäische Bauprodukte zugelassen. Die Werk- und Montageplanung der Unternehmen benennt dann (hoffentlich) die Bauprodukte und ermöglicht damit den Zugang zu den zugehörigen Anwendungsregelungen, wie z.B. den Gebrauchs- und Montageanleitungen, die die Bauproduktenverordnung vorsieht. Die Planung der Unternehmen muss geprüft und freigegeben werden.

Zivilrechtlich vgl. HOAI Anlage 10, Leistungsphase 5: „Überprüfen erforderlicher Montagepläne der vom Objektplaner geplanten Baukonstruktionen und baukonstruktiven Einbauten auf Übereinstimmung mit der Ausführungsplanung".
Öffentlich-rechtlich vgl. § 56 MBO „Der Bauleiter hat darüber zu wachen, dass die Baumaßnahme entsprechend den öffentlich-rechtlichen Anforderungen durchgeführt wird. (...)"

Für die Dokumentation der Bauausführung ist es von essentieller Bedeutung, die Unterscheidung zwischen Verwendung der Bauprodukte und Anwendung der Bauarten zu beherrschen. Dabei kommt in der Baupraxis einer Kenntnis über die Materialprüfung und deren Normgebung weniger Bedeutung zu als dem Wissen darüber, wie entsprechend gekennzeichnete Produkte und Bausätze in Bauarten verwendet werden dürfen und müssen. Zentrale Rolle spielt hierbei die Verantwortlichkeit, die der Gesetzgeber bezüglich der Bereitstellung aller erforderlichen Unterlagen eindeutig dem Unternehmer zuordnet (§ 55 MBO). Trotz dieser eindeutigen Verantwortlichkeitszuordnung sieht der Gesetzgeber aber eine Überwachung und die Dokumentation derselben vor.

Es ist die Eigenart der Baustelle, dass die mit der Bauüberwachung Beschäftigten nicht die Verwendung der Bauprodukte und Bausätze vorgeben, sondern an der ausgeführten Bauart erkennen müssen, ob die Anwendungsregeln eingehalten sind. Dazu müssen sie diese Regeln kennen, oder zumindest wissen, für welches verwendete Produkt welche Regel vorhanden ist, um darin feststellen zu können, welche Anwendung konkret zu überwachen ist. Es ist eben nicht Usus, dass diese „Unterlagen" vollständig vorgehalten und vorgelegt werden, sondern dass diese erst eingefordert werden müssen. Allein das löst vielfach schon ungläubiges Staunen oder Entsetzen auf der Gegenseite aus.

Bis es soweit ist, dass Produkte und Bauarten einheitlich z. B. mit einem QR-Code gekennzeichnet sind, der zentral verwaltet werden muss, also unabhängig von den IP-Adressen der Hersteller, muss der mit der Überwachung beauftragte Bauleiter/Fachbauleiter/technische Sachverständige für seine Dokumentation wissen, welche Unterlagen ihm die Unternehmen bereitstellen müssen. Hierzu empfiehlt es sich, eine s. g. **Bottom-Up-Liste** zu verwenden, die produktgruppenbezogen arbeitet.

Dass die Bauausführung immer mit **Abweichungen** von den Anforderungen einhergeht, ist allgemein bekannt. Weniger bekannt ist allerdings, wie mit welchen Abweichungen umzugehen ist, um eine den öffentlich-rechtlichen Anforderungen gerechte Bauausführung zu ermöglichen. Grundsätzlich sind vier Arten von Abweichungen zu unterscheiden:

1. Abweichungen von den Technischen Baubestimmungen (ETB) gemäß § 85a (1) MBO, bei denen die Gleichwertigkeit („in gleichem Maße") der alternativen Lösung nachzuweisen ist.
2. Abweichungen vom materiellen Bauordnungsrecht gemäß § 67 (1) MBO, bei denen unter Berücksichtigung des Schutzzieles („Zweck der Anforderung") die Vereinbarkeit mit den öffentlichen Belangen gegeben sein muss.
3. Abweichungen von den Anwendungsregeln (Bauart) gemäß § 16a (5) MBO, bei denen wesentliche Abweichungen, für die eine vorhabenbezogene Bauartgenehmigung (z. B.) erforderlich ist, von nicht wesentlichen Abweichungen, deren Übereinstimmung als gegeben gilt, zu unterscheiden sind.
4. Abweichungen von europäischen Verwendbarkeitsnachweisen (CE-Produkten), die nicht vorgesehen sind – vgl. Besonderheiten.

Wie zu vermuten ergeben sich bei so klaren Regelungen natürlich Besonderheiten:

- Denkmalschutz
  Hier ist in der Regel die Hoheit für die z. i. E./vBG auf die Denkmalbehörde übertragen
- MVV TB
  Mögliche Verschiebungen von Abweichungen von den Technischen Baubestimmungen zu Abweichungen vom materiellen Bauordnungsrecht sind zu beachten
- CE-gekennzeichnete Bauprodukte
  „Die am Bau Beteiligten entscheiden, ob die Defizite (Abweichungen) so gering sind, dass dennoch von der Erfüllung der Bauwerksanforderungen ausgegangen werden kann." Vgl. Begründung zur MBO Für eine solche Entscheidung ist die Beteiligung des Herstellers unerlässlich.
- Anhang 4 MVV TB (Entwurf für Fassung 2019)
  „Sofern von Verwendungs- oder Ausführungsbestimmungen in dieser Technischen Regel abgewichen werden soll, sind Zustimmungen im Einzelfall gemäß § 20 MBO oder vorhabenbezogene Bauartgenehmigungen nach § 16a Abs. 2 MBO erforderlich."

Als wesentliche Lösungsansätze bei den tagtäglichen Abweichungen sind zu empfehlen:

- Klärung und Dokumentation, wovon, also von welchem Regelwerk, abgewichen wird.

- Konsequente Verfolgung der bestehenden bzw. beseitigten oder geregelten Abweichungstatbestände in der Bauleitung/Fachbauleitung/Objekt- und Bauüberwachung mit Fotos und Dokumentation der Unterlagen (s. o.)

Prof. Dipl.-Ing. Thomas Kempen Geschäftsführender Gesellschafter der Kempen Krause Ingenieure-Gruppe, die mit mehr als 250 Mitarbeiterinnen und Mitarbeitern fachübergreifende Ingenieurleistungen bei Großprojekten in rd. einem Dutzend Planungsdisziplinen erbringt; seit fast 20 Jahren in der Brandschutz-Aus-, Fort- und Weiterbildung der Architekten tätig und Honorarprofessor der Fachhochschule Aachen; während seiner rd. 25-jährigen Tätigkeit in der Berufspolitik für Architekten und Ingenieure in NRW ist er vielfältig in die Verfahren zur Gesetz- und Verordnungsgebung eingebunden; seit Sommer 2018 Vorsitzender der Baukostensenkungskommission der Landesregierung NRW.

Mauersteine, Mauersteinbausätze: Mauern oder Montieren, Kleben und Verankern – Praxisbewährung neuer Verarbeitungstechniken

Eckehard Scheller

1 Einleitung

2016 wurden rund 73 % aller Wohnungsbauten in Deutschland mit Mauerwerk errichtet [1]. Im Hinblick auf das Ziel der jetzigen Bundesregierung in dieser Legislaturperiode 1,5 Mio. neue Wohnungen zu bauen ist Mauerwerk damit der Baustoff Nr. 1. Insgesamt führte der Roh- und Ausbau von Gebäuden mit Mauerwerk im Jahr 2016 zu einer gesamtwirtschaftlichen Wertschöpfung in Höhe von über 70 Mrd. EUR und zu einer Beschäftigung von 1,171 Mio. Personen – davon 413.000 direkt durch Produktion, Planung und Ausführung [6].

Nicht nur der Mangel an Nachwuchs und der zunehmende Rückgang an Fachkräften für die Verarbeitung führt für den Bau sowohl von Einfamilien-, Reihen- und Doppelhäusern als auch von mehrgeschossigen Wohnungsbauten zu mehr Rationalisierung, Vorfertigung und Digitalisierung. Größere Formate wie Planelemente, geschosshohe Systemwandelemente und die Vorfertigung ganzer Wände im Werk erfordern auf den Baustellen zunehmend eingewiesene Monteure und weniger den traditionell ausgebildeten Maurer. In den USA und Australien gibt es die ersten Roboter, die Wände mauern und dabei selbständig Mörtel auftragen. In Deutschland und in der Schweiz laufen entsprechende Forschungsprojekte.

Für eine rationelle Verarbeitung der Mauerwerksprodukte sowie unter dem Aspekt „staubfreies Arbeiten" gibt es neue Entwicklungen im Bereich der

---

Dipl.-Ing. E. Scheller
Leiter Technik und Normung, Deutsche Gesellschaft für Mauerwerks- und Wohnungsbau e. V. (DGfM), Berlin, Deutschland

Dünnbettmörtel-Verarbeitung (Mörtelpads und Mörtelpellets) bis hin zum Einsatz von „Planziegel-Kleber".

Planende und Ausführende müssen sich bezüglich der entsprechenden Regelungen – unverändert – immer wieder auf dem Laufenden halten. In diesem Beitrag werden ein paar entsprechende Impulse dazu gegeben, die keinen Anspruch auf Vollständigkeit haben. Exemplarisch wird hier das Grundprinzip für die Durchführung von (Dübel-)Versuchen am Bauwerk in Mauerwerk auf Grundlage des aktuellen europäischen und nationalen Regelwerks vorgestellt.

2 Vom Mauerstein über Systemwandelemente bis zur Fertigung mit Robotern

2.1 Planelemente (PE)

Planelemente sind nach DIN EN 1996-1-1/NA (Eurocode 6, nationaler Anhang) großformatige Vollsteine mit einer Höhe $\geq$ 374 mm und einer Länge $\geq$ 498 mm, dessen Querschnitte durch Lochung senkrecht zur Lagerfläche bis zu 15 % gemindert sein dürfen und die durch Einhaltung erhöhter Anforderungen an die Grenzabmaße der Höhe sowie an die Planparallelität und Ebenheit der Lagerflächen die Voraussetzungen zur Vermauerung mit Dünnbettmörteln erfüllen.

Die Anwendung der Planelemente ist mit DIN EN 1996/NA normativ geregelt. Allgemeine bauaufsichtliche Zulassungen werden für diese Produkte nicht mehr erteilt.

Auf der Grundlage von Wandverlegeplänen werden im Werk die Regelelemente mit den zugehörigen maßgenauen Passstücken produziert, Wand für Wand in Paketen zusammengestellt und entsprechend gekennzeichnet und dann auf die Baustelle geliefert. Auf der Baustelle entfällt der Zuschnitt von Passstücken, was den Bauschutt minimiert genauso wie die vorher exakt ermittelte Dünnbettmörtel-Menge. Die Verarbeitung mit einem Versetzgerät sorgt für geringste körperliche Belastungen und einen schnellen Baufortschritt.

2.2 Systemwandelemente (SWE)

Mit Systemwandelementen ist eine massive und raumhohe Bauweise möglich. Durch eine einfache Rasterplanung lässt sich jeder Grundriss problemlos realisieren oder bereits bestehende Pläne auf SWE umstellen. Die vorkonfektionierten

Elemente werden auf der Baustelle angeliefert und können sofort an Ort und Stelle per Kran versetzt werden.

Die Elemente sind geregelt nach DIN EN 12602 „Vorgefertigte bewehrte Bauteile aus dampfgehärtetem Porenbeton" und werden nach DIN 4223-101 „Anwendung von vorgefertigten bewehrten Bauteilen aus dampfgehärtetem Porenbeton – Teil 101: Entwurf und Bemessung" bemessen.

2.3 Fertigbauteile

Fertigbauteile vereinen den hochwertigen Mauerwerksbau mit der effizienten industriellen Fertigteil-Bauweise. Plansteine werden werkseitig mit einem patentierten Trockenkleber zu ganzen Wänden verklebt. Die Auslässe für Fenster- und Türenbereiche stehen vorab fest, sie werden samt integriertem Sturz vollautomatisiert vorgefertigt. Auch Dachschrägen können bereits im Werk mit gefertigt werden. Die vollständigen Wände werden auf die Baustellen geliefert und dort nur noch aufgestellt und miteinander verbunden.

2.4 Roboter im Mauerwerksbau

Die Digitalisierung im Bauwesen schreitet voran, beschränkt sich in Deutschland momentan aber noch im Wesentlichen auf die Planungsprozesse durch den Einsatz von BIM. Neben der zunehmenden automatisierten Vorfertigung im Werk gibt es weltweit allerdings schon erste Ansätze zum Einsatz von Mauerwerksrobotern auf Baustellen. In Deutschland und in der Schweiz wird diesbezüglich Grundlagenforschung betrieben, wobei es sich hier zum Teil noch nicht um „reine" Mauerwerksroboter für Baustellen handelt.

Nachfolgend werden ein paar Beispiele aufgeführt:

- In **Situ Fabricator** (vgl. https://dfabhouse.ch/de/in_situ_fabricator/)
- **SAM100** (vgl. https://www.construction-robotics.com/)
- **Seilroboter** (vgl. www.uni-due.de/mechatronik/forschung/mauern.php)
- **Hadrian X** (vgl. https://www.fbr.com.au/view/our-tech)

Einen guten Überblick gibt hierzu auch der Beitrag „Robotertechnik für den Mauerwerksbau – Internationaler Status und Überlegungen für den deutschen Markt" in [2].

3 Schaum und Pads anstelle von Dünnbett-Mauermörtel

3.1 Mörtelpads

Mörtelpads sind dünne Platten, die aus einem Glasfasergewebe und Trockenmörtel bestehen, die durch einen wasserlöslichen Schmelzkleber zusammengehalten werden. Die Mörtelpads werden im trockenen Zustand auf die Lagerflächen von Plansteinen aufgelegt und im Anschluss mit einer festgelegten Menge Wasser aktiviert. Je nach Umgebungsklima werden die nächsten Plansteine nach minimal einer Minute und maximal drei Minuten aufgesetzt und mit platzierten Schlägen mittels eines Gummihammers in das Mörtelbett eingearbeitet.

Die Mörtelpads sind in einer „eigenen" allgemeinen bauaufsichtlichen Zulassung geregelt. In dieser Zulassung ist ein Verweis enthalten, mit welchen zugelassenen Plansteinen die Mörtelpads verarbeitet werden dürfen. Es müssen also immer zwei Zulassungen beachtet werden, die eine für die Mörtelpads und die andere für den damit zu verbauenden Mauerstein.

3.2 Planziegel-Kleber

Mit einem speziellen Schaumkleber können alle Arten von Wänden insbesondere aus Planziegeln errichtet werden. Der Kleber, der mit in den Zulassungen der jeweiligen Planziegel mitgeregelt wird, wird anstelle von Dünnbettmörtel auf die plangeschliffenen Ziegel aufgetragen und verklebt diese schnell, dauerhaft und sicher. Unter Berücksichtigung der Anwendungsbedingungen der jeweiligen Zulassung kann der Planziegel-Kleber bis $-5\,°C$ verarbeitet werden.

Die Anwendung des Planziegel-Klebers ist in den allgemeinen bauaufsichtlichen Zulassungen für die entsprechenden Mauersteine geregelt. Hierbei ist insbesondere zu beachten, dass diese Zulassungen eine Schulung von Planern und Ausführenden vorschreiben.

3.3 Dünnbettmörtel-Pellets

Wie die in Abschn. 3.1 beschriebenen Mörtelpads sind auch Dünnbettmörtel-Pellets eine Antwort der Industrie auf die verschärften gesetzlichen Arbeitsschutzregelungen beim Thema Staubbelastung. Zunächst kamen

Trockenmörtelmischungen mit staubmindernden Zusatzstoffen auf den Markt. Eine weitere Entwicklung sind in etwa 3 cm große Pellets zusammengepresste Dünnbettmörtel-Stückchen. Werden diese in den Anrührkübel gekippt, dann entweichen nach Herstellerangaben so gut wie keine Stäube mehr. Auch beim Hinzukippen von Wasser entsteht kaum noch Feinstaub. Lediglich durch diese Wasserzugabe verwandeln sich die Pellets innerhalb von nur 90 s in vorgemischten Dünnbettmörtel; anschließend ist nur noch ein kurzes „Durchschlagen" bzw. „Aufrühren" erforderlich. Neben der Feinstaubreduzierung bedeutet diese „Selbstvormischung" eine gute Zeitersparnis.

4 (Dübel-) Versuche am Bauwerk in Mauerwerk

4.1 Allgemeines

Im Bereich der Dübeltechnik gehören Beton und Mauerwerk zu den wichtigsten Verankerungsgründen.

Für den Verankerungsgrund Beton liegen das Wissen jahrzehntelanger Grundlagenforschung und umfangreiche Erfahrungen vor, welche Parameter die Tragfähigkeit von Dübelsystemen maßgebend beeinflussen. In der Regel ist es in den meisten Fällen ausreichend, die Druckfestigkeit des auf der Baustelle vorhandenen Betons entweder aus (Bau-) Unterlagen heraus zu lesen oder vor Ort durch die Entnahme von Bohrkernen zu bestimmen. Mittels der entnommenen Bohrkerne kann die Betondruckfestigkeit und die zugehörige Rohdichte bestimmt werden. Liegen diese Eckdaten im Bereich der entsprechenden Zulassungen der Dübelsysteme, können die gewählten Dübel auf Grundlage der Zulassung und den vorhandenen Bemessungsverfahren geplant und montiert werden – ohne zusätzliche Versuche am Objekt selbst.

Für den Verankerungsgrund Mauerwerk ist diese vergleichsweise einfache Vorgehensweise in der Regel nicht möglich. Alleine in Deutschland kann man auf Baustellen im Bestand auf eine große Vielzahl an Mauersteinen aus den unterschiedlichsten Materialien treffen. Dabei unterscheiden sich die Mauersteine neben dem Material (Ziegel, Porenbeton, Kalksandstein, Leichtbeton oder Normalbeton) auch durch die Struktur, (Vollsteine, Lochsteine mit oder ohne Dämmstoff-Füllung, Größe bzw. Format) und vor allem durch die Rohdichte und die Druckfestigkeit.

Diese Parameter haben in den meisten Fällen gravierende Einflüsse auf die Tragfähigkeit von zugelassenen Kunststoffdübeln und Injektionssystemen. Dennoch wird es im Rahmen von Zulassungsverfahren dieser Befestigungssysteme immer nur möglich sein, einen kleinen Teil der Mauersteine als Verankerungsgrund abzubilden. Alle am Bau Beteiligten (Bauaufsicht, Forschung, Planer, Bauleitung, Bauausführende, Prüfer, Mauerstein- und Dübel-Hersteller) müssen sich daher gemeinsam der anspruchsvollen Aufgabe stellen, baupraktische Wege zu finden, wie auch zukünftig bauaufsichtlich relevante Befestigungen im Verankerungsgrund Mauerwerk sicher geplant und ausgeführt werden können.

4.2 Vorhandenes Regelwerk für zugelassene Dübelsysteme

Die nachfolgend aufgeführten Regelwerke können, soweit veröffentlicht, unter www.eota.eu bzw. www.dibt.de heruntergeladen werden.

4.2.1 Injektionssysteme

- EOTA: **EAD 330076–00-0604,** European Assessment Document – Metal injection anchors for use in masonry, 2017
- EOTA: Technical Report **TR 053,** Recommendations for job-site Tests of Plastic Anchors and Screws, April 2016
- EOTA: Technical Report **TR 054,** Design methods for anchorages with metal injection anchors for use in masonry, April 2016
- EOTA: **ETAG 029** mit Anhang A–C, Guideline for European Technical Approval of Metal injection anchors for use in masonry, April 2013
- Deutsches Institut für Bautechnik (DIBt): **Technische Regel „Durchführung und Auswertung von Versuchen am Bau für Injektionsankersysteme im Mauerwerk** mit ETA nach ETAG 029 bzw. nach EAD 330076–00-0604", Dezember 2016

4.2.2 Kunststoffdübel

- EOTA: **EAD 330284–00-0604,** European Assessment Document – Plastic Anchors for redundant non-structural systems in concrete and masonry, ENTWURF 25.06.2018, noch nicht veröffentlicht
- EOTA: Technical Report **TR 051,** Recommendations for job site tests of plastic anchors and screws, April 2018
- EOTA: Technical Report **TR 064,** Design of plastic anchors in concrete and masonry, May 2018

- EOTA: **ETAG 020,** Part 1–5, Annex A–C, Guideline for European Technical Approval of plastic anchors for multiple use in concrete and masonry for non-structural applications, amended version March 2012
- Deutsches Institut für Bautechnik (DIBt): **Technische Regel „Durchführung und Auswertung von Versuchen am Bau für Kunststoffdübel in Beton und Mauerwerk** mit ETA nach ETAG 020 bzw. EAD 330284–00-0604", ENTWURF Januar 2019, noch nicht veröffentlicht

4.3 Grundprinzip für (Dübel-) Versuche am Bauwerk in Mauerwerk

Das Grundprinzip für Versuche am Bauwerk ist schematisch in Abb. 1 dargestellt.

Hierbei muss die grundsätzliche Eignung des Dübels im Zulassungsverfahren des Dübels im *gleichen* oder wenigstens in einem *vergleichbaren* Mauerwerk-Verankerungsgrund nachgewiesen und in der entsprechenden Dübel-ETA ausgewiesen sein, wie das Mauerwerk, das tatsächlich auf der Baustelle hergestellt wurde:

- Wurden auf der Baustelle die *gleichen* Steine verbaut, in dem der Dübel für die Erteilung „seiner" ETA geprüft wurde, und sind für diesen Stein charakteristische Tragfähigkeiten in der Dübel-ETA ausgewiesen, so kann alleine auf Grundlage der Dübel-ETA eine Bemessung der Verankerung durchgeführt und die entsprechende Montage ausgeführt werden.
  Dabei gelten die charakteristischen Tragfähigkeiten in der Dübel-ETA für die Verwendung in *VOLLSTEINEN* einschließlich Porenbeton nur für den Verankerungsgrund, der in der ETA angegeben ist, und für größere Steinformate und/oder größere Druckfestigkeiten sowie größere Rohdichten der Steine.
  Die charakteristischen Tragfähigkeiten in der ETA für die Verwendung in *HOHL-* oder *LOCHSTEINEN* gelten dagegen nur für die Steine und Blöcke, die hinsichtlich Baustoff, Stein-, Loch-, und Stegabmessungen sowie Druckfestigkeit, denen entsprechen, die tatsächlich in der ETA angegeben sind. Eine eventuell vorhandene Füllung von Lochsteinen muss dem Füllmaterial des „Referenzsteins" in der ETA (vgl. Abb. 1) entsprechen.
- In jedem *vergleichbaren* Verankerungsgrund kann ebenfalls – im Rahmen der Zulassung – gedübelt werden, vorausgesetzt, dass regelkonform Versuche am Bauwerk durchgeführt und entsprechend bewertet werden. Das bedeutet, dass „alleine" auf Grundlage von am realen Objekt durchgeführten Versuchen, z. B. für die Befestigung einer Lattung als Unterkonstruktion für eine vorgehängte

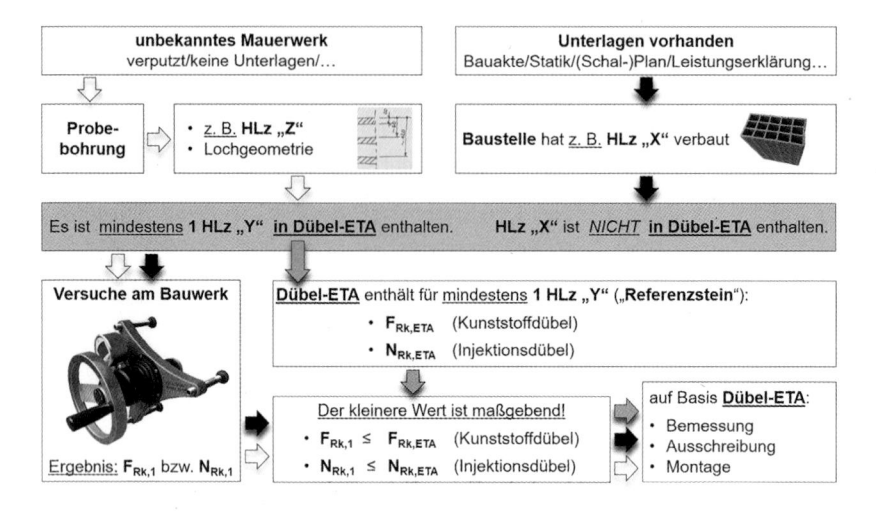

Abb. 1 Grundprinzip für Versuche am Bauwerk (schematisch)

hinterlüftete Fassade (für deren Befestigung zugelassene Befestigungsmittel vorgeschrieben sind), häufig auf eine zeit- und kostenintensive Zustimmung im Einzelfall (ZiE) verzichtet werden kann.

4.4 Verantwortlichkeiten für Versuche am Bauwerk

In den Technischen Regeln des Deutschen Instituts für Bautechnik [3, 4] werden bei den Verantwortlichkeiten für die Planung, Durchführung und Auswertung von Versuchen am Bauwerk der „Fachplaner", der „Versuchsleiter" und das „sachkundige Personal" definiert und deren erforderliche Qualifikationen beschrieben.

4.4.1 Fachplaner

In den gültigen Europäischen Technischen Bewertungen für Kunststoffdübel und findet sich für die Position des Planenden bisher nur folgende Formulierung:

> „Die Bemessung der Verankerung erfolgt […] unter der Verantwortung eines auf dem Gebiet der Verankerungen und des Mauerwerks erfahrenen Ingenieurs".

Nach [3, 4] muss dieser „Fachplaner" bei Versuchen am Bau von Beginn an eingebunden werden. Folgende Punkte sind von ihm zur Vorbereitung der Versuche festzulegen, zu dokumentieren und dem „Versuchsleiter" mitzuteilen:

- Festlegung der Versuchsart,
- Festlegung der Anzahl der zu prüfenden Dübel und deren Setzposition,
- Festlegung des Bohrverfahrens und der Verankerungstiefe,
- Berücksichtigung ungünstiger Bedingungen,
- Information an das sachkundige Personal wie die Dübelmontage ausgeführt werden muss und welche Randbedingungen eingehalten werden müssen sowie
- Übernahme der Verantwortung für die Dokumentation der Auswertung und Ermittlung der charakteristischen Tragfähigkeiten und deren nachvollziehbare Dokumentation.

Insbesondere die unterschiedlichen Loch- bzw. Hohlkammer-Geometrien der Hohl- und Lochsteine, machen es den Dübel-Herstellern unmöglich ihre Produkte im Rahmen eines Zulassungsverfahrens in der vollständigen Vielfalt dieser Verankerungsgründe zu prüfen. Sowohl Dübel-Zulassungen als auch Versuche am Bauwerk für Dübel erbringen immer nur den Nachweis der unmittelbaren örtlichen Krafteinleitung in den Verankerungsgrund; die Weiterleitung der mit den Dübeln zu verankernden Lasten im Bauteil und im Bauwerk (im Prinzip von der Einwirkungsstelle bis zur Gründungsebene) konnte bisher und kann auch zukünftig nur durch den zuständigen Fachplaner nachgewiesen werden, da nur dieser mit dem gesamten Bauvorhaben vertraut ist.

4.4.2 Versuchsleiter

Als „Versuchsleiter" kommen z. B. der Bauleiter, der technische Berater des Dübel-Herstellers oder der Fachplaner in Frage, von denen jeweils entsprechende Fachkunde vorausgesetzt wird. Dabei verfügt ein Versuchsleiter neben der Erfüllung der Anforderungen an „sachkundige Personal" (siehe Abschn. 4.4.3) über folgende zusätzliche Kenntnisse:

- Klassifizieren/Skizzieren von Verankerungsgründen,
- Durchführung von Probebohrungen,
- Bedienung des Prüfgerätes und
- Dokumentation der Versuchsergebnisse.

4.4.3 Sachkundiges Personal

Nach [3, 4] gilt für das „sachkundige Personal" Folgendes:

- Es führt die Arbeiten auf der Baustelle aus,
- es setzt die Dübel für die Versuche und
- es erfüllt die Anforderungen an Monteure gemäß dem DIBt Papier „Hinweise für die Montage von Dübelverankerungen" [5].

Literatur

1. Deutsche Gesellschaft für Mauerwerks- und Wohnungsbau e. V. (DGfM): „Massiv bauen. Besser Leben. Strategie 2030", 1. August 2018. (Downloadmöglichkeit unter https://mauerwerk.online/2018/09/21/strategie2030/)
2. Brehm, E.: Robotertechnik für den Mauerwerksbau – Internationaler Status und Überlegungen für den deutschen Markt, in: Mauerwerk, European Journal of Masonry, Verlag Ernst & Sohn, Berlin, Heft 2/April 2019, S. 87–94.
3. Deutsches Institut für Bautechnik (DIBt): Technische Regel „Durchführung und Auswertung von Versuchen am Bau für Injektionsankersysteme im Mauerwerk mit ETA nach ETAG 029 bzw. nach EAD 330076-00-0604", Dezember 2016.
4. Deutsches Institut für Bautechnik (DIBt): Technische Regel „Durchführung und Auswertung von Versuchen am Bau für Kunststoffdübel in Beton und Mauerwerk mit ETA nach ETAG 020 bzw. EAD 330284-00-0604", ENTWURF Januar 2019, noch nicht veröffentlicht.
5. Deutsches Institut für Bautechnik (DIBt): Hinweise für die Montage von Dübelverankerungen, Oktober 2010.
6. Pestel Institut Hannover: „Untersuchung der Wertschöpfungs- und Beschäftigungseffekte der Mausteinindustrie einschließlich der nachgelagerten Wertschöpfungsbereiche Planung und Ausführung", Dipl.-Ökon. Matthias Günther, 2018.

Dipl.-Ing. Eckehard Scheller 1987 Ausbildung zum Holzmechaniker (Tischler) mit anschließend 2-jähriger Gesellentätigkeit; 1992–1995 Bauingenieurstudium an der Technischen Fachhochschule Berlin; 1996–2000 Tätigkeit als Tragwerksplaner im Hochbau und konstruktiven Ingenieurbau, 2001–2012 Technischer Angestellter im Deutschen Institut für Bautechnik (DIBt) im Referat I2 „Verankerungen und Befestigungen, Treppen", 2012–2017 Projektleiter Technisches Marketing Befestigungstechnik bei der Adolf Würth GmbH & Co. KG, seit 2018 Leiter Technik und Normung bei der Deutschen Gesellschaft für Mauerwerks- und Wohnungsbau e. V. (DGfM), parallel dazu Leiter der Geschäftsstelle für den Deutschen Ausschuss für Mauerwerk e. V. (DAfM).

Europäische und nationale Regeln für Abdichtungen – Widersprüche und Lösungen

Gerhard Klingelhöfer

1 Allgemeines zur europäischen und nationalen Normung für Abdichtungen

In einem vereinten Europa soll der freie Warenverkehr auch für Abdichtungsprodukte mit harmonisierten Verwendbarkeitsnachweisen möglich sein und Regeln für Abdichtungen an Bauwerken sollen europäisch vereinheitlicht werden. Dabei ist aber zu beachten, dass es nationale Präferenzen, unterschiedliche Erfahrungen, historisch etablierte Praktiken und unterschiedliche regionale Bauausführungen in den verschiedenen Mitgliedstaaten gibt, die nicht einfach europäisch zu egalisieren und gleichlautend in Regeln zu formulieren sind. Die Erfahrungen des Autors in verschiedenen nationalen Normungsgremien zeigen, dass es bereits sehr schwierig ist, akzeptable nationale Normen für Abdichtungen zu verfassen und dass eine adäquate europäisch harmonisierte Normungen eigentlich nicht in gleicher Weise zu verwirklichen wäre. Wahrscheinlich ist es aber auch gut so, denn beispielsweise zeigen die Erfahrungen mit den harmonisierten Eurocodes (EC0 bis EC9 bzw. DIN EN 1990 bis DIN EN 1999), dass meines Erachtens in vielen Bereichen der Tragwerksplanung damit die statische Nachweisführung nur (unnötig) aufwändiger, verkomplizierter, unanschaulicher gemacht und keine nennenswerte Vorteile erreicht wurden (zumindest nicht für nationale Bauvorhaben). Insofern bleibt aus derzeitiger Praktikersicht zu hoffen, dass uns die nationalen Abdichtungsregeln und die Regelungsmöglichkeiten noch möglichst lange erhalten bleiben, ohne dass diese europäisch weiter eingeschränkt werden.

Dipl.-Ing. G. Klingelhöfer BDB
Obmann DIN 4095, Stellv. Obmann DIN 18533, Mitarbeiter DIN 18532,
DIN 18534 und DIN SPEC 18117, Sachverständigen- und
Ingenieurbüro für Bautechnik, Pohlheim, Deutschland

Andererseits wird zur Realisierung eines europäischen Binnenmarktes auch im Abdichtungsbereich im Auftrag der EU-Kommission an europäisch einheitlichen Regelwerken für Abdichtungsprodukte und Abdichtungsausführungen seit vielen Jahren gearbeitet. Die ehemalige EU-Bauproduktenrichtlinie wurde ab 1. Juli 2013 durch die EU-Bauproduktenverordnung abgelöst, deren Vorgaben auch in die nationalen Verwendbarkeitsregelungen für Bauprodukte und Bauarten in den jeweiligen Länderbauordnungen, der Musterbauordnung und in die Bauregelliste in Deutschland übernommen wurden. Die Erarbeitung der betreffenden Europäischen Normen obliegt dem Europäischen Komitee für Normung (CEN), in dem die zuständigen nationalen Normeninstitute, z. B. für Deutschland das Deutsche Institut für Normung DIN e. V. in Berlin, mitarbeiten und die nationalen Interessen bspw. durch Beteiligung an den CEN-Komitees einbringen und spiegeln.

Bezüglich der Einzelheiten zum europäischen und nationalen Normenwesen, Begrifflichkeiten, Zuständigkeiten, Verfahren, Prüfungen und den jeweiligen Abläufen verweist der Verfasser hier auf die voranstehenden Vorträge zu diesen Themen, um Überschneidungen und Dopplungen zu vermeiden.

Zukünftig soll die Normung von Bauwerken (und deren Bauprodukte) sicherer und wirtschaftlicher werden. Dazu hat das Deutsche Institut für Normung die neue Normungsroadmap „Bauwerke" verfasst und im Januar 2018 veröffentlicht. Diese Roadmap „Bauwerke" kann auf der DIN-Homepage unter www.DIN.de kostenfrei downgeloaded werden.

Laut DIN-Pressemitteilung beschreibt die Normungsroadmap „Bauwerke" die strategische Ausrichtung der Baunormung für die kommenden Jahre mit dem Ziel, ein einheitliches Normenwerk auf nationaler und europäischer Ebene zu erreichen. Im Einzelnen befasst sie sich mit den Themen Brandschutz, Energieeinsparung und Wärmeschutz, Standsicherheit (s. EC 1–10), Barrierefreiheit, Technische Gebäudeausrüstung (TGA) sowie Digitales Planen und Bauen. Die Roadmap enthält Handlungsempfehlungen, wie die Akzeptanz von Normen bei der Planung, dem Bauen und dem Betrieb von Bauwerken weiter verbessert werden kann, und schlägt wohl auch Konzepte vor, wie Normung Bauwerke sicherer und das Bauen wirtschaftlicher machen kann (lt. DIN Pressetext).

Die Themen Feuchteschutz und Abdichtungen gegen Wasser werden in dieser Roadmap nicht erwähnt, obwohl es gerade auch in diesen Bereichen hohe Risiken für Bauwerke und die Baubeteiligten gibt, die gegebenenfalls mit einem einheitlichen Regelwerk vielleicht einfacher zu beherrschen wären. Zumindest könnten normative Vereinheitlichungen Missverständnisse, Widersprüche und Probleme bei der Planung und Anwendung von Bauprodukten und Bauarten für den Feuchteschutz oder Abdichtungen von Bauwerken möglicherweise reduzieren. Vielleicht werden aber auch der Feuchteschutz und die Abdichtungen von Bauwerken hier nicht so hoch eingestuft wie die o. g. Themen der Roadmap.

Aus Sicht des Verfassers vereinfacht die europäische Baunormung primär den europäischen Warenverkehr und das Inverkehrbringen von Bauprodukten für die Hersteller sowie auch das internationale Planen und Bauen. Für den Abdichtungsbereich ist festzustellen, dass es viele europäische und nationale Normen für Abdichtungsprodukte gibt und für Deutschland beispielsweise die geregelten Abdichtungsbahnen übersichtlich in den Anwendungsnormen DIN SPEC 20000-201 für Dachabdichtungen (s. DIN 18531), DIN SPEC 20000-202 für Bauwerksabdichtungen (s. DIN 18533, DIN 18534 und DIN 18535) und DIN V 20000-203 für Brückenabdichtungen und Abdichtungen befahrbarer Betonflächen (s. DIN 18532) mit den jeweils passenden Produkt und Prüfnormen angegeben sind. Die vorgenannten Anwendungsnormen der 20000er-Reihe sind auch als bauaufsichtlich eingeführte Verwendbarkeitsnachweise baurechtlich zu beachten (siehe auch ETB-Liste oder VV TB der Landesbauordnungen, MVV TB und MBO, www.dibt.de). Für andere Abdichtungsprodukte gibt es derartige zentrale Regelwerk nicht und der Planer oder Verwender ist dann auf einzelne europäische oder deutsche Einzelnormen, allgemeine bauaufsichtliche Prüfzeugnisse (mit oder ohne Prüfgrundsätze, z. B. PG-AIV, PG-KMB, PG-ÜBB) oder andere nationale oder europäische Verwendbarkeitsnachweise (CE-Kennzeichnung u. a.) angewiesen. Leider ergibt sich daraus oftmals eine schwierige „Gemengelage", wenn ein Planer oder Baupraktiker die Verwendbarkeit eines Bauproduktes oder Bauart sicher abklären möchte, um keine Fehler zu begehen.

Um die Lösungen und Widersprüche der europäischen und nationalen Normung in Bezug auf die Abdichtungen im Weiteren exemplarisch darzustellen, hat der Verfasser folgende Beispiele ausgesucht:

- ETAG 005
  Europäische Technische Zulassung für flüssig aufzubringende Dachabdichtungen und deren Verwendung für Abdichtungen in DIN 18531 – DIN 18535
- DIN EN 15814
  Kunststoffmodifizierte Bitumendickbeschichtungen zur Bauwerksabdichtung (PMBC, ehem. KMB, als Ersatz für die früheren abP-Verwendbarkeitsprüfungen nach PG-KMB) und deren Verwendung in DIN 18533-3
- ETAG 022
  Innenraumabdichtungen als Wegbereiter für Verbundabdichtungen und deren Verwendung in DIN 18534
- DIN EN 14909 und DIN 13967
  Kunststoff- und Elastomerbahnen als Mauersperrbahnen verwendet in DIN 18533-2 sowie DIN EN 14967 Bitumen- und Polymerbitumenbahnen als Mauersperrbahn verwendet in DIN 18533-2

- Euratom Richtlinie 2014/87/Euratom und neues Strahlenschutzgesetz in Deutschland mit Vorschriften zum Radonschutz von Aufenthaltsräumen und Arbeitsstätten sowie der Entwurf von DIN SPEC 18117 „Bauliche und lüftungstechnische Maßnahmen zum Radonschutz".

2 ETAG 005 Europäische Technische Zulassung für flüssig aufzubringende Dachabdichtungen und deren Verwendung für Abdichtungen in DIN 18531 – DIN 18535 (als FLK)

Die flüssig aufzubringende Abdichtungen (FLK) werden seit Jahrzehnten an Bauwerken erfolgreich und dauerhaft zur Abdichtung gegen Wasser, z. B. auf Dächern, auf Brücken, auf befahrenen Betonflächen in Nassräumen und als Detailabdichtungen eingesetzt und haben sich im Bauwesen etabliert. Wie bei allen bauchemischen Produkten ist deren Leistungsfähigkeit und Dauerhaftigkeit aber sehr stark von den spezifischen Produkteigenschaften, der Produktrezeptur und den Randbedingungen für die Anwendung abhängig. Um diese Bedingungen verbindlich zu beschreiben bedarf es im Allgemeinen technischer Regeln oder Normen. Nachdem im vorigen Jahrhundert keine allgemein gültigen nationalen Produktnormen oder ähnliche technischen Standards für Flüssigkunststoffabdichtungen (FLK) entstanden waren und man mit ungeregelten Produkten, ohne allgemeingültige Verwendbarkeitsnachweise nur schwer planen, ausschreiben und arbeiten kann, war es in diesem Fall zu begrüßen, dass durch das CEN auf europäischer Normungsebene die ETAG 005 als Europäische Zulassung für flüssig zu verarbeitende Dachabdichtungen erarbeitet und im Jahre 2001 veröffentlicht wurde. Die darin geregelten Flüssigkunststoffe benötigen eine ETA nach ETAG 005 und tragen das entsprechende CE-Kennzeichen zum Nachweis der Verwendbarkeitseignung. Nach der Veröffentlichung der ETAG 005 wurden diese Flüssigkunststoff-Abdichtungen in die nationale Bauregelliste B Teil 1, lfd. Nr. 3.4, die Flachdachrichtlinie des ZVDH, die DIN 18195 Bauwerksabdichtungen und in die DAfStb-Richtlinie „Schutz und Instandsetzung von Betonbauteilen" aufgenommen, was deren Verwendbarkeit in vielen Bereichen formal deutlich erleichterte und für geregelten Standard bei FLK-Abdichtungen sorgte, aber auch Vergleichbarkeit und Differenzierung von FLK-Produkten bei der Materialauswahl ermöglichte. Im Jahre 2005 erschien der Sachstandbericht „Abdichtungen mit Flüssigkunststoffen nach ETAG 005 – Dächer, Balkone und Terrassen" der Deutschen Bauchemie. Dieser wurde zwischenzeitlich überarbeitet und liegt nun als umfangreicher, aktueller Leitfaden „Flüssigkunststoffe – Planung und

Ausführung von Abdichtungen mit Flüssigkunststoffen für Dächer, sowie begeh- und befahrbare Flächen nach DIN 18531 und DIN 18532" in der 1. Ausgabe vom November 2017 vor. Außerdem wurden Abdichtungen mit Flüssigkunststoffen nach ETAG 005 in alle neuen Abdichtungsnormen DIN 18531 bis DIN 18535 (Veröffentlichung 07-2017) für viele Anwendungen normativ geregelt. Bislang gibt es keine nationale Regelung für Flüssigkunststoffe als Abdichtung, die der ETAG 005 entspricht. Angesichts der ETAG 005 besteht aber auch kein Bedarf für eine weitere (nationale) Regelung.

Interessant ist in der ETAG 005 beispielsweise auch die Differenzierung der unterschiedlichen FLK-Abdichtungen in Klassen für verschiedene Leistungsstufen, die sich in Bezug auf Klimazonen (M und S gemäßigtes oder extremes Klima), erwartete Nutzungsdauer (W1-W3; 5/10/25 Jahre), Nutzlasten (P1-P4, geringe bis besondere Beanspruchung), Neigung (S1-S4; < 5 % bis > 30 %) und Temperaturbeständigkeit für niedrigste Oberflächentemperaturen (TL1 bis TL4 von +5 °C bis −30 °C) und höchste Oberflächentemperaturen (TH1 bis TH4 von +30 °C bis +90 °C) unterteilen. Damit steht dem Planer und Ausführenden ein geordnetes und gut abgestuftes Klassifizierungssystem zur Verfügung, um die für den jeweiligen Anwendungsfall am besten geeignete FLK-Abdichtung sicher auszuwählen aber auch ungeeignete Produkte abzulehnen.

Zusammenfassend ist festzustellen, dass die umfangreichen und praxistauglichen, europäischen Regelungen in ETAG 005 bislang eine nationale Regelung erübrigt haben und dadurch aus der Abdichtungsbauart mit Flüssigkunststoffen eine geregelte, bewährte Bauweise entstanden ist, auf die heutzutage in vielen Abdichtungsbereichen nicht mehr verzichtet werden kann. Somit hat hier die europäische Zulassung (ETAG 005) eine gute Lösung bzw. Regelung erbracht.

3 DIN EN 15814 Kunststoffmodifizierte Bitumendickbeschichtungen zur Bauwerksabdichtung (PMBC, ehem. KMB, als Ersatz für die früheren abP-Verwendbarkeitsprüfungen nach PG-KMB) und deren Verwendung in DIN 18533-3

Im August des Jahres 2000 wurde nach langer Bewährungszeit und umfänglichen Anwendungen in der Baupraxis die kunststoffmodifizierte Bitumendickbeschichtung (KMB) in die damalige Neufassung der nationalen Norm DIN 18195, T. 1–10 aufgenommen und damit erstmals normativ als Abdichtungsbauart und als Stoff geregelt. Zu dieser Neuaufnahme der KMB-Abdichtungen in die DIN 18195 gab es damals erhebliche Kritik und Widerstände, die zu vielen Einwendungen, Schlichtungs- und Schiedsverfahren führten und die Baupraxis zeitweise etwas verunsicherten. Mittlerweile haben sich die damals neu aufgenommenen KMB-Abdichtung vielfach positiv bewährt und gelten als anerkannte Regeln der Abdichtungstechnik.

Als Verwendbarkeitsnachweis brauchte die kunststoffmodifizierte Bitumendickbeschichtung (KMB) auch nach der Aufnahme in DIN 18195 weiterhin ein allgemeines bauaufsichtliches Prüfzeugnis nach den Prüfgrundsätzen KMB (PG KMB). Diese nationale Regelung galt bis zum Januar 2013, als dann die europäische EN-Norm 15814 und die in Deutschland harmonisierte DIN EN 15814 veröffentlicht und in die Bauregelliste als Verwendbarkeitsnachweis aufgenommen wurden. Mit dieser Regelung wurde auch die ehemalige Abkürzung „KMB" für diese Abdichtungsbauart in „PMBC" (Polymer modified bituminous thick coating for waterproofing) offiziell geändert. Aber außer dieser Änderung wurde mit der DIN EN 15814 auch eine dreiklassige Differenzierung für PMBC-Abdichtungsprodukte in die Qualitätsklassen „CB0, CB1 und CB2" eingeführt, wobei in Deutschland nach Bauregelliste und nun nach VV TB nur die höchste Qualitätsklasse „CB2" für Bauwerksabdichtungen nach DIN 18531-5 und DIN 18533-3 zugelassen ist, weil nur PMBC-Produkte dieser höchsten Qualitätsklasse „CB2" mit entsprechender CE-Kennzeichnung auch auf Rissüberbrückung, Regenfestigkeit, Wasserdichtheit u. a. nach DIN EN 15814, Tab. 1, ähnlich den vormals geltenden Prüfgrundsätzen KMB geprüft werden und somit gleichwertig zu den früher mit abP zugelassenen KMB-Produkten mit entsprechenden Ü-Zeichen sind. PMBC der Klasse „CB0" werden beispielsweise nicht auf Regenfestigkeit und nur für kurzzeitige Wasserdichtheit (W1 $\geq$ 24 h) sowie nicht auf Rissüberbrückung und Druckfestigkeit geprüft. PMBC der Klasse „CB1" werden nur für eine geringe Rissüberbrückung ($\geq$ 1 mm) und auf Wasserdichtheit ($\geq$ 72 h) geprüft. Deshalb sind derartige PMBC mit Klassifizierung CB0 oder CB1 für die Anforderungen in Deutschland als qualifizierte Bauwerksabdichtung abzulehnen.

In diesem Falle hat also eine europäisch harmonisierte Regelung zu einer Vereinheitlichung von verschiedenen Produktanforderungen und Prüfungen in Europa geführt, wobei aus nationaler Sicht nun eine Auswahl getroffen wurde und in Deutschland bauaufsichtlich in den ETB bzw. VV TB der Bundesländer nur die höchste Qualitätsklasse „CB2" (Rissüberbrückungsfähigkeit) für Bauwerksabdichtungen nach DIN 18531-5 und DIN 18533-3 zugelassen ist.

Die Regelungen der DIN EN 15814 und der DIN 18533 wurden nun auch in der neuen PMBC-Richtlinie der Deutschen Bauchemie aufgenommen und umgesetzt, sodass nun auch eine aktuelle, sehr informative, praxisorientierte Anwendungsregel auf nationaler Ebene für die Bautätigen hier vorliegt.

4 ETAG 022 Innenraumabdichtungen als Wegbereiter für Verbundabdichtungen und deren Verwendung in DIN 18534

In Deutschland waren moderne Abdichtungen im Verbund mit Fliesen und Platten als Nassraumabdichtung bis zur Veröffentlichung der DIN 18534 im Juli 2017 nicht normativ geregelt und in DIN 18195-5 (Ausgaben 2000–2011) nicht enthalten. Damals regelte DIN 18195-5 (Ausgaben 2000–2011) nur bahnenförmige Abdichtungen für Nassräume, die über der klassischen Bahnenabdichtung Schutz- und Lastverteilungsschichten z. B. Estrich, Putz, Rücklagewände o. ä.) benötigen. Baupraktisch hatten sich aber bereits seit vielen Jahren im Wohnungs- und Objektbau Abdichtungen im Verbund mit Fliesen und Platten nach dem damaligen ZDB-Merkblatt Verbundabdichtungen (AIV) in der Baupraxis etabliert, weil sie meistens einfacher und wirtschaftlicher einzusetzen sind sowie die hygienisch bessere Lösung darstellen.

Für den bauaufsichtlich erforderlichen Nachweis der Verwendbarkeit (nach Bauregelliste und Landesbauordnungen) konnte damals aber auch die ETAG 022 Teile 1–3 verwendet und die AIV-Abdichtungsprodukte als Bausatz geprüft werden (siehe ETA-"Kit"-Prüfungen und CE-Kennzeichnung nach ETAG 022). Leider ist der Anwendungsbereich von ETAG 022 auf übliche Nassräume in häuslichen oder öffentlichen Innenräumen im Raumlufttemperaturbereich von 5 °C bis 40 °C begrenzt, sodass Anwendungen in gewerblichen genutzten Gebäuden und im Außenbereich sowie in anderen Temperaturbereichen unter 5 °C und über 40 °C darin nicht enthalten sind.

Die unterschiedlichen drei Teile von ETAG 022 als Leitlinie für die Europäische Technische Zulassung regeln folgende Bauarten von Abdichtungen für Wände und Böden in Nassräumen:

- ETAG 022 – Teil 1
  „**Flüssig aufzubringende Abdichtungen** mit und ohne Nutzschicht" – Leitlinie für die europäische technische Zulassung für Abdichtungen für Wände und Böden in Nassräumen (VÖ Okt. 2007)
  Regelt die flüssig zu verarbeitenden Nassraumabdichtungen im Verbund mit dem Untergrund in Nassräumen von Gebäuden (die Nassraum-Definition richtet sich hier **nicht** nach dem Vorhandensein eines Bodenablaufes, sondern beschreibt „Nassräume" als häusliche und öffentliche Einrichtungen, in denen Wände und Böden gelegentlich, häufiger oder länger anhaltend mit Wasser beansprucht werden).

- ETAG 022 – Teil 2

  „Bausätze mit Abdichtungsbahnen" – Leitlinie für die europäische technische Zulassung für Abdichtungen für Wände und Böden in Nassräumen (VÖ Sept. 2011)

  Diese Leitlinie erfasst Bausätze für Abdichtungen für Boden und/oder Wände in Nassräumen innerhalb von Gebäuden. Die Abdichtung wird auf die Oberfläche von Boden oder Wand des Nassraumes aufgebracht. Auf der Abdichtungsbahn können als Nutzschicht ein Estrich oder eine Putzschicht oder ein anderer Belag, wie z. B. Keramikfliesen aufgebracht werden. Die Nutzschicht ist nicht Teil des Bausatzes. (Siehe auch Leitpapier C der Kommission über Bausätze und Systeme.)

- ETAG 022 – Teil 3

  „Bausätze mit wasserdichten Platten" – Leitlinie für die europäische technische Zulassung für Abdichtungen für Wände und Boden in Nassräumen (VÖ 2011)

  Die Leitlinie erfasst Bausätze für Abdichtungen für Böden und/oder Wände in Nassräumen innerhalb von Gebäuden. Die Abdichtung wird auf die Oberfläche von Boden oder Wand des Nassraumes aufgebracht. Auf der wasserdichten Platte können als Nutzschicht ein Estrich oder eine Putzschicht oder ein anderer Belag wie z. B. Keramikfliesen aufgebracht werden. Die Nutzschicht ist nicht Teil des Bausatzes. (Siehe hierzu auch Leitpapier C der Kommission über Bausätze und Systeme.)

Die o. g. Europäische Technische Leitlinie ETAG 022 war mit Ihren abgestimmten Regelungen neben dem nationalen ZDB-Merkblatt „Verbundabdichtungen" und den Prüfgrundsätzen „PG-AIV" (s. www.dibt.de) Wegbereiter für die normative Aufnahme der unterschiedlichen Verbundabdichtungen von Innenräumen in die neue DIN 18534, Teile 3, 5 und 6 (VÖ 2017). Ohne diese europäische Verwendbarkeitsregelung hätten es die bahnenförmigen und plattenförmigen Verbundabdichtungen noch schwerer gehabt und wären wahrscheinlich zunächst nicht in DIN 18534 als Teile 5 und 6 aufgenommen worden.

Insofern hat in diesem Falle die europäische Normung mit ETAG 022 einige Jahre früher bereits Verwendbarkeitsregeln für bahnen- oder plattenförmige Verbundabdichtungen aufgestellt, die für die spätere nationale Regelung in DIN 18534, Teile 5 und 6 dienlich waren, sodass ab August 2017 auch moderne, bahnen- oder plattenförmige Verbundabdichtungen mit Fliesen und Platten als geregelte Bauweise einsetzbar sind.

5 DIN EN 14909 und DIN EN 13967 Kunststoff- und Elastomerbahnen als Mauersperrbahnen verwendet in DIN 18533-2 sowie DIN EN 14967 Bitumen- und Polymerbitumenbahnen als Mauersperrbahn verwendet in DIN 18533-2

Europäisch sind Abdichtungsbahnen als sog. Mauersperrbahnen (MSB) zur Abdichtung gegen kapillaraufsteigende Feuchtigkeit in und unter Wänden je nach Baustoff entweder in den europäisch harmonisierten Normen für Kunststoff- und Elastomerbahnen in DIN EN 14909 und DIN EN 13967 oder für Bitumen- und Polymerbitumenbahnen in DIN EN 14967 bezüglich ihrer bauaufsichtlichen Verwendbarkeitsnachweise (s. VV TB) geregelt, vgl. DIN SPEC 20000-202, Abs. 5.2.7 ff.; Tab. 11, 14, 17, 19, 21, 23, 25, 27 u. 29 und DIN 18533-2, Abs. 8.2.5.2 und 8.3.5.2.

Die o. g. europäisch harmonisierten Normen DIN EN 14909, DIN EN 13967 und DIN EN 14967 enthalten aber bislang keine Anforderungen und Prüfungen der Reibungswiderstände und Verformungen unter Querkrafteinwirkungen, die diese Mauersperrbahnen in der Lagerfugenebene zur Übertragung von Horizontalkräften, die auf die Wände einwirken, benötigen, z. B. aus Erddruck, Wasserdruck, Wind (Plattenschub) oder durch Aussteifungskräfte (Scheibenschub).

Diverse Schadensfälle und baustatische Nachrechnungen haben in den letzten etwa 15 Jahren ergeben, dass einige Mauersperrbahnen in horizontal belasteten Mauerwerkswänden keine ausreichende Reibungsübertragung über die Lagerfuge, in der die Mauersperrbahn eingelegt ist, auf andere Bauteile ermöglichen, z. B. auf Bodenplatten zur Lastabtragung in den Baugrund. Dabei ist aufgefallen, dass zu „glatte" Mauersperrbahnen auch zu hohe Horizontalverformungen in der Lagerfuge bei Lasteinwirkung zulassen, sodass wandseitige Abdichtungsschichten abreißen und undicht werden können. Es hat ebenfalls erhebliche Schadensfälle diesbezüglich gegeben, sodass dazu Prüfungs- und Handlungsbedarf entstanden ist. Bei der Untersuchung einiger Schadensfälle ist aufgefallen, dass sich in den letzten Jahrzehnten bspw. die Bauweise von erddruckbelasteten Kellerwänden erheblich verändert hat. Insbesondere ist das moderne Kellermauerwerk wegen den Wärmedämmanforderungen leichter und „fragiler" geworden. Des Weiteren hat sich die ständige Auflastsituation bei einigen Bauweisen erheblich verringert, oftmals sind auch die Geschosshöhen der Kellerwände höher geworden, Stoßfugen werden meistens nicht mehr vermörtelt und die Wanddimensionen haben sich auch zum Teil ungünstig vergrößert (siehe ZDB Information „Erddruckbelastete Kellerwände aus Mauerwerk").

In Folge dieser Erkenntnisse hat man die europäisch harmonisierte Mauerwerksvorschrift EC6 DIN EN 1996 – Teil 3 „Vereinfachte Berechnungsmethoden für unbewehrte Mauerwerksbauten", Deutsche Fassung EN 1996-3:2006+AC:2009 geändert und unter Abs. 4.5 die Anmerkung eingefügt, das für den Nachweis der Schubkraft infolge Erddruck ein Reibungsbeiwert von 0,6 zugrunde gelegt wird. Im Weiteren wurde in DIN EN 1996-3/NA:2012-01 unter NCI zu 4.5 in Anmerkung 3 angegeben, Zitat:

„*Wenn die Feuchtesperrschicht entsprechend DIN EN 1996-1-1/NA, NCI zu 3.8.1, ausgeführt ist, darf der Einfluss der Feuchtesperrschicht vernachlässigt werden.*"

Mit den oben genannten nationalen Änderungen zu DIN EN 1996-3 ergibt sich die Anforderung, dass Mauersperrbahnen zur Querkraftübertragung in der Lagerfuge mindestens einen Reibungsbeiwert von $\mu \geq 0,6$ aufweisen müssen oder die Feuchtesperrschichten beim Schubnachweis der Mauerwerkswand differenziert zu berücksichtigen sind. Dabei stand aus langjährigen, positiven Erfahrungen die besandete R 500 Bitumenbahn als ausreichend Querkraft bzw. Schubkraft übertragende Mauersperrbahn fest und soll zukünftig auch als Referenz für „MSB-Q" dienen.

Bei der Neufassung der DIN SPEC 20000-202 (Abs. 4.2) und der DIN 18533-2 hat man bereits auf o. g. Erkenntnisse reagiert und für Mauersperrbahnen eine Unterscheidung in Anwendungstypen „MSB-Q" für Bahnen mit Querkraftübertragung in der Abdichtungsebene und „MSB-nQ" für Bahnen ohne Querkraftübertragung in der Abdichtungsebene eingeführt. Die Zuordnung der jeweiligen Bahnentypen erfolgte aber in DIN 18533-2 mangels spezieller Untersuchungsergebnisse noch aufgrund historischer Erfahrungen und als Bestandübernahmen aus der alten DIN 18195-2 ohne spezielle Prüfungen als ergänzende Verwendbarkeitsnachweise zur Querkraftübertragung in der abgedichteten Lagerfuge.

Im Weiteren ergeben sich aus den Anforderungen zur Rissüberbrückung von erdseitigen Abdichtungen in DIN 18533 auch maximale horizontale Verformungsmaße (sog. Rissflankenversatz) für die Lagerfugen von erdseitig abgedichtetem Mauerwerk und dessen Übergängen zur Bodenplatte o. ä., die bei den weiteren Überlegungen zu beachten sind.

Unter Berücksichtigung beider o. g. Anforderungen zum erforderlichen Reibungswiderstand und Verformungsverhalten der Mauersperrbahnen in querkraftbelasteten Lagerfugen von Mauerwerk hat sich die Erfordernis ergeben, diese bislang nicht geregelten Eigenschaften tiefergehend zu untersuchen. Dazu hat die MPA Braunschweig ein umfangreiches Forschungsprojekt zur Prüfung des Reibungs- und Verformungsverhaltens von Mauersperrbahnen in Querkraftbelasteten Lagerfugen von Mauerwerk in den vergangen Jahren durchgeführt, dessen Ergebnisse nun vorliegen.

Bei diesen Laborversuchen wurde als Grundlage für die Prüfung die DIN EN 1052-3 gewählt, weil dieses Prüfverfahren im „3-Stein-Versuch" der baupraktischen Situation am nächsten kommt und es genormt ist.

In stark gekürzter Zusammenfassung hat dieses Forschungsprojekt an der MPA Braunschweig Folgendes im Rahmen der abgestimmten Einwirkungssituationen und Versuchsanordnungen für **die untersuchten Bauprodukte** ergeben:

- R 500 Mauersperrbahnen erreichen ausreichende Reibungswerte und geringe Verformungen unter übl. Einwirkung;
- besandete G 200 DD und PV 200 DD Bitumenbahnen liegen auch noch im akzeptablen Bereich (ähnlich der R 500);
- besandte Polymerbitumenbahnen PYE-G200 DD und PYE- PV 200 DD zeigen höhere Verformungen als R 500;
- glatte oder profilierte Kunststoff- oder Elastomerbahnen erreichen nur geringe Reibungsbeiwerte und zeigen relativ hohe Verformungen in der abgedichteten Lagerfuge;
- übliche mineralische Dichtungsschlämmen (MDS) erreichen ausreichende Reibungs- und geringe Verformungswerte.

Aus diesen Versuchsergebnissen werden nun Konsequenzen für Mauersperrbahnen MSB-Q in DIN 18533-2 diskutiert, die zukünftig Forderungen nach einem zusätzlichen Verwendbarkeitsnachweis für Bahnen mit Querkraftübertragung in der Abdichtungsebene (z. B. als abP mit Prüfung i. A. an DIN EN 1052-3 o. ä.) ergeben können. Derzeit ist davon auszugehen, dass die besandeten Bitumenbahnen R 500 (als Referenzbahn) und die besandeten G 200 DD sowie PV 200 DD (s. DIN 18533-2, Tab. 15, Zeile 1 und 2) als ausreichend Querkraft übertragend mit geringen Verformungen bestätigt werden und alle anderen Abdichtungsbahnen gegebenenfalls zukünftig einen speziellen Verwendbarkeitsnachweis (z. B. abP „MSB-Q") für den Nachweis der Querkraftübertragung in der Lagerfuge benötigen. Diesbezüglich ist noch im Jahr 2019 eine A2-Änderung der DIN 18533 geplant, wonach in DIN 18533-2 die Tab. 15 Anmerkungen zu den Polymerbitumen-Dichtungsbahnen als „MSB-Q" erhalten könnte und die

Tab. 23 mit Kunststoff- und Elastomerbahnen für „MSB-Q" ersatzlos gestrichen werden soll, wobei dann zukünftig ein neuer nationaler Verwendbarkeitsnachweis mit abP, z. B. nach DIN EN 1052-3 für „MSB-Q", denkbar ist.

6 Euratom Richtlinie 2013/59/Euratom und neues Strahlenschutzgesetz in Deutschland mit Vorschriften zum Radonschutz von Aufenthaltsräumen und Arbeitsstätten sowie der Entwurf von DIN SPEC 18117 „Bauliche und lüftungstechnische Maßnahmen zum Radonschutz"

Die Europäische Atomgemeinschaft Euratom hat seit 1957 unter anderem auch die Aufgabe einheitliche Sicherheitsnormen für den Gesundheitsschutz der Bevölkerung und der Arbeitskräfte in den Mitgliedsstaaten zu erfüllen.

Vielen umfangreichen, weltweiten, wissenschaftlichen Studien und Erfahrungen mit Erkrankungen von Bergarbeitern haben ergeben, dass radioaktives Radongas bei Menschen zur Erhöhung des Lungenkrebsrisikos und zu Lungenkrebserkrankungen führen kann, wenn Menschen höheren Radonkonzentrationen, als üblicherweise in der Atmosphäre vorhanden sind, über längere Zeit ausgesetzt sind. Aus dem Boden exhalierendes Radon (Edelgas, hier Rn 222) ist ein geruchloses und farbloses Edelgas, das als Zerfallprodukt von Uran im Untergrundgestein entsteht und als Alphastrahler mit einer Halbwertzeit von ca. 3,8 Tagen anzugeben ist. Radon ist nicht toxisch aber beim dauerhaften Einatmen über längere Zeiträume können bei höheren Radonaktivkonzentrationen für Menschen cancerogene Wirkungen entstehen, wobei man derzeit in Deutschland statistisch von ca. 1500 bis 2000 vermeidbaren Lungenkrebs-Todesfälle bei Nichtrauchern ausgeht, die durch Radoninhalation verursacht sein sollen (siehe dazu diverse Studien im Internet und Radon-Positionspapier des Umweltbundesamtes und das Radon-Handbuch" des Bundesamt für Strahlenschutz sowie „Radon-Broschüren" der Landesministerien u. a.). Ausgehend von diesen Erkenntnissen und der möglichen Gesundheitsgefahren für Menschen in geschlossenen Aufenthaltsräumen und Arbeitsstätten wurde 2014 die Euratom Richtlinie 2014/87 erlassen, womit die Mitgliedsstaaten aufgefordert wurden nationale Regelungen zum Strahlenschutz vor Radon national umzusetzen.

Die Bundesregierung hat im Jahre 2017 mit dem neuen Strahlenschutzgesetz im Teil 4 „Strahlenschutz bei bestehenden Expositionen" (§§ 118–150) gesetzliche Regelungen zum Schutz vor Radon bei der Errichtung von Aufenthaltsräumen und Arbeitsstätten neu geschaffen, die zum 31.12.2018 gültig geworden sind. Damit wurden die Vorgaben der o. g. Euratom-Richtlinie auch in Deutschland umgesetzt. Im Zuge des Strahlenschutzgesetzes wurde auch die neue Strahlenschutz-Verordnung erlassen. Damit sind die Bundesländer auch aufgefordert binnen zwei Jahre (d. h. bis Ende 2020) Gebiete mit zu erwartenden Radonaktivkonzentration in Gebäuden über dem Referenzwert nach § 124 und § 126 regional auszuweisen und in diesen „Radonschutzgebieten" weitergehende Regeln zum Schutz vor Radon in Aufenthaltsräumen und Arbeitsstätten umzusetzen. Der Referenzwert für die gemittelte Rn-222-Radonaktivkonzentration über das Jahr beträgt in Aufenthaltsräumen und Arbeitsstätten ≤ 300 Bq/m^3 (lt. Strahlenschutzgesetz § 124 und § 126).

Im Strahlenschutzgesetz § 123 (1) steht Folgendes zu Maßnahmen an Gebäuden, Zitat:

„§ 123 Maßnahmen an Gebäuden; Verordnungsermächtigung
*(1) Wer ein Gebäude mit Aufenthaltsräumen oder Arbeitsplätzen errichtet, hat geeignete Maßnahmen zu treffen, um den Zutritt von Radon aus dem Baugrund zu verhindern oder erheblich zu erschweren. **Diese Pflicht gilt als erfüllt, wenn***
*1. die nach den **allgemein anerkannten Regeln der Technik erforderlichen Maßnahmen zum Feuchteschutz eingehalten werden** und*
2. in den nach § 121 Absatz 1 Satz 1 festgelegten Gebieten zusätzlich die in der Rechtsverordnung nach Absatz 2 bestimmten Maßnahmen eingehalten werden."
(Hervorhebungen vom Autor eingefügt.)

Demnach hat der Gesetzgeber erkannt, dass die üblichen Abdichtungsmaßnahmen erdberührter Bauteile o. ä. zum Feuchteschutz bei der neuen Errichtung von Aufenthaltsräumen oder Arbeitsstätten auch zum allgemeinen Schutz vor exhalierendem Radon aus dem Boden ausreichend sein können, sofern diese baulichen Maßnahmen zur Erdseite durchgehend ausreichend konvektiv „gasdicht" (wannenartig) sind und dadurch Radoneintritte in Gebäude wirksam reduzieren. In Fällen mit erhöhten Anforderungen oder in den noch festzulegenden Radonschutzgebieten können weitere Maßnahmen zur Reduzierung der Radoneintritte bzw. der Rn-222-Radonaktivitätskonzentration in Gebäuden erforderlich werden (z. B. auch Verwendung radondiffusionsbremsender Abdichtungsstoffe u. v. a. m.).

Derzeit wird beim Deutschen Institut für Normung e. V. eine neue DIN SPEC 18117 erarbeitet, die „Bauliche und lüftungstechnische Maßnahmen zum Radonschutz" von Aufenthaltsräumen oder Arbeitsstätten in Gebäuden beschreiben und regeln soll. Derzeit ist die Entwurfsbearbeitung des allgemeinen Teils 1 noch in Arbeit und es wird bis Anfang 2020 eine Entwurfsveröffentlichung des Teils 1 der DIN SPEC 18117 erwartet. Danach soll ein Teil 2 mit konkreten Beschreibungen, Anforderungen, Material- und Konstruktionsangaben sowie Planungs- und Ausführungsempfehlungen für bauliche und lüftungstechnische Maßnahmen zum Radonschutz im Neubau und Bestand erarbeitet werden (voraussichtliche Bearbeitungszeit 2–3 Jahre).

Derzeit können sich Planer, Bauherren, Ausführende und andere Betroffene mit dem aktuellen Radonhandbuch des Bundesamtes für Strahlenschutz und den jeweiligen Länderbroschüren zum Radonschutz sowie dem Strahlenschutzgesetz und der StrahlenschutzVO bereits ausreichend informieren und damit den baulichen oder lüftungstechnischen Schutz vor Radon in Innenräumen konzipieren und umsetzen. Wichtig dabei ist, dass nun seit dem 31.12.2018 der Strahlenschutz vor Radoneinwirkungen bei der Errichtung von Aufenthaltsräumen oder Arbeitsstätten zwingend vorgeschrieben ist und zum Schutz vor unzumutbaren Gefahren und Risiken auch baurechtlich nach § 13 MBO umzusetzen ist.

Auch dieses Beispiel zeigt, wie eine europäische Richtlinie später in ein nationales Gesetz umgesetzt wurde und nun durch eine neue DIN SPEC 18117 „Bauliche und lüftungstechnische Maßnahmen zum Radonschutz" im Einzelnen bautechnisch geregelt werden wird.

7 Zusammenfassung

Die vorstehenden Beispiele zeigen, dass europäische wie auch nationale Regeln Lösungen für bautechnische Anwendungen bieten, aber es können sich auch Widersprüche und Problem ergeben, mit denen sich die Planer und Bautätigen sowie die Sachverständigen im Einzelnen auseinandersetzen müssen. Bereichsweise ergeben sich durch europäische Normung auch Vorteile bspw. für Innovationen, die gegebenenfalls national noch nicht so weit in der Normung vorgedrungen sind und damit etwas früher verwendbar werden können.

Andererseits haben nationale Normen den Vorteil, dass das Regelungsverfahren oft überschaubarer und schneller durchzuführen sind, wobei nationale Besonderheiten und Interessen auch wohl besser einzubringen sind. Europäische Regelungen sind meistens schwieriger und aufwendiger, wobei hier auch die Beteiligung der fachlich interessierten Kreise sich schwieriger gestaltet und damit die Mitarbeit in europäischen Regelwerkgremien oftmals auf wenige Vertreter beschränkt ist. Aus eigenen baupraktischen Erfahrungen nimmt die nationale Fachwelt häufig nur wenig Teil an europäischen Normungsverfahren, auch wenn es dafür spez. Spiegelausschüsse und nationale Gremien gibt. Letztlich ist daher die zunehmende Europäisierung bei Regelwerken aus baupraktischer Sicht eher Fluch als Segen. Etwaige negative Erfahrungen von Baubeteiligten wirken sich natürlich auch auf die Akzeptanz von europäischen Regelungen im Bauwesen aus, auch wenn die Baupraxis zwingend damit umgehen muss.

Für Hersteller von Abdichtungsprodukten bieten die europäischen Regelungen aber Hilfen für den freien Warenverkehr im Binnenmarkt Europa, der laut Europäischem Gerichtshof EUGH bei europäisch geregelten Bauprodukten (z. B. mit CE-Kennzeichnung) nicht durch nationale Zusatzanforderungen behindert werden darf (siehe EUGH-Urteil vom 16.10.2013-C-100/13 bezüglich zusätzlich erforderlicher deutschen Ü-Zeichen). In Folge dieses EUGH-Urteils oder besser gesagt zu dessen „Umgehung" wurden in Deutschland durch die Bundesländer, Obersten Bauaufsichten und das Deutsche Institut für Bautechnik die Muster-Verwaltungs-Vorschriften-Technische-Baubestimmungen MVV TB im Jahre 2017 eingeführt, die mittlerweile in fast allen Bundesländern in die Länderbauordnungen als VV TB übernommen wurden. Man hat damit europäisches Recht in nationales Baurecht umgesetzt, aber ob das bei den Bautätigen zu mehr Rechtssicherheit, Verständnis und akzeptablen Bauvorschriften oder eher zu Unverständnis und fast nicht mehr beherrschbarer Regelungsflut führt, kann hier offen bleiben. Theorie und Praxis, Regelwerke und baupraktische Umsetzungen treffen oft im Alltag auf schwierige Gegensätze und Probleme, die auch im Bereich der Abdichtungstechnik nur mit speziellem Fachwissen und viel Erfahrung zu lösen sind, um trotz aller Widersprüche brauchbare Lösung zu finden.

Deshalb wird am Ende dieses Fachaufsatzes auf folgende Weisheit von Wilhelm von Ockham hingewiesen, Zitat:

„Es ist eitel, etwas mit mehr zu erreichen, was mit weniger erreicht werden kann!"

Regelwerke und Fachinformationen

1. ETAG 005 Europäische Technische Leitlinie für die Zulassung von flüssig aufzubringenden Dachabdichtungen (Ausgabe 2001).
2. ETAG 022 Europäische Technische Leitlinie für flüssig zu verarbeitende, bahnen- u. plattenförmige Verbundabdichtungen (T. 1-3; Ausgabe 2007 und 2011).

3. DIN SPEC 20000-201 Anwendungsnorm für Abdichtungsbahnen nach Europäischen Produktnormen zur Verwendung in Dachabdichtungen (August 2015).
4. DIN SPEC 20000-202 Anwendungsnorm für Abdichtungsbahnen nach Europäischen Produktnormen zur Verwendung als Abdichtung von erdberührten Bauteilen, von Innenräumen und von Behälter und Becken (August 2015).
5. DIN 18195 Abdichtung von Bauwerken – Begriffe" (Ausgabe 07-2017).
6. DIN 18195: Beibl.1 „Hinweise zur Kontrolle und Prüfung der Schichtendicken von flüssig zu verarbeitender Abdichtungsstoffe" (Ausgabe 07/2017).
7. DIN 18531 Abdichtung von Dächern sowie Balkone, Loggien und Laubengängen (T. 1-5; Ausgabe 07-2017).
8. DIN 18532 Abdichtung von befahrbaren Verkehrsflächen aus Beton (T. 1-6; Ausgabe 07/2017).
9. DIN 18533 Abdichtung von erdberührten Bauteilen (T. 1-3; Ausgabe 07-2017).
10. DIN 19534 Abdichtung von Innenräumen (T. 1-4; Ausgabe 07/2017 u. T. 5-6; Ausgabe 08/2017).
11. DIN 18535 Abdichtung von Behältern und Becken (T. 1-3, Ausgabe 07/2017).
12. DIN EN 13967 Abdichtungsbahnen – Kunststoff- und Elastomerbahnen für die Bauwerksabdichtung gegen Bodenfeuchte und Wasser – Definitionen und Eigenschaften (Ausgabe 07/2012).
13. DIN EN 14909 Abdichtungsbahnen – Kunststoff- und Elastomer- Mauersperrbahnen – Definitionen und Eigenschaften (Ausgabe 07/2012).
14. DIN EN 14967 Abdichtungsbahnen – Bitumen-Mauersperrbahnen – Definitionen und Eigenschaften (Ausgabe 08/2006).
15. DIN 18195 a. F. Bauwerksabdichtungen (T. 1 – 10 und Beiblatt 1 zuletzt im Dez. 2011 aktualisiert und zurückgezogen seit 07/2017).
16. DIN EN 14891 Flüssig zu verarbeitende wasserundurchlässige Produkte im Verbund mit keramischen Fliesen und Plattenbelägen – Anforderungen, Prüfverfahren, Bewertung und Überprüfung der Leistungsbeständigkeit, Klassifizierung und Kennzeichnung.
17. DIN EN 1996 – Teil 3 Vereinfachte Berechnungsmethoden für unbewehrte Mauerwerksbauten; EC6 Deutsche Fassung EN 1996-3:2006 + AC:2009.
18. DIN EN 1052 – Teil 3: Prüfverfahren für Mauerwerk – Bestimmung der Anfangsscherfestigkeit (Haftscherfestigkeit; Ausgabe 2002 und A1 2007).
19. PMBC-Richtlinie Richtlinie für die Planung und Ausführung von Abdichtungen mit polymermodifizierten Bitumendickbeschichtungen (PMBC) Deutsche Bauchemie Ffm. (4. Ausgabe Dez. 2018, ehem. „KMB-Richtlinie").
20. Leitlinie Flüssigkunststoffe Planung und Ausführung von Abdichtungen mit Flüssigkunststoffen für Dächer sowie begeh- und befahrbare Flächen nach DIN 18531 und DIN 18532, Deutsche Bauchemie Ffm. (Ausgabe 11/2017).
21. Prüfgrundsätze für Abdichtungen im Verbund mit Fliesen und Platten (flüssig, bahnen- u. plattenförmig) PG-AIV (F, B, P), DIBt Berlin.
22. ZDB-Merkblatt „Verbundabdichtungen" (AIV-F), ZDB Berlin, Ausgabe August 2012.
23. ZDB Information „Erddruckbelastete Kellerwände aus Mauerwerk".
24. BEB-Arbeitsblatt „Abdichtungsstoffe im Verbund mit Bodenbelägen" (Ausgabe 2010).
25. Euratom Richtlinie 2013/59/Euratom, Europäische Atomgemeinschaft.

26. Strahlenschutzgesetz der Bundesregierung vom 27.06.2017 (BGBl I Nr. 42 vom 3. Juli 2017).
27. Radon-Handbuch, Bundesamt für Strahlenschutz, Berlin (Ausgabe 2018).
28. Entwurf DIN SPEC 18117-1 „Bauliche und lüftungstechnische Maßnahmen zum Radonschutz" (gepl. VÖ 2020).
29. MVV TB Muster-Verwaltungsvorschrift technische Baubestimmungen, DIBT Berlin (2017).
30. DIN-Normungsroadmap „Bauwerke" (2018).

Dipl.-Ing. Gerhard Klingelhöfer BDB Studium des Bauingenieurwesens, beratender Ingenieur der Ingenieurkammer Hessen und öffentlich bestellt und vereidigter Sachverständiger für Schäden an Gebäuden; seit 1993 eigenes Ingenieur- und Sachverständigenbüro für Bautechnik in Pohlheim mit den Schwerpunkten: Tragwerksplanung, Bauphysik, Bauwerksabdichtung, Sanierungsplanungen und Gutachten; Lehrbeauftragter an der Technischen Hochschule Mittelhessen in Gießen; Fachbuchautor zum Fliesenhandbuch und Fachreferent; Seminarorganisator des BDB-Bildungswerkes BG Gießen-Wetzlar und Vorstandsmitglied in der BDB Bezirksgruppe Gießen; Mitglied in diversen Prüfungskommissionen für ö. b. u. v. Sachverständige der Ing.-Kammer Hessen und Rheinland-Pfalz; Vorsitzender der Sachverständigen-Prüfungskommission für die Zertifizierung von Sachverständigen für Schäden an Gebäuden nach DIN EN ISO/IEC 17024 bei EIPOSCERT GmbH Dresden; Ombudsmann des Tiefengeothermieprojekts Südpfalz der Deutschen Erdwärme GmbH; Obmann DIN 4095, Stellv. Obmann DIN 18533, Mitarbeiter DIN 18532, DIN 18534 und DIN SPEC 18117.

Produkte für die Betoninstandsetzung – aktueller Diskussionsstand zur Instandhaltungs-Richtlinie des DAfStb

Michael Raupach

1 Zusammenfassung

Dieser Beitrag behandelt die aktuelle Situation bezüglich der Verwendbarkeitsnachweise für Produkte für die Betoninstandsetzung. Nachdem im Oktober 2014 das bisherige Vorgehen Deutschlands, nationale Zusatzanforderungen an Bauprodukte mit CE-Kennzeichnung zu stellen, für unzulässig erklärt worden war, wurde das deutsche Bauordnungsrecht in weiten Teilen geändert. Dementsprechend wurde auch das damalige Konzept der Instandhaltungs-Richtlinie, die sich im Entwurfsstadium befand, bezüglich der Produktregelungen entsprechend angepasst. Der sachkundige Planer wählt nach dem neuen Konzept bauwerksbezogen über Expositionsklassen die für die Erreichung der Schutz- und Instandsetzungsziele erforderlichen Leistungsmerkmale projektspezifisch aus und spezifiziert damit die erforderlichen Produkte. In Fällen, wo diese Leistungsmerkmale in der CE-Kennzeichnung basierend auf der Normenreihe EN 1504 enthalten sind, können diese verwendet werden. Sind zur Erreichung der projektspezifischen Ziele jedoch weitere Leistungsmerkmale erforderlich, kann ein Verwendbarkeitsnachweis nicht ohne Weiteres erbracht werden, da das zusätzliche Ü-Zeichen nicht mehr erlaubt ist. Der Verwendbarkeitsnachweis muss nun auf andere Weise erbracht werden. Für die Regelungsbereiche der ZTV-W LB 219 und ZTV-ING, Teile 3.4 und 3.5 kann er durch einen projektspezifisch für die betreffende Produktcharge zu erbringenden Leistungsnachweis

---

Prof. Dr.-Ing. M. Raupach
Institut für Baustoffforschung (ibac) der RWTH Aachen University, Aachen, Deutschland

oder über freiwillige „DIBt-Gutachten nach Art. 30 BauPVO" erbracht werden. Für die Regelungsbereiche außerhalb der beiden obengenannten gibt es aktuell keine verbindlichen Vorgaben für die Art des Nachweises der über den Bereich der CE-Kennzeichnung hinausgehenden Leistungsmerkmale. Die Instandhaltungs-Richtlinie des DAfStb, dessen Gelbdruck die bauwerksbezogen infrage kommenden Leistungsmerkmale und zugehörige Prüfverfahren enthält, soll erst als vollständiges Regelwerk veröffentlicht werden, wenn die aktuellen grundlegenden Diskussionspunkte bezüglich der Europarechtskonformität der Produktregelungen geklärt sind.

2 Die neue Instandhaltungs-Richtlinie des DAfStb

Mit der Veröffentlichung der europäischen Normenreihe EN 1504 in den Jahren 2004 bis 2008 (s. Abb. 1) wurde in Deutschland eine Anpassung der bisherigen nationalen Regelungen für die Instandsetzung von Betonbauteilen im standsicherheitsrelevanten Bereich erforderlich.

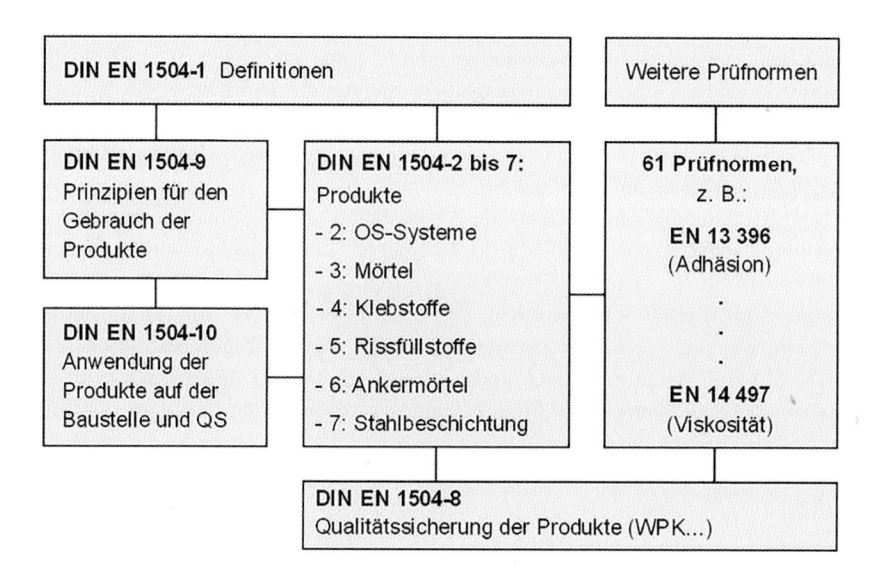

DIN EN 1504-1 Definitionen			Weitere Prüfnormen
DIN EN 1504-9 Prinzipien für den Gebrauch der Produkte	DIN EN 1504-2 bis 7: Produkte - 2: OS-Systeme - 3: Mörtel		61 Prüfnormen, z. B.: EN 13 396 (Adhäsion)
DIN EN 1504-10 Anwendung der Produkte auf der Baustelle und QS	- 4: Klebstoffe - 5: Rissfüllstoffe - 6: Ankermörtel - 7: Stahlbeschichtung		· · · EN 14 497 (Viskosität)
	DIN EN 1504-8 Qualitätssicherung der Produkte (WPK...)		

Abb. 1 Aufbau der Normenreihe EN 1504 mit den zentralen Produktteilen EN 1504-2 bis 7

Die Teile 2–7 der EN 1504 stellen die europäisch harmonisierten Produktnormen dar, die die Grundlage für die CE-Kennzeichnung der Produkte für die Betoninstandsetzung sind [1–4]. Teil 8 der EN 1504 regelt die Qualitätssicherung. Im Zuge der Erarbeitung der EN 1504 wurden auch die für den Nachweis der Leistungsmerkmale erforderlichen europäischen Prüfnormen erstellt, sofern nicht auf bestehende europäische Prüfnormen zurückgegriffen werden konnte.

Neben der technischen Überarbeitung von Hinweisen zur Planung und Durchführung von Instandsetzungsmaßnahmen wurde die bestehende Instandsetzungsrichtlinie des DAfStb (2001) [5] um Gesichtspunkte der Instandhaltung erweitert, d. h. um die Aspekte Inspektion, Wartung und Verbesserung in Anlehnung an DIN 31051 [6]. Zudem wurden Regelungen aus der ZTV-ING, Teile 3.4 und 3.5 [7] sowie der ZTV-W LB 219 [8] übernommen.

Die neue Instandhaltungs-Richtlinie umfasst die Festlegung der grundsätzlichen Vorgehensweise bei der Instandhaltung von Betonbauteilen und erweitert folglich die Aufgaben und erforderliche Qualifikation des sachkundigen Planers, der im Rahmen der Planung und Umsetzung einer Instandhaltungsmaßnahme nach der Richtlinie einzuschalten ist.

Der Entwurf der neuen Richtlinie beinhaltet fünf Teile (s. Abb. 2).

DAfStb-Richtlinie

Instandhaltung von Betonbauteilen
(Instandhaltungs-Richtlinie)

Gelbdruckentwurf (Stand: 2016-06-14)
Stellungnahmen zum Gelbdruckentwurf können **bis zum 16. September 2016** auf dem beigefügten Formblatt an die DAfStb-Geschäftsstelle übermittelt werden. Die **Einspruchsitzung** zum Gelbdruckentwurf findet vom **26. bis 28. September 2016** in Berlin statt.

Ersatz für Ausgabe Oktober 2001; bisherige Vertriebsnummer 65030

Teil 1 – Planung der Instandhaltung
Teil 2 – Merkmale von Produkten oder Systemen für die Instandhaltung und Regelungen für deren Verwendung
Teil 3 – Ausführung der Instandsetzung und Überwachung
Teil 4 – Prüfverfahren
Teil 5 – Nachweisverfahren zur Ermittlung der Restnutzungsdauer und der Bemessung von Schichtdicken für Betonersatz bei Karbonatisierung und Chlorideinwirkung

Abb. 2 Deckblatt des Gelbdrucks der Instandhaltungs-Richtlinie

3 Planung nach dem Entwurf der Instandhaltungs-Richtlinie des DAfStb

Der Planungsteil ist so konzipiert, dass keine Standardlösungen mit vorgegebenen standardisierten Produkten benannt werden, sondern eine objektspezifische Planung erfolgen soll, in der die erforderlichen Leistungsmerkmale der Produkte anhand der Erfordernisse des Bauwerks durch einen sachkundigen Planer festgelegt werden.

Auf Basis des ermittelten Ist-Zustandes sowie der anstehenden bzw. voraussehbaren dauerhaftigkeitsrelevanten Einwirkungen (Expositionen) und statischen Belastungen ist eine Abschätzung der weiteren Zustandsentwicklung des Bauwerkes bzw. Bauteiles vorzunehmen. Unter Berücksichtigung des Ist-Zustandes ist gemeinsam mit dem Auftraggeber der Sollzustand des Betonbauwerkes bzw. Betonbauteils festzulegen. Der Sollzustand, der den erforderlichen Abnutzungsvorrat bestimmt, stellt dabei die Summe der verlangten Eigenschaften eines Bauwerks oder Bauteils zu einem bestimmten Zeitpunkt dar (z. B. nach Abschluss einer Instandsetzungsmaßnahme). Der Sollzustand ist integraler Bestandteil des Instandhaltungsplanes, dessen Erarbeitung auf Grundlage der vorgesehenen Nutzungsdauer des Bauwerks und der angestrebten Nutzungsdauer der ausgeführten Instandsetzungsmaßnahmen erfolgt. Diese Nutzungsdauern sind nach Abstimmung mit dem Auftraggeber im Instandhaltungsplan zu dokumentieren. Bei der Erstellung des Instandhaltungsplanes sind die Aspekte Wartung, Inspektion und, soweit erforderlich, Instandsetzung (gegebenenfalls inkl. Verbesserung) zu adressieren. Im Instandhaltungsplan sind Intervalle und Umfang der Wartung bzw. Inspektion sowie die zu überprüfenden Parameter, Eigenschaften und Zustände festzulegen (Abb. 3).

Die konkrete Planung der Nutzungsdauer wird bei der Anwendung der Instandhaltungs-Richtlinie somit stärker in den Fokus gerückt. Die Methoden zur Ermittlung und Beurteilung des Ist-Zustandes wurden gegenüber der Richtlinienausgabe 2001 aktualisiert und durch aktuelle Prüfverfahren ergänzt. Zur Beurteilung der weiteren Zustandsentwicklung eines Betonbauteils, auch im Hinblick auf die Planung von Instandsetzungsmaßnahmen, sind im erforderlichen Maße

- die dauerhaftigkeitsrelevanten Einwirkungen (Expositionen) auf die zu betrachtenden Bauteile,
- die Beschaffenheit des Betons bzw. des Betonuntergrundes als Basis für Instandsetzungsmaßnahmen sowie
- die statischen Beanspruchungen der Bauteile

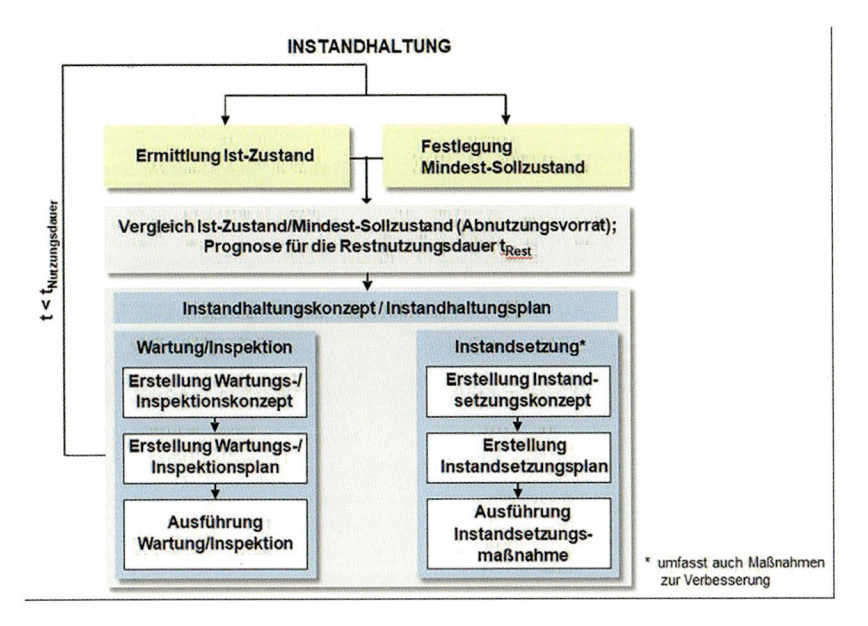

Abb. 3 Grundsätzliche Vorgehensweise bei der Planung und Ausführung von Instandhaltungsmaßnahmen gemäß Gelbdruck der Instandhaltungs-Richtlinie

zu erfassen. Um diesen Grundsätzen gerecht zu werden, wurde u. a. die Expositionsklassensystematik aus DIN EN 206-1 [9] und DIN 1045-2 [10] übernommen und instandsetzungsspezifisch erweitert. Dabei wurden sowohl die für eine Instandsetzungsmaßnahme relevanten äußeren Einwirkungen aus der Umgebung als auch die Einwirkungen aus dem Untergrund spezifiziert und systematisch über Klassen berücksichtigt (siehe Abb. 4).

Seit geraumer Zeit bestand aus der Praxis der Wunsch, in die neue Richtlinie auch die Planung von Instandsetzungsmaßnahmen für geringer feste Betonuntergründe aufzunehmen, da dieser Anwendungsfall in der Praxis häufiger vorkommt. Durch die Einführung der bereits in ZTV-W LB 219 geregelten Altbetonklassen steht ein Werkzeug zur Abstimmung von Betonersatz auf den Untergrund und zur Klassifizierung von Betonersatz-Produkten zur Verfügung. Hierdurch sollen zukünftig Schäden infolge ungeeigneter Materialkombinationen vermieden werden.

In Teil 1 werden die Instandsetzungsprinzipien und -verfahren in Anlehnung an DIN EN 1504-9 [11] beschrieben. Dabei wurden nur Prinzipien und Verfahren

Beschreibung der Umgebung	Klassen-bezeichnung	Beispiele
2 Einwirkungen aus dem Betonuntergrund		
2.1 Statisch mitwirkend bei Änderung der äußeren Lasten	XSTAT	Reprofilierung von druckbeanspruchten Bauteilen; kraftschlüssiges Füllen von Rissen und Hohlräumen
2.2 Rückseitige Durchfeuchtung (keine Durchströmung) oder erhöhte Restfeuchtigkeit	XBW1	Bauteile mit Beanspruchung durch drückendes Wasser
2.3 Rückseitige Durchfeuchtung mit Durchströmung (flächig)	XBW2	Bauteile mit Beanspruchung durch drückendes Wasser
2.4 Risse (mit und ohne Rissbreitenänderung, Feuchtezustände „trocken", „feucht", „nass" und „fließendes Wasser")	XCR	frei bewitterte Bauteile; erdberührte Bauteile
2.5 Dynamische Beanspruchung (auch bei Applikation)	XDYN	Brücke unter Verkehr
2.6 Festigkeit, Verformungsverhalten, Untergrund	Altbetonklassen A1 bis A5	-

Abb. 4 Zusätzliche Expositionsklassen für die Beschreibung der Einwirkungen aus dem Betonuntergrund

aus DIN EN 1504-9 berücksichtigt, mit denen in Deutschland ausreichende praktische Erfahrungen vorliegen. Die in der neuen Richtlinie geregelten Prinzipien und Verfahren für die Instandsetzung von Schäden durch Betonkorrosion sind die Prinzipien 1 bis 6 und für Bewehrungskorrosion die Prinzipien 7 bis 10 (s. Abb. 5). Die Nummerierung aus DIN EN 1504-9 [11] wurde beibehalten. Insgesamt wurden 4 neue Verfahren hinzugefügt, die für die Instandsetzungspraxis bedeutsam sind. Diese sollen im Zuge der kontinuierlichen Überarbeitung der EN 1504 in den Teil 9 eingebracht werden, um den Einklang mit der Europäischen Normenreihe zu erhalten.

Im zuständigen DAfStb-Arbeitskreis „Planung" wurden die planungsrelevanten Angaben zu den Prinzipien/Verfahren nach folgender Systematik ausgearbeitet:

a) Kurzbeschreibung des Verfahrens;
b) Anforderungen an die Stoffe (Verweis auf Teil 2 der Richtlinie);
c) Anforderungen an den Untergrund;
d) weitere Anforderungen aus der Sicht des sachkundigen Planers (z. B. Größtkorn).

Prinzipien	Geregelte Verfahren, die auf den Prinzipien beruhen
7. Erhalt oder Wiederherstellung der Passivität	7.1 Erhöhung der Betondeckung mit zusätzlichem Mörtel oder Beton
	7.2 Ersatz von schadstoffhaltigem oder karbonatisiertem Beton
	7.4 Realkalisierung von karbonatisiertem Beton durch Diffusion
	7.6 Füllen von Rissen oder Hohlräumen
	7.7 Beschichtung [a]
	7.8 Lokale Abdeckung von Rissen (Bandagen) [a]
8. Erhöhung des elektrolytischen Widerstandes	8.1 Hydrophobierung
	8.3 Beschichtung
10. Kathodischer Schutz	10.1 Anlegen eines elektrischen Potentials

[a] Verfahren gegenüber DIN EN 1504-9 neu eingeführt

Abb. 5 Beispiele für das Planungssystem mit Prinzipien und Verfahren nach EN 1504-9

Jedes Verfahren wird zunächst für sich betrachtet vollständig mit den Punkten a) bis d) ausgearbeitet. Informationen, die in allgemeiner Form für mehrere Verfahren gelten, wurden vor die Klammer gezogen.

4 Produktregelungen

Bezüglich der Produktregelungen ist es bei der Erarbeitung der Normenreihe EN 1504 nicht gelungen, sämtliche aus deutscher Sicht für bestimmte Fälle erforderlichen Leistungsmerkmale in die Teile 2–7 einzufügen. Dies hatte zur Folge, dass als Übergangslösung nationale Zusatzregelungen geschaffen wurden, die zu einem Verwendbarkeitsnachweis „CE+Ü-Zeichen" führten (s. Abb. 6). Diese sah für Oberflächenschutzsysteme und Rissfüllstoffe die Vornormen DIN V 18026 [12] und 18028 [13] vor. Für die Mörtel war eine DIN V 18027 geplant, die jedoch nicht konsensfähig war, sodass übergangsweise auf die bestehende Instandsetzungsrichtlinie in der Fassung 2001 zurückgegriffen wurde.

Seit dem EuGH-Urteil vom Oktober 2014 in der Rechtssache C-100/13 „*Freier Warenverkehr – Regelung eines Mitgliedstaats, nach der bestimmte Bauprodukte, die mit der Konformitätskennzeichnung „CE" versehen sind, zusätzlichen nationalen Normen entsprechen müssen*" ist ein zusätzliches bauaufsichtliches Übereinstimmungszeichen, wie in den Bauregellisten verankert, für europäisch harmonisierte Bauprodukte nicht europarechtskonform [14].

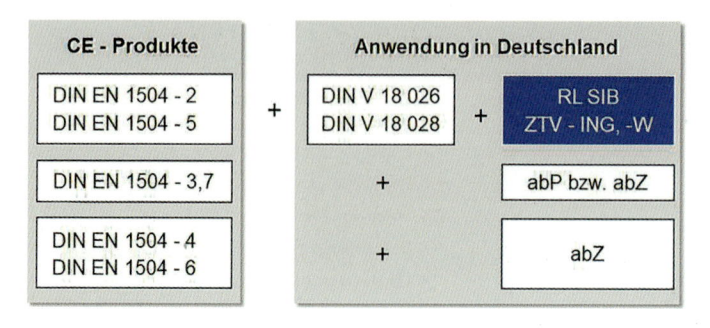

CE - Produkte	Anwendung in Deutschland		
DIN EN 1504 - 2 DIN EN 1504 - 5	+ DIN V 18 026 DIN V 18 028	+	RL SIB ZTV - ING, -W
DIN EN 1504 - 3,7	+		abP bzw. abZ
DIN EN 1504 - 4 DIN EN 1504 - 6	+		abZ

Abb. 6 Übergangsregelungen für die Anwendung der CE-Produkte in Deutschland, die 2016 aufgehoben wurden

Die bisher in den nationalen Restregelungen (DIN-Normen oder allgemeine bauaufsichtliche Zulassungen) zusätzlich geforderten nationalen Übereinstimmungsnachweise zu Bauprodukten nach europäisch harmonisierten Produktnormen sind daher in der neuen Instandhaltungs-Richtlinie weggefallen.

Mit den DIBt-Mitteilungen 2016/1 wurden aus den entsprechenden Regelwerken die Spalten gestrichen, die zu einem Ü-Zeichen für CE-gekennzeichnete Instandsetzungsprodukte geführt haben.

Im Juli 2017 wurde die Muster-Verwaltungsvorschrift Technische Baubestimmungen (MVV TB) veröffentlicht, die bezüglich Schutz und Instandsetzung von Betonbauteilen eine Anlage A 1.2.3/5 enthält (s. Abb. 7). Darin wird der sachkundige Planer für die Festlegung der objektspezifisch erforderlichen Leistungsmerkmale in die Pflicht genommen. Gleichzeitig soll der sachkundige Planer die o. g. Übergangsregelungen mit dem Ü-Zeichen nicht mehr anwenden. Da die Instandhaltungs-Richtlinie aufgrund der aktuellen Diskussionen um die Europarechtskonformität der Produktregelungen nicht veröffentlicht werden

---

Anlage A 1.2.3/5

Zur DAfStb-Richtlinie - Schutz und Instandsetzung von Betonbauteilen

Wenn in der DAfStb-Instandsetzungsrichtlinie Produktmerkmale angesprochen werden, die als wesentliche Merkmale nach der EU-Bauproduktenverordnung europäisch harmonisiert sind, so ist die für die Erfüllung der jeweiligen Bauwerksanforderungen erforderliche Leistung vom sachkundigen Planer gemäß der jeweiligen harmonisierten technischen Spezifikation festzulegen. Für die betroffenen Produkte sind die Festlegungen zum Übereinstimmungsnachweis und zur Kennzeichnung mit dem Ü-Zeichen nicht anzuwenden.

Abb. 7 Auszug aus der MVV TB, Ausgabe 2017/07

konnte, haben die Ministerien für den Regelungsbereich der Bundesfernstraßen und Bundeswasserstraßen zu den neuen Regelwerken ZTV-W LB 219 und ZTV-ING Teile 3.4 und 3.5, jeweils in der Fassung 2017, Hinweise und Empfehlungen für die Nachweise der Verwendbarkeit von Produkten für die Betoninstandsetzung gegeben [15, 16].

Diese sehen vereinfacht dargestellt zwei Wege vor:
Die Leistungsmerkmale müssen projektspezifisch vom Auftragnehmer oder eine von ihm beauftragte geeignete Prüfstelle an der vorgesehenen Charge nachgewiesen werden, oder
als Nachweis der Verwendbarkeit wird eine prüffähige Bescheinigung einer nach Artikel 30 der Bauproduktenverordnung qualifizierten Stelle (z. B. DIBt) anerkannt, wenn diese die Anforderungen der Leistungsbeschreibung voll erfüllt!
Das Gutachten enthält die Nachweise der Verwendbarkeit und Übereinstimmung und erforderlichen Angaben zur Ausführung

Zunächst wurde eine Übergangsfrist bis Ende 2018 festgelegt, die nun bis 30.06.2019 mit dem Hinweis verlängert wurde, dass es keine weitere Verlängerung geben wird. Es ist damit zu rechnen, dass bis dahin entsprechende freiwillige Gutachten vorliegen.

Das DIBt hat Ende 2017 eine sogenannte Prioritätenliste [17] veröffentlicht, in der die aus deutscher Sicht vorhandenen Defizite harmonisierter europäischer Normen aufgelistet sind. Darin sind auch die Teile der EN 1504 für die Instandsetzungsprodukte und Möglichkeiten zur Erklärung der Leistung enthalten, s. Anhang 1.

5 Fazit

Gegenüber der Instandsetzungsrichtlinie, Ausgabe 2001, sind im aktuellen Entwurf der neuen Instandhaltungs-Richtlinie unter anderem folgende wesentliche Änderungen enthalten:

- Einführung der Instandhaltungskomponenten Inspektion, Wartung, Instandsetzung und Verbesserung in Anlehnung an DIN 31051;
- Festlegung der grundsätzlichen Vorgehensweise bei der Instandhaltung;
- Ergänzung und Modifizierung der Instandsetzungsprinzipien und Verfahren auf Basis DIN EN 1504-8;
- Erweiterung und Präzisierung der Aufgaben und der erforderlichen Qualifikation des sachkundigen Planers;

- Konkretisierung der Planungsgrundlagen: Restnutzungsdauer im Instandhaltungsplan und Anpassung der Instandsetzungssysteme an die Restnutzungsdauer;
- Entfall der bisherigen nationalen fremdüberwachten Produktdeklaration;
- Einführung von Überwachungsklassen ÜK-I 1 bis ÜK-I 3 für Instandsetzungsmaßnahmen in Teil 3 der neuen Richtlinie;
- Einführung eines neuen, informativen Teiles 5 mit Nachweisverfahren zur Ermittlung von Restnutzungsdauern und Schichtdicken von Betonersatzsystemen für karbonatisierungs- und chloridinduzierte Bewehrungskorrosion;
- Festlegung von Einwirkungen aus der Umgebung und dem Betonuntergrund unter Einbeziehung der Expositionsklassen aus DIN EN 206/DIN 1045-2;
- Einführung von Altbetonklassen in Anlehnung an ZTV-W LB 219.

Der Gelbdruck der Instandhaltungs-Richtlinie folgt dem Perspektivwechsel von Anforderungen an das Bauprodukt mit Anforderungswerten für die individuellen Bedingungen des Bauwerkes, der ebenfalls in der neuen MVV TB umgesetzt wurde. Darin werden auch die wesentlichen Merkmale der harmonisierten Produktnormen der Reihe EN 1504 widerspruchsfrei adressiert.

Der sachkundige Planer muss für die Erfüllung der jeweiligen Bauwerksanforderungen geeignete Produkte spezifizieren! Für die Regelungsbereiche der ZTV-W LB 219 und ZTV-ING Teile 3.4 und 3.5 sind in der Fassung von 2017 jeweils Empfehlungen und Hinweise für den Umgang mit den Verwendbarkeitsnachweisen vorhanden. Die Übergangsfrist wurde bis Mitte 2019 verlängert, bis dahin liegen vermutlich die ersten freiwilligen Gutachten für diesen Bereich vor.

In sonstigen Fällen muss beachtet werden, dass das CE-Zeichen nur in bestimmten Fällen die erforderliche Leistung abdeckt (s. Prioritätenliste des DIBt). Für nicht in der CE-Leistungserklärung enthaltene erforderliche Merkmale liegen derzeit keine klaren Regelungen vor. Planer und Ausführende sind in der aktuellen Situation daher gut beraten, weitere Nachweise der Produkthersteller für die nicht in der CE-Kennzeichnung enthaltenen objektspezifisch erforderlichen Leistungsmerkmale anzufordern und zu prüfen.

Die Arbeiten an der DIN EN 1504 werden mit dem Ziel fortgesetzt, die aus deutscher Sicht vorhandenen Defizite zu beseitigen. Dieser Weg wird vermutlich allerdings einige Zeit in Anspruch nehmen.

Nach Klärung der Rechtsfragen soll unverzüglich entschieden werden, wie mit dem Gelbdruck der Instandhaltungs-Richtlinie weiter verfahren wird.

Anhang 1: Auszug aus der „Prioritätenliste" des DIBt bezüglich der Produktnormen der Reihe EN 1504, Stand 12/2017

Lfd. Nr.	Technische Spezifikation, auf deren Grundlage eine Leistungserklärung erstellt wird und das Produkt die CE-Kennzeichnung trägt	Betroffene Produkte und betroffene Verwendungsbereiche	Leistungen, die nicht nach der technischen Spezifikation erklärt werden können, aber für die Erfüllung der Bauwerksanforderungen möglicherweise erforderlich sind	Bauwerksanforderungen	Möglichkeiten zur Erklärung der in Spalte 4 genannten Leistung
1	2	3	4	5	6
10	EN 1504-2:2004 in Deutschland umgesetzt durch DIN EN 1504-2: 2005-01	Produkte und Systeme für den Schutz und die Instandsetzung von Betontragwerken – Teil 2: Oberflächenschutzsysteme für Beton	Tragende Betonbauteile	Alle Leistungen zum Nachweis als System	BWR 1 (A 1.2.3.2)	ETA oder Bewertung der Leistung auf Grundlage der DIN V 18026:2006 in einer technischen Dokumentation unter Einschaltung einer entsprechend Art. 43 BauPVO qualifizierten Stelle alternativ: ehemalige Dokumentationsunterlagen

Lfd. Nr.	Technische Spezifikation, auf deren Grundlage eine Leistungserklärung erstellt wird und das Produkt die CE-Kennzeichnung trägt	Betroffene Produkte und betroffene Verwendungsbereiche	Leistungen, die nicht nach der technischen Spezifikation erklärt werden können, aber für die Erfüllung der Bauwerksanforderungen möglicherweise erforderlich sind	Bauwerksanforderungen	Möglichkeiten zur Erklärung der in Spalte 4 genannten Leistung
1	2	3	4	5	6
11	EN 1504-3:2005 in Deutschland umgesetzt durch DIN EN 1504-3: 2006-03	Produkte und Systeme für den Schutz und die Instandsetzung von Betontragwerken – Teil 3: Statisch und nicht statisch relevante Instandsetzung	Tragende Betonbauteile	a) Biegezugfestigkeit b) Schwinden c) Beständigkeit gegenüber Wasser (einschließlich Salzwasser) d) Diffusionswiderstand (auch Chloride) e) Zusammensetzung f) Wasserdampfdurchlässigkeit g) Wasserdurchlässigkeit h) Wärmeleitfähigkeit i) Widerstand gegen Ca(OH)$_2$-Lösung (unter Y "Dauerhaftigkeit (Alkali)") j) Widerstand gegen Meerwasserwechsellagerung (unter Y "Dauerhaftigkeit (Chlorid)") k) Korrosionsschutz (Korrosionsfördernde Substanzen und dichte Umschließung der eingebetteten Bewehrung) l) Widerstand gegen Frost-Tau Wechsellagerung (Materialkennwert) m) Verarbeitbarkeit n) Haftverbund o) Widerstand gegen Frost-Tausalz Wechsellagerung p) Chlorideindringwiderstand q) Carbonatisierungswiderstand r) Wärmeausdehnungskoeffizient s) Quellen t) Behindertes Schwinden u) Schrumpfen	BWR 1 (A 1.2.3.2)	ETA oder Bewertung der Leistung in einer technischen Dokumentation unter Einschaltung einer entsprechend Art. 30 BauPVO qualifizierten Stelle alternativ: ehemalige Dokumentationsunterlagen

Lfd. Nr.	Technische Spezifikation, auf deren Grundlage eine Leistungserklärung erstellt wird und das Produkt die CE-Kennzeichnung trägt	Betroffene Produkte und betroffene Verwendungsbereiche	Leistungen, die nicht nach der technischen Spezifikation erklärt werden können, aber für die Erfüllung der Bauwerksanforderungen möglicherweise erforderlich sind	Bauwerksanforderungen	Möglichkeiten zur Erklärung der in Spalte 4 genannten Leistung
1	2	3	4	5	6
13	EN 1504-5:2004 in Deutschland umgesetzt durch DIN EN 1504-5: 2005-03	Produkte und Systeme für den Schutz und die Instandsetzung von Betontragwerken – Teil 5: Injektion von Betonbauteilen	Tragende Betonbauteile	Dehnungsabhängige Dichtheit Haftzugfestigkeit nach Schwingbeanspruchung	BWR 1 (A 1.2.3.2)	ETA oder Bewertung der Leistung auf Grundlage der DIN V 18028:2006 in einer technischen Dokumentation unter Einschaltung einer entsprechend Art. 43 BauPVO qualifizierten Stelle alternativ: ehemalige Dokumentationsunterlagen
14	EN 1504-7:2006 in Deutschland umgesetzt durch DIN EN 1504-7: 2006-11	Produkte und Systeme für den Schutz und die Instandsetzung von Betontragwerken – Teil 7: Korrosionsschutz der Bewehrung	Tragende Betonbauteile	Wirksamkeit des Korrosionsschutzes	BWR 1 (A 1.2.3.2)	ETA oder Bewertung der Leistung in einer technischen Dokumentation unter Einschaltung einer entsprechend Art. 30 BauPVO qualifizierten Stelle alternativ: ehemalige Dokumentationsunterlagen

Literatur

1. DIN EN 1504-2:2005-01 Produkte und Systeme für den Schutz und die Instandsetzung von Betontragwerken – Definitionen, Anforderungen, Qualitätsüberwachung und Beurteilung der Konformität – Teil 2: Oberflächenschutzsysteme für Beton.
2. DIN EN 1504-3:2006-03 Produkte und Systeme für den Schutz und die Instandsetzung von Betontragwerken – Definitionen, Anforderungen, Qualitätsüberwachung und Beurteilung der Konformität – Teil 3: Statisch und nicht statisch relevante Instandsetzung.
3. DIN EN 1504-5:2013-06 Produkte und Systeme für den Schutz und die Instandsetzung von Betontragwerken – Definitionen, Anforderungen, Qualitätsüberwachung und Beurteilung der Konformität – Teil 5: Injektion von Betonbauteilen.
4. DIN EN 1504-7:2006-11 Produkte und Systeme für den Schutz und die Instandsetzung von Betontragwerken – Definitionen, Anforderungen, Qualitätsüberwachung und Beurteilung der Konformität – Teil 7: Korrosionsschutz der Bewehrung.
5. Richtlinie für Schutz und Instandsetzung von Betonbauteilen. Deutscher Ausschuss für Stahlbeton (DAfStb), Oktober 2001.
6. DIN 31051:2012-09 Grundlagen der Instandhaltung.
7. ZTV-ING (2017) Zusätzliche Technische Vertragsbedingungen und Richtlinien für Ingenieurbauten (ZTV-ING). Bundesanstalt für Straßenwesen (bast), Bergisch Gladbach, Abschnitte 3.4 und 3.5, Ausgabe November 2017.
8. ZTV-W LB 219 (2017) Zusätzliche Technische Vertragsbedingungen – Wasserbau (ZTV-W) für die Instandsetzung der Betonbauteile von Wasserbauwerken (Leistungsbereich 219, Ausgabe 2017). Bundesministerium für Verkehr und digitale Infrastruktur, Abteilung Wasserstraßen, Schifffahrt.
9. DIN EN 206-1:2001-07 Beton-Teil 1: Festlegung, Eigenschaften, Herstellung und Konformität.
10. DIN 1045-2:2008-08 Tragwerke aus Beton, Stahlbeton und Spannbeton – Teil 2: Beton – Festlegung, Eigenschaften, Herstellung und Konformität – Anwendungsregeln zu DIN EN 206–1.
11. DIN EN 1504-9:2008-11 Produkte und Systeme für den Schutz und die Instandsetzung von Betontragwerken – Definitionen, Anforderungen, Qualitätsüberwachung und Beurteilung der Konformität – Teil 9: Allgemeine Grundsätze für die Anwendung von Produkten und Systemen.
12. DIN V 18026:2006-06 Oberflächenschutzsysteme für Beton aus Produkten nach DIN EN 1504 2:2005-01.
13. DIN V 18028:2006-06 Rissfüllstoffe nach DIN EN 1504-5:2005-03 mit besonderen Eigenschaften.
14. http://dafstb.de/akt_DAfStb-Fachkolloquium_EuGH-Urteil.html (abgerufen am 29.10.2015).
15. BAW-Empfehlung „Instandsetzungsprodukte". Bundesanstalt für Wasserbau, Karlsruhe, Ausgabe 2017.

16. Bundesministerium für Verkehr, Bau und digitale Infrastruktur – Abteilung Straßenbau: Hinweise für den sachkundigen Planer zur Festlegung von Leistungsmerkmalen zu Schutz- und Instandsetzungsprodukten hinsichtlich bauwerksbezogener Produktmerkmale und Prüfverfahren – Stand 15.10.2017.
17. Deutsches Institut für Bautechnik, DIBt – Prioritätenliste – Ausgewählte verwendungsspezifische Leistungsanforderungen zur Erfüllung der Bauwerksanforderungen – Hinweisliste sortiert nach harmonisierten Bauproduktnormen der EU-BauPVO, Stand 12. Dezember 2017.

Prof. Dr.-Ing. Michael Raupach Nach dem Studium des Bauingenieurwesens an der RWTH Aachen bis 1991 Wissenschaftlicher Mitarbeiter am Institut für Bauforschung der RWTH Aachen (ibac), Arbeitsgruppe Beton und Stahl; 1991 Promotion; 1992–1993 Bereichsleiter „Korrosion und Korrosionsschutz" am ibac; im Anschluss bis 1996 Geschäftsführer des Ingenieurbüros Sasse-Schießl-Fiebrich-Raupach; 1997–1999 Gesellschafter und Geschäftsführer des Ingenieurbüros Prof. Schießl/Dr. Raupach Consulting Engineering und Geschäftsführer der S+R Sensortec GmbH; seit 2000 Universitätsprofessor der RWTH Aachen University, Lehrstuhl für Baustoffkunde – Bauwerkserhaltung und Leitung Institut für Baustoffforschung und seit 2008 Gesellschafter des Ingenieurbüros Raupach Bruns Wolff.

Pro + Kontra – Das aktuelle Thema: Schimmel in Bauteilen

1. Beitrag: Einleitung

Matthias Zöller

1   Technische Fragestellungen

Schimmelpilze haben einen schlechten Ruf. Sie gelten als gesundheitsschädlich, zumindest allergisierend und können beim Anblick Ekel erregen – Schimmelpilze sind aber für unser Leben evident.

In diesem Spannungsfeld stellt sich die Frage, ob Schimmelpilze innerhalb von Bauteilen üblich sind oder ob sie auch dort, also in Bereichen, die nicht in Verbindung mit von Menschen nutzbaren Innenräumen stehen, nach den Grundsätzen der ersten Schimmelpilzleitfäden des Umweltbundesamts von 2002 und 2005 [1] mit Stumpf und Stiel auszurotten sind. Danach sind von Schimmelpilzen befallene Bauteile und Bauteilschichten zu entfernen, etwa Tapeten, Putze, Dämmschichten, Textilien, Estriche und Mobiliar. Auch Beton und Mauerwerk ist an Oberflächen mechanisch abtragend von Schimmelbefall zu befreien. Der Leitfaden von 2005 differenzierte etwas besser, danach konnte bei weniger starkem Befall getrocknet und abgeschottet werden. Abschottungen müssen langfristig wirken und sind zu kennzeichnen. Sind aber gesundheitliche Probleme aufgetreten, muss befallenes Material (Zitat: *ist auf jeden Fall zu empfehlen*) entfernt werden. Der Leitfaden von 2017 [1] dagegen, der die vorhergehenden ablöste, nimmt durch die Zuordnung in Nutzungsklassen eine differenzierte Betrachtung vor.

Sind solche Maßnahmen auch bei Schimmelpilzbildungen an Außenflächen von Gebäuden oder innerhalb von Bauteilschichten nötig?

Prof. Dipl.-Ing. M. Zöller
ö. b. u. v. Sachverständiger, AIBau, Aachen, Deutschland

© Springer Fachmedien Wiesbaden GmbH, ein Teil von Springer Nature 2020
M. Oswald und M. Zöller (Hrsg.), *Aachener Bausachverständigentage 2019*,
https://doi.org/10.1007/978-3-658-27446-7_11

Während der letztjährigen Tagung wurde das Forschungsprojekt zur Wirksamkeit von Abschottungen schimmelpilzbelasteter Bauteilbereiche durch übliche Bauteile gegenüber Innenräumen [2] vorgestellt. Die Reaktionen auf diesen Zwischenbericht waren nicht einheitlich. Einige stimmten zu, dass Schimmelpilze innerhalb von Bauteilschichten eine übliche Beschaffenheit sein können. Es gab aber auch Meinungen, die von einer grundsätzlich schädigenden Wirkung von Schimmelpilzen ausgehen, auch dann, wenn sie nicht in unmittelbarem Raumluftverbund mit Innenräumen stehen.

Die Forschungsarbeit soll den mit der Bewertung von Schäden mit Schimmelpilzen befassten Sachverständigen helfen, sachgerecht und objektiv zu beraten. Auch wenn Abschottungen wirksam sind, können trotzdem Gründe für einen Austausch sprechen. Das gilt z. B., wenn Feuchtigkeit innerhalb von Bauteilschichten diese zerstören kann. Solche Aspekte waren nicht Gegenstand der Forschung, sondern ausschließlich die Frage, ob mit üblichen und häufig verwendeten Baustoffen wirksame Abschottungen erzielbar sind.

Die daraus folgenden kontroversen Diskussionen waren für uns Anlass, das Thema Schimmelpilze, die nicht an Innenoberflächen von Bauteilen wachsen und sich nicht unmittelbar auf die Raumluftqualität und die Raumhygiene auswirken können, nochmals umfassend zu behandeln.

- Handelt es sich bei Schimmelpilzbildungen an Unterseiten von Dachüberständen um unvermeidbare Randerscheinungen, sind sie für Bewohner gefährlich oder können sie hingenommen werden? Worin liegt der Unterschied von Schimmelpilzbildung an den Unterseiten von Dachüberständen gegenüber solchen, die sich innerhalb von belüfteten Schichten außerhalb der Wärmedämmung in Dächern bilden können?
- Sind Schimmelpilzbildungen nach Maßstäben üblicher Reinlichkeitsvorstellungen und zur Gesundheitsvorsorge grundsätzlich auch innerhalb von Bauteilen zu entfernen?
- Oder können sie verbleiben, wenn sie keine Auswirkungen auf Innenräume haben?
- Was ist mit befallenen Bauteilschichten? Sind diese dauerhaft oder werden diese durch Feuchte und Schimmel geschädigt? Lässt sich die Schadensfreiheit für die vorgesehene Nutzungsdauer prognostizieren?

2 Juristische Fragestellungen

Neben diesen technischen Fragen stellen sich auch juristische. Diese kommen aber erst dann infrage, wenn eine Anspruchsgrundlage durch Vertragsverhältnisse vorliegt.

- Wie sehen gesetzliche und zivilrechtliche Ansprüche aus? Sind diese maßgeblich für eine Entscheidung im Umgang mit Schimmelpilzbildungen, die keine Auswirkungen auf Innenräume haben? Wird nur dann ein Anspruch entwickelt, wenn der Betroffene die Beseitigung von Schimmelpilzen nicht kostenmäßig zu tragen hat, sondern ein Vertragspartner, etwa der Verkäufer, Vermieter oder der Versicherungsgeber?
- Sind Anspruchsverhältnisse, die Rechtsgrundlagen bilden, auch Entscheidungsgrundlagen für Sachverständige, die keine Rechtsberatung vornehmen sollen?
- Wie sollte sich ein Eigentümer oder Wohnungsnutzer verhalten, wenn er solche Ansprüche nicht geltend machen kann, sondern „nur" gesundheitliche Gefahren abwehren möchte? Existieren diese denn überhaupt?

3 Vertragsbindungen

Zivilrechtliche Ansprüche entstehen nur durch Abschluss eines Vertrags. Diese können z. B. schriftlich, mündlich oder durch konkludentes Handeln geschlossen werden. Durch den Vertragsabschluss entstehen Ansprüche, die das Bürgerliche Gesetzbuch (BGB) bei Werkleistungen insbesondere im § 633 beschreibt. Auch für Kaufverträge und Mietverträge sieht das BGB entsprechende Regelungen vor, die in dieser Einleitung nicht ausführlich behandelt werden.

Durch die vertragliche Verbindung entstehen für die jeweiligen Vertragsparteien im Gesetz geregelte Pflichten. In Werkverträgen verpflichtet sich der Auftraggeber zur Abnahme der vertraglichen Leistung und zur Zahlung des vereinbarten Geldbetrags, während der Auftragnehmer sich verpflichtet, das mangelfreie Werk zu errichten (Abb. 1).

Schimmelpilze sind oft nicht ein eigenständiges Mangelphänomen, sondern ein Mangelfolgephänomen. Schimmelpilze können aber auch aus anderen Gründen entstehen, die nicht in unmittelbaren Zusammenhang mit der Eigenschaft des Werks in Verbindung zu bringen sind. Diese Differenzierung der vertraglichen Verhältnisse ist wichtig, wenn es auf die Frage des Verschuldens ankommt. Das Gesetz sieht eine verschuldensunabhängige, erfolgsbezogene Leistungsverpflichtung des Unternehmers vor, während Mangelfolgephänomene und andere Folgeschäden grundsätzlich zunächst schuldhaftes Handeln des Unternehmers als Voraussetzung der Schadensersatzpflicht vorsieht.

Bei Verkauf einer Immobilie oder einer Wohnung entstehen vergleichbare Pflichten, wobei bei gebrauchten Immobilien unter bestimmten Voraussetzungen Mängelrechte zulasten des Käufers eingeschränkt werden können.

```
┌─────────────────────────────────────────────┐  ⎫
│              Auftraggeber                   │  ⎬ Vertrag
│  Abnahme, Geld  │    Mangelfreies Werk      │  ⎪
│     Auftragnehmer: Planer und Ausführende   │  ⎭
└─────────────────────────────────────────────┘
```

Käufer gegen **Verkäufer** einer Wohnung:

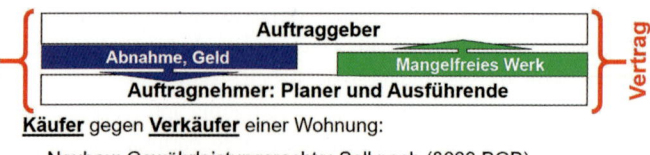

- Neubau: Gewährleistungsrechte: Soll nach (§633 BGB) **Beschaffenheitsvereinbarung**, Verwendungseignung, **Üblichkeit**, (ggfls.) **Bestellererwartung** nach **Art des Werks**.
- Altbau: i.d.R. **keine „übliche" Gewährleistung**, sondern nur **Arglist** oder gleichgestellte Handlung

Abb. 1 Verträge sind Voraussetzung für Verpflichtungen

Mieter haben Ansprüche gegen Vermieter aus gegebenenfalls vorhandenen, besonderen vertraglichen Beschaffenheitsvereinbarungen. Meistens besteht der Anspruch aber nur hinsichtlich der Brauchbarkeit des Mietgegenstands, was bei Schimmelpilzen der Beschaffenheit hinsichtlich der Üblichkeit und den Hygieneanforderungen entspricht.

Ansprüche gegenüber Gebäudeversicherungen bestehen nur, wenn das schadensverursachende Ereignis durch den Vertrag abgesichert ist und nur in der Form zur Wiederherstellung des Zustands vor Schadenseintritt. In der Regel liegen Neuwertversicherungen vor. Diese bedeuten nicht, dass eine Wiederherstellung in allen Punkten zum Standard geschuldet ist, der zum Zeitpunkt der Ausführung gilt. Diese Versicherungsart beinhaltet lediglich eine Verzichtserklärung seitens des Versicherers, für die mit Maßnahmen verbundenen, unvermeidbaren Wertsteigerungen keine geldmäßigen Abzüge des Wertvorteils (neu für alt) anzurechnen – es handelt sich also um eine Wertsteigerungsverzichtsklausel.

Bei Haftpflichtschäden wird lediglich ein Vermögensschaden ausgeglichen, was bedeutet, dass wertmindernde Faktoren des vorherigen Zustands (negativ) angerechnet werden: Mit Maßnahmen unweigerlich verbundene Wertsteigerungen werden von einer Schadenersatzzahlung abgezogen.

4 Entscheidungsgrundlage ohne Anspruchsverhältnis

Eigentümer von Immobilien haben möglicherweise keine Vertragspartner oder Schädiger, an die sie Ansprüche stellen können. In solchen Situationen gibt es lediglich das eigene Interesse zur Herstellung eines gesundheitlich unbedenklichen

Zustands und eines zur Vermeidung von Folgeschäden. Darüber hinaus kann, insbesondere in Abhängigkeit der eigenen Vermögenslage, auch der eines psychologisch gewünschten Zustands entscheidend sein.

Erfahrungsgemäß gehen Eigentümer oder Betroffene deutlich differenzierter mit Fragen zu Schimmelpilzbildungen um, wenn sie selbst die damit verbundenen Kosten tragen müssen. Das bedeutet nicht, dass bei Anspruchsverhältnissen gegenüber anderen immer nur ein Maximum eingefordert wird. Dennoch ist es verständlich, dass Schimmelpilzbildungen als dramatischer empfunden werden, wenn deren Beseitigung nicht von den Betroffenen selbst zu tragen ist.

5 Beratung durch Sachverständige

Sachverständige sollen sich nicht ohne Weiteres um Rechtsfragen bemühen. Sie sind Ratgeber eines technischen Sachgebiets, daher werden (nur) technische Sachverhalte Aspekte der Beratung sein. Sachverständige werden Recht und Technik schon deswegen trennen, um nicht selbst bei einem möglicherweise unglücklichen Verlauf der Planung und Ausführung von Instandsetzungen in Haftungsanspruch genommen zu werden.

Das kann der Fall sein, wenn Schimmelpilze innerhalb von Bauteilen zwar als harmlos eingeschätzt werden, aber gravierende Auswirkungen auf Menschen oder Bauteile haben können. Neben diesen Folgeschäden können auch zusätzliche Kosten für eine erst nachträgliche Instandsetzungsmaßnahme hinzukommen, die einen Berater finanziell treffen können.

Es kann aber auch sein, dass ein (vermeintlicher) Anspruch gegenüber einem Vertragspartner nicht durchgesetzt werden kann, z. B. weil sich erst im Nachhinein herausstellt, dass er unbegründet wäre oder der Vertragspartner wirtschaftlich nicht mehr in die Verantwortung genommen werden kann.

Rechtliche Überlegungen, z. B. die Einschätzung zur Durchsetzbarkeit von Ansprüchen, sollten einen Sachverständigen nicht leiten, sondern sachliche Gründe, die idealerweise durch Ausarbeitung verschiedener Varianten den Betroffenen in die Lage versetzen soll, die jeweils für sich richtige Entscheidung zu treffen. Eine ausschließlich auf einem Anspruchsverhältnis begründete Maßnahme kann zum Bumerang für den Ratgeber werden, wenn er nicht differenziert auf die Notwendigkeit – oder auch Nicht-Notwendigkeit – einer Maßnahme hinweist.

6 Beispiele zur Üblichkeit von Schimmel in Bauteilen

6.1 Mehrschalige Außenwände

In zweischaligen Außenwänden mit Wetterschale und Entwässerungsspalt ist Feuchtigkeit und, damit verbunden, die Gefahr eines mikrobiellen Bewuchses (siehe Abb. 2, oben links) gegeben.

6.2 Fußböden in Nassräumen

In Fußbodenkonstruktionen mit Abdichtungen unter dem Estrich, die auch nach neuer DIN 18534-1 und -2 [3] möglich sind und seit Jahrzehnten in der Vorgängernorm DIN 18195-5 üblich waren, sind systemimmanent die Bauteilschichten auf der Abdichtung feucht und können damit üblicherweise von Schimmelpilzen sowie anderen Mikroben befallen werden (siehe Abb. 3).

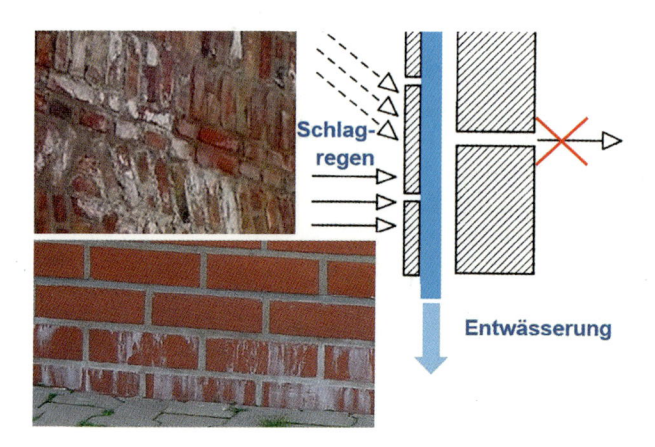

Abb. 2 Zweischalige Außenwand mit Entwässerungsspalt

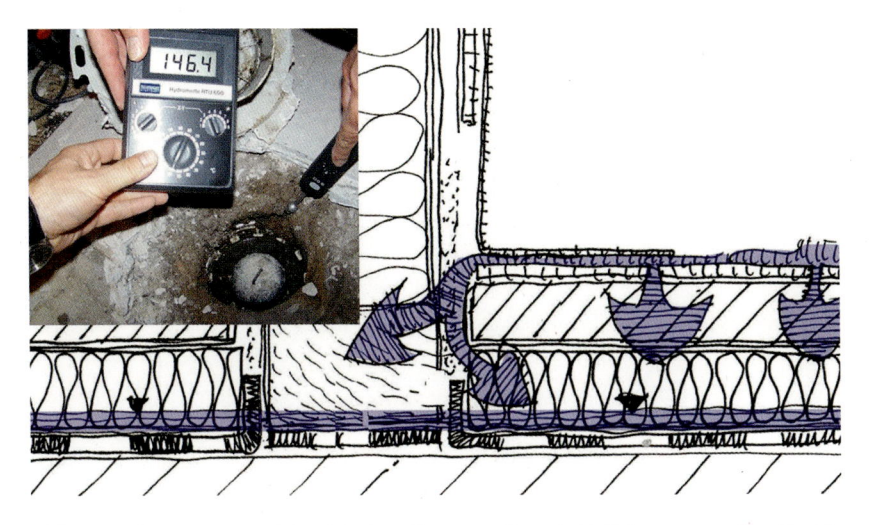

Abb. 3 Fußboden im Duschbereich eines Fitnessstudios mit Abdichtung unter dem Estrich

6.3 Holzbalkendecken mit Lehmfüllungen historischer Gebäude

Historische Gebäude mit Holzbalkendecken und Lehmfüllungen weisen üblicherweise eine hohe Neigung mikrobiellen Bewuchses innerhalb des Fußbodenaufbaus auf. Der Lehm und die Balken sind teilweise mehrere 100 Jahre alt, ein Zeitraum, in dem unterschiedliche Nutzungen und unterschiedliche bauliche Zustände vorgelegen haben. Es ist daher üblich, dass die organischen Bestandteile von Mikroben bewachsen werden, ohne dass deswegen in Innenräumen hygienisch bedenkliche Zustände erwachsen (siehe Abb. 4).

6.4 Hohlräume von belüfteten Schichten und Dachüberstände

Filigrane Dachüberstände mit Holzwerkstoffplatten werden häufig an den Unterseiten von Schimmelpilzen befallen (Abb. 5, rechts). Aber auch Holzwerkstoffplatten in belüfteten Schichten sind oft von Schimmelpilzen befallen, auch wenn diese von außen nicht sichtbar sind (Abb. 5, links). Die Ursachen können jeweils

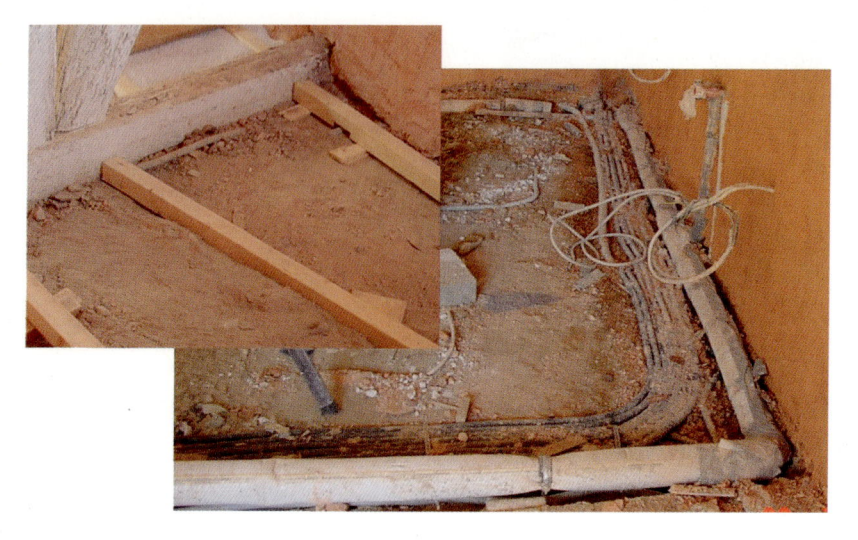

Abb. 4 Holzbalkendecken und Lehmfüllungen in einem Altbau, der modernisiert wird.

Abb. 5 Schimmelpilze an Dachüberständen mit Holzwerkstoffplatten und an Unterseiten von OSB-Platten belüfteter Schichten (links)

gleichartig sein. Durch Infrarotstrahlung in den klaren Nachthimmel kühlen leichte Konstruktionen stark ab, weswegen die Unterseiten der Holzwerkstoffplatten kühler sind als die Außenluft. Dadurch kann sich Feuchtigkeit in Form von Tauwasser bilden. In Verbindung mit den organischen Bestandteilen der Holzwerkstoffe finden Schimmelpilze gute Wachstumsbedingungen. Da sowohl Dachüberstände, als auch tragende Platten über belüfteten Schichten nicht mit Innenräumen in Verbindung stehen, wirken sich die Schimmelpilze nicht auf die Innenräume aus.

6.5 Schimmel an Dachstühlen

Schimmelpilze in Dachstühlen können sich bilden, wenn Spitzböden nach außen winddicht abgedeckt sind und die Wärmedämmung in der Decke darunter verläuft (Skizze in Abb. 6). Dann herrschen im Spitzboden Temperaturen des Außenbereichs, aber absolute Feuchten der Innenräume vor, die eine hohe relative Feuchte und damit die Wachstumsgrundlage für Schimmelpilze bieten. In solchen Situationen kommt es häufig zu Schimmelpilzbildung an Oberflächen organischer Bauteile, hier den Massivhölzern des Dachstuhls.

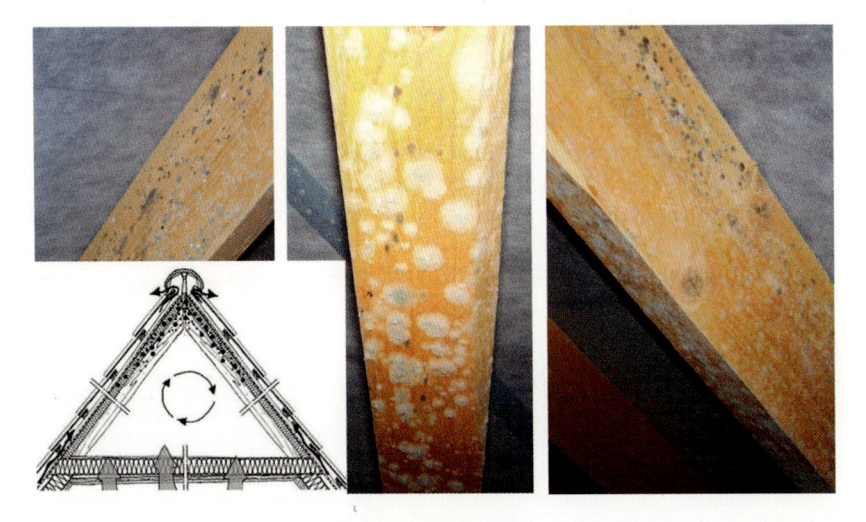

Abb. 6 Schimmelpilze an Holzsparren in Dachstühlen

7 Themen der folgenden Diskussion

Wie sind vor dem Hintergrund der Verwendungseignung und gegebenenfalls gesonderter vertraglicher Pflichten Rechtsansprüche zu bewerten in den Verhältnissen:

- Käufer gegen Verkäufer einer Wohnung? Neubau/Altbau?
- Hausherr gegen Unternehmer?
- Mieter gegen Vermieter?
- Versicherungsnehmer gegen z. B. Gebäudeversicherungen?
- ...

Sind Schimmelpilzbildungen überhaupt hinnehmbar? Oder kann ein Besteller grundsätzlich oder sogar immer Schimmelpilzfreiheit erwarten? Auch in Bauteilschichten, die nicht mit Innenräumen verbunden sind?
Wie verhält sich dagegen jemand, der keine Ansprüche geltend machen kann? Sind Sachverständige berufen, Rechtsfragen zu beraten oder gar zu klären?
Wo liegt die Grenze zwischen Rechtsfrage und Technik? Bei der Üblichkeit? Ist Bekanntheit Voraussetzung für Üblichkeit? Oder kann auch etwas üblich sein, wenn es unbekannt ist, aber logische Folge physikalischer und biologischer Situationen?
Beschränkt sich die technische Beratung auf reine Kausalzusammenhänge? Oder gehört die Aufklärung zu Ansprüchen dazu?
Die folgenden Beiträge beschäftigen sich aus unterschiedlichen Blickwinkeln mit den Anforderungen an die Hygiene, der Auswirkung von Feuchtigkeit in Bauteilen, des mikrobiellen Bewuchses darin, den Schimmelpilzbildungen an Flächen und in Bauteilen, die nicht in Verbindung mit Innenräumen stehen. Ein Beitrag begleitet die Diskussion unter rechtlichen Aspekten. Am Ende des Tagungsbands ist die Podiumsdiskussion abgebildet, in der weitere, wichtige Fragen besprochen wurden.

Literatur

1. Leitfäden des Umweltbundesamts: Leitfaden Vorbeugung, Untersuchung, Bewertung und Sanierung von Schimmelpilzwachstum in Innenräumen, Berlin 2002. Leitfaden zur Ursachensuche und Sanierung bei Schimmelpilzwachstum in Innenräumen, Dessau 2005. Leitfaden zur Vorbeugung, Erfassung und Sanierung von Schimmelbefall in Gebäuden, Dessau-Roßlau 2017.

2. Sous, S.; Warscheid, T.; Zöller, M.: Instandsetzung von Schimmelschäden durch Abschottung – Partikeldichtheit von Baustoffen. AIBau Aachener Institut für Bauschadensforschung und angewandte Bauphysik gGmbH, Aachen; LBW Bioconsult, Wiefelstede. Abschlussbericht 2019. Forschungsbericht gefördert durch Forschungsinitiative Zukunft Bau des Bundesinstitutes für Bau-, Stadt- und Raumforschung.
3. DIN 18534-1:2017-07 Abdichtung von Innenräumen – Teil 1: Anforderungen, Planungs- und Ausführungsgrundsätze. DIN 18534-2:2017-07 Abdichtung von Innenräumen – Teil 2 Abdichtung mit bahnenförmigen Abdichtungsstoffen.

Prof. Dipl.-Ing. Matthias Zöller Honorarprofessor für Bauschadensfragen am Karlsruher Institut für Technologie (Universität Karlsruhe), Architekt und ö. b. u. v. Sachverständiger für Schäden an Gebäuden; am Aachener Institut für Bauschadensforschung und angewandte Bauphysik (AIBau gGmbH) forscht er systematisch an den Ursachen von Bauschäden und formuliert Empfehlungen zu deren Vermeidung; Übernahme der Leitung der Aachener Bausachverständigentage nach dem Tod von Prof. Dr.-Ing. Rainer Oswald; Referent im Masterstudiengang Altbauinstandsetzung an der Universität in Karlsruhe; Mitarbeit in Fachgremien, die sich mit Regelwerken der Abdichtungstechniken beschäftigen; Autor von Fachveröffentlichungen, u. a. die regelmäßig erscheinenden Bausachverständigenberichte in der Zeitschrift „IBR Immobilien- & Baurecht" (Mitherausgeber) sowie der „Baurechtlichen und -technischen Themensammlung".

Pro + Kontra – Das aktuelle Thema: Schimmel in Bauteilen

2. Beitrag: Feuchtigkeits- und Schimmelbildung an Dächern

Martin Teibinger, Daniel Kehl und Martin Mohrmann

1 Einführung

Nicht belüftete, flachgeneigte Dachkonstruktionen stellen sowohl für Bauphysiker, als auch für die Holzbaubetriebe eine Königsdisziplin dar. Für die Tauglichkeit ist eine funktionierende Rücktrocknung während der Sommermonate unter Verwendung einer feuchtevariablen Dampfbremse und Sicherstellung der Randbedingungen erforderlich [1]. In der aktuellen Informationsbroschüre „Flachdächer in Holzbauweise" [2] werden Konstruktionen ohne außenliegender Zusatzdämmung als Sonderkonstruktionen definiert. Durch außenliegende Dämmungen liegt die tragende Holzkonstruktion im warmen Bereich und bleibt trocken. Doch wie sieht es bei belüfteten Holzdächern aus? Stellen diese die sicherere Konstruktion dar oder kann es dort auch zu Feuchtigkeits- und Schimmelpilzbildung aufgrund der Belüftung kommen?

Dipl.-Ing. Dr. techn. M. Teibinger
Wien, Österreich

Dipl.-Ing. D. Kehl
Büro für Holzbau und Bauphysik, Leipzig, Deutschland

Dipl.-Ing. M. Mohrmann
Fachagentur Holz, Kiel, Deutschland

© Springer Fachmedien Wiesbaden GmbH, ein Teil von Springer Nature 2020
M. Oswald und M. Zöller (Hrsg.), *Aachener Bausachverständigentage 2019*,
https://doi.org/10.1007/978-3-658-27446-7_12

2 Einteilung der Pilze

Da es selbst bei Sachverständigen immer wieder zu Missverständnissen zwischen holzverfärbenden und holzzerstörenden Pilze kommt, werden im Folgenden kurz die Unterschiede und die entsprechenden Wachstumsbedingungen angeführt.

2.1 Holzverfärbende Pilze

Zu den holzverfärbenden Pilzen werden die Bläue- und die Schimmelpilze gezählt. Bei beiden kommt es zu keiner Abminderung der Festigkeitseigenschaften und auch nicht zu Fäulnis und Abbau der Holzstruktur. Da die Bläue innerhalb des Holzes wächst, kann sie nicht oberflächlich entfernt werden. Sie tritt nur an nassem oder sehr feuchtem Holz auf und stirbt bei Trocknung ab. Es gibt Stamm-, Schnittholz- sowie die Anstrichbläue.

Schimmelpilze wachsen bei hohen Luftfeuchtigkeiten und entsprechenden Temperaturen an der Oberfläche. Das Wachstum hängt neben dem Substrat auch von der Dauer der Beanspruchung (rel. Luftfeuchte/Temperatur) ab [3]. Im Vergleich zur Bläue können Schimmelpilze relativ einfach entfernt werden – fleckige Verfärbungen können jedoch bestehen bleiben (Abb. 1).

Abb. 1 Bedingungen für Schimmelpilzwachstum auf Fichtenholz in Abhängigkeit von der Temperatur, der relativen Luftfeuchtigkeit und der Zeit [3], grafisch aufbereitet von Kehl, Daniel

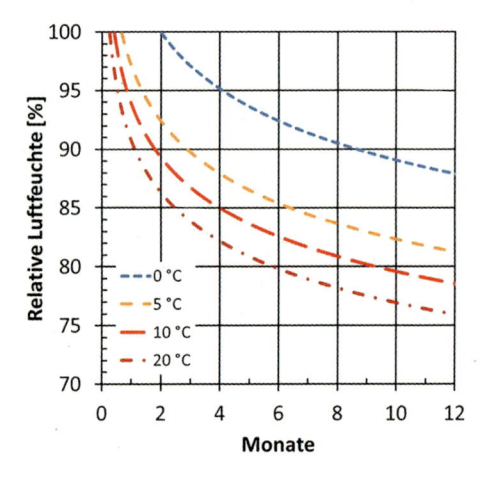

2.2 Holzzerstörende Pilze

Im Gegensatz dazu führen holzzerstörende Pilze zu einer Fäulnis und somit zu einer Zerstörung des Holzes. Entsprechend dem Zerstörungsbild können die Pilze in Braunfäule erzeugende und Weißfäule erzeugende Pilze sowie die Moderfäule unterteilt werden. Für das verbaute Holz sind die Braunfäuleerreger von großer Bedeutung. Die Pilze bauen vorwiegend die Zellulose ab. Zurück bleibt das Lignin, wodurch sich die braune Verfärbung einstellt und es bildet sich ein charakteristischer Würfelbruch. Zur Braunfäule wird auch der gefürchtete Echte Hausschwamm gezählt. Dieser kommt allerdings aufgrund der hohen Temperaturen in Flachdachkonstruktionen in der Regel nicht vor.

Bei den holzzerstörenden Pilzen wird als Wachstumsbedingung in der Literatur der Fasersättigungsbereich angeführt. Darunter wird der Bereich verstanden, ab dem die Holzfaserstruktur vollständig mit Wasser gesättigt ist. Unterhalb der Holzfasersättigung führt eine Holzfeuchteänderung zu Dimensionsänderungen (Quellen + Schwinden), wodurch es zu Dimensionsänderungen kommt. Oberhalb des Fasersättigungsbereichs kann sich Wasser nur noch als freies Wasser in den Zellhohlräumen (Lumina) einlagern. Der Bereich wird in der Literatur je nach Holzart zwischen 26 M-% und 32 M-% angegeben (Abb. 2).

Abb. 2 Bedingungen für Braunfäulewachstum auf Fichtenholz in Abhängigkeit von der Temperatur, der relativen Luftfeuchtigkeit und der Zeit [3], grafisch aufbereitet von Kehl, Daniel

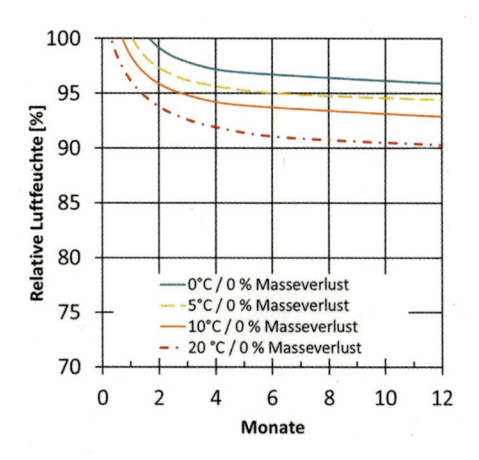

3 Schimmelpilzbefall

Im folgenden Abschnitt wird versucht, basierend auf Schadensfällen und hygrothermische Simulationen, eine Klassifizierung eines Schimmelpilzbefalls zu treffen. Hierzu ist grundsätzlich der Ort des Schimmelpilzbefalls entscheidend. Die Autoren unterscheiden an dieser Stelle zwischen:

- Außenoberfläche
- in der Hinterlüftungsebene
- auf der Außenseite gedämmter Gefache und in unbeheizten Spitzböden
- Innenoberfläche

Ein Schimmelpilzbefall an der raumseitigen Innenoberfläche ist grundsätzlich zu vermeiden, ein Schimmelpilzbefall im gedämmten Gefach sollte vermieden werden, während er an der Außenoberfläche als unkritisch angesehen wird.

3.1 Schimmelpilzbefall an der Leibung von Dachflächenfenster

Aufgrund von Feuchteeintritten durch das Dach (Stahlbetonsargdeckel mit Mineralwolledämmung und Trapezblech) wurde als Sanierung ein hinterlüftetes Blechdach über das bestehende Dach errichtet. Da es im Bereich der Leibungen der Dachflächenfenster nach der Sanierung zu Schimmelbefall kam, wurden nachträglich zusätzliche Belüftungsöffnungen im Dach eingebaut. Im darauffolgenden Winter kam es an den Fensterleibungen zu einem stärkeren Schimmelbefall als zuvor. Eine Bauteilöffnung zeigte, dass im Bereich der Dachflächenfenster weder ein ausreichend luft- noch ein winddichter Anschluss ausgeführt wurde und der Bereich nicht vollständig ausgedämmt war. Aus diesem Grund kam es zu den geringen inneren Oberflächentemperaturen und in weiterer Folge zu massivem Schimmelpilzbefall. Zusätzlich begünstigte die Heizung (E-Radiatoren nicht im Bereich der Fenster) infolge der geringen Strömung und Erwärmung der Oberflächen das Schimmelwachstum (Abb. 3, 4 und 5).

In diesem Fall führte aufgrund des fehlerhaften Einbaus der Dachflächenfenster die starke Durchlüftung zu geringen inneren Oberflächentemperaturen und ermöglichte in weiterer Folge den Schimmelbefall an der Innenoberfläche.

Abb. 3 Nachträglich errichtete Dachfläche mit den Belüftern [13]

Abb. 4 Im Fensterleibungsbereich geöffnetes Dach mit mangelhafter luftdichter und winddichter Ausführung [13]

Abb. 5 Massiver Schimmelpilzbefall im Bereich der Fensterleibungen und der Dachflächenfenster [13]

3.2 Schimmelbefall im Gefach bzw. im Bereich des nicht beheizten Dachbodens

In Wohnräumen sind ein unzuträgliches Schimmelpilzwachstum und die damit einhergehende Belastung durch Schimmelpilzsporen zu vermeiden. Ein Schimmelbefall im nicht ausgebauten Dachboden – sprich in Bereichen, die nicht mit der Raumluft in Verbindung stehen – führt i. d. R. zu keiner Erhöhung der Sporenkonzentration im Wohnraum. Nichtsdestotrotz deutet ein Schimmelwachstum auf hohe Feuchte hin, die minimiert werden sollte. Untersuchungen und Erfahrungen bei Schadensfällen zeigen, dass natürlich auf die luftdichte Ausführung von Anschlüssen und Durchdringungen auch im Dachboden zu achten ist. Häufig kommt es aufgrund von fehlerhaftem Baumanagement bei sogenannten „Winterbaustellen" zu einem Schimmelbefall im kalten Dachboden. Dies kann allerdings leicht verhindert werden.

Bei außen diffusionsoffenen Steildachkonstruktionen können außenseitig sowohl Holzschalungen mit Unterdachbahnen, als auch MDF (mitteldichte Faserplatten) oder Weichfaserplatten eingesetzt werden. Aus der Erfahrung heraus sind MDF Platten am empfindlichsten gegenüber Schimmelpilzen; besonders in Kombination mit Mineralfaserdämmung im Gefach. Wird hingegen Zellulosedämmung eingeblasen, tritt ein Befall nicht auf.

3.3 Schimmelpilzbefall in belüfteten Hohlräumen von Flachdächern

3.3.1 Unterschiedliche Regelwerke und Begrifflichkeiten

Zur Hinterlüftung von Flachdächern gibt es im deutschsprachigen Raum diverse Regelwerke. Leider sind diese teils widersprüchlich in Bezug auf Öffnungsquerschnitte, Belüftungsraumhöhe und -länge (siehe Tab. 1).

Der Begriff „Hinterlüftetes Flachdach in Holzbauweise" wird in der Praxis unterschiedlich interpretiert. Während die einen unter einem hinterlüftetem Dach ein Dach mit einer separaten Lüftungsebene verstehen (Abb. 6: links), meinen andere damit ein Flachdach mit Lüftungsebene zwischen den Sparren (Abb. 6: rechts). Letztgenannte Bauweise wird im Holzbau alleine aus Gründen der Insektenzugänglichkeit (Gebrauchsklasse 1) und den geforderten Dämmstoffstärken sowie der Winddichtheit nicht mehr angewendet und daher als tradiert bezeichnet.

Im Fall des Flachdaches, das den Lüftungsquerschnitt zwischen den Sparren hat, wird aber nicht nur der Aspekt des Holzschutzes kritisch gesehen. Der Dämmstoff wird nie so sauber, wie dargestellt, eingebaut werden können. Zum

Tab. 1 Lüftungsquerschnitte und Lüftungslängen nach verschiedenen Regelwerken [4, 7, 8] sind nicht einheitlich geregelt. Abweichungen sind vorprogrammiert

Dach- Neigung	DIN 68800-2 [8] bis max. 15 m Lüftungslänge		DIN 4108-3 [7]/ZVDH [4] bis max. 10 m[a] (bis DN)	
	Querschnitt	Öffnung	Querschnitt	Öffnung
$\geq 2\%$ und $< 3°$	k. A.	k. A.	≥ 50 mm[c]	Traufe u. Pultdachanschluss für DN $< 5°$: 2‰ der Dachfläche, mind. 200 cm²/m
$\geq 3°$ und $< 5°$	≥ 80 mm bzw. ≥ 150 mm	$\geq 40\%$ d.Q.s.[b]		
$\geq 5°$ und $< 15°$	≥ 80 mm	$\geq 40\%$ d.Q.s.	≥ 20 mm	First und Grat für DN $\geq 5°$: 0,5‰
$\geq 15°$	≥ 40 mm	$\geq 40\%$ d.Q.s.	≥ 20 mm	

[a] bei > 10 m können besondere Maßnahmen zur Aufrechterhaltung der Belüftungsfunktion erforderlich sein
[b] Prozent des Lüftungsquerschnitts (d.Q.s.) (Lüftungsgitter ist bereits berücksichtigt)
[c] Der ZVDH empfiehlt bei hinterlüfteten Flachdächern ohne separate Lüftungsebene 7 cm

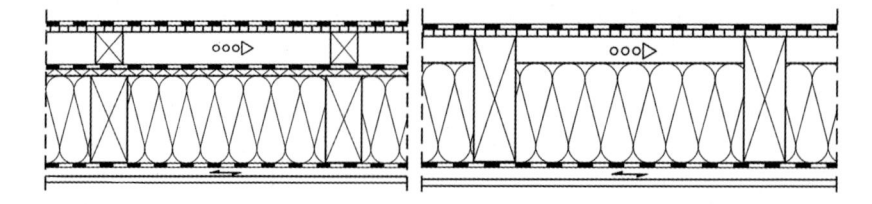

Abb. 6 Unterschiedliche Interpretation der Bezeichnung hinterlüftetes Flachdach in Holzbauweise; links: Flachdach mit separater Hinterlüftungsebene, rechts: Flachdach mit überlüfteter Dämmung

einen kommt der Dämmstoffe heute komprimiert auf die Baustelle und geht im Gefach auf (bombieren) und zum anderen darf der Dämmstoff durchaus Dickentoleranzen aufweisen. Das hat auch mittlerweile der ZVDH erkannt und empfiehlt statt der 5 cm in solchen Fällen 7 cm Lüftungshöhe [4]. Ein anderes Problem wird damit nicht gelöst. Die Ausführenden dürfen den Dämmstoff nicht zu weit ins Gefach drücken. Zusätzlich erweist sich die Ausführung in der Regel als nicht winddicht. Es kann zu Unterströmungen der Dämmung und damit zu einer Verringerung der Dämmeigenschaften kommen.

3.3.2 Hinterlüftung schwer fassbar

Die Lüftung von Flachdächern ist von so vielen Faktoren abhängig, dass sie schwer fassbar ist. Die wesentliche treibende Kraft für einen Luftwechsel zwischen der Außenluft und dem Lüftungsquerschnitt ist der anströmende Wind.

Wind und Windanströmung

Es macht also schon etwas aus, ob das Gebäude in einer engen Bebauung oder auf dem freien Feld steht und wie im Allgemeinen die Windverhältnisse am Standort sind. Ebenso ist es wichtig, dass der Wind möglichst senkrecht in die Öffnung strömt. Es existieren Untersuchungen, dass die Luftgeschwindigkeit im Querschnitt zwischen 45° und 90° Anströmwinkel stetig abnimmt.

Lüftungsöffnung/-querschnitt/-länge

Ist der Wind am Gebäude angekommen, muss die Luft durch die Lüftungseinlassöffnung in den Querschnitt gelangen und wieder aus der Lüftungsauslassöffnung strömen. All das stellt eine Summe an Widerständen für die Strömung dar. Je nach Ausführung des Einlasses, Auslasses und des Querschnittes kommen noch Umlenk- und Verengungswiderstände hinzu. Prof. Liersch hat sich frühzeitig und intensiv mit der Strömungsthematik bei Dächern beschäftigt und für all die oben beschriebenen Situationen die Widerstände mathematisch beschrieben und teils an geneigten Dächern validiert [5, 6]. Der Autor des Abschnittes hat die Formeln verwendet, um den windinduzierten Volumenstrom in Flachdächern zu ermitteln. Mit den Ergebnissen konnten hygrothermische Simulationen (WUFI®) durchgeführt und die bauphysikalischen Auswirkungen ermittelt werden. Anhand eines Beispiels wird dies aufgezeigt.

3.3.3 Beispiel Hamburg unter guten Bedingungen

Am Standort Hamburg (mittlere Windgeschwindigkeit 3,9 m/s) wird bei einem Gebäude davon ausgegangen, dass bei dem Flachdach der Lüftungsquerschnitt am Anfang und am Ende durch ein Lüftungsgitter geschlossen ist. Der Lochanteil wird mit 40 % des Lüftungsquerschnittes angenommen. Geht man von einer einfachen Ein- und Auslasssituation ohne jegliche Verengungen aus und dass das Gebäude durch den Wind frei angeströmt wird, ergeben sich die in Tab. 2 angeführten Volumenströme.

Es ist gut zu erkennen, das mit steigendem Querschnitt auch der Volumenstrom zunimmt und mit steigender Länge der Volumenstrom durch die Reibung immer mehr abnimmt. In der Tabelle sind die zwei Normfälle (DIN 4108-3 [7]: Höhe: 5 cm – Länge: 10 m – Öffnung: 200 cm²/m und DIN 68800-2 [8]: Höhe 8 cm – Länge 15 m – Öffnung: 320 cm²/m) hervorgehoben. Dabei zeigt sich, dass trotz des um 5 m längeren Lüftungsquerschnitts die Holzschutznorm einen fast

Tab. 2 Berechnete Volumenströme in einem Flachdach bei unterschiedlichen Höhen und Längen des Lüftungsquerschnitts. (Randbedingung: Hamburg, einfache Ein- und Auslasssituation, keine Querschnittsverengung, freie Lage) Die markierten Felder entsprechen den Angaben aus der DIN 68800-2:2012 [8] und DIN 4108–3:2018 [7]

Höhe Luftquerschnitt [cm]	Volumenstrom [m³/h]			
	Länge Luftquerschnitt [m]			
	5	10	15	20
5	15,6	**12,1**	9,8	7,8
6	20,1	16,8	14,2	12,1
7	24,6	21,5	18,7	16,4
8	29,3	26,1	**23,4**	21,1
9	33,5	30,8	28,1	25,7
11	42,5	39,8	37,4	35,1
13	51,9	48,7	46,4	44,1
15	59,3	57,3	55,4	53,4

doppelt so hohen Volumenstrom mit sich bringt. Dies ist im Wesentlichen dem höheren Querschnitt und dem parallel steigenden Öffnungsquerschnitt geschuldet.

Da aus Tab. 2 nicht hervorgeht, wie sich die Volumenströme bauphysikalisch auswirken, wurde ein Flachdachaufbau in WUFI® eingegeben und mit unterschiedlichen Volumenströmen (0 bis 25 m³/h) berechnet. Zunächst wurde die maximale Holzfeuchte in der oberen Holzschalung ausgewertet (siehe Abb. 7). Der Aufbau entspricht Abb. 6 links (innenseitig Dampfbremse $s_d = 5$ m/mit und ohne Dachbegrünung).

Es zeigt sich zunächst, dass bei fehlender Hinterlüftung die Schalung unzulässig auffeuchtet (Abb. 7 links, Punkte). Langfristig soll nach DIN 68800-1: 2011 [9] die 20 M-% nicht überschritten werden, wobei hier anzumerken ist, dass unter normalen winterlichen Außenbedingungen die Holzfeuchte i. d. R. durchaus auf ca. 22 M-% ansteigen kann Eine Gefahr der Fäulnis ist so weit unterhalb der Fasersättigung immer noch nicht gegeben. Bereits bei geringem Volumenstrom in der Hinterlüftungsebene reduziert sich die max. Holzfeuchte auf unkritische 15 M-%. Mit steigendem Volumenstrom steigt die Holzfeuchte wieder leicht an. Dies lässt sich damit erklären, dass morgens die Luft unter die Schalung strömt, die durch die nächtliche Abstrahlung noch kühl ist und zu einer Feuchteerhöhung führt. Der Effekt ist bei der Dachbegrünung höher, da die Masse der Begrünung die Kühle länger hält und den Einfluss verstärkt.

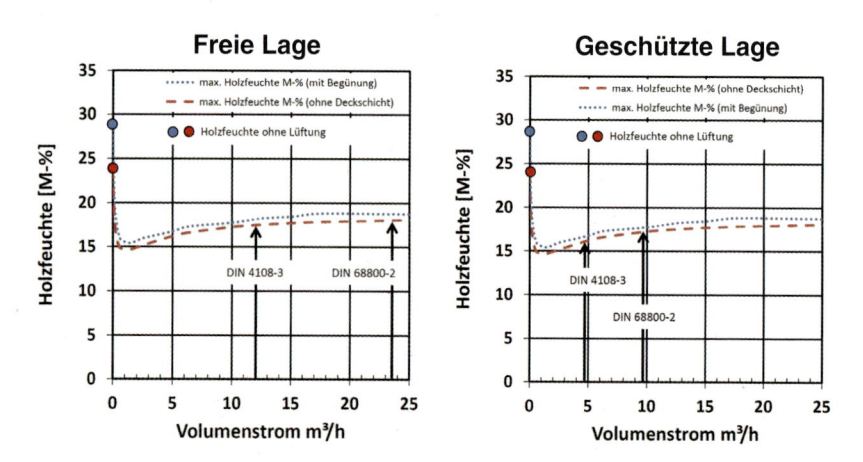

Abb. 7 Auswertung der hygrothermischen Simulationen im eingeschwungenen Zustand: max. Holzfeuchte der oberen Holzschalung bei unterschiedlichen Volumenströmen inkl. der zwei normativen Fälle. Rechts: reduzierter Volumenstrom bei innerstädtischer, geschützter Lage. Grafik: Kehl, Daniel

Die beiden normativen Fälle (Feuchteschutz-Norm [7]: 5 cm/max. 10 m → Volumenstrom ca. 12 m³/h und Holzschutz-Norm [8]: 8 cm/max. 15 m → Volumenstrom ca. 23 m³/h) zeigen, dass sie funktionieren (Abb. 7: Pfeile links). Dies ist auch dann noch der Fall, wenn das Gebäude nicht mehr frei angeströmt wird und bspw. in städtischer Bebauung steht (Abb. 7: Pfeile rechts); also der Wind das Gebäude nicht mehr so stark anströmen kann.

3.3.4 Lüftungsöffnungen stark reduziert

Was passiert aber, wenn nun die Lüftungsöffnungen nicht normativ ausgeführt wurden und sich der Öffnungsanteil von 40 % auf 10 % verringert? Der Volumenstrom reduziert sich dadurch immens. Je nach Höhe des Luftspaltes beträgt der Volumenstrom dann nur noch zwischen 0,5 und 0,6 m³/h. Abb. 8 zeigt aber, dass dies erstaunlicherweise im Nutzungszustand keine negativen Auswirkungen hat. Allerdings ist das Risiko, dass der Volumenstrom durch andere unplanmäßigen Gegebenheiten tatsächlich zum Erliegen kommt und das Holz unzulässig auffeuchtet, sehr hoch. Der Dachaufbau verliert seine Robustheit, die Belüftungssituation wird unsicher.

3.3.5 Baufeuchte nicht unberücksichtigt lassen

In der bisherigen Betrachtung gingen wir immer von einem normalen Nutzungszustand aus. Die Bauphase spielt aber eine nicht unerhebliche Rolle für das Feuchteverhalten. Daher wird nun eine detaillierte Betrachtung der ersten 6

Abb. 8 Max. Holzfeuchte der oberen Holzschalung bei unterschiedlichen Volumenströmen.
Bei stark reduzierten Lüftungsöffnungen funktioniert die Belüftung im Nutzungszustand immer noch. Allerdings steigt das Risiko, dass bei weiterer Reduktion das Bauteilverhalten umkippt und die Schalung auffeuchtet. Grafik: Kehl, Daniel

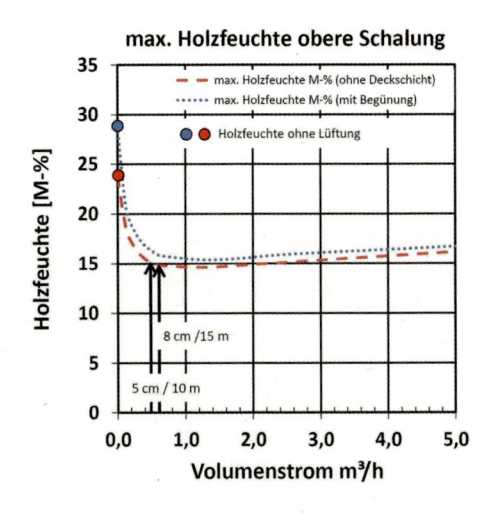

Monate vorgenommen. Für die Bewertung des Schimmelpilzes ist die Holzfeuchte jetzt nicht die richtige Größe. Hier wird nun die relative Luftfeuchte in Kombination mit der Temperatur dynamisch ausgewertet. Dazu wird das Schimmelpilzmodell nach VTT [3] verwendet. In dem Modell wird das Schimmelpilzwachstum in 6 Schimmelpilzindizes eingeteilt (Index 0: kein Schimmelpilzwachstum | Index 3: Mit dem Auge geringfügig sichtbar | Index 6: Fläche vollständig verschimmelt.) Das VTT Modell ist speziell für Holz und Holzwerkstoffe in Finnland entwickelt worden. Die Beurteilung auf der Außenseite eines Bauteils ist tendenziell konservativ d. h. es wird ggf. ein Schimmelpilzwachstum prognostiziert, das so aber nicht in der Realität unbedingt auftreten muss. Es dient hier folglich nur als Indikator für das Schimmelpilzrisiko.

In den üblichen hygrothermischen Simulationen wird mit einer durchschnittlichen relativen Luftfeuchte von 80 % über den gesamten Bauteilquerschnitt vor dem Winter (Start: 01.10.) begonnen [10]. Damit wird in der Regel eine ungünstige Startbedingung erzeugt.

In diesem Beispiel kommt es allerdings zu keinem Schimmelpilzwachstum (Abb. 9: unterste Strich-Punkt-Linie). Die Wärme aus der Konstruktion und die Erwärmung aus der solaren Einstrahlung scheinen auszureichen, dass die Klimabedingungen für das Schimmelpilzwachstum ungünstig sind. Nun können sich, wenn die Materialien im Herbst länger dem Außenklima und der Bausituation ausgesetzt sind, die Startbedingungen durchaus um 5 % in der Luftfeuchte erhöhen (rel. Luftfeuchte in Hamburg im September 74–84 %/im Oktober

Abb. 9 Auswertung der ersten 6 Monate der hygrothermischen Simulation mit unterschiedlichen Startfeuchten. Eine gering erhöhte Startfeuchte in Kombination mit nur einem geringen Volumenstrom im Lüftungsquerschnitt erhöht das Schimmelpilzrisiko. Grafik: Kehl, Daniel

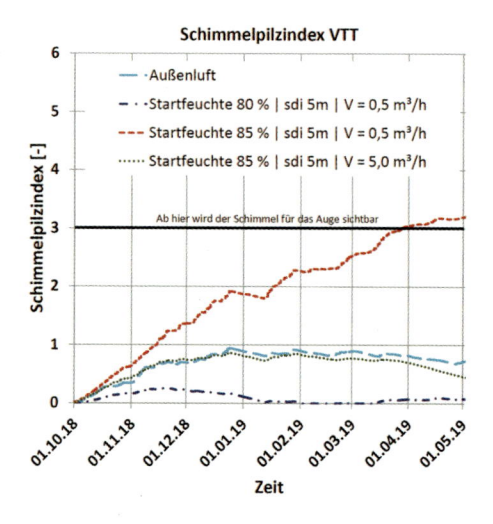

84–87 %). Werden also die rel. Luftfeuchten auf 85 % leicht erhöht (Wichtiger Hinweis: Dies erzeugt noch keine unzulässig hohen Materialfeuchten.), reicht dies bereits aus, damit es bei einem geringen Volumenstrom im Lüftungsquerschnitt (0,5 m³/h) zu einem Schimmelpilzrisiko kommt (Abb. 9: obere, eng gestrichelte Linie). Liegt hingegen eine gut hinterlüftete Konstruktion (5,0 m³/h) vor, steigt der Schimmelpilzindex zwar zunächst leicht an, reduziert sich dann aber wieder, da die Feuchte durch den höheren Volumenstrom abtransportieren wird (Abb. 9: gestrichelte Linie). Sie zeigt das gleiche Schimmelpilzrisiko wie bei normalen Außenklimabedingungen (Abb. 9: gepunktete Linie).

3.4 Schimmelpilzbefall an der Außenseite

In diesem Abschnitt wird auf eine Reklamation einer deckend weiß gestrichenen Dachuntersicht und die Ursachen eines Schimmelpilzwachstums eingegangen werden (Abb. 10).

Abb. 10 Schimmelpilzbefall an einem deckend weiß gestrichenen Vordach [13]

Schimmelpilzbefall

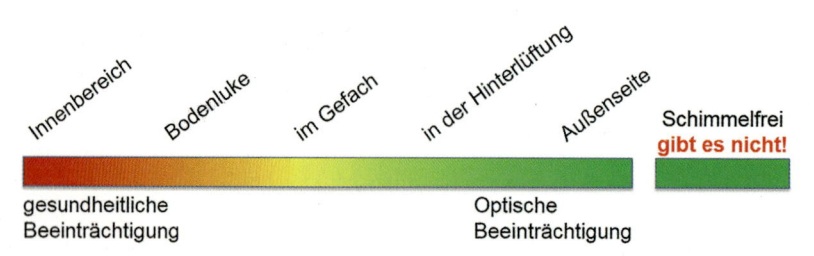

Innenbereich — Bodenluke — im Gefach — in der Hinterlüftung — Außenseite — **Schimmelfrei gibt es nicht!**

gesundheitliche Beeinträchtigung — Optische Beeinträchtigung

Abb. 11 Subjektive Kategorisierung eines Schimmelpilzbefalls aus Sicht der Autoren

Schimmelpilz an Dachüberständen ist kein neues Phänomen. Bereits [11] wurde dazu eine Umfrage unter Sachverständigen durchgeführt und das Thema genauer beleuchtet. Bei schlanken Dachüberständen kann es zu einer starken Unterkühlung der Dachflächen kommen.

4 Fazit

Die Autoren führen im vorliegenden Beitrag Beispiele für Feuchtigkeits- und Schimmelpilzbildung bei Dächern im Innenbereich, im Bereich des nicht ausgebauten Dachbodens, der Hinterlüftung und an der Außenseite an. Abb. 11 zeigt eine subjektive Kategorisierung in Abhängigkeit der Lage des Befalles. Es wird jedoch darauf hingewiesen, dass aus Sicht der Autoren generelle Pauschalbewertungen zur Bewertung von Schimmelpilzwachstum nicht möglich sind. Vielmehr sind objektbezogne Entscheidungen mit Sachverstand und auf Basis der Kenntnis technischer Zusammenhänge erforderlich.

Literatur

1. Teibinger, Martin (2019): Alles trocken halten. Schädenvermeidung bei Flachdächern. In: Holzbau die neue Quadriga. 1/2019. S. 43–46.
2. Schmidt, Daniel; Kehl, Daniel (2019): Flachdächer in Holzbauweise. Holzbauhandbuch Reihe 3, Teil 2, Folge 1. Berlin: Holzbau Deutschland-Institut e. V.
3. Ojanen, T.; Peuhkuri, R.; Viitanen, H.; Lähdesmäki, K.; Vinha, J. & Salminen, K. (2011): Classification of material sensitivity – New approach for mould growth modeling. Proceedings of the 9th Nordic Symposium on Building Physics, NSB 2011, Tampere, Finland, May 29–June 2, Vol. 2, S. 867–874.

4. Hrsg.: Zentralverband des Deutschen Dachdeckerhandwerks: Merkblatt Wärmeschutz bei Dach und Wand. Rudolf Müller Verlag, Köln Mai 2018.
5. Liersch, K.: Belüftete Dach- und Wandkonstruktionen – Band 1: Vorhangfassaden. Bauverlag, Wiesbaden-Berlin, 1981.
6. Liersch, K.: Belüftete Dach- und Wandkonstruktionen – Band 3: Dächer. Bauverlag, Wiesbaden-Berlin 1986.
7. DIN 4108: Teil 3 – Klimabedingter Feuchteschutz – Anforderungen, Berechnungsverfahren und Hinweise für Planung und Ausführung. Beuth Verlag, Berlin 2018.
8. DIN 68800-2: Holzschutz – Teil 2: Vorbeugende bauliche Maßnahmen im Hochbau, Beuth-Verlag, Berlin 2012.
9. DIN 68800-1: Holzschutz: Allgemeines, Beuth-Verlag, Berlin 2011.
10. Hrsg. Wissenschaftlich Technische Arbeitsgemeinschaft für Bauwerkserhaltung und Denkmalpflege: Merkblatt 6–2: Simulation wärme- und feuchtetechnischer Prozesse.
11. Winter, S., Schmidt, D., Schopbach, H.: Schimmelpilzbildung bei Dachüberständen und an Holzkonstruktionen, Fraunhofer IRB Verlag, 2004.
12. Hrsg. Wissenschaftlich Technische Arbeitsgemeinschaft für Bauwerkserhaltung und Denkmalpflege: Merkblatt 6–8: Feuchtetechnische Bewertung von Holzbauteilen – Vereinfachte Nachweise und Simulation.
13. Bildrechte: Teibinger, Martin; Bilder diverser Gutachten.

Dipl.-Ing. Dr. techn. Martin Teibinger Studium der Holzwirtschaft und des Bauingenieurwesens in Wien; 2004 Promotion mit Auszeichnung; Allg. beeideter und gerichtlich zertifizierter Sachverständiger, Lehrender am Camillo Sitte Bautechnikum an der FH Salzburg; seit 2000 Tätigkeit in folgenden Normenausschüssen: FNA 006 Brandschutz, FNA 019 Holzhausbau, FNA 175 Wärmeschutz, FNA 012-02 Holzbau; 2006–2015 Experte des Fachverbandes der Holzindustrie für Erstellung der österreichischen Musterbauordnung bzw. der OIB Richtlinien; verschiedene Lehraufträge z. B. an der FH Salzburg, der Universität für Bodenkultur in Wien sowie der Höheren Technischen Lehranstalt in Wien und Krems.

Pro + Kontra – Das aktuelle Thema: Schimmel in Bauteilen

3. Beitrag: Aus gesundheitlicher Vorsorge: Alles muss raus!

Nicole Richardson

1   Einleitung

Das Thema „Schimmelbefall und Rückbau von Fußbodenaufbauten" beschäftigt seit mehr als 20 Jahren Sachverständige, Gerichte, Verbraucher, das Umweltbundesamt und andere Institutionen.

Allen bisherigen Fachveröffentlichungen zum Thema Schimmelpilzschäden in Innenräumen ist gemein, dass keine Zahl genannt werden kann, bei der es eine Korrelation zwischen Höhe der Schimmelpilzkonzentration und einem gesundheitlichen Risiko bzw. einer Gefahr gibt. In vielen Aspekten ist sich die Fachwelt trotzdem darüber einig, wie mikrobieller Befall erkannt, bewertet und saniert werden sollte. Jedoch gibt es den Teilaspekt „Schimmelbefall in Fußbodenaufbauten", bei dem auch unter Fachleuten regelmäßig Uneinigkeiten und Schwierigkeiten bei der Bewertung und Sanierung festzustellen sind.

In keinem anderen innenraumhygienisch relevanten Bereich wird zu einer nicht nach „Schema F" zu bewerteten Fragestellung so kontrovers und emotional diskutiert.

In anderen innenraumhygienisch relevanten Bereichen, wie z. B. bei der Bewertung von Innenraumschadstoffen nach den Richtwerten des Ausschuss für Innenraumrichtwerte (AIR) oder dem Bewertungsbogen der Asbest-Sanierungsnotwendigkeit in der Asbestrichtlinie, sind Bewertungsspielräume üblich und Routine.

Dipl.-Biol. N. Richardson
ö. b. u. v. Sachverständige für Innenraumschadstoffe und Schimmelpilze, Witten, Deutschland

Der für chemische Schadstoffe zuständige Ausschuss für Innenraumrichtwerte (AIR) unterscheidet zwischen Richtwert I als Vorsorgewert und Richtwert II als Gefahrenwert.

Wird Richtwert I unterschritten, sind keine Maßnahmen notwendig, da auch bei lebenslanger Exposition keine gesundheitliche Beeinträchtigung zu erwarten ist.

Wird Richtwert II überschritten, liegt unverzüglicher Handlungsbedarf vor, da eine Gesundheitsgefahr anzunehmen ist. Häufig liegt der Faktor 10 zwischen den Richtwerten I und II.

In der Praxis liegen nun regelmäßig die gemessenen Konzentrationen über Richtwert I, aber unter Richtwert II. Dieser Bereich liegt für das Auslösen von Maßnahmen im Ermessen der Sachverständigen. Als Hilfestellung des AIR wird vorgeschlagen, dass auch bei Erreichen des Konzentrationsbereiches zwischen Richtwert I und II aus Vorsorgegründen gehandelt werden soll, z. B. durch technische oder bauliche Maßnahme oder verändertes Nutzungsverhalten [1].

Auch die in der Bauordnung der jeweiligen Länder verankerte Asbestrichtlinie [2] bietet bereits seit 1997 Ermessensspielräume für Sachverständige, ob die Bewertung zu einer sofortigen Sanierung mit mehr als 80 Punkten führt, oder ob ggf. nur Neubewertungen notwendig sind. So kann z. B. durch die Vergabe der Punkte im Bereich „sonstige asbesthaltige Produkte" entweder mit 5, 10, 15 oder 20 Punkten die Entscheidung für eine Sanierung maßgeblich beeinflusst werden (s. Abb. 1).

Diese beiden Beispiele zeigen, dass der Umgang mit Ermessensspielräumen für Sachverständige aus dem Bereich der Innenraumhygiene Routine ist und dass dabei auch regelmäßig der Vorsorgegedanke zum Tragen kommen kann und soll.

Um Schimmelbefall zu bewerten, bietet der Schimmelpilzleitfaden des Umweltbundesamtes (UBA) Hilfestellungen [3]. Auch hier werden Ermessenspielräume für Sachverständige aufgezeigt, die aber von den Akteuren nicht begrüßt, sondern häufig stark kritisiert werden. Insbesondere der Aspekt „Bewertung von feuchtegeschädigten Fußbodenaufbauten" wird, wie bereits oben erwähnt, kontrovers diskutiert.

Nachfolgend zeige ich Punkte auf, die unter Kollegen und Kolleginnen aus den unterschiedlichen Fachdisziplinen häufiger diskutiert werden.

2 Bewertungshilfe Leitfaden UBA

Seit Dezember 2017 liegt die neue Version des Schimmelpilzleitfadens des Umweltbundesamtes (UBA) [3] vor mit der Anlage 6 als Hilfestellung, wie Fußbodenaufbauten nach Feuchte- und Schimmelschäden zu bewerten sind und welche Maßnahmen daraus folgen.

Bewertungsbogen Nr. _____

Formblatt nach Anhang 1 Asbest-Richtlinie

Zeile	Gruppe	Asbestprodukte – Bewertung der Dringlichkeit einer Sanierung		
		Gebäude: UB Treppe innenliegend Asbestschnur im Glasprofil	Bewertung*	Bewertungs- zahl
	I	**Art der Asbestverwendung**		
1		Spritzasbest		20
2		Asbesthaltiger Putz		10
3		Leichte asbesthaltige Platten		5, 10, 15
4		Sonstige asbesthaltige Produkte		5, 10, 15, 20
	II	**Asbestart**		
5		Amphibol-Asbeste		2
6		Sonstige Asbeste		0
	III	**Struktur der Oberfläche des Asbestproduktes**		
7		Aufgelockerte Faserstruktur		10
8		Feste Faserstruktur ohne oder mit nicht ausreichend dichter Oberflächenbeschichtung		4
9		Beschichtete, dichte Oberfläche		0
	IV	**Oberflächenzustand des Asbestproduktes**		
10		Starke Beschädigungen		6
11		Leichte Beschädigungen		3
12		Keine Beschädigungen		0
	V	**Beeinträchtigung des Asbestproduktes von außen**		
13		Produkt ist durch direkte Zugänglichkeit (Fußboden bis Greifhöhe) Beschädigungen ausgesetzt		10
14		Am Produkt werden gelegentlich Arbeiten durchgeführt		10
15		Produkt ist mechanischen Einwirkungen ausgesetzt		10
16		Produkt ist Erschütterungen ausgesetzt		10
17		Produkt ist starken klimatischen Wechselbeanspruchungen ausgesetzt		10
18		Produkt liegt im Bereich stärkerer Luftbewegungen		10
19		Im Raum mit dem asbesthaltigen Produkt sind starke Luftbewegungen vorhanden		7
20		Am Produkt kann bei unsachgemäßem Betrieb Abrieb auftreten		3
21		Das Produkt ist von außen nicht beeinträchtigt		0
	VI	**Raumnutzung**		
22		Regelmäßig von Kindern, Jugendlichen und Sportlern benutzter Raum		25
23		Dauernd oder häufig von sonstigen Personen benutzter Raum		20
24		Zeitweise benutzter Raum		15
25		Nur selten benutzter Raum		8
	VII	**Lage des Produktes**		
26		Unmittelbar im Raum		25
27		Im Lüftungssystem (Auskleidung oder Ummantelung undichter Kanäle) für den Raum		25
28		Hinter einer abgehängten undichten Decke oder Bekleidung		25
29		Hinter einer abgehängten dichten Decke oder Bekleidung, hinter staubdichter Unterfangung oder Beschichtung, außerhalb dichter Lüftungskanäle		0
30		**Summe der Bewertungspunkte***		
31		Sanierung unverzüglich erforderlich (Dringlichkeitsstufe I)		≥ 80
32		Neubewertung mittelfristig erforderlich (Dringlichkeitsstufe II)		70–79
33		Neubewertung langfristig erforderlich (Dringlichkeitsstufe III)		< 70

*wurden innerhalb einer Gruppe mehrere Bewertungen angegeben, darf bei der Summenbildung (Summe der Bewertungspunkte) nur eine – die höchste – Bewertungszahl berücksichtigt werden

Datum: Unterschrift:

Abb. 1 Bewertung der Sanierungsnotwendigkeit nach Asbestbewertungsbogen, aus: Anhang 1 Asbest-Richtlinie

Das Bewertungsschema setzt sich aus zwei Stufen zusammen. In vier Szenarien, die in der Bewertungsstufe 1 Erfahrungen aus der Praxis berücksichtigen, sollen schnelle Beurteilungen ohne aufwendige Untersuchungen – wie mikrobiologische Analysen – ermöglicht werden (s. Abb. 2).

In allen anderen Fällen muss eine mikrobiologische Materialanalyse erfolgen, deren Ergebnisse zusammen mit weiteren Aspekten in einer zweiten Bewertungsstufe zur Beurteilung herangezogen werden.

In dieser Bewertungshilfe wird dargestellt, ab wann ein Fußbodenaufbau im Bereich einer Hintergrundkonzentration mit Schimmelpilzen bewachsen ist, wann es sich um einen leichten Befall handelt und wann von einem deutlichen Befall auszugehen ist (s. Abb. 3).

Eine der Schlussfolgerungen im UBA-Papier ist, dass bei einem deutlichen Befall ein Rückbau des Fußbodenaufbaus empfohlen wird, wenn das Expositionsrisiko (Durchlässigkeit des Bodenaufbaus) als mittel oder hoch eingestuft wird.

Bei einem geringen Expositionsrisiko – das heißt, das Risiko, dass Schimmelbestandteile in die Raumluft eingetragen werden, wird als gering bewertet – wird vorgeschlagen, einen Rückbau vorzunehmen oder eine Information zu geben. Der Umfang und die Art der Information sind dabei nicht konkretisiert (s. Abb. 4).

Bewertungsstufe 1

Vier Schadensszenarien ohne mikrobiologische Untersuchungen

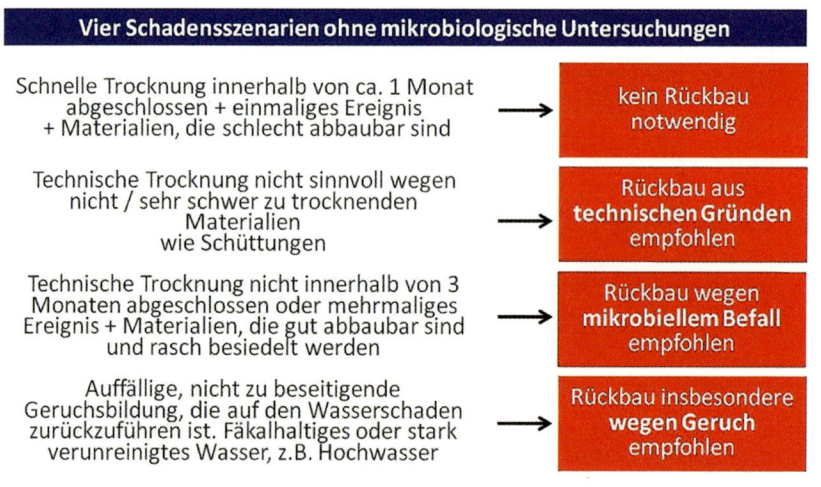

Szenario	Empfehlung
Schnelle Trocknung innerhalb von ca. 1 Monat abgeschlossen + einmaliges Ereignis + Materialien, die schlecht abbaubar sind	kein Rückbau notwendig
Technische Trocknung nicht sinnvoll wegen nicht / sehr schwer zu trocknenden Materialien wie Schüttungen	Rückbau aus **technischen Gründen** empfohlen
Technische Trocknung nicht innerhalb von 3 Monaten abgeschlossen oder mehrmaliges Ereignis + Materialien, die gut abbaubar sind und rasch besiedelt werden	Rückbau wegen **mikrobiellem Befall** empfohlen
Auffällige, nicht zu beseitigende Geruchsbildung, die auf den Wasserschaden zurückzuführen ist. Fäkalhaltiges oder stark verunreinigtes Wasser, z.B. Hochwasser	Rückbau insbesondere **wegen Geruch** empfohlen

Abb. 2 Bewertungsstufe 1 des Bewertungsschemas, Leitfaden UBA

UBA Vorschlag für Bewertung

kein Befall Hintergrundbelastung	Verunreinigung*	geringer Befall	eindeutiger Befall
KULTIVIERUNG	KULTIVIERUNG	KULTIVIERUNG	KULTIVIERUNG
< 10^4 KBE/g	10^5 KBE/g	> 10^5 KBE/g	> 10^6 KBE/g
und	und/oder	und/oder	und/oder
MIKROSKOPIE	MIKROSKOPIE	MIKROSKOPIE	MIKROSKOPIE
vereinzelt oder keine Sporen, Myzel, Sporenträger	mäßig viele Sporen ohne Myzel und, Sporenträger	mäßig viele Sporen, Myzel, Sporenträger	viele/sehr viele Sporen, Myzel Sporenträger

Abb. 3 Bewertungshilfe zur Stärke von Schimmelpilz-Befall

Bewertungsstufe 2

Alle nicht in Stufe 1 enthaltenen Szenarien: Mikrobiologische Untersuchung notwendig

geringe Besiedlung ↓

Durchlässigkeit Bodenbeläge und Randabschlüsse

gering ↓ mittel ↓ hoch ↓

Kriterien III–VII prüfen

≥ 3 x ●

≥ 4 x (● oder ●)

Erhalt

Rückbau oder alternative Maßnahmen

eindeutige Besiedlung ↓

Durchlässigkeit Bodenbeläge und Randabschlüsse

gering ↓ mittel ↓ hoch ↓

Rückbau oder Information

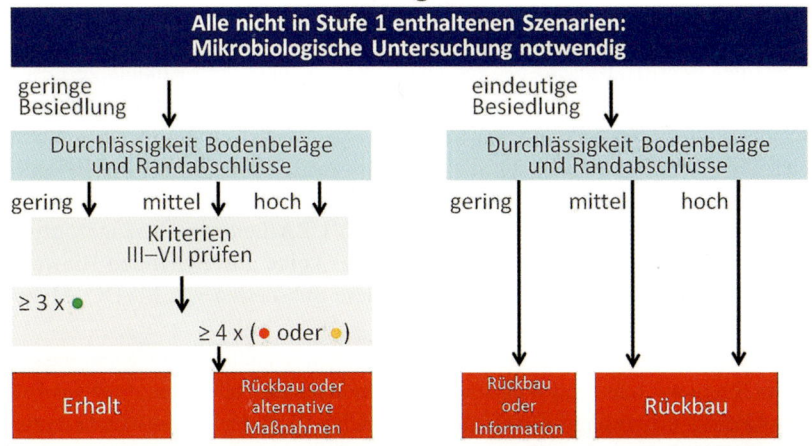

Rückbau

Abb. 4 Bewertungsstufe 2 des Bewertungsschemas, Leitfaden UBA

Ein häufig diskutierter Kritikpunkt ist, dass Akteure im Schimmelbereich lediglich aufgrund von wenigen – manchmal auch nur einer – Laboranalyse entscheiden, ob der Fußboden ausgebaut wird. Dabei entscheidet häufig genug leider das Labor, welches die Gegebenheiten der Probenahme und des Ortes gar nicht kennt, ob ein Rückbau erfolgt. Das Ergebnis des Labors ist für manche Akteure die einzige Entscheidungsgrundlage für den Rückbau. Das wird von vielen Kollegen und auch von mir als falsch bewertet.

Im UBA-Bewertungsschema wird nicht konkretisiert, wieviele Proben mit Schimmel bewachsen sein müssen, damit ein Rückbau aus hygienischen Gründen gerechtfertigt wäre. Bei den heutigen Bauabläufen wird es eher so sein, dass an bestimmten Stellen des Fußbodenaufbaus (gerne Ecken) immer höhere Schimmelkonzentrationen zu finden sind z. B. durch nicht ausreichende Reinigung des Bodens vor Einbringen des Estrichs.

Die pauschale Empfehlung des Umweltbundesamtes, bei Schimmelbefall den Rückbau vorzunehmen oder die Beteiligten über mögliche Alternativen und deren Konsequenzen zu informieren, ist damit nicht hinreichend.

Im UBA-Leitfaden wird vorgeschlagen, dass bei der Beurteilung der Auswirkung von Schimmelbefall auf die Gesundheit der Raumnutzer einerseits deren gesundheitliche Situation (Prädisposition) und andererseits das Ausmaß des Schimmelbefalls mit der Freisetzung von Bioaerosolen (Exposition) berücksichtigt werden.

Bezug genommen wird dabei auch auf die für Ärzte geschriebene AWMF-Schimmelpilz-Leitlinie [4] die „wichtige Hinweise für die medizinische Diagnostik bei Schimmelbefall" gibt.

Da der Begriff „Bioaerosol" verwendet wird, könnte die sachkundige Leserschaft auf die Idee kommen, dass das UBA damit nicht nur partikelgebundene Schimmelpilzbestandteile wie Sporen oder Mycelbruchstücke meint, sondern auch chemische Bestandteile aus der Zellwand wie 1,3-ß-D-Glucan, PAMPS oder auch Mykotoxine und mikrobielle flüchtige Stoffe (MVOC).

Im Widerspruch dazu steht, dass in der im UBA-Leitfaden herangezogenen AWMF Leitlinie darauf verwiesen wird, dass es **keine ausreichenden** Hinweise auf gesundheitliche Schäden durch genau diese Substanzen wie MVOC, Mykotoxine, PAMPS etc. gibt.

Darüber hinaus sind mir keine Untersuchungen bekannt, die belegen, dass in einem Raum mit massiven Wänden und einem üblichen Fußbodenaufbau aus Estrich – Folie – Dämmung bei Schimmelpilzwachstum in der Dämmschicht hygienisch auffällige Konzentrationen an Schimmelpilzen aus der Dämmschicht in die Raumluft gelangen. Das Expositionsrisiko von Sporen muss bei dieser Konstruktion als gering bewertet werden.

Liegen im Fußbodenaufbau nur Schimmelschäden vor, die als gering bis leicht auffällig zu bewerten sind, besteht mit sehr großer Wahrscheinlichkeit weder von Sporen noch von Gerüchen ein Eintragsrisiko. Selbst bei großflächigem Schimmelbefall im Fußbodenaufbau ist nicht von Sporeneinträgen in die Raumluft bei dem genannten Aufbau auszugehen.

Bei einem großflächigen Befall der Dämmschicht kann jedoch das Risiko einer Geruchsbildung weniger ausgeschlossen werden. Dieser Punkt wird nachfolgend näher betrachtet.

3 Geruchsbelästigungen

Sowohl in der UBA-Handlungsempfehlung zur Bewertung von Schimmel- und Feuchteschäden führen Gerüche zu Rückbaumaßnahmen, als auch im Geruchsleitfaden der AGÖF [5] sind bei deutlich wahrnehmbaren Gerüchen Minderungsmaßnahmen erforderlich, da gesundheitliche Beeinträchtigungen nicht auszuschließen sind.

Unangenehme Gerüche gelten allgemein als Umweltstressoren. Es werden gesicherte Zusammenhänge in Form von Dosis-Wirkungs- bzw. Dosis-Häufigkeits-Beziehungen beschrieben [6].

In seltenen Fällen verbleiben im Fußbodenaufbau nach der technischen Trocknung des Fußbodens Rückstände geruchsintensiver Verbindungen. So wurden z. B. durch den Wassereintrag relevante Mengen an Biomasse, Fette, Reinigungsmittel, aggressive Biozide eingetragen. Diese chemischen Substanzen können sich in manchen Fällen auch nach der technischen Trocknung noch der Raumluft mitteilen. Auch ein elastischer Oberboden als Dampfbremse reicht in diesem Fall nicht aus. Die kleinen Geruchsmoleküle werden auch lange Zeit nach dem Schadensereignis wahrgenommen.

Geruchsbelästigungen, die auf den Wasserschaden zurückzuführen sind, sind ein Faktor, der ohne toxikologischen Nachweis zum Rückbau der Konstruktion führt.

3.1 Fallbeispiel

In einer Eigentumswohnung ist es nach einem technisch getrockneten Heizungswasserschaden auch 2 Jahre später immer noch zu Geruchsbelästigungen gekommen. Die Nutzer der Wohnung verorten diesen Geruch im Fußbodenaufbau, der im Raum mit der Revisionsklappe für die technischen Installation der Fußbodenheizung besonders deutlich wahrzunehmen ist.

Bauteilöffnungen ergeben, dass der EPS Trittschall deutlich verfärbt ist und ein Geruch nach Schimmel und Styrol festzustellen ist.

Die mikrobielle Analytik zeigt jedoch nur ein sehr geringes Schimmelwachstum, der Geruch wird auf einer Intensitätsskala von 1 (kein Geruch) und 5 (sehr starker Geruch) mit 4 (starker Geruch) bewertet. Actinomyceten, die für einen muffigen Geruch ebenfalls in Frage kommen können, wurden nicht überprüft. Die deutliche geruchliche Belästigung, zwei Jahre nach Trocknungsende reicht mir als Grund aus, den Rückbau der Konstruktion zu empfehlen. Obwohl eine toxikologische Gefährdung durch den Geruch mit an Sicherheit grenzender Wahrscheinlichkeit nicht vorliegt, ist eine geruchliche Belästigung aus dem Bodenaufbau unüblich und unzumutbar.

4 Psychologische Faktoren

Als eine weitere und nicht unerhebliche Bewertungsgröße sind sogenannte „individuelle" Faktoren anzuführen.

Es kommt immer wieder vor, dass nach einem Wasserschaden weder Sporeneinträge, noch ein Geruch, noch flächiger Befall im Fußbodenaufbau nachzuweisen sind. Und trotzdem kann die Empfehlung der Sachverständigen lauten, dass ein Fußbodenaufbau entfernt werden soll.

Erfahrene Sachverständige wissen, dass für eine Entscheidung, ob rückgebaut wird, auch die Nutzer des Gebäudes eine eigene Bewertungsgröße darstellen.

Sollten z. B. die Nutzer des Gebäudes sich nach Einschätzung der Sachverständigen mit einem Verbleib von Schimmelpilzbefall im Fußboden absolut nicht anfreunden können, rückt das Vorsorgeprinzip stärker in den Fokus. Hier tragen dann psychologische Gründe dazu bei, dass ein Rückbau empfohlen wird.

So werden z. B. in Gebäuden, die nicht der Nutzungsklasse 2 unterliegen, z. B. in Krankenhäusern und Kindergärten, häufiger Rückbauten aus Vorsorgegründen empfohlen. Das ist umso bemerkenswerter, da es gerade für besonders sensible Bereiche wie Krankenhäuser oder Großküchen z. B. keine Richtlinien für die Bewertung von Schimmel in Fußbodenaufbauten gibt und auch keine ausdrückliche Rückbauempfehlung von offizieller Seite veröffentlicht ist. Und trotzdem fühlen sich Gebäudeeigentümer, Versicherer, Nutzer und selbst Sachverständige in feuchtegeschädigten sensiblen Bereichen wohler, wenn die Entscheidung für einen Rückbau fällt. Einfacher ist es, wenn technische oder vertragliche Gründe den Rückbau erforderlich machen. Häufig genug werden jedoch auch Begründungen im Rahmen des Vorsorgeprinzips ausgeführt. Aus meiner Sicht spricht auch nichts dagegen, wenn diese Entscheidung mutig und transparent erläutert wird, zum Beispiel, mit einem Hinweis auf die Motivation der Nutzer.

5 Fazit

Auch wenn keine ausreichende toxikologisch abgeleitete Datenlage für die Entscheidung „Rückbau des feuchtegeschädigten Fußbodens" zur Verfügung steht, kann ein Rückbau notwendig werden. Dazu bedarf es den Mut, die Entscheidungskriterien offen zu legen und den Ermessensspielraum, den jeder Sachverständige und jede Sachverständige hat, transparent zu machen. Entscheidungen aus dem Labor, ohne Kenntnis der Situation vor Ort, sind dagegen nicht akzeptabel. Die Verantwortung für eine Empfehlung müssen die Sachverständigen tragen. Das ist ihr Beruf.

Literatur

1. AIR Ausschuss für Innenraumrichtwerte: Aktuelle Veröffentlichungen unter https://www.umweltbundesamt.de/themen/gesundheit/kommissionen-arbeitsgruppen/ausschuss-fuer-innenraumrichtwerte-vormals-ad-hoc#textpart-1
2. Asbestrichtline: – Richtlinie für die Bewertung und Sanierung schwach gebundener Asbestprodukte in Gebäuden – Nordrhein-Westfalen – Fassung vom Januar 1996 (MBl. NRW. 1997, S. 1067.
3. Umweltbundesamt (Hrsg.): Leitfaden – Zur Vorbeugung, Erfassung und Sanierung von Schimmelbefall in Gebäuden. Dessau-Roßlau, 2017.
4. AWMF Schimmelpilz Leitlinie 2016: „Medizinisch-klinische Diagnostik bei Schimmelpilzexposition in Innenräumen" AWMF Register Nr. 161-001.
5. AGÖF-Leitfaden 2013: Gerüche in Innenräumen – sensorische Bestimmung und Bewertung.
6. Bundesgesundheitsblatt 2014 57: 148–153 Gesundheitlich-hygienische Beurteilung von Geruchsleitwerten.

Dipl. Biol. Nicole Richardson Studium der Biologie an der Carl-von-Ossietzky-Universität Oldenburg; seit 1993 Sachverständigenbüro in Witten mit dem Schwerpunkt: chemische und mikrobielle Innenraumschadstoffe, Sanierungsbegleitungen und Sanierungskonzeptionen; seit 1999 von der IHK Bochum öffentlich bestellte und vereidigte Sachverständige für Innenraumschadstoffe und Schimmelpilze; seit 2012 Bau-Mediatorin; seit 2013 Leitung des Bundesfachbereichs Innenraumhygiene im Bundesverband öffentlich bestellter und vereidigter Sachverständiger (BVS); Mitglied in der Kommission Reinhaltung der Luft im VDI und DIN Normenausschuss KRdL: NA 13404-04-05 UA; Mitglied im WTA Arbeitskreis: Schimmelpilzschäden in Innenräumen: Ziele und Vorgehensweise bei Sanierungskontrollen; Mitglied der Kommission Innenraumlufthygiene (IRK) des Umweltbundesamtes.

Pro + Kontra – Das aktuelle Thema: Schimmel in Bauteilen

4. Beitrag: Schimmel ohne Auswirkungen in Innenräumen kann bleiben

Thomas Warscheid

1 Ausgangssituation

Die Problematik der mikrobiellen Belastung von Innenräumen findet auch nach nunmehr über 20 Jahren eine nicht nachlassende Beachtung in der Schadensbewertung im Bauwesen. Trotz vielfältiger Anstrengungen von Seiten des Umweltbundesamtes sowie einschlägiger Fachverbände gibt es bis heute jedoch kaum eine wirklich verbindliche Bewertungsgrundlage, die im Wirrwarr übertriebener Hysterie wie auch etwaig fahrlässiger Unterschätzung klare und nachvollziehbare Regelungen für die Lösung mikrobiell-hygienischer Probleme in der täglichen Baupraxis bereithält.

Im Rahmen dieser angespannten Diskussion wird leider auch zunehmend die ursprüngliche Problematik der Schimmelpilzbildung in Innenräumen, nämlich die bauphysikalischen und baukonstruktiven sowie nutzerbedingten Ursachen von Feuchtebelastungen und folglich sichtbarem und hygienisch-relevantem Schimmelpilzbewuchs (Abb. 1), gegenüber der unsäglichen und häufig übertriebenen Suche nach der letzten versteckten Pilzspore in der Baukonstruktion vergessen.

Waren in der Vergangenheit fast ausschließlich verschiedenartige Feuchteschäden entscheidende Auslöser für derartige Betrachtungen, finden sich heute zudem zunehmend auch Neubauten mit mehr oder weniger bauüblichen Restfeuchtebelastungen und Verschmutzungen als Gegenstand gutachterlicher, gesundheitlicher wie auch juristischer Bewertungen (Abb. 2).

Dr. rer. nat. T. Warscheid
LBW Bioconsult, Wiefelstede, Deutschland

Abb. 1 Schimmelpilzbewuchs in einer Mietwohnung

Abb. 2 Verschmutzte Estrichdämmung im Neubau

In diesem Zusammenhang drängen sich verstärkt folgende Fragen auf:

1. Sind die häufig zur gutachterlichen Bewertung herangezogenen Keimzahlen auf Baustoffen trotz vielfältiger, auch natürlich schwankender Hintergrundbelastungen bei der Erstellung und Nutzung von Gebäuden ein wirklich verlässlicher Parameter?
2. Ist nicht vielmehr der makroskopische wie auch mikroskopische Nachweis eines in jeglicher Hinsicht unüblichen Schimmelpilzbewuchses auf Baustoffen das einfachere und wesentlich entscheidendere Bewertungskriterium für eine angemessene und nachhaltige Sanierung von mikrobiell-bedingten Bauschäden?

In diesem Beitrag soll der Frage nachgegangen werden, ob und in welchem Umfang mikrobielle Keime unter Estrichdämmschichten als bauartbedingte Verschmutzung normal und akzeptabel oder als Baumangel und Einschränkung der Gebrauchstauglichkeit zu bewerten sind, weil sie ein bislang unterschätztes hygienisches Risiko für die Raumnutzer darstellen könnten.

2 Bauartbedingte Verschmutzung oder schadensbedingtes Schimmelpilzwachstum

Ein im Rohbau befindliches Gebäude ist weitgehend schutzlos verschiedenartigen Umwelteinflüssen (i. e. Sonneneinstrahlung, Wind, Regen, Staub etc.) ausgesetzt, die durch die jeweilig vorherrschenden Umgebungsbedingungen (i. e. Klima, Lage, Bodenverhältnisse, Vegetation etc.) bestimmt werden. Je nach Gebäudetyp, ob Massivbau oder Holzständerwerk, kommt es dabei zu bauartbedingten Feuchtebelastungen und Verschmutzungen bis hin zur Kontamination mit verschiedenen mikrobiellen Keimen, sowohl aus der natürlichen Umgebung, als auch den eingesetzten Baustoffen (z. B. Holzwerkstoffe, Recyclingbaustoffe) (Abb. 3 und 4).

Abb. 3 Witterungsexponierter Rohbau

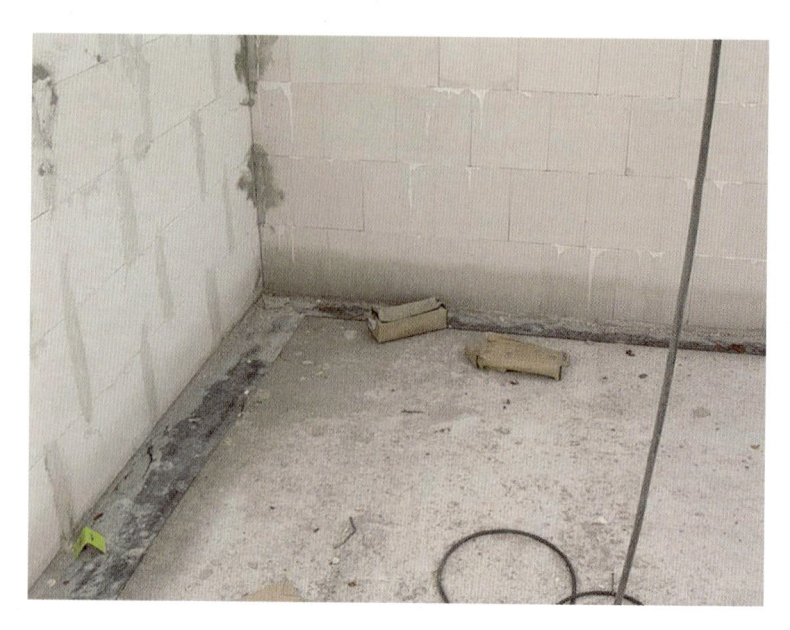

Abb. 4 Restbaufeuchte und Verschmutzungen

Abhängig von der Nutzung und Pflege sowie Exposition der Gebäude kann die mikrobielle Kontamination in Innenräumen mit fortschreitender Alterung auch zunehmen, ohne dass ein offensichtlicher Feuchteschaden vorliegen muss.

Da eine absolute Keimfreiheit in der belebten Natur wie auch in Gebäuden niemals erreicht werden kann und aus Gründen der potentiell immunstimulierenden Wirkung auch niemals angestrebt werden sollte, steht über allem – aus hygienischen wie auch ästhetischen Gründen – das Gebot der Minimierung der Schimmelpilz- wie Bakterienbelastung auf ein „bauartbedingtes" Maß.

Feuchtebelastungen in Estrichdämmschichten können je nach Ausmaß und Dauer zu möglichen Schädigungen der dort vorhandenen Baustoffe, aber auch zu Veränderungen in der Zusammensetzung und Aktivität der natürlich vorhandenen Mikroflora im Fußbodenaufbau und den angrenzenden Wandoberflächen führen.

Mit dem Eintritt von Wasser entscheidet daher vor allem die Dauer der Feuchtebelastung, der allgemein hygienische Zustand des Gebäudes sowie die Anfälligkeit der betreffenden Baustoffe im Bodenaufbau über die Intensität der mikrobiellen Kontamination bis hin zur Ausprägung eines stoffwechselaktiven, mikrobiellen Bewuchses.

In Hinblick auf etwaige Rückbaumaßnahmen ist daher von entscheidender Bedeutung, ob eine rasche und erfolgreiche Bauwerkstrocknung sowie nachhaltige Sanierung der feuchtegeschädigten Objektbereiche gewährleistet werden kann [1, 2]. Bei Vorliegen von massiven fäkalen Verunreinigungen oder dem Eintrag von nährstoffreichem Schmutzwasser erscheint eine hygienisch akzeptable und raumlufthygienisch einwandfreie Sanierung häufig ausgeschlossen und ein umfassender Materialaustausch schon aus geruchlichen Gründen unumgänglich, obschon auch im Einzelfall eine Überprüfung der Notwendigkeit sinnvoll sein kann [3].

Die zunehmende Sensibilisierung für die im Zuge von Feuchteschäden in Estrichen folglich möglichen mikrobiellen Belastungen und ihre potentiellen gesundheitlichen Beeinträchtigungen für die Raumlufthygiene (u. a. allergene Keime, immunologisch relevante Zellfragmente etc.) führt heute vermehrt zu einer „vorsorglichen" Komplettsanierung entsprechender Objektbereiche. Diese radikalen Maßnahmen erfolgen dabei zumeist aus emotionalen Beweggründen und ohne eine angemessene, interdisziplinär getragene Bewertung und Abwägung der bautechnischen, wirtschaftlichen und mikrobiologischen Gegebenheiten sowie der trocknungs- und sanierungstechnischen Möglichkeiten.

Diese kostenintensive und ressourcenschädigende Sanierungspraxis ist umso bedenklicher, da weiterhin wissenschaftlich abgesicherte Bewertungsgrundlagen fehlen, die etwaig bauartbedingte und damit akzeptable Hintergrundbelastungen für wachstumsfähige Keime für die Baupraxis ausweisen. Für einen sog. „neubautypischen" Zustand gibt es bis heute und wird es auch in Zukunft aufgrund der verschiedenartigen Standortbedingungen unterschiedlicher Baustellen (u. a. Neubau/Altbau, Massivbau/Leichtbau, Keller/Wohnraum) niemals wirklich juristisch verwertbare Hintergrundreferenzwerte für Baustoffe geben können.

Daran haben auch aktuelle Studien wenig ändern können, in denen entweder aufgrund der begrenzten Anzahl an verfügbaren Proben die verschiedenen Expositions- und Objektbedingungen in Gebäuden nur unzureichend erfasst und berücksichtigt werden konnten [4] oder selbst umfassende Datensätze keinen unmittelbaren Zusammenhang zwischen vermeintlich erhöhten Keimbelastungen und mikroskopisch nachweisbarem Schimmelpilzbewuchs bzw. mikrobiellen Befallsherden darstellen konnten [5].

Trotz alledem hat sich in der gutachterlichen Bewertung von vermuteten Schimmelpilzschäden in Estrichdämmschichten ein „allgemeiner" Grenzwert

(i. e. > 10^5 KBE/g Material) eingebürgert. In dieser reinen Zahlenbewertung wird nicht nur außer Acht gelassen, dass Schimmelpilze unterschiedliche Sporulationseigenschaften besitzen und vor allem gesundheitlich relevante Schimmelpilzarten (u. a. *Chaetomium spec.* und *Stachybotrys spec.*) weit weniger Sporen produzieren als ubiquitäre, außenlufttypische Schimmelpilze, sondern auch die Dichte von Baustoffen und damit der Volumenbezug zur Probe nicht berücksichtigt (vgl. das Volumen von 1 g Styropor mit dem Volumen von 1 g Wandputz).

Die Heranziehung des oben genannten „Grenzwertes" für Baustoffe ist unter hygienischen Aspekten umso fraglicher, wenn vergleichbare Keimkonzentrationen in verschiedenen Lebensmitteln (einschl. Fäkalkeimen) gemäß der Richtwerten der DGHM als „normal" eingestuft werden [6]; das gilt im Übrigen auch für Mykotoxine, deren Konzentration in Innenräumen nach derzeitigem Stand des Wissens so gering sind, dass sie kaum an die Grenzwerte der EU-Kommission für Lebensmittel heranreichen [7–9]. Für Baustoffe, wie auch für Lebensmittel, gilt, dass Ihre „Gebrauchstauglichkeit" erst dann unzweifelhaft endet, wenn ein sichtbarer wie mikroskopisch nachweisbarer Schimmelpilzbewuchs wie auch geruchlich auffälliger Bakterienbefall vorliegt [1, 2].

Mit der Vorlage des neuen Schimmelleitfadens des UBA 2017 mehren sich die Schadensfälle in denen statt der Schimmelpilze auch mögliche Anreicherungen an Bakterien und Aktinomyzeten als hygienisch relevant bewertet werden, insbesondere wenn diese Mikroorganismen Keimzahlkonzentrationen von > 10^6 KBE/g übersteigen [1]. In diesem Zusammenhang bleibt zu beachten, dass Bakterien eine erfolgreiche Trocknung nicht überleben, die von Ihnen womöglich gebildete Biomasse kaum messbar ist und es sich in Gebäuden in der Regel um nicht unmittelbar pathogene Spezies aus der natürlichen Umwelt handelt – kaum andere als die 80 Mio. Bakterien, die wir bei einem 10-sekündigen Zungenkuss miteinander austauschen und uns dabei wohlfühlen dürfen [10]. Signifikante Anreicherungen von Fäkalbakterien sind dagegen alleine schon aufgrund der damit häufig verbundenen Geruchsbelastungen in Innenräumen inakzeptabel; das würde auch für potentiell infektiöse, thermophile Aktinomyceten gelten, sofern diese Mikroorganismengruppe überhaupt unter den kühlen Baubedingungen nachweisbar wäre.

In den letzten Jahren haben sich neben dem Umweltbundesamt (UBA) viele Fachverbände (u. a. VDI, BG Bau, GDV, WTA, GHUP und BVS mit dem Netzwerk Schimmel e. V.) mit der Untersuchung, Bewertung und Sanierung von Schimmelpilzschäden auseinandergesetzt und ihre abgestimmten Arbeitsergebnisse in Handlungsempfehlungen und Richtlinien zusammenfassend formuliert und veröffentlicht [1, 3, 11–15].

Die betreffenden Leitfäden bieten in ihren verschiedenen Sichtweisen eine gute Grundlage für das Verständnis des umfassenden Problemfeldes mikrobieller Belastungen in Innenräumen und können eine wertvolle Orientierungshilfe für den Nichtfachmann sein. Viele Aussagen und darauf aufbauende Bewertungshilfen dieser Regelwerke bewegen sich aber immer noch im Bereich empirischer Erfahrungen und nicht auf der Basis umfassend wissenschaftlich belegter Erkenntnisse [5, 16, 17].

Die in den verschiedenen Regelwerken aufgeführten Eingriffs- oder Aufmerksamkeitswerte geben somit allenfalls eine Orientierung für mikrobielle Keimbelastungen in der Luft, im Staub und auf Materialoberflächen. Sie erlauben damit im jeweiligen Schadensfall grob einzuschätzen, ob Hinweise auf eine mögliche mikrobielle Innenraumquelle vorliegen bzw. ob es sich um eine geringe, mittlere oder hohe Keimanreicherung handelt, ohne – wie die Autoren auch selbst stets betonen – eine medizinische Bewertung und ohne unmittelbare rechtliche Relevanz daraus ableiten zu können. Die Forderungen nach der Gewährleistung und Wiederherstellung eines rechtlich, hygienisch „geschuldeten" Bauzustandes müssen damit ähnlich ins Leere gehen wie Erwartungen an einen gesundheitlich, hygienisch „einwandfreien" Wohnzustand. Bei vermeintlich gesundheitlichen Beeinträchtigungen oder Erkrankungen aufgrund von mikrobiell bedingten Belastungen in Innenräumen werden im Rahmen der medizinische Differentialdiagnose umfassende Schimmelpilzanalyse zudem auch nur bedingt für notwendig erachtet [15].

Ob mit den bestehenden Regelwerken eine ausreichende Basis für eine Lösung und Bewertung der Schimmelpilzproblematik in Innenräumen gegeben ist, darf angesichts der häufig willkürlichen Auslegung und fachfremden Interpretation der dort formulierten Empfehlungen und orientierenden Bewertungsgrundlagen bezweifelt werden. Es ist daher weiterhin notwendig, die vorliegenden Leitfäden verbandsübergreifend und fachlich aufeinander abzustimmen und ihnen den jeweils richtigen Stellenwert zuzuordnen, damit Schimmelpilzschäden nicht nach Belieben, sondern sachlich nachvollziehbar bewertet und saniert werden können.

Die bauartbedingten Einflussgrößen bei der natürlichen Verschmutzung von Estrichdämmschichten sind, wie bereits mehrfach ausgeführt, erfahrungsgemäß auf jeder individuellen Baustelle klimatisch und bautechnisch unterschiedlich ausgeprägt; daher können sogenannte „Hintergrundwerte" oder „Anhaltswerte" für wachstumsfähige Pilzsporen keine wirklich bewertbare Vergleichsbasis für ein „nicht unerhebliches Maß an Schimmelpilzen" in einem jeweiligen Bauvorhaben bilden. Einzig ein mikroskopisch nachgewiesener Schimmelpilzbewuchs kann diese Abweichung vom „Normalmaß" beschreiben; wachstumsfähige Schimmelpilzsporen können je nach bauartbedingten Verunreinigungen durchaus in erhöhter Zahl vorliegen, jedoch nur ein mikroskopisch erkennbarer, strukturierter

Schimmelpilzbewuchs ist dagegen als eindeutiger Nachweis einer „nicht unerheblichen Belastung an feuchtebedingt ausgewachsenen Schimmelpilzsporen" zu bewerten (Abb. 5 und 6).

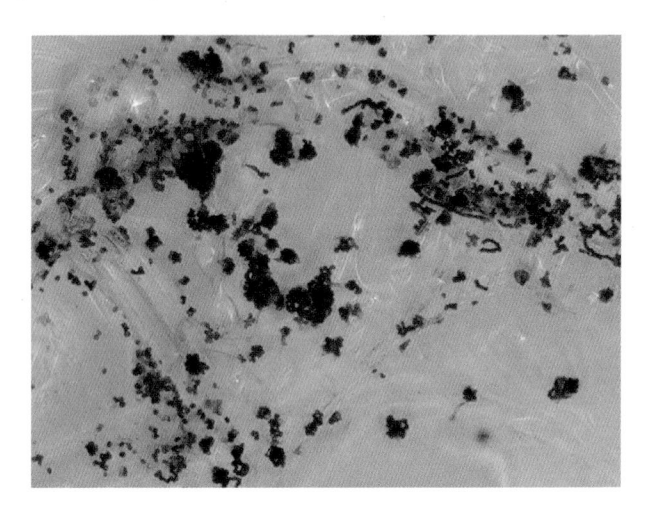

Abb. 5 Bauartbedingte Verschmutzung auf Styropor

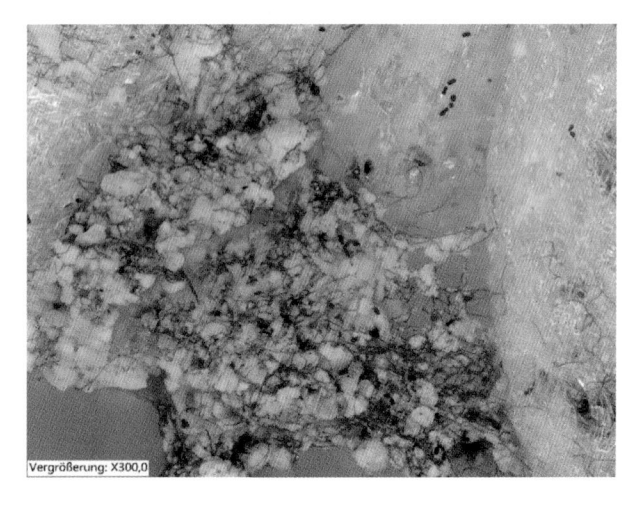

Abb. 6 Strukturierter Schimmelpilzbewuchs auf Styropor

In diesem Sinne unterstreicht auch das Umweltbundesamt in seinem neuen Schimmelleitfaden 2017, dass quantitative Keimzahlbestimmungen von Baustoffen mit hohen Unsicherheiten behaftet sind und aufgrund von Verschmutzungen und sedimentierten Sporen einen vermeintlichen Schimmelpilzbewuchs vortäuschen können; von daher stellt die mikroskopische Analyse einen wichtigen Beitrag zur Verifizierung eines aktiven und strukturierten Schimmelpilzbewuchses dar [1].

In der „Richtlinie zum sachgerechten Umgang mit Schimmelpilzschäden in Gebäuden – Erkennen, Bewerten und Instandsetzen" [2] wurde diesem Zusammenhang bereits Rechnung getragen, wonach eine erfolgreiche Sanierungsmaßnahme zum Ziel haben sollte, dass in dem schadensgegenständlichen Objektbereich

I. kein auf die Schadensursache bezogener Schimmelpilzbewuchs mehr vorhanden ist,
II. keine auffällige biogene Raumluftbelastung und Kontamination verbleiben,
III. keine schadensbedingten Geruchsbelästigungen mehr bestehen,
IV. keine Feuchtebelastungen mehr vorhanden sind sowie
V. die Schadensursache grundlegend beseitigt ist.

Aus Gründen der gesundheitlichen Vorsorge ist in diesem Zusammenhang sicherzustellen, dass kein aktiver und strukturierter Schimmelpilzbewuchs bzw. keine extrem erhöhte Kontamination an Pilzsporen auf den ehemals schadensgegenständlichen sowie anliegenden Bauteiloberflächen nachweisbar ist. Darüber hinaus sollte keine signifikante Raumluftbelastung durch Keime oder mikrobiell-organische Partikel (i. e. Gesamtsporen) nach Maßgabe der einschlägigen Regelwerke vorliegen. Nur auf dieser Grundlage kann die Gebrauchstauglichkeit eines Gebäudeobjektes definiert und sichergestellt werden, der die Frage nach einem etwaig verbleibenden merkantilen Minderwert obsolet macht.

Abschließend sei angemerkt, dass kein Schimmelpilzleitfaden die unabdingbar notwendige Kommunikation zwischen dem qualifizierten Untersuchungslabor und dem sachverständigen Gutachter ersetzen kann. Gerade aufgrund der empirischen Basis und des aktuell begrenzten Wissens setzt die Analyse, Bewertung und nachhaltige Sanierung zwingend eine interdisziplinäre Zusammenarbeit von Bauingenieuren, Umweltmikrobiologen, Medizinern, Sanierungsunternehmen und Juristen voraus [2, 18].

3 Entscheidungshilfen für die Sanierung von feuchtegeschädigten Estrichen

Bei der Festlegung des etwaig notwendigen Sanierungsumfangs bei mikrobiellen Belastungen von feuchtegeschädigten Estrichen ist zunächst die Qualität des eingedrungenen Wassers (z. B. Frischwasser, Bodenwasser, Fäkalwasser) in Hinblick auf den möglichen Eintrag zusätzlicher mikrobieller Keime bzw. organischer, weil nährstoffreicher Bestandteile entscheidend.

Darüber hinaus ist der Zeitraum der Feuchtebelastung ein wichtiges Kriterium, ob nämlich genügend Zeit gegeben war, einen schadensursächlichen mikrobiellen Befall auszubilden: Bei einem klassischen Estrichaufbau (i. e. Kunststofffolie, Styropor, Beton) können dabei bis zu drei Monate durchaus unkritisch sein. Liegen jedoch länger anhaltende Feuchtebelastungen oder mikrobiell anfällige Dämmstoffe (z. B. Holzwerkstoffe, Pappe/Papier, Mineralwolle, Perlite) vor, kann eine mikrobiologische Kontrolluntersuchung der feuchtegeschädigten Baustoffe empfehlenswert sein [19].

Bei der umfassenden Bewertung von mikrobiell bedingten Schäden wie auch der anschließenden Sanierungsplanung kommt der Qualität und der mikrobiellen Empfindlichkeit der Baustoffe und Beschichtungen im angrenzenden Wand- und Estrichrandbereich eine besondere Bedeutung zu. Der Erfahrung nach haben sich bei Feuchteschäden insbesondere Tapete, Kleber/Kleister, Dispersionsfarbe, Gipskarton wie auch Gipsputze als mikrobiell besonders anfällig erwiesen. Tab. 1 gibt eine empirische Orientierungshilfe für die mikrobielle Anfälligkeit von Baustoffen; kurz und knapp zusammengefasst, zeigt sie, dass in feuchtegefährdeten wie auch bereits feuchtegeschädigten Gebäudebereichen neben polymeren Abdichtfolien und Dämmstoffen vor allem der Verwendung mineralischer, diffusionsoffener und feuchteabsorbierender sowie alkalischer Baustoffe, wie Kalkputzen und Kalkschlämmen, vorsorglich Vorzug zu geben ist [20].

Nach Wasserschäden in Estrich finden sich die hygienisch relevanten mikrobiellen Befallsherde zumeist in den Estrichrandfugen sowie auf den anliegenden Wandbereichen und eher selten unter den feuchtegeschädigten Estrichdämmschichten; hier mangelt es häufig an Sauerstoff und Nährstoffen und in stehendem Wasser entwickelt sich ein Schimmelpilzwachstum nur sehr eingeschränkt. Ist die technische Machbarkeit einer ausreichenden Trocknung der Estrichdämmschichten gewährleistet, sollten die Estrichrandfugen und anliegenden Wandoberflächen nach etwaigem Rückbau mikrobiell belasteter Baustoffe begleitend einer desinfizierenden Intensivreinigung (i. e. Wasserstoffperoxid, Ethanol, Peressigsäure) unterzogen werden.

Tab. 1 Mikrobielle Anfälligkeit von Baustoffen

Mikrobielle Anfälligkeit / Einsatzbereich	Estrichaufbau	Dehnfugenbereich	Wandbereich
Gering	Beton Styropor Kunststofffolie Abdichtfolie	Kunststoffvlies	Kalkputze Kalkglätte Mineralische Anstiche
Mittel	Mineralwolle Perlite-Schüttung Massivholz Verbundwerkstoffe (Bodenheizung, Trittschalldämmung)	Kleber Polymerabdichtungen	Lehmputze Silikatfarben Silikatdispersionsfarben
Deutlich	Gipsanhydrit Holzfaserpressplatten Holzspanplatten	Ölpapier Karton Polyurethanschaum	Gips Gipskarton Tapete/Thermopete Kleister Dispersionsfarben Holzfaserpressplatten Holzspanplatten

Alle hier dargestellten Sanierungsschritte können mittels angemessener mikrobiologischer Untersuchungen und fachgerechter Bewertung der hygienischen Situation durch einen erfahrenen Mikrobiologen vorzugweise *vor Ort* bzw. mit einem qualifizierten Labor begleitet werden. In diesem Zusammenhang sei nochmals betont, dass es für die Notwendigkeit und den angemessenen Umfang etwaiger Sanierungsarbeiten wichtig ist, zwischen einer bauüblichen Verschmutzung, einer mikrobiellen Kontamination oder einem schadensursächlichen Schimmelpilzbewuchs zu unterscheiden. Dabei gilt als oberstes Gebot, soweit wie möglich dafür Sorge zu tragen, dass nach Abschluss der Sanierungsarbeiten kein versteckter, mikrobieller (Alt-)Befall, keine nachhaltigen Auswirkungen auf die Raumlufthygiene sowie keine geruchlichen Beeinträchtigungen mehr im erfolgreich getrockneten Objekt verbleiben und dies nach Abschluss der Sanierungsarbeiten auch durch entsprechende Freimessungen sichergestellt wird.

Bei Feuchteschäden in Estrichdämmschichten, aber auch in anderen Gewerken (z. B. Holzkonstruktionen, Hohlräumen), stellt sich weiterhin die Frage, ob eine fachgerechte Instandsetzung immer einen Rückbau und die Sanierung der schadensgegenständlichen Objektbereiche notwendig macht; d. h. müssen Bauteile wegen der prinzipiellen Gefahr, dass in diesen ein mikrobieller Bewuchs entstehen könnte, immer ausgetauscht werden oder können potentielle gesundheitliche Beeinträchtigungen auch auf anderem Wege unter Beibehaltung von feuchtegeschädigten und schimmelpilzbehafteten Bauteilen ausgeschlossen werden?

Bei Sicherstellung einer dauerhaft partikel- und sporendichten Trennung schadensgegenständlicher Objektbereiche von den umgebenden, unbelasteten Räumlichkeiten sind keine gesundheitlichen Gefahren für Bewohner und Nutzer zu erwarten; außerdem würde durch den alternativen Einsatz von geeigneten Abschottungen die im Fall eines Rückbaus möglicherweise entstehende mikrobielle Kontamination ganzer Raumbereiche oder gar ganzer Gebäude durch Schimmelsporen verhindert.

In dem Forschungsvorhaben „Instandsetzung von Schimmelpilzschäden durch Abschottung – Partikeldichtheit von Bauteilschichten", das mit Mitteln der Forschungsinitiative Zukunft Bau des Bundesinstituts für Bau-, Stadt- und Raumforschung gefördert wurde, konnte das AIBau in Zusammenarbeit mit LBW Bioconsult zeigen, dass bereits bauübliche Randanschlüsse die Freisetzung von potentiell hygienisch-relevanten Pilzsporen und Hyphenfragmenten verhindern [21]; ein etwaiger Pumpeffekt von Estrichdämmschichten ist bereits theoretisch zweifelhaft und wurde in der Baupraxis auch nie wirklich nachgewiesen (Abb. 7 und 8).

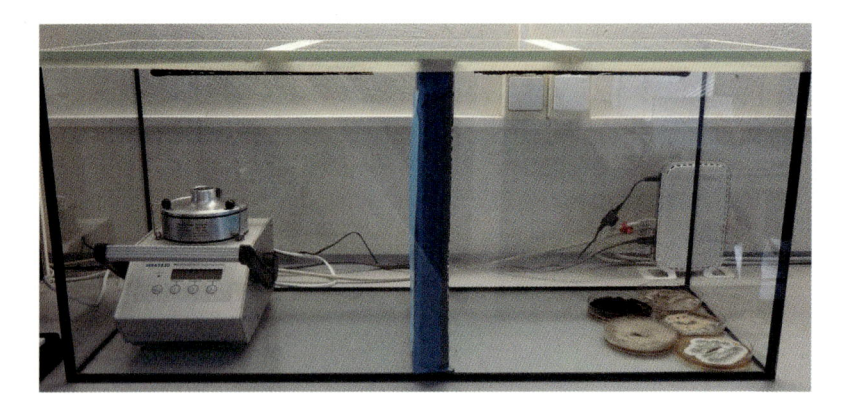

Abb. 7 Versuchsaufbau mit Abschottung zwischen Weiß- und Schwarzbereich

Abb. 8 Estrichrandstreifen als Abschottung zwischen Styropor und Kalksteinmauerwerk

Auf dem Hintergrund dieser Überlegungen und unterstützt durch die Ergebnisse des oben angeführten Forschungsprojektes wurde im Rahmen der Überarbeitung des Schimmelleitfadens des Umweltbundesamts eine eigene Nutzungsklasse für abgeschottete Objektbereiche eingeführt. Demnach sind die hygienischen Anforderungen für die Raumklasse IV (i. e. Hohlräume, Dachkonstruktionen und Estrichdämmschichten) geringer zu bemessen, sofern entsprechende Abschottungen dauerhaft wirksam und zuverlässig hergestellt werden können [1]. Auch das WTA-Merkblatt zum Thema Schimmelpilzschäden sieht in der dauerhaft partikel- bzw. sporendichten Abschottung schimmelpilzbehafteter Bauteile ein grundsätzlich geeignetes Sanierungsziel [14].

Am Ende der hier dargelegten Betrachtungen bleibt auch zu bedenken, dass nach einem etwaigen Rückbau eines vermeintlich schadensgegenständlichen Estrichs es mit dem Wiedereinbau zu erneuten und nicht unerheblichen Feuchtebelastungen in dem betreffenden Objektbereich kommt. Damit bleibt die Frage offen, ob mit einem neuen Estrich unter Berücksichtigung bauartbedingter Verschmutzungen abschließend tatsächlich bessere hygienische Bedingungen gewährleistet werden können [22].

Beim Rückbau von Estrichdämmschichten sind zudem auch ökologische Aspekte zu berücksichtigen. Problematische Baustoffe, wie Styropor, rechtfertigen ihre Nachhaltigkeit nur über eine lange Einsatzzeit, sodass ein frühzeitiger Austausch unweigerlich als zusätzliche und etwaig vermeidbare Umweltbelastung zu bewerten ist. In Anbetracht der Nachhaltigkeitsdebatte darf in diesem Zusammenhang auch nicht unerwähnt bleiben, dass die Herstellung von Beton mit einer erheblichen Freisetzung von Kohlendioxid verbunden ist; der dazu notwendige Sand ist zudem ein knapper Rohstoff geworden, bei dessen Abbau inzwischen vermehrt umfassende Umweltschäden zu beobachten sind [23].

Der idealen Schadens- und Sanierungsabwicklung stehen häufig sowohl ökonomische Sachzwänge, als auch juristische Entscheidungskriterien entgegen. Diese können den Untersuchungs- und Sanierungsaufwand unangemessen vergrößern, sodass eine flexible Modifikation der dargestellten Strategievorgaben notwendig wird. Dem Gebot der höchstmöglichen Minimierung mikrobieller Belastungen in Innenräumen dürfen sie jedoch niemals zuwiderlaufen.

4 Zusammenfassung

In dem hier dargelegten Beitrag konnte gezeigt werden, dass für die hygienische Bewertung und Sanierung von Feuchteschäden in Estrichen aufgrund individueller bauartbedingter Verschmutzungen, unzureichender Hintergrunddaten für bauübliche mikrobiell-organische Verunreinigungen sowie kaum nachweisbarer hygienischer Auswirkungen der weitgehend abgeschotteten Estrichdämmschichten nur pragmatische Ansätze den Weg zu einem angemessenen Umgang mit entsprechenden Schäden weisen.

In diesem Zusammenhang können länger anhaltende Feuchteschäden (> 3 Monate), der Eintrag von Schmutzwasser bzw. fäkalen Verunreinigungen sowie das Vorliegen mikrobiell anfälliger Baustoffe und Schüttungen im Estrichaufbau primäre Indikatoren für einen vermeintlich notwendigen Rückbau entsprechend feuchtegeschädigter Estriche sein; auch daraus resultierende Probleme bei der Trocknungsfähigkeit des Estrichaufbaus, der Materialbeständigkeit sowie unvermeidbare Geruchsbelastungen sind bereits ohne weitere mikrobiologische Untersuchungen wichtige Parameter, einen Austausch der Estriche anzugehen. Trotz allem können der mikrobiologische Nachweis eines erkennbaren, strukturierten Schimmelpilzbewuchs bzw. signifikanter mikrobiell-organischer Verunreinigungen sowie eines möglichen Einflusses auf die Raumlufthygiene letztgültig darüber Aufschluss geben, ob entsprechend umfassende Rückbaumaßnahmen aus hygienischen Erwägungen tatsächlich notwendig sind.

Dagegen ist bei kurzzeitigen Wasserschäden oder bauartbedingten Feuchtesituationen (i. e. Restbaufeuchte) unbedingt eine zeitnahe und nachhaltige Trocknung einzuleiten, insbesondere wenn im betreffenden Estrichaufbau mineralische Baustoffe bzw. mikrobiell unempfindliche Dämmstoffe vorliegen. In Zweifelsfällen können die bei der Anlage der Trocknung gewonnenen Bohrkerne auch hier mikroskopisch auf schadensursächliche mikrobielle Befallsherde bzw. bauartbedingte Verschmutzungen untersucht und hygienisch bewertet werden, um die Notwendigkeit weiterer Sanierungsmaßnahmen rechtzeitig darzulegen.

Bei allen Sanierungsentscheidungen in den betreffenden Schadensfällen sollte neben der Verhältnismäßigkeit des ökonomischen Aufwandes einer Sanierung und dem Aspekt der Ressourcenschonung der gesunde Menschenverstand nicht zu kurz kommen.

5 Ausblick

Die Untersuchung und Bewertung mikrobieller Belastungen in Estrichen, wie auch allgemein in Innenräumen, setzt eine umfassende interdisziplinäre Zusammenarbeit aller Beteiligten voraus. Die Bildung von aktiven Schimmelpilznetzwerken, in denen nicht nur Biologen und Bausachverständige, sondern auch Mediziner, Juristen und Sanierungsunternehmen zusammenarbeiten, können dabei unterstützen, qualifizierte sowie abgestimmte Strategien und Lösungswege für die Baupraxis in dem betreffenden Problembereich zu erarbeiten.

Derartige aus der vielfältigen Praxis erworbene Erfahrungen müssen die weitere Entwicklung und Differenzierung der bestehenden einschlägigen Schimmelpilzleitfäden aktiv begleiten. Diese Regelwerke dürfen heute daher weder aus praktischer noch aus wissenschaftlicher Sicht bereits als „Stand der Technik" angesehen werden. Vielmehr sind sie als Diskussionsgrundlage von allen an der Frage beteiligten verantwortlichen Praktikern wie Wissenschaftlern im Detail und jenseits purer geschäftlicher Interessen weiterzuentwickeln, um vor allem einem ungerechtfertigten, rechtlichen Missbrauch in der Sache vorzubeugen.

Mit der „International Commission of Indoor Fungi" (ICIF am CBS in Utrecht, Dr. R. Samson) und der „International Biodeterioration Society" (IBBS, England) stehen auch internationale Organisationen zur Verfügung, zukünftig im Rahmen von regelmäßigen wissenschaftlichen Seminaren und Tagungen zu diesem Thema vor allem den wissenschaftlichen Austausch mikrobiologischer Experten zu intensivieren, um die oben angesprochene Gremienarbeit auch aus dieser Richtung zu unterstützen.

Der hier vorliegende Beitrag zeigt, dass es in der Zukunft weiterhin notwendig ist,

1) belastbare, „bauartbedingte" Hintergrunddaten für verschiedene Grundbelastungen (u. a. Alter), Baukonstruktionen und Baustoffe zu erarbeiten,
2) eine Näherung in der gesundheitlichen Gefährdungsabschätzung mikrobieller Belastungen in Hinblick auf die Freisetzung von Zellfragmenten (Glucane), toxischer Stoffwechselprodukte (Mykotoxine, Endotoxine) und bakterieller Belastungen (Aktinomyceten) zu geben und
3) eine Erweiterung und Qualitätssicherung in der mikrobiologischen Analytik zur Unterscheidung zwischen Kontamination vs. mikrobiellem Befall

zu erarbeiten. Darüber hinaus sind aus konkret praktischen Erwägungen Planer wie Verbraucher bei der Bauerstellung und Sanierung verstärkt auf die unterschiedliche, mikrobielle Anfälligkeit von Baustoffen und Beschichtungen hinzuweisen und entsprechende Zertifizierungen nach internationalen Standards (CEN) voranzutreiben.

Bei Schimmelbefall werden in vielen Fällen Entscheidungen über Austausch oder Verbleib der betroffenen Bauteilschichten nicht nach belegbaren Notwendigkeiten unter hygienischen Aspekten getroffen, sondern aus monetären Anspruchssituationen gegenüber Dritten, typischerweise Mieter gegenüber Hauseigentümer, Versicherungsnehmer gegenüber Versicherungen oder Käufer gegenüber Verkäufern. Es drängt sich der Verdacht auf, dass bei den bisherigen Bewertungen und bei Vorgaben in Richtlinien oder Merkblättern die Gruppe von Betroffenen vergessen wurde, die keine Ansprüche gegenüber Dritten haben.

Literatur

1. UBA – Umweltbundesamt: Leitfaden zur Vorbeugung, Erfassung und Sanierung von Schimmelbefall in Gebäuden, Berlin (2017).
2. Netzwerk Schimmel et al: Richtlinie zum sachgerechten Umgang mit Schimmelpilzschäden in Gebäuden – Erkennen, Bewerten und Instandsetzen" (Herausgeber: Deitschun, F. und Warscheid, Th.) (2014).
3. VDB – Berufsverband Deutscher Baubiologen: Informationsblatt zur Beurteilung und Sanierung von Fäkalschäden im Hochbau (2010).

4. Fischer, G.: Ergebnisse des UFO-Plan-Projektes zur Hintergrund Belastung von Schimmelpilzen und Bakterien in Baumaterialien (erweiterte Abstract). In: Fortschrittsband der 17. Pilztagung des VDB, Bonn (2013).
5. Trautmann, C.: Ableitung von mikrobiologischen Bewertungskategorien aus Routineergebnissen. Tagungsband der Berliner Schimmelpilzkonferenz 2019, Müller Verlag (2019).
6. DGHM – Deutsche Gesellschaft für Hygiene und Mikrobiologie: Veröffentlichte mikrobiologische Richt- und Warnwerte zur Beurteilung von Lebensmitteln. Empfehlung der Fachgruppe Lebensmittelmikrobiologie und -hygiene der DGHM (Koordination: B. Becker) (2011).
7. Wiesmüller, G.A.; Heinzow, B. und Herr, C.E.W.: Gesundheitsrisiko Schimmelpilze im Innenraum. Ecomed-Medizin, Heidelberg (2013).
8. Portner, C.: Entwicklung flüssigkeitschromatographisch–massenspektrometrischer Methoden zum Nachweis von Mykotoxinen im Hausstaub. Dissertation, Carl von Ossietzky-Universität Oldenburg (2012).
9. EU-Kommision EG Verordung Nr. 1881/2006 zur Festsetzung der Höchstgehalte für bestimmte Kontaminanten in Lebensmitteln (2006).
10. Remco Kort, R.; Caspers, M.; van de Graaf; van Egmond, W. and Roeselers, G.: Shaping the oral microbiota through intimate kissing. Microbiome 2:41 (2014).
11. VDI – Verein Deutscher Ingenieure: Messen von Innenraumluftverunreinigungen – Messstrategien zum Nachweis von Schimmelpilzen im Innenraum. VDI 4300 Bl. 10 (2008).
12. BG Bau – Berufsgenossenschaft der Bauwirtschaft Gesundheitsgefährdungen durch biologische Arbeitsstoffe bei der Gebäudesanierung – Handlungsanleitung zur Gefährdungsbeurteilung nach Biostoffverordnung (BioStoffV). BG Bau Prävention Tiefbau, Abruf-Nr. 785, München (2005).
13. GDV – Gesamtverband der Deutschen Versicherungswirtschaft: Richtlinien zur Schimmelpilzsanierung nach Leitungswasserschäden. VdS 3151 (2014).
14. WTA – Wissenschaftlich – Technischer Arbeitskreis Schimmelpilzschäden: Ziele und Kontrollen von Schimmelpilzsanierungen in Innenräumen (in Vorbereitung) (2015).
15. GHUP – Gesellschaft für Hygiene, Umweltmedizin und Präventivmedizin e. V.: Medizinisch klinische Diagnostik bei Schimmelexposition in Innenräumen (Koordination: Heinzow, B.; Herr, C.E.W. und Wiesmüller, G. A.) (2015).
16. Trautmann, C.; Gabrio, T.; Dill, I.; Weidner, U.; Baudisch, C.: Hintergrundkonzentration von Schimmelpilzen in Luft. Bundesgesundheitsbl. – Gesundheitsforsch. – Gesundheitsschutz, 48, 12–20; (2005)
17. Trautmann, C.; Gabrio, T.; Dill, I.; Weidner, U.: Hintergrundkonzentrationen von Schimmelpilzen in Hausstaub. Bundesgesundheitsb. – Gesundheitsforsch – Gesundheitsschutz, 48, 29–35; (2005)
18. Oswald, R.: Schimmelpilzbewertung aus der Sicht des Bausachverständigen. In: 29. Aachener Bausachverständigentage 2003.
19. Richardson, N.: Orientierungshilfen zur Bewertung von Schimmelpilzbefall im Fußbodenaufbau. In: 8. Pilztagung des VDB „Schimmel erkennen, bewerten und sanieren, Berufsverband Deutscher Baubiologen", 125–136; (2004).

20. Warscheid, Th.: Wandbaustoffe aus Kalk ein natürlicher Schutz gegen Schimmelpilzbildung in Innenräumen. In: Der Bausachverständige, 1, 11–16; (2007).
21. Zöller, M.; Sous, S. und Warscheid, Th.: Schimmelinstandsetzung durch Abschottung in Innenräumen. In: Der Bausachverständige 2, 32–39 (2019).
22. Baur, A.: Führt Einbaufeuchte in schwimmenden Estrichkonstruktionen im Neubau zu Feuchteschaden? BSc-Arbeit im Studiengang Bauphysik an der Hochschule für Technik Stuttgart; (2015).
23. Römer, J.: Zement der heimliche Klimakiller. In: Spiegel-Online, 03.06.2019

Dr. Thomas Warscheid Dissertation über die mikrobiell induzierten Einflüsse bei der Verwitterung von mineralischen Werkstoffen; Wissenschaftlicher Mitarbeiter und Assistenz-Professor an der Universität Oldenburg; Berater für Bauten- und Materialschutz in unterschiedlichen Forschungslaboren; 1995–2002 Leiter der Abteilung Mikrobiologie an der MPA Bremen; seit 2003 ist er Leiter der LBW Bioconsult und Sachverständiger im Bereich des mikrobiologischen Materialschutzes im Bauwesen, der Denkmalpflege und der Wohnraumhygiene; Lehrbeauftragter an der TU München; Mitglied und aktiver Mitarbeiter bei einer Vielzahl von Gesellschaften und Vereinigungen, die sich mit der Mikrobiologie und der Bauwerksinstandsetzung beschäftigen; Vorsitzender des Netzwerks Schimmel.

Pro + Kontra – Das aktuelle Thema: Schimmel in Bauteilen

5. Beitrag: Rechtliche Aspekte bei schimmelbelasteten Gebäuden

Heide Mantscheff

Rechtsfragen beginnen immer mit der Überlegung, welche Ansprüche gibt es gegen wen; und bei dem Eintritt eines Schadens lautet die Frage, ob ein anderer den Schaden beseitigen oder die Beseitigung bezahlen muss. Voraussetzung ist ein mangelhafter Zustand, der auch als Schaden angesehen werden kann. Damit stellt sich die erste Frage: was ist ein mangelhafter Zustand? Ein mangelhafter Zustand wird rechtlich nur innerhalb einer Rechtsbeziehung, z. B. einem Vertrag definiert: Ein Mangel liegt vor, wenn die Tauglichkeit einer Sache zum vertragsgemäßen Gebrauch eingeschränkt oder aufgehoben ist (Miete: § 536 BGB, Kauf: § 434 BGB, Werkvertrag: § 633 BGB).

1 Mieter ./. Vermieter

Gemäß § 536 BGB ist eine Mietsache mangelhaft, wenn ihre Tauglichkeit zum vertragsgemäßen Gebrauch eingeschränkt oder aufgehoben ist. Vertraglicher Gebrauch im Sinne der Wohnungsmiete ist gesundes Wohnen des Mieters oder bei Gewerbemiete ein brauchbarer Zustand des Gewerbeobjektes als Lager oder Arbeitsplatz, d. h. es sind ausschließlich **Nutzungsgesichtspunkte** zu berücksichtigen.

Eine dauerhafte feuchte Wohnung erlaubt schon kein gesundes Wohnen und wird durch Schimmelbefall verschlechtert. Liegt der Schimmel offen, so ist

---

RAin H. Mantscheff
STURMBERG Rechtsanwälte, Köln, Deutschland

© Springer Fachmedien Wiesbaden GmbH, ein Teil von Springer Nature 2020
M. Oswald und M. Zöller (Hrsg.), *Aachener Bausachverständigentage 2019*,
https://doi.org/10.1007/978-3-658-27446-7_15

nach allgemeiner Überzeugung ein gesundes Wohnen ausgeschlossen, die Tauglichkeit zum vertragsgemäßen Gebrauch eingeschränkt und je nach Stärke des Befalls aufgehoben. Als Ursache kommt Nutzerverhalten oder Gebäudeeigenart in Betracht. Mangelnde Lüftung hat der Nutzer zu vertreten, bei industrieller Nutzung z. B. durch mangelhafte Entlüftungsanlage und bei Wohnnutzung durch Fenster oder Positionierung der Möbel. Ist das Gebäude aber nicht richtig abgedichtet oder bauphysikalisch im Unstand, hat der Mieter wegen der Schimmelbelastung aus dem Mietvertrag einen Anspruch gegen den Vermieter auf Mängelbeseitigung, und zwar sowohl in Bezug auf die Ursache wie auch auf deren Folgen, nämlich Schimmel an Wand und eingebrachten Sachen. Bis die Ursache beseitigt ist, kann er die Miete mindern, bei leichtem Befall in einer Wohnung werden 15 bis 20 % angesetzt, je nach Schwere des Befalls können aber auch bis zu 100 % bei Unbewohnbarkeit bzw. fehlender Nutzbarkeit gemindert werden.

Bei verdecktem Befall, d. h. unter den oberflächlichen Bauteilen, kann nur äußerst selten Nutzerverhalten Einfluss haben. Da kommt es darauf an, ob die Tauglichkeit zum vertragsgemäßen Gebrauch geschmälert ist. Schimmelsporen sind Alltag, somit vertraglicher Gebrauch; es kommt auf ihre Dichte an. Und auch da, so berichten auch meine Vorredner, gibt es keine wissenschaftlich festgestellte belastbare Grenze zur Gesundheitsschädigung, aber eine empirisch erlebbare Beeinträchtigung. Recht wird hier nur auf der Grundlage von Sachverständigengutachten gesprochen. Diese können auch empirisch untermauert werden im Vergleich zu dem, was normal ist (Soll) und der Abweichung davon (Ist) sowie deren Bewertung, ob die Abweichung gravierend ist oder nicht. Diese Frage unterliegt ausschließlich sachverständiger Beurteilung. Ist der Befall nicht gravierend, liegt kein Mangel vor; ist der Befall gravierend, so muss das Gebäude saniert werden und die Miete kann gemindert werden.

Ein Vermieter hätte, wenn er den Mangel kennt und nicht behoben hat, einen potentiellen Mieter darauf hinzuweisen.

2 Auftraggeber ./. Auftragnehmer, werkvertragliche Ansprüche

Bauverträge sind in der Regel Werkverträge und die Bauleistungen sind mangelhaft, wenn sie von der vereinbarten Beschaffenheit abweichen und/oder sich für die nach der vom Vertrag vorausgesetzten bzw. üblichen Verwendung nicht oder nur eingeschränkt eignen. Zur **Verwendbarkeit** der Bauarbeiten kommt auch noch der Gesichtspunkt der Wertverschaffung hinzu.

Offener Schimmelbefall an neuen Bauteilen ist ein Mangel, zu entfernen und die Ursache im Wege der Gewährleistung zu beseitigen. Wenn sie vorübergehender Natur ist, reicht in der Regel eine Trocknung. Wird der offene Befall aber verdeckt oder entwickelt sich ein Pilz an verdeckter Stelle, kommt es wieder darauf an, ob Sporen durch Ritzen und Fugen die Luft ungesund anreichern und eine Gesundheitsgefahr möglich ist oder nicht, wie bei den Nutzungsverträgen.

Hinzu kommt aber noch der weitere Vertragszweck, die **Wertanlage**. Der Wert der Immobilien kann auch dadurch geschmälert sein, dass ein Befall an abgeschlossenen Stellen liegt. Wenn sich beispielsweise Hausschwamm oder Braunfäule in Konstruktionshölzern eingenistet haben, beeinträchtigt das den Immobilienwert entscheidend und die befallenen Bauteile müssen ausgewechselt werden. Bei Befall durch andere Pilze, die nach den erforderlichen Trocknungsmaßnahmen mutmaßlich ausgetrocknet sind, kommt es darauf an, ob eine weitere Wasserbelastung zur Revitalisierung der Pilze in größerem Umfang führt, als bei Neuentwicklung und somit einen größeren Schaden verursachen wird. Bei eingeschlossenen Hohlräumen dürfte die Höhe des Schadens nicht von der Dichte des Befalls abhängen und im konkreten Fall ist diese Frage wieder durch einen Sachverständigen zu beurteilen.

3 Käufer ./. Verkäufer

Bei **Neubau** werden die Ansprüche durch werkvertragliche Regeln bestimmt, auch wenn der Notarvertrag die Überschrift „Kaufvertrag" trägt, weil diese Überschrift durch die Hauptsache des Vertrages, das Grundstück oder einen Anteil daran geprägt ist. Das Grundstück unterliegt dem Kaufrecht, die Gebäude aber dem Werkvertragsrecht.

Kaufverträge über **Altbauten** unterliegen aber dem Kaufrecht. In aller Regel wird die Gewährleistung des Verkäufers ausgeschlossen oder auf genau bezeichnete Eigenschaften begrenzt (Bodenkontamination). Deswegen haftet ein Verkäufer für andere Mängel nur, wenn er eine offenbarungspflichtige Tatsache arglistig verschwiegen hat.

Offene Schimmelbelastung ist bei Besichtigung feststellbar. Hat der Käufer „gekauft wie gesehen", so hat er es schwer, eine Täuschungshandlung des Verkäufers zu beweisen.

Ist der Schimmelbefall aber verdeckt, so kann der Verkäufer ihn nur offenbaren, wenn er ihn auch kennt. Die Kenntnis kann nicht schon dann unterstellt werden, wenn zu seiner Eigentümerzeit eine Sanierung durchgeführt wurde, weil ein Eigentümer gemeinhin davon ausgeht, dass mit der Sanierung auch der Schaden behoben ist. Verbleibt eine höhere Schadensgefahr als bei unbeeinträchtigten Gebäuden, was durch Sachverständige festzustellen ist, so ist das offenbarungspflichtig, wenn es dem Verkäufer bekannt ist. Will der Käufer ihn in Anspruch nehmen, hat er die Kenntnis nachzuweisen.

4   Nachbarrechtlicher Anspruch

§ 906 Abs. 2 Satz 2 BGB gibt einen Ausgleichsanspruch in Geld, wenn unwägbare Stoffe wie z. B. Rauch, Gerüche, Wärme, Erschütterungen, vom Nachbarn auf das eigene Grundstück geführt werden, und diese Einwirkung durch die ortsübliche Nutzung gedeckt ist und deswegen geduldet werden muss, und zwar auch dann, wenn „die Einwirkung eine ortsübliche Nutzung des Grundstückes oder dessen Ertrag über das zumutbare Maß hinaus beeinträchtigt", aber nicht durch Maßnahmen verhindert werden kann, die wirtschaftlich unzumutbar sind.

Das gilt analog auch für die Zuführung von Wasser vom Nachbarhaus mit der Folge von Schimmel. Dieser Anspruch ist aus der Rechtsprechung entwickelt worden und gibt unter Nachbarn einen Anspruch auf Entschädigung, wenn sich Schimmel im eigenen Haus aus einer Ursache entwickelt hat, die im Nachbarhaus liegt. Der Umfang dieses Anspruches hängt wieder von der Sachlage ab: Bei offenem Schimmel müssen die Beseitigungskosten getragen werden und die Ursache im Nachbarhaus beseitigt werden und bei Schimmel in Hohlräumen ist es eine Frage an den Sachverständigen, ob zerstörende Pilze vorliegen oder eine gesteigerte Schadensgefahr in künftigen Belastungsfällen und ob deswegen die Bauteile ausgewechselt werden müssen oder ein sicherer Verschluss des Befalls ausreicht.

5   Ansprüche gegen Versicherungen aus Versicherungsvertrag

Bei eigengenutzten älteren Immobilien ist ein anderer Anspruchsgegner nicht ersichtlich. Da treffen die Sanierung und deren Kosten den Eigentümer, es sei denn, er hat eine passende Versicherung.

Versicherungen haben durch Vertrag die Haftung für bestimmte Risiken übernommen, die im Versicherungsvertrag beschrieben sind, und zwar nach Schadensursache, und die Risiken sind oft auf bestimmte Folgen begrenzt.

Gängig sind Gebäudeversicherungen im Zusammenhang mit Durchfeuchtungen z. B. aus Leitungsbruch oder Elementarschäden. Das versicherte Risiko aus diesem Vertrag ist der Bestand des Gebäudes als Sache, deswegen Sachversicherung. Eine Versicherung kann auch das Risiko für falsches Verhalten übernehmen, beispielsweise eine mangelhafte Bauleistung oder Bauleitung. In diesem Fall ist es ein Haftpflichtversicherungsvertrag und das versicherte Risiko ist die Pflichterfüllung.

Bei der **Sachversicherung** ist der Bestand des Gebäudes aus den beschriebenen Ursachen versichert, dazu zählt auch bei Durchfeuchtungsschäden der Eintritt für Schimmel als Folge der Durchfeuchtung. Das übernommene Risiko wird aber in den Versicherungsbedingungen dadurch begrenzt, dass Schimmelschäden ausgeschlossen werden, wegen der unabsehbaren Kostenfolge. Die Bauleistungsversicherung tritt bei der Beschädigung eines bestehenden Bauteils durch den Mangel an einem anderen Bauteil ein und beschränkt sich auf den Bestand des beschädigten Bauteils. Auch hier haben die Versicherungen das Risiko durch Ausschluss von Schimmelschäden begrenzt, allerdings hat sich das erst seit 2018 bei Neuverträgen durchgesetzt.

Die **Haftpflichtversicherung** im Baubereich tritt bei Bauunternehmern in Form der Betriebshaftpflichtversicherung ein. Ausführungsmängel sind hierbei regelmäßig nicht versichert. Die Haftpflichtversicherung der Architekten umfasst allerdings Planungs- und Überwachungsfehler und ist nur in Bezug auf mittelbare Mangelfolgeschäden begrenzt, beispielsweise Mietausfall. Sie kann insoweit erweitert werden durch Zusatzversicherung, das ist aber nicht üblich.

Die **Hausratversicherung** schließlich ist ebenfalls eine Sachversicherung und tritt ein bei Beschädigung des Hausrats aus allen Ursachen. Das Risiko ist begrenzt auf den Wert des Hausrats, der gemeinhin für die Versicherung kalkulierbar ist.

Fazit: Bei Schimmelschäden treten Versicherungen nur in sehr beschränktem Umfang ein, nämlich bei Ansprüchen aus älteren Bauleistungsversicherungen, aus Haftpflichtversicherung der Architekten sowie für Nutzer aus der Hausratversicherung. Der Umfang des Anspruches ist wiederum durch die Frage bestimmt, wie ein Sachverständiger den Schaden einschätzt.

6 Fazit

Die verschiedenen dargestellten Ansprüche münden alle in die Frage, welchen Umfang ein Sachverständiger der Schadensbeseitigung beimisst. Dabei sind auch Langzeitfolgen zu bedenken.

RAin Heide Mantscheff Fachanwältin für Bau- und Architektenrecht; Jurastudium in Bochum, Tübingen und Köln; seit 1975 Rechtsanwältin; Mitarbeit in der Sozietät Leinen & Derichs, ausschließlich in der II. Instanz vor dem OLG Köln, danach in eigener Kanzlei und ab 1994 als Partnerin in der Sozietät Jagenburg Sieber Mantscheff, jetzt Sturmberg Rechtsanwälte; von 1994 bis 2014 Mitglied des Sachverständigenausschusses der IHK Köln als Vertreterin der Anwaltschaft; von 2002 bis 2018 Seminartätigkeit im Auftrag des IFS über rechtliche Themen der Tätigkeit von Sachverständigen.

Asbest: alte und neue Risiken – wie nicht gefährdende Gesundheitssituationen zum Problemfall werden

Heinz-Jörn Moriske

1 Was ist Asbest?

Asbeste sind silikatische Minerale, die natürlicherweise in der Umwelt vorkommen und unter anderem in Kanada, Brasilien, Südafrika und Russland, teilweise noch bis heute abgebaut werden. Bei der Verarbeitung entstehen faserförmige Strukturen, die über hohe Festigkeit verfügen und hitzebeständig sind. Dies hat zu vielfältigen Einsatzbereichen in und am Bau geführt. Tab. 1 gibt einen Überblick, wo in und an Gebäuden Asbest eingebaut wurde. Zu unterscheiden sind dabei Produkte, bei denen der Asbest nur schwach gebunden vorliegt (vorwiegend Krokydolithe oder „Blauasbest") von solchen, bei denen der Asbest fest im Material angebunden ist (Chrysotil- oder Weiß-/Grauasbest). Entgegen früherer Nomenklatur ist heute (Ergebnis der Diskussion im Nationalen Asbestdialog 2017–2019, siehe unten) für die Einordnung allerdings nicht mehr die Rohdichte des Materials entscheidend, sondern die Bindefestigkeit auch über Jahre im Material selbst, denn diese entscheidet allein darüber, ob und wann Asbest bei der **Nutzung** frei wird. Beim **Bearbeiten** besteht die Gefahr der Faserfreisetzung nahezu bei allen Asbestprodukten.

Dr.-Ing. H.-J. Moriske
Direktor und Professor im Umweltbundesamt Berlin/Dessau-Roßlau, Deutschland

Tab. 1 Typische Anwendungsgebiete und Einbauorte von Asbest in und an Gebäuden

Baustoffe mit fester Asbestbindung[a]

Anwendungsgebiet, Einbauort	Bauteil und Baumaterial
Dachplatten, Dacheindeckungen, Wandbekleidungen, Fassadenelemente	Asbestzementplatten (gewellt, eben) Formstücke aus Asbestzement
Kleinteilige Wandbekleidungen und Dachdeckungen im Außenbereich	Asbesthaltige Kunstschieferplatten und Dachschindeln
Abdichtungen, z. B. mit Dachbahnen (Dachpappen), Mauersperrbahnen (Sperrisolierpappen), Spachtelmassen, Gussmassen	Asbesthaltiges Trägermaterial, Asbestzusätze zu Teer oder Bitumen
Wand- und Deckenoberflächen, Spachtelflächen, Wandschlitze, Gipskartonfugen, Tür- und Fensterleibungen, Heizungsnischen, Treppenhäusern, Fassadensockeln	Asbesthaltige Putze, Spachtelmassen und Klebstoffe
Wasser- und Abwasserleitungen	Asbestzementrohre für Frisch- und Abwasserleitungen
Kanäle und Schächte für Rohrleitungen und Lüftungen	Lüftungs- und Heizungsbauelemente aus Asbestzement
Wände, Decken und Säulen aus Stahlbeton	Abstandshalter und Schalungsankerdurchführungen aus Faserzement
Blumenkästen, -gefäße, Tröge, Gartenmöbel, Betontischtennisplatten	Formteile aus Faserzement
Bodenbeläge	Asbesthaltige Bodenbelagsplatten, Vinyl-Asbest-Fliesen und Flexplatten
Straßenbau	Zuschlag zur Verringerung des Abriebs von Straßendecken
Fugendichtungen im Großplattenbau im Innen- und Außenbereich	Asbesthaltige Fugenkitte, Flächenkitte und Dichtungsmassen
Beschichtungen auf besonders beanspruchten Flächen im Innen- und Außenbereich	Asbesthaltige Brand- oder Korrosionsschutzanstriche

[a]BBSR Kompakt; Auszug aus Asbest-Leitlinie der drei Bundesoberbehörden (BAuA, BBSR und UBA) 2019 [1]

Baustoffe mit schwacher Asbestbindung

Anwendungsgebiet, Einbauort	Bauteil und Baumaterial
Brandschutzisolierungen und Brandschutzvorrichtungen	Spritzasbest auf Deck- und Schutzschichten auf Trägern, Stützen und Streben aus Stahl und Stahlbeton; Asbesthaltige Füllmaterialien für Brandschutztüren und -klappen
Brandschutzverkleidungen, untergehängte Decken, Heizkörpernischen	Asbest-Leichtbauplatten
Isolationsputze für Brandabschnitte	Asbesthaltige Isolationsputze und Gipse
Isolierungen in Heizungs- und Elektroinstallationen und Nachtspeicheröfen	Spritzasbest, asbesthaltiges Füllmaterial
Flansche und Dichtungen in Rohrleitungen und Heizungen, Stopfbuchsenpackungen	Asbesthaltige Dichtungspapiere und Dichtungen, Asbestschnüre und -bänder

2 Wie wirkt Asbest?

Bei Arbeitnehmern, die Jahrzehnte lang mit Asbest umgegangen waren, sei es im Bergbau, sei es aber auch im verarbeitenden Gewerbe und auf Baustellen, kam es zu nachweislich asbestbedingten Erkrankungen, wobei die Asbestose, eine Verhärtung des Lungengewebes durch jahrelang darin eingelagerte Asbestfasern, noch die „harmlosere" Form der Erkrankungen darstellt; schwerwiegender sind Entzündungen in der Lunge und im Rippen- und Bauchfellbereich, Mesotheliome und Lungenkrebs. Das Heimtückische ist, dass solche Erkrankungen nicht sofort nach der Einwirkung der Asbestfasern von außen auf den Atemwegstrakt eintreten, sondern oft erst nach einer langen Latenzzeit von 30–40 Jahren. Das gilt besonders für die asbestbedingten Krebserkrankungen. Noch heute stehen die durch die Berufsgenossenschaften entschädigten Asbesterkrankungen ganz weit oben in der Liste der berufsbedingten Erkrankungen, auch wenn Asbest seit Anfang der 1990-er Jahre nicht mehr verwendet wird.

3   Welche Gebäude sind betroffen?

In Deutschland gilt ein allgemeines Verwendungsverbot für Asbest und Asbestprodukte seit dem 31.10.1993. Alle Gebäude, die später gebaut oder saniert wurden, dürfen mithin kein Asbest mehr enthalten. Man geht aber davon aus, dass Restgebinde auf den Baustellen und bei einzelnen Handwerksunternehmen auch nach dem Verwendungsverbot bis etwa 1995 noch verbaut worden sind. Die Situation in Gebäuden vor 1993 ist weitgehend unklar. In den wenigsten Fällen lässt sich anhand alter Bauunterlagen ermitteln, ob und in welchem Umfang asbesthaltige Materialien verbaut wurden. Die Ungewissheit besteht weniger bei den schwach gebundenen Asbestprodukten, wie Anwendungen in Kabelschächten, Versorgungsschächten als Spritzasbest zum Brandschutz etc. – hier gab es besonders in den 1990-er Jahren umfangreiche Sanierungen von und an Gebäuden – und auch nicht bei fest gebundenem Asbest bei typischen Asbestzementprodukten wie gewellte Dachplatten (Berliner Welle), bei Blumenkästen oder Fensterbänken aus Asbestzement, Kanalschachtwänden aus Asbestplatten, alte Fassadenplatten aus Asbestzement etc. Die Ungewissheit, ob Asbest verwendet wurde, besteht heutzutage vielmehr bei asbesthaltigen Putzen, bei Spachtelmassen oder Fliesenklebern (so genannte PSF-Produkte), da man dies am bestehenden Gebäude schlichtweg nicht sehen kann, ob Asbest enthalten ist oder nicht.

Letztgenannte Produkte stellen solange auch kein Risiko für die Gebäudenutzer dar, solange die Produkte unversehrt sind und nicht bearbeitet werden. Deswegen wurden sie Jahrzehnte lang auch kaum beachtet und unterlagen auch nicht den Vorgaben der Asbestrichtlinien der Länder bei der Sanierung (so genannte ASI-Arbeiten). *Anmerkung: Mit der Neufassung der TRGS 519 (Entwurf Oktober 2019) wird der Begriff der ASI-Arbeiten erweitert und soll künftig auch kleinere bauliche Eingriffe und funktionale Instandsetzungen umfassen.* Bei thermischer oder mechanischer Bearbeitung, sei es durch Bohren, Fräsen, Abschlagen oder Schleifen, können aber auch aus solchen Materialien Asbestfasern frei werden. Wie Messungen u. a. der Berufsgenossenschaften (BG Bau) gezeigt haben, kann die Faserfreisetzung dann z. T. sogar erheblich sein (fünf- bis sechsstellig freigesetzte Faserkonzentrationen pro m^3 Raumluft). Dies und die Unsicherheit, in welchen Gebäuden bis 1993 tatsächlich PSF-Asbeste verbaut wurde, haben dazu geführt, dass die Bundesregierung 2017 den Nationalen Asbestdialog ins Leben gerufen hat.

4 Nationaler Asbestdialog 2017 bis 2019

Ziel dieses Dialoges ist es, alle Beteiligten am Bau, die mit Asbest zu tun haben, an einen Tisch zu bringen und a) eine bessere Bestandsaufnahme zu bekommen, wo und in welchem Umfang genau Asbest verbaut wurde, und b) Regeln für den Umgang mit fest eingebautem, jedoch nicht gleich erkanntem Asbest zu erstellen, die für die Nutzung und die Sanierung von Gebäuden gelten und Bewohner und Arbeitnehmer gleichermaßen schützen sollen.

Ziel des Dialoges ist es auch, bundesweit einheitliche Vorgehensweisen auf der Baustelle zu erreichen und übertriebene Reaktionen (Achtung Asbest, darf ich jetzt mein Haus nicht mehr betreten?!) aber auch verharmlosende (die wenigen Fasern machen niemand krank!) auf eine sachliche Diskussionsebene herunter zu brechen. Um mehr Verpflichtung ins Geschehen zu bringen, sind Veränderungen im Gefahrstoff- und Baurecht geplant sowie klare Zuordnungen der Verantwortlichkeiten bei der Erkundung und Ermittlung von Asbest in älteren Gebäuden vor 1993.

Abb. 1 zeigt den geplanten Ablauf des Asbestdialoges. In den Ländern laufen über den die Bund/Länder-Arbeitsgemeinschaft Abfall (LAGA, Ausschuss für Abfalltechnik ATA) Aktivitäten zur Entsorgung von Mischabfällen an der Baustelle, die asbesthaltig sind. Auch hier ist eine klare Zuordnung nicht immer einfach. Es gibt nach Chemikalienrecht und REACH aber die eindeutige Festlegung, dass asbesthaltige Bauabfälle (egal wie hoch oder niedrig der Asbest darin konzentriert ist, es reicht, dass Asbest analytisch nachweisbar ist) als gefährliche Abfälle einzuordnen und zu entsorgen sind. Eine möglichst klare Trennung an der Baustelle ist also das Ziel, wenn im Moment auch nicht klar ist, wie dies beim praktischen Bauablauf, wie er täglich geschieht, in der gebotenen Sorgfalt passieren kann. Auch gibt es besonders auf Länderebene Überlegungen für eine mögliche „Unbedenklichkeitsschwelle", bei deren Unterschreiten die Mischabfälle nicht als gefährliche Abfälle (Sondermüll) eingestuft werden müssen. Ob sie kommen wird, ist aber angesichts der derzeit herrschenden Rechtslage ungewiss.

5 Asbestleitlinie dreier Bundesoberbehörden (BAuA, BBSR und UBA)

Die drei Bundesoberbehörden: Bundesanstalt für Arbeitsschutz und Arbeitsmedizin (BAuA), Bundesinstitut für Bau-, Stadt- und Raumforschung (BBSR) im Bundesamt für Bauwesen und Raumordnung (BBR) und Umweltbundesamt

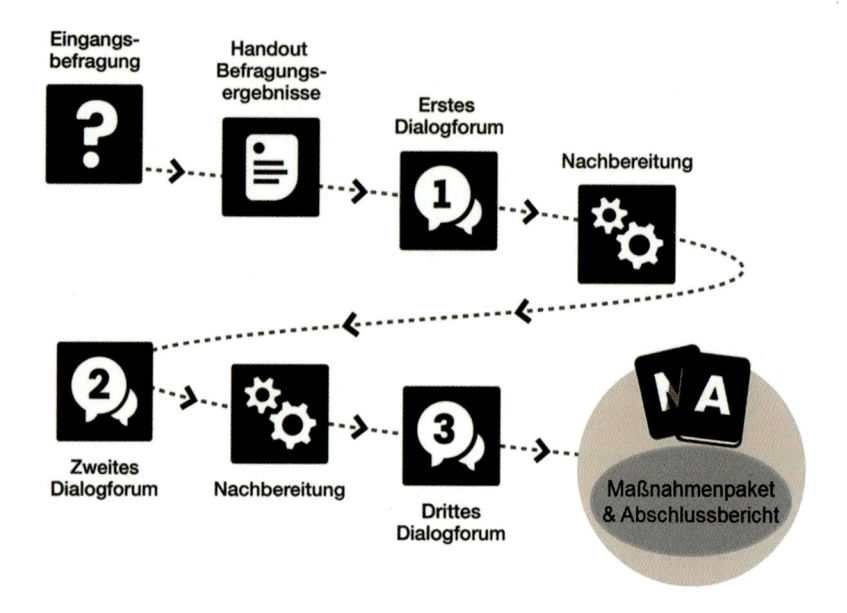

Abb. 1 Ablaufplan im Nationalen Asbestdialog. (Quelle: Bundesministerium für Arbeit und Soziales, Nationaler Asbestdialog, Stand 2017)

(UBA) erarbeiten im Rahmen des Nationalen Asbestdialoges eine „*Leitlinie für die Asbesterkundung zur Vorbereitung von Arbeiten in und an älteren Gebäuden*".

Diese soll später als anerkannte Regel der Technik den Umgang und die notwendigen Vorsichts- und Schutzmaßnahmen für Arbeitnehmerinnen und Arbeitnehmer bei der Gebäudesanierung, für Gebäudenutzer und für die Entsorgungsbetriebe schaffen. Wichtiger Ansatz ist, dass auch und vor allem für Heimwerker und „Laien" umsetzungsfähige Handlungsempfehlungen erarbeitet werden. Denn auch wenn die notwendigen Schutzmaßnahem dort rein rechtlich genauso zu sehen sind wie bei Beschäftigten in Handwerksunternehmen (die TRGS 519 besagt dies ausdrücklich) ist es in der Praxis kaum um- und durchsetzbar, dass „Otto Normal", wenn er selber zu Hause renoviert, sich zunächst die Vorgaben der TRTGS 519 besorgt und danach handelt. Es müssen praxisgerechte Empfehlungen gefunden werden.

Die Asbest-Leitlinie befindet sich nach öffentlicher Diskussion mit den im Nationalen Dialog beteiligten Stakeholdern derzeit in der finalen Überarbeitung.

Nach Auswertung der Einsprüche und Zustimmung aller beteiligten Bundesministerien (BMAS, BMI-Bau und BMU) bis Sommer 2019 soll die Leitlinie noch in 2020 erscheinen (Asbestleitlinie von [1]).

6 Die Rolle des/der Bausachverständigen

Für Bausachverständige soll die Asbest-Leitlinie der Bundesbehörden helfen, eindeutige Handlungsvorgaben für den Asbestsanierungsfall zu finden und auch bei der bauvertraglichen Absicherung helfen. Viele Auftraggeber von Baumaßnahmen, gerade als private Immobilienbesitzer, werden nämlich nicht selbst die Asbesterkundung vor Durchführung der Baumaßnahme vornehmen, sondern sich hierfür des Sachverstandes von Bauschadensfachleuten bedienen. Dies stellt einerseits ein neues lukratives Aufgabefeld für Sachverständige dar, birgt andererseits aber auch Risiken.

Das beginnt bereits damit, dass der/die Sachverständige „sicher" erkennen muss, ob und in welchen Materialien Asbest vorhanden ist. Die Leitlinie gibt hier Hilfestellung, zeigt aber auch auf, dass ein Restrisiko bleiben kann.

Auch wenn die Leitlinie selbst keinen normativen Charakter hat („Leitlinie"), sollte nur in begründeten Fällen davon abgewichen werden, schon um nicht später in teure Regressanspruchsverfahren verwickelt zu werden, wenn etwa Asbest im Gebäude übersehen wurde bei der Erkundung oder wenn Bausachverständige die falschen Handlungsempfehlungen vor Ort zur Durchführung der Sanierung und/oder zur Entsorgung geben.

Letzteres sollte ohnehin nicht vom Bausachverständigen selber angeordnet werden, sondern an andere Beteiligte (Entsorgungsunternehmen, örtliche Behörden etc.) abgegeben werden.

7 Fazit

Asbest als fest in Produkten eingebauter Rohstoff stellt auch heute noch in vielen Gebäuden bis 1993 ein Problem dar. Vor allem für die so genannten PSF-Produkte besteht große Unsicherheit. Beim Bearbeiten der Baumaterialien beim Renovieren oder Sanieren können Asbestfasern frei werden. Leider ist bei vielen Produkten wie Putzen, Spachtelmassen oder Klebern nicht ohne weiteres zu erkennen, ob die Produkte Asbest enthalten. Dazu ist eine anlassbezogene Erkundung vor Beginn der Baumaßnahme durch den Veranlasser der Baumaßnahme (Bauherr, Auftraggeber [kann auch Mieter sein]) durchzuführen.

Dieser kann sich des Sachverstandes von Bausachverständigen bedienen und die Erkundung dorthin beauftragen. Die beteiligten Handwerksunternehmen müssen unbenommen zum Schutz ihrer Beschäftigten eigene Ermittlungen anstellen. Für Heimwerker und Laien gelten im Prinzip dieselben Schutzbestimmungen wie für alle anderen am Bau Beteiligten. Praxisgerechte Empfehlungen, die auch Erfolg auf Umsetzung haben, sind aber gerade hier wichtig.

Im Rahmen des Nationalen Asbestdialoges der Bundesregierung werden derzeit die notwendigen Vorgaben beim Umgang mit Asbest in bestehenden Gebäuden erarbeitet. Der Dialog dauert bei Drucklegung dieses Beitrages an.

Literatur

1. „Leitlinie für die Asbesterkundung zur Vorbereitung von Arbeiten in und an älteren Gebäuden". Bundesanstalt für Arbeitsschutz und Arbeitsmedizin (BAuA), Bundesinstitut für Bau-, Stadt- und Raumforschung (BBSR) im Bundesamt für Bauwesen und Raumordnung (BBR) und Umweltbundesamt (UBA) 2019 (in Vorbereitung).

Direktor und Professor Dr.-Ing. Heinz-Jörn Moriske Bis 1982 Studium „Technischer Umweltschutz" an der TU Berlin; 1986 Promotion im Bereich Lufthygiene; 1983–1992 wissenschaftlicher Mitarbeiter an der TU und FU Berlin; 1993 Fachgebietsleiter für Luftanalytik am Bundesgesundheitsamt; 1995 Fachgebietsleiter für Innenraumhygiene am Umweltbundesamt; 2006 Ernennung zum Direktor und Professor; seit 2014 Leitung der zentralen Beratungsstelle für Umwelthygiene am Umweltbundesamt und Geschäftsleitung der Innenraumlufthygiene-Kommission; 200 Fachveröffentlichungen, darunter mehrere Fachbücher, über 200 Fachvorträge; Fachbeirat bei verschiedenen Verbänden; Peer Review Gutachter für verschiedene Fachzeitschriften.

Wärmeleitfähigkeiten von Perimeterdämmung – Fallstricke bei Prospektangaben!

Friedrich Fath

1   Zusammenfassung

Die Perimeterdämmung, d. h. die Dämmung mit direktem Kontakt zur Feuchte im Erdreich hat sich zwischenzeitlich als Standarddämmung für Kellerwand und -boden etabliert.

Diese Dämmung wird auch sehr häufig bei Umkehr- oder Gründächern verwendet.

In vielen Nachweisen zum Wärmeschutz wird die Dämmung mit der Wärmeleitgruppe 035 angesetzt. Leider ist das ein Wert, der bei Perimeterdämmungen so gut wie nicht vorkommt. Die Überschrift ist vielleicht irreführend, weil die Fallstricke nicht nur in den Prospektangaben liegen, sondern auch in der nahezu unüberschaubaren Vielzahl von Rechenwerten, je nach Material, Hersteller, Dicke, Lage, Erdfeuchte etc.

Diese Tatsache ist nur wenig bekannt und dieser Vortrag möchte alle Beteiligten dafür sensibilisieren, bei Perimeterdämmung die Abläufe besonders sorgfältig zu planen.

Die wirklich große Aufgabe besteht darin, zunächst mit real vorhandenen Werten zu rechnen, das richtige Produkt zu bestellen und es dann auch noch fachgerecht einzubauen.

Bei Gebäuden mit Förderung, z. B. KfW 40 oder 55, kann im schlimmsten Fall die Fördervoraussetzung entfallen.

Dipl.-Ing. F. Fath
IBF - Ingenieurberatung Fath, Kreuztal, Deutschland

2 Im Einzelnen

2.1 Perimeterdämmungen im Erdreich

Keller von Nutz- und Wohngebäuden werden in der überwiegenden Mehrheit als Teile des beheizten Volumens ausgewiesen. Das führt zu einer besseren Kompaktheit und oft auch zu „einfacheren" Lösungen von Details. Statt viele Anschlüsse von Innenwänden und Decken, Durchdringungen und ähnlichen komplexen Details, ist die wärmetauschende Hüllfläche vergleichsweise homogen. Es verbleiben die Kelleraußenwand und der Kellerboden.

Um die erforderliche Dämmwirkung zu erreichen, gibt es für die erdberührten Bauteile zwei Verfahren. Zum einen die Dämmung innerhalb der Abdichtung und zum anderen die Dämmung außerhalb der Abdichtung. Dieser zweite Fall ist zwischenzeitlich zum Standard geworden.

Um diese Bauteile sachgerecht zu dämmen, müssen Dämmstoffe verwendet werden, die in der Lage sind, auch im Feuchten/Nassen eine Dämmwirkung zu entfalten. Dazu benötigt der Dämmstoff eine spezielle Zulassung. Diese Dämmstoffe sind allgemein als Perimeterdämmung bekannt.

Auf dem Markt gibt es jede Menge Hersteller und die Anzahl der beworbenen Produkte ist im Tagesgeschäft nicht mehr überschaubar. Die Notwendigkeit einer Zulassung ist sicherlich bekannt, weniger bekannt ist aber die Tatsache, dass ein und dieselbe Dämmung je nach Anwendung unterschiedliche Wärmeleitfähigkeiten hat. Die Einflussfaktoren sind dabei: Dicke der Platte, Bodenfeuchte oder Staunässe, tragend oder nicht tragend, horizontal oder vertikal eingebaut, ein- oder mehrlagig.

Das hat verschiedene Gründe. Beispielhaft seien hier zwei Effekte benannt:

1. Plattendicke
Bei der geschäumten XPS-Dämmung bilden sich je nach Plattendicke unterschiedliche Porengrößen aus. Das hat vereinfacht damit zu tun, dass beim Aufschäumen ein Druck im Material entsteht, der mit zunehmender Plattendicke abnimmt und zu etwas größeren Poren führt. Daher werden die Wärmeleitfähigkeiten von XPS-Platten immer in Dickenbereichen angegeben.
2. Mehrlagige Verlegung
Bei zweilagiger Verlegung bildet sich ein Wasserfilm zwischen den Platten. Dieser Film wirkt wie eine Dampfsperre. Wenn die Umgebung abtrocknet kann die erdnahe Platte ebenfalls austrocknen. Der Wasserfilm verhindert bzw. verlangsamt aber das Austrocknen der wandnahen Platte. Diese ist daher immer feuchter und schwächer in der Wärmeleitfähigkeit. Daher gelten bei der zweilagigen Verlegung immer um 0,005 schlechtere Werte als bei einlagiger Verlegung.

Tab. 1 Abhängigkeit der Wärmeleitfähigkeiten von der Dämmplattendicke

URSA XPS	Dicke der Einzelplatte [mm]	Einlagige Verlegung λ_B in W/(m·K)	Mehrlagige Verlegung λ_B in W/(m·K)
D N-III-L	50 – 60 80 100 – 120 140 – 160	0,034 0,036 0,037 0,038	0,039 0,041 0,042 0,043
D N-V-L	50 – 60 80 100 – 120	0,035 0,037 0,038	0,040 0,042 0,043
D N-VII-L	60 80 – 120	0,037 0,038	0,042 0,043
D N-III-L TWINS	120 – 180 200 – 240	0,034 0,036	– –

Die Bemessungswerte ändern sich dabei um bis zu 20 %. Exemplarisch vermittelt die Tab. 1 einen Eindruck davon. Das sieht bei allen Anbietern ähnlich aus.

Man stelle sich vor, der Nachweisführende hat mit 16 cm WLG 035 gerechnet, weil das oft so gemacht wird. Das ergibt einen U-Wert von $U_{GD} = 0{,}21$. Auf der Baustelle entscheidet sich der Bauleiter dafür, 2 Platten á 8 cm zu verbauen. Die haben aber dann ggfs. WLG 041 und führen zu $U_{GD} = 0{,}24$ (oder WLG 043 und $U_{GD} = 0{,}25$). Alle haben ein gutes Gewissen, aber der verbaute U-Wert hat sich gegenüber dem gerechneten um 15–19 % verschlechtert.

Als „worst case" sehe ich hier die Dämmung bei einem Haus, bei dem Fördermittel der KfW oder anderer in Anspruch genommen werden. Die KfW verlangt für solche Gebäude eine energetische Baubegleitung durch einen Energieeffizienz-Experten. Dessen Aufgabe ist es, zu belegen, dass ein Gebäude entsprechend der Planung errichtet wurde.

Dazu wird zunächst die Berechnung geprüft und dann die Ausführung anhand von Ortsterminen und Lieferscheinen etc. Kurz gesagt, im Falle einer Prüfung dürfte das festgestellt werden und im schlimmsten Fall würden die Fördervoraussetzungen nicht mehr eingehalten.

2.2 Perimeterdämmung beim Flachdach

Das Ganze wiederholt sich bei der Anwendung als Umkehrdach/Gründach. Insbesondere das Gründach wird immer häufiger verbaut. Grund dafür sind häufig Vorgaben seitens der Bebauungspläne, grüne Ausgleichsflächen zu schaffen, was ja auch begrüßenswert ist. Bevor weiter auf das Dämmmaterial eingegangen wird, hier noch allgemeiner Hinweis.

```
R über    =d₁/λ₁
R unter   =d₂/λ₂
R Gesamt  =Σ dᵢ/λᵢ
```

Perimeter
Abdichtung
Dämmung
Beton

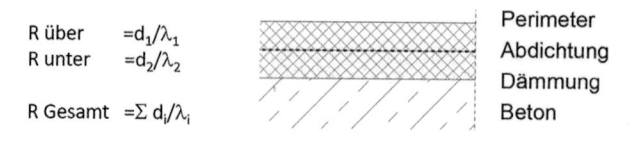

Abb. 1 Beispiel für einen Konstruktionsaufbau von einem Gründach

Für das Umkehrdach gibt es verschiedene bauphysikalische Situationen, die nachfolgend skizziert sind.

Es gibt Gründächer, die zunächst eine Dämmschicht mit Abdichtung haben und erst darauf liegt eine Perimeterdämmung als Systemkomponente der Dachbegrünung (d_1 und $d_2 > 0$ cm) (s. Abb. 1).

Natürlich gibt es auch Aufbauten, bei denen die Perimeterdämmung direkt auf den abgedichteten Beton (Abdichtung oder WU-Beton) aufgelegt wird ($d_2 = 0$).

Je nachdem, in welchem Verhältnis die beiden Dämmdicken stehen, wird der berechnete U-Wert mit einem Zuschlag gem. DIN 4108-2 beaufschlagt (siehe Tab. 2).

Für den häufigen Fall der 100 %-Dämmung auf der „Nass-Seite" müssen die berechneten U-Werte beim Umkehrdach um 0,05 erhöht werden. Dazu gibt es zumindest für bekieste Dächer eine Ausnahmeoption:

Wird ein wasserableitendes Dachvlies in Kombination mit einem extrudiertem Polystyrolschaum gemäß DIN EN 13164 verwendet, so kann die Erhöhung des U-Wertes entfallen, wenn die Produktkombination für die Anwendung als Wärmedämmsystem Umkehrdach in der Ausführung mit Kiesschicht und wasserableitenden Trennlage über eine allgemeine bauaufsichtliche Zulassung verfügt.

Die Durchlässigkeit des Kieses und die Wasserabführung durch Trennlage führen dazu, dass der Dämmstoff überwiegend trocken ist, weil ein Großteil des Regenwassers direkt abgeleitet wird. Bei einer Gründach-Erdaufschüttung geht das naturgemäß nicht.

Tab. 2 ΔU-Zuschläge für Umkehrdächer

Anteil des Wärmedurchlasswiderstandes unterhalb der Dachhaut in % des gesamten Wärmedurchlasswiderstandes	Erhöhung des U-Wertes ΔU W/(m² · K)
0–10	0,05
10,1–50	0,03
> 50	0

Über die Ausnahmeregelung landen wir wieder bei der Zulassung und bei den Rechenwerten. Neben den schon für das Erdreich beschriebenen Einflussfaktoren kommt hier noch die Frage hinzu, ob das Dach begrünt oder bekiest ist und ob eine wasserableitende Trennlage vorhanden ist.

Es gibt dabei Spannweiten der Wärmeleitfähigkeit von ca. 10–20 % und es ist eine erhöhte Sorgfalt bei den Bauabläufen geboten.

Die Tab. 3 gibt exemplarisch einen Eindruck davon wieder.

Abschließend sei noch einmal auf den Titel des Vortrages Bezug genommen. Es gibt Fallstricke in den Prospekten. Diese ergeben sich zum einen aus ungünstigen Anordnungen von Kennwerten und zum anderen aber auch aus Fußnoten, die schnell überlesen werden. Das kann bei geförderten Objekten schnell ins Auge gehen.

Man muss also die Prospekte schon genau ansehen. Für geförderte Objekte lohnt sich bei solchen Hinweisen immer der Anruf beim Anbieter, um zu klären, wann denn z. B. die Zulassung veröffentlicht wird oder wie häufig die Einzelfallzustimmung schon erteilt wurde. Es wäre ggfs. auch hier fatal, wenn deswegen Fördervoraussetzungen kippen würden (s. auch Tab. 4).

Tab. 3 Abhängigkeit der Wärmeleitfähigkeit von der Konstruktion

Plattentyp Bezeichnung	Dicke der Wärmedämmschicht in mm	Bemessungswert der Wärmeleitfähigkeit der Wärmedämmschicht in W/(m·K) bei Ausführung		
		mit Begrünung nach Abschnitt 4.5.1 (Ausführung A/B)	mit Kiesschicht **und** wasserableitender Trennlage "Austrotherm Umkehrdachvlies WA" nach Abschnitt 4.5.2 (Ausführung C)	als befahrbares Umkehrdach[28] nach Abschnitt 4.5.3 (Ausführung D)
Austrotherm XPS TOP 30	50≤ d ≤60 60< d ≤100 100< d ≤160 160< d ≤200	0,039 0,041 0,042 0,045	0,034 0,036 0,037 0,040	-------
Austrotherm XPS TOP 50	50≤ d ≤60 60< d ≤100 100< d ≤160 160< d ≤200	0,039 0,041 0,042 0,045	0,034 0,036 0,037 0,040	0,036 0,038 0,039 0,042
Austrotherm XPS TOP 70	50 ≤ d ≤ 100 100 < d ≤ 120 120 < d ≤ 160 160 < d ≤ 200	0,041 0,042 0,044 0,045	0,036 0,037 0,039 0,040	0,038 0,039 0,041 0,042

Tab. 4 U-Werte von Umkehrdachkonstruktionen

Dämmungsdicke mm	begrünt mit Dachvlies WA**			Aufpassen!!
	KF 300 Standard	KF 500 Standard	KF 700 Standard	*Plus 300 Standard
140	0,28	0,29	0,29	0,23
160	0,25	0,26	0,26	0,20
180	0,22	0,24	0,24	0,18
240	0,17	0,18	0,18	0,14
320	0,13	0,14	0,14	0,11

* Zulassung ist beantragt
** ohne Δ-U Zuschläge, gem. Gutachten und Zustimmung im Einzelfall

3 Fazit und Arbeitshilfe

Perimeterdämmungen werden u. a. für Erdreichdämmungen und Dachbegrünungen verwendet. Die im EnEV Nachweis häufig vorkommende Qualität WLG 035 gibt es bei Perimeterdämmungen praktisch nicht. Der Nachweisführende sollte auf der sicheren Seite gegen Erdreich eher 040 ansetzte, dann ist der mögliche „Fehler" eher gering.

Es ist eine echte Herausforderung, dafür Sorge zu tragen, dass im EnEV Nachweis, in der Werkplanung, bei der Bestellung, der Lieferung und beim Einbau eine lückenlose Qualitätssicherung vorhanden ist. Am sinnvollsten ist eine interne Schulung mit den Baubeteiligten, damit jedem Beteiligten das Gefährdungspotenzial bewusst gemacht werden kann.

Als Hilfe für die tägliche Arbeit gibt es nachfolgend 2 Arbeitshilfen für die Qualitätssicherung, die z. B. vom EnEV-Aufsteller als Laufzettel dem Nachweis beigefügt werden können (siehe Abb. 2 und 3).

Zudem eine Aufstellung derzeit aktueller Zulassungen für Perimeterdämmungen (ohne Anspruch auf Vollständigkeit).

Abb. 2 Arbeitshilfe 1 zur Qualitätssicherung

Arbeitshilfe -1

| Bauteile gg. Erde mit Perimeterdämmung |

Bauteil:

angesetzte Dicke — cm
verwendeter Rechenwert — W/(mK)
berechneter u-Wert — W/(m²K)

Anwendung
  Sockel gg Luft
  Wand
  Bodenplatte tragend
  Bodenplatte nicht tragend

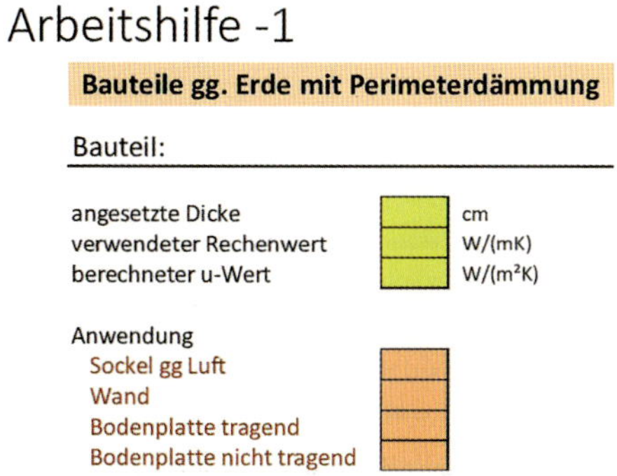

Abb. 3 Arbeitshilfe 2 zur Qualitätssicherung

Arbeitshilfe -2

| Umkehrdach mit Perimeterdämmung |

Bauteil:

angesetzte Dicke — cm
verwendeter Rechenwert — W/(mK)
berechneter u-Wert — W/(m²K)

Anwendung
  bekiest
  bekiest + abl. Trennlage
  begrünt
  begrünt + abl. Trennlage
  befahrbar

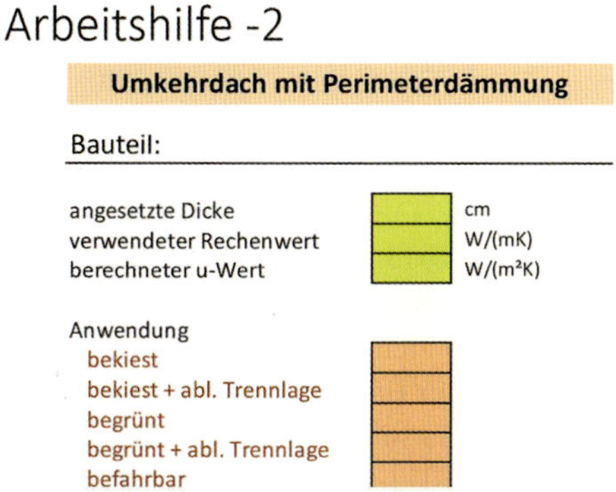

4   Liste aktueller Zulassungen PERIMETERDÄMMUNG

(Stand: 17-06-2019)

Auszug aus „baufachinformation.de" des Fraunhofer-Informationszentrums Raum und Bau IRB

- Z-23.33-1703 Zulassung vom: 10.07.2018 – aktuell
  Perimeterdämmsystem unter Verwendung von extrudergeschäumten Polystyrol-Hartschaumplatten „EFYOS XPS SL", „EFYOS XPS 500", „EFYOS XPS 700"
  Soprema Holding

- Z-23.33-2082 Zulassung vom: 23.01.2018 – aktuell
  Perimeterdämmsystem unter Verwendung von extrudergeschäumten Polystyrol-Hartschaumplatten „URSA XPS D N-III TWINS"
  URSA Deutschland GmbH
- Z-23.33-1539 Zulassung vom: 22.01.2018 – aktuell
  Perimeterdämmsystem unter Verwendung von extrudergeschäumten Polystyrol-Hartschaumplatten „Jackodur KF 300 Standard", „Jackodur KF 500 Standard" und „Jackodur KF 700 Standard"
  Jackon Insulation GmbH
- Z-23.33-1806 Zulassung vom: 01.01.2018 – aktuell
  Perimeterdämmsystem unter Verwendung von extrudergeschäumten Polystyrol-Hartschaumplatten „FIBRANxps S 300-L", „FIBRANxps S 500-L" und „FIBRANxps S 700-L"
  FIBRAN NORD proizvodnjy izolacijskih materialov d.o.o
- Z-23.33-1291 Zulassung vom: 29.08.2017 – aktuell
  Perimeterdämmsystem unter Verwendung von Schaumglasplatten „FOAMGLAS-Platte T4+" und „FOAMGLAS-Floor Board T4+"
  Deutsche FOAMGLAS® GMBH
- Z-23.33-1913 Zulassung vom: 02.07.2017 – aktuell
  Perimeterdämmsystem unter Verwendung von expandierten Polystyrol-Hartschaumplatten „Lipper 3000"
  Lippstädter Hartschaumverarbeitung GmbH
- Z-23.33-1986 Zulassung vom: 29.05.2017 – aktuell
  Perimeterdämmsystem unter Verwendung von extrudergeschäumten Polystyrol-Hartschaumplatten „Superfoam 300 SF", „Superfoam 500 SF" und „Superfoam 700 SF"
  SUPERGLASS DÄMMSTOFFE Zweigniederlassung der SAINTGOBAIN ISOVER G+H
- Z-23.33-1264 Zulassung vom: 07.10.2016 – aktuell
  Perimeterdämmsystem unter Verwendung von extrudierten Polystyrol-Hartschaumplatten „URSA XPS D N-III", „URSA XPS D N-V" und „URSA XPS D N-VII"
  URSA Deutschland GmbH
- Z-23.5-223 Zulassung vom: 27.09.2016 – aktuell
  Perimeterdämmsystem unter Verwendung von extrudergeschäumten Polystyrol-Hartschaumplatten „Styrodur 3035 CS", „Styrodur 4000 CS" und „Styrodur 5000 CS"
  BASF SE

- Z-23.5-225 Zulassung vom: 31.08.2016 – aktuell
  Perimeterdämmsystem unter Verwendung von extrudergeschäumten Polystyrol-Hartschaumplatten „ROOFMATE SL-A", „ROOFMATE SL-A-P", „FLOORMATE 500-A", „FLOORMATE 500-A-P" „FLOORMATE 700-A" und „FLOORMATE 700-A-P"
  Dow Deutschland Anlagengesellschaft mbH
- Z-23.33-1767 Zulassung vom: 24.08.2016 – aktuell
  Perimeterdämmsystem unter Verwendung von extrudergeschäumten Polystyrol-Hartschaumplatten „X-FOAM HBT 300" und „X-FOAM HBT 500"
  Ediltec Bayern GmbH
- Z-23.33-2046 Zulassung vom: 15.07.2016 – aktuell
  Perimeterdämmsystem unter Verwendung von expandierten Polystyrol-Hartschaumplatten „WKI – Perimeter Automatenware Lambda plus"
  wki isoliertechnik gmbh berlin
- Z-23.33-1944 Zulassung vom: 12.07.2016 – aktuell
  Perimeterdämmsystem unter Verwendung von expandierten Polystyrol-Hartschaumplatten „Knauf Therm 5 in 1 IR Perimeterdämmung/Sockelplatte", „Knauf Therm Perimaxx 15 IR Perimeterdämmung/Sockelplatte" und „Knauf Therm Sockelplatte IR"
  IsoBouw GmbH
- Z-23.33-1877 Zulassung vom: 11.07.2016 – aktuell
  Perimeterdämmsystem unter Verwendung von expandierten Polystyrol-Hartschaumplatten „BACHL PerimeterNeo"
  Karl Bachl Kunststoffverarbeitung GmbH & Co. KG
- Z-23.33-1837 Zulassung vom: 03.07.2016 – aktuell
  Perimeterdämmsystem unter Verwendung von expandierten Polystyrol-Hartschaumplatten „Rygol Perimeterdämmplatte 035 PERI-BLOCK 3 m"
  RYGOL DÄMMSTOFFE Werner Rygol GmbH & Co.KG
- Z-23.33-1765 Zulassung vom: 03.07.2016 – aktuell
  Perimeterdämmsystem unter Verwendung von expandierten Polystyrol-Hartschaumplatten „Knauf Therm Sockel-Perimeterdämmung SP3"
  IsoBouw GmbH
- Z-23.33-1177 Zulassung vom: 03.07.2016 – aktuell
  Perimeterdämmsystem unter Verwendung von expandierten Polystyrol-Hartschaumplatten „Knauf Therm 5 in 1 Perimeterdämmung/Sockelplatte", „Knauf Therm Sockelplatte" und „Knauf Therm Perimaxx 15 Perimeterdämmung/Sockelplatte"
  IsoBouw GmbH

- Z-23.33-232 Zulassung vom: 02.07.2016 – aktuell
  Perimeterdämmsystem unter Verwendung von expandierten Polystyrol-Hartschaumplatten „steinodur PSN LD P3"
  Steinbacher Dämmstoff GmbH
- Z-23.33-1159 Zulassung vom: 02.07.2016 – aktuell
  Perimeterdämmsystem unter Verwendung von expandierten Polystyrol-Hartschaumplatten „Rygol-Perimeterdämmplatte 035 3 m" und „TWIN 3 m" und „PERI-DRÄN 3 m"
  RYGOL DÄMMSTOFFE Werner Rygol GmbH & Co.KG

Dipl.-Ing. Friedrich Fath BDB Studium des Bauingenieurwesens an der TH Darmstadt; wissenschaftlicher Mitarbeiter am Institut für Massivbau der Uni Karlsruhe; 1993 Gründung eines Ingenieurbüros in Kreuztal; staatlich anerkannter Sachverständiger für Schall- und Wärmeschutz und Delegierter in der Ingenieurkammer Bau NRW.

Grenzen und Möglichkeiten der Machbarkeit am Beispiel großformatiger Fliesen

Mario Sommer

Die Herstellung von keramischen Fliesen hat in den letzten 10 Jahren nicht zuletzt durch eine Weiterentwicklung der Produktionsstraßen eine völlig neue Dimension des Machbaren erhalten. So ist es heute möglich, keramische Fliesen in Formatgrößen mit einer Kantenlänge von 300 bzw. 320 cm zu fertigen und dies in einer Oberflächenvielfalt, die Planer und Bauherren begeistert und neue Wege gehen lässt. Hinzu kommt, dass die Fliesen in einer Maßgenauigkeit produziert werden, die es erlauben, Verlegeergebnisse mit einer bislang ungeahnten Präzision zu erzielen. Die Fliesen werden in 3 bis 12 mm Dicke hergestellt, wobei sich die marktüblichen Dicken im Bereich von ca. 6 mm bewegen. Wie bereits erwähnt, sind diese Fliesen in einer Vielzahl an attraktiven Optiken erhältlich – wie beispielsweise Naturstein Beton oder Holz. Und dies alles mit den bekannten Vorteilen des keramischen Baustoffs (Abb. 1).

Die ursprüngliche Idee, welche hinter den großformatigen und dünnschichtigen Fliesen steht, war zum einen, neue gestalterische Wege gehen zu können und zum anderen, Bestandsflächen im Rahmen von Sanierungsmaßnahmen ohne großen Aufwand überfliesen zu können (Abb. 2).

Grundsätzlich ist anzumerken, dass die Großformatverlegung mit der Standard-Fliesenverlegung nichts mehr zu tun hat. So benötigt der Verlegebetrieb hierzu eine Vielzahl an neuen und modernen Werkzeugen für die Be- und Verarbeitung der Fliesen. Zudem ist auf der Baustelle mehr Platz notwendig und nicht zuletzt gilt es, die Verlegeflächen aufwendiger vorzubereiten, um diese Großformatfliesen fachgerecht und optisch ansprechend verlegen zu können.

Dipl.-Ing. M. Sommer
Sopro Bauchemie GmbH, Wiesbaden, Deutschland

Abb. 1 Großkeramik mit Natursteinoptik

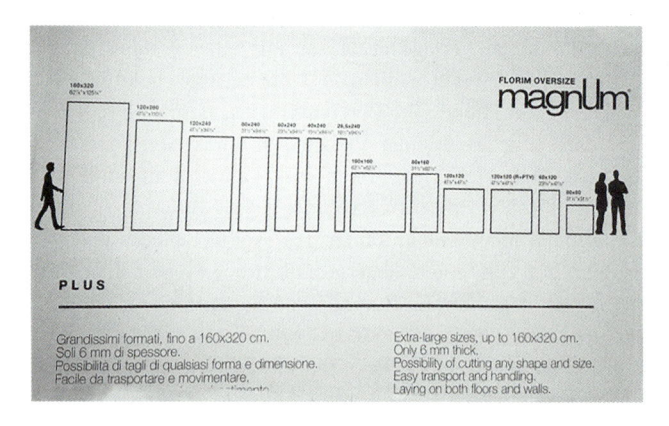

Abb. 2 Hersteller bieten eine Vielzahl an unterschiedlichen Formaten an.

1 Untergrund

Die keramische Fliese bildet am Ende die Fläche, welche sich der Bauherr zur Gestaltung seines Bauvorhabens ausgesucht hat und welche in der Regel mit der darunterliegenden Konstruktion durch die Verklebung eine feste Verbindung eingeht. Keramische Materialien sind meist sehr feste und zum Teil sehr spröde

FACHVERBAND FLIESEN UND NATURSTEIN
im Zentralverband des Deutschen Baugewerbes

Erste offizielle Info in 2010

Fachinformation / 03
27. Mai 2010

GROSSFORMATIGE KERAMISCHE FLIESEN UND PLATTEN

Geltungsbereich:	Innenräume
Kantenlänge:	60 cm – 120 cm
Mindestdicke:	8 mm

Die technischen Fortschritte und Trends lassen die Fliesenformate größer und oftmals dünner werden. Vom Auftraggeber werden ebene keramische Beläge mit möglichst geringen Fugenbreiten gewünscht.

Durch die Rektifizierung und Kalibrierung entstehen maßgenauere Fliesen und Platten, jedoch überwiegend mit scharfen oder leicht gefasten Kanten. Die zulässigen Maßtoleranzen, ± 0,5 % nach DIN EN 14411 für keramische Fliesen und Platten, im Bezug auf Oberfläche, Abmessung, Rechtwinkligkeit und Geradheit der Kanten, können auch bei sorgfältiger Ausführung Höhenversätze an der Belagsoberfläche und ungleiche Fugenbreiten nicht ausschließen.

Verlegeuntergründe mit nach DIN 18202 zulässigen Ebenheitstoleranzen, benötigen in der Regel bei der Verlegung großformatiger Fliesen und Platten eine Spachtelung zur Verbesserung der Ebenheit des Verlegeuntergrundes.

Bei der Verlegung sind bauphysikalische Gegebenheiten der unterschiedlichen Verlegeuntergründe als zwingende Randbedingungen zu beachten.

Die Belegreife des calciumsulfatgebundenen Estrichs ist erreicht, wenn die Restfeuchte bei unbeheizten Konstruktionen ≤ 0,5 CM-%, bei beheizten Konstruktionen ≤ 0,3 CM-% und bei Zementestrich ≤ 2,0 CM-% beträgt.

Die Ausdehnungskoeffizienten der Zementestriche und Calciumsulfat-Fließestriche / Gussasphalt sind deutlich höher als die der keramischen Fliesen und Platten und der Naturwerksteinfliesen.

Kronenstraße 55-58
D-10117 Berlin-Mitte
Telefon 030 / 2 03 14-408
Telefax 030 / 2 03 14-320

http://www.fachverband-fliesen.de
E-Mail: info@fachverband-fliesen.de

Verantwortlich für Presse- und Öffentlichkeitsarbeit
Dr. Ilona K. Klein

ZENTRALVERBAND DEUTSCHES BAUGEWERBE ZDB

Abb. 3 Erste offizielle Info in 2010 zur Großformatverlegung

Baustoffe. Sie sind aber, wie in unserem Fall, ein wichtiger Teil der optischen Raumgestaltung. Wird eine Fliese hohllagig oder bekommt einen Riss, dann liegt das in den meisten Fällen an dem Eigenleben des darunter befindlichen Untergrundes im Zusammenspiel mit der starren keramischen Fliese. Planer und Ausführende müssen hier daher mehr als sonst zum Verlegeuntergrund-Experten werden und die Eigenschaften des vorhandenen Untergrunds hinsichtlich Festigkeit, Verformungsverhalten, Quell- und Schwindverhalten usw. genau kennen, damit der keramische Belag dauerhaft mit dem Untergrund harmoniert. Dabei ist vor allem zu berücksichtigen, dass bei einer Großformatverlegung so gut wie keine „entspannenden" Fugen mehr in der Fläche vorhanden sind. Die Untergründe sollten daher vor der Verlegung schon weitgehend zur Ruhe gekommen sein. Eine im Hinblick auf unsere immer kürzer werdenden Bauzeiten immense Herausforderung.

Großformatige dünnschichtige Fliesen lassen sich nur im Dünnbettverfahren verlegen, das heißt, die Kleberdicke unterhalb der Fliese ist lediglich ca. 1 bis 5 mm dick. Denn die Dünnschichtigkeit der Fliesen erlaubt es nicht, im Dickbett oder möglicherweise auf Batzen zu verlegen. Speziell bei Bodenflächen würde dies zu Hohllagen, Rissen und in der Folge davon zu Einbruchsituationen führen.

2   Untergrundvorbereitung

Damit eine planebene Verlegung möglich ist, reichen die nach DIN 18202 vorgegebenen Maßtoleranzen der Vorgewerke (Estrich, Putz, etc.) heute nicht mehr aus. Im Leistungsverzeichnis ist daher eine zusätzliche Position für die Vorbereitung des Untergrundes in Form von Spachteln und Ausgleichen notwendig (Abb. 4). Die DIN 18157 (Fliesenleger-Norm) weist hier bereits entsprechend auf diesen zusätzlichen und notwendigen Arbeitsgang hin. Vor diesen Arbeiten sind die Untergründe auf Rissefreiheit und entsprechend ihrer Oberflächenfestigkeit hin zu prüfen und zu bewerten. Nach dem Grundieren der Untergründe findet das Ausgleichen und Spachteln am Boden mit selbstverlaufenden Spachtelmassen statt.

3   Verlegung

Aufgrund der großen Längen der Fliesen, der fehlenden Fugen sowie dem nach wie vor vorhandenen Eigenleben des Untergrundes, muss die Verklebung der Fliese sehr hochwertig ausgeführt werden (Abb. 5). Zum einen ist damit eine gute bis sehr gute Einbettung der Fliese in den Verlegemörtel gemeint und zum

Verlegung von Großformatfliesen

Maßtoleranzen
DIN 18 202

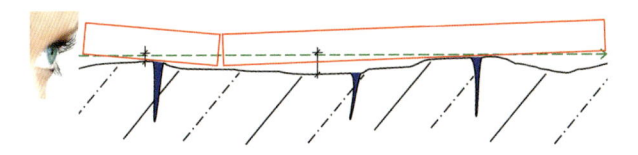

Abb. 4 Das Vorgewerk liegt innerhalb der Toleranzvorgabe, eine Großformatverlegung ist trotzdem noch nicht möglich.

Abb. 5 Großformatverlegung bedeutet Teamarbeit.

anderen eine sehr gute Kleberqualität. Keramische Fliesen werden in der Regel mit zementären Dünnbettmörteln verklebt (Abb. 6).

In der DIN EN 12004 werden diese zementären Dünnbettmörtel beschrieben. Am Markt sind sie mit unterschiedlichen Eigenschaften und Qualitäten erhältlich.

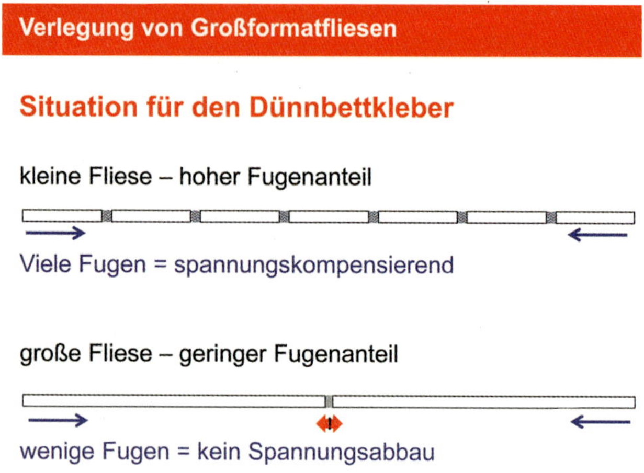

Verlegung von Großformatfliesen

Situation für den Dünnbettkleber

kleine Fliese – hoher Fugenanteil

Viele Fugen = spannungskompensierend

große Fliese – geringer Fugenanteil

wenige Fugen = kein Spannungsabbau

Abb. 6 Die Fugenanzahl verringert sich bei immer größer werdenden Fliesen.

Die entscheidenden Werte sind dabei in erster Linie die Haftzugfestigkeit (gekennzeichnet mit C1, C2) und die Flexibilität (gekennzeichnet mit S1, S2) der Kleber.

C1 steht in diesem Fall für 0,5 N/mm² und C2 für 1 N/mm² Haftzugfestigkeit.

Die Flexibilität des Klebers mit S1-Kennzeichnung besagt, dass sich ein definierter Mörtelstreifen um mindestens 2,5 mm ohne Bruch verformen lässt. Beträgt diese Verformung mindestens 5 mm, dann ist eine S2-Kennzeichnung gegeben. Diese S2-Flexibilität des Klebers ist für die Großformatverlegung unbedingt notwendig. Denn nur dann kompensiert das feste, aber dennoch starr-elastische Verhalten des Klebers mögliche auftretende Spannungen.

Versuchsreihen in der Klimakammer oder Versuche mit Lasteintrag bestätigen dies sehr eindrucksvoll (Abb. 7). Neben der notwendigen Flexibilität des Klebers ist ein weiterer Aspekt zu berücksichtigen, welcher bei einer Standard-Fliesenverlegung mit kleinen Formaten und vielen Fugen so nicht zum Tragen kommt. Die großformatigen Feinsteinzeugfliesen verhalten sich von ihrer Dichtheit her wie Glasscheiben, das heißt, dass das Mörtelüberschusswasser, welches für die Hydratation des Zementes nicht benötigt wird, nicht aus der Mörtelstruktur herautrocknen kann (Abb. 8). Dies ist vor allem bei den üblichen kurzen Bauzeiten problematisch. Und speziell, wenn auf calciumsulfatgebundenen Estrichen

Verlegung von Großformatfliesen

Hochflexibele Dünnbettmörtel

Verformung:

S1 — bis 1 m Kantenlänge
≥ 2,5 mm

S2 — ab 1 m Kantenlänge
≥ 5 mm

Abb. 7 Laborprüfvorrichtung zur Bewertung der Flexibilität von mineralischen Mörteln

Verlegung von Großformatfliesen

Situation für den Dünnbettkleber

kleine Fliese – hoher Fugenanteil

Diffusion gegeben

große Fliese – geringer Fugenanteil

Feuchtigkeitsstau

Abb. 8 Der geringe Fugenanteil sorgt auch für langsameres Trocknen in der Konstruktion.

verlegt wird, kann dies zu Rückdurchfeuchtung mit einem Festigkeitsverlust in der oberen Zone des Estrichs führen. Insofern sind hier stets Kleber mit einer schnellen Erhärtung und einer sogenannten kristallinen Wasserbildung zu verwenden. Diese sind rezepturseitig so eingestellt, dass sie das anfallende Überschusswasser chemisch mit einbinden, sodass es keinen Schaden anrichten kann.

Großformatige Fliesen werden üblicherweise im kombinierten Verfahren verlegt, das bedeutet, dass der Fliesenkleber sowohl auf dem Untergrund als auch und auf der Fliesenrückseite aufgetragen wird (Abb. 9). Das Verfahren wird in der DIN 18157 entsprechend beschrieben. Ziel dieses Verfahren ist es, eine möglichst gute Bettung der Fliese zu erreichen, um beispielsweise hohe Lasten aufnehmen zu können oder zu verhindern, dass große Lufteinschlüsse unter der Fliesen entstehen, in welche sich nicht gewollte Stoffe (z. B. aus der Lebensmittelproduktion) einlagern können. In der DIN 18157 werden die Verlegeverfahren beschrieben, geben dem Handwerker aber auch den entsprechend notwendigen Spielraum in der handwerklichen Ausführung. Baustellenerfahrungen haben allerdings gezeigt, dass trotz des aufwändig ausgeführten kombinierten Verfahrens die Verlege- und Benetzung- bzw. die Bettungsergebnisse der Fliesen ernüchternd waren. Hauptgrund hierfür ist, dass die Klebestege am Untergrund in die andere Richtung aufgetragen waren wie die Stege auf der Rückseite der Platte. Dies führte teilweise nur noch zu einem 50 %igen Kleberkontakt sowie zu zu großen

Abb. 9 Trocknungsverhalten von unterschiedlichen Dünnbettmörtelrezepturen

Verlegung von Großformatfliesen

Kombiniertes Verfahren

Fliesenkleber gleichmäßig richtungsgebunden aufgekämmt
Parallel zueinander eingelegt

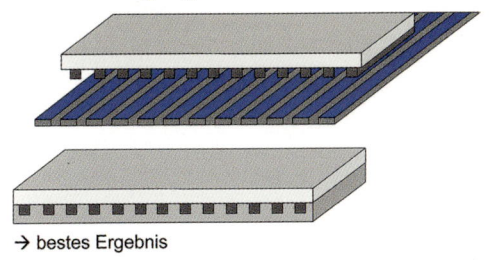

→ bestes Ergebnis

Abb. 10 Werden die Kleberstege parallel zueinander gesetzt, so ist die Bettung der Fliese am besten.

Luftvolumina unterhalb der Fliesen. Deshalb sollte immer darauf geachtet werden, dass die Kleberstege beim Auftragen parallel ineinandergeschoben werden (Abb. 10). Das Verlegeergebnis ist dann um ein Vielfaches besser.

4 Verfugung

Die Fugenbreite von Fliese zu Fliese sollte mindestens 3 mm betragen – siehe hierzu auch den Leitfaden „Großformatverlegung" von ZDB aus dem Jahr 2010 – und auf den Belag sowie dessen mögliche Belastungen abgestimmt sein. Die Verfugung wird in der Regel mit zementären, farblich abgestimmten Mörteln ausgeführt. Bewegungsfugen sind in der üblichen Feldgröße und den üblichen Rastern anzulegen. Je nach Einsatzbereich der großformatigen Fliesen (Wohnungsbau oder öffentliche Einrichtungen) ist das Merkblatt „Hochbelastete Beläge" vom ZDB zu berücksichtigen. Die mechanische Beanspruchung wird hier in entsprechende Gruppen eingeteilt, welche der Planer erkennen muss (Abb. 11).

Beanspruchungs-gruppe	Bruchkraft F(N) DIN EN ISO 10545-4	Anwendungsbereiche Mechanische Beanspruchung
I	< 1.500	Wohnungsbau und Bodenbeläge mit vergleichbarer mechanischer Beanspruchung, z. B. Hotelbadezimmer, Räume des Gesundheitsdienstes
II	1.500–3.000	Verwaltung, Gewerbe und Industrie (befahrbar mit luftbereiften Fahrzeugen), z. B. Großküchen, Kantinen, Verkehrszonen, KFZ-Ausstellungs- und Wartungsräume, Verkaufsräume, jeweils ohne Flurförderfahrzeugverkehr Pressungen bis 2 N/mm²
III	3.000–5.000	Gewerbe und Industrie (Flurförderfahrzeugverkehr mit Superelastik-, Vollgummi- und Vulkollanbereifung), z. B. im Lebensmittel-Einzel- und -Großhandel, Nonfood-Einzel- und -Großhandel, Ladenpassagen Pressungen von 2 bis 6 N/mm²
IV	5.000–8.000	Gewerbe und Industrie; Anwendungsbereiche wie Gruppe III, jedoch befahrbar mit Polyamidrollen Pressungen von 6 bis 20 N/mm²
V	> 8.000	Gewerbe und Industrie; Schwerlastbereiche mit Flurförderfahrzeugverkehr mit Polyamidrollen; Kollern von Metallteilen, wie z. B. in Fabrikations-, Montage- und Lagerhallen, Reparaturwerkstätten für Maschinen und schweres Gerät Pressungen > 20 N/mm²

Abb. 11 Mechanische Belastung nach Gruppen (Aus: ZDB Merkblatt: Mechanisch hoch belastbare Bodenbeläge. 10/2005)

Aus der Dicke der Fliese und deren Biegefestigkeit ergibt sich die Bruchkraft der Fliese. Sie gibt Orientierung für die Wahl des geeigneten Produktes (Abb. 12). Sinnvoll ist es, den Hersteller der Fliesen direkt anzusprechen.

Um mögliche Höhendifferenzen von Fliesenkante zu Fliesenkante zu vermeiden, welche nach ZDB-Merkblatt „Höhendifferenzen" beschrieben sind, ist es sinnvoll, beim Verlegeprozess sogenannte Justierhilfen bzw. Nivelliersysteme zu verwenden. Sie ermöglichen es, die Fliesenkanten auf einem Niveau in Position zu bringen und das Verlegeergebnis dadurch zu perfektionieren.

Verlegung von Großformatfliesen

Beanspruchungs-gruppe	Dicke (mm)	Bruchkraft F (N) Fliesen oder Platten (quadratisches Format)								
		Biegefestigkeiten in N/mm²								
		20	27	32	37	42	47	52	57	62	69
I	6,00	535	722	855	989	1.123	1.256	1.390	1.523	1.657	1.844
	7,00	728	982	1.164	1.346	1.528	1.710	1.892	2.074	2.255	2.417
	8,00	950	1.283	1.520	1.758	1.996	2.233	2.471	2.708	2.946	3.157
	8,50	1.073	1.448	1.716	1.985	2.253	2.521	2.789	3.057	3.326	3.564
	9,00	1.203	1.624	1.924	2.225	2.526	2.826	3.127	3.428	3.728	3.996
	9,50	1.340	1.809	2.144	2.479	2.814	3.149	3.484	3.819	4.154	4.452
	10,00	1.485	2.005	2.376	2.747	3.118	3.489	3.861	4.232	4.603	4.933
II	10,50	1.637	2.210	2.619	3.029	3.438	3.847	4.256	4.666	5.075	5.439
	11,00	1.797	2.426	2.875	3.324	3.773	4.222	4.671	5.121	5.570	5.969
	11,50	1.964	2.651	3.142	3.633	4.124	4.615	5.106	5.597	6.088	6.524
	12,00	2.138	2.887	3.421	3.956	4.490	5.025	5.559	6.094	6.628	7.104
	12,50	2.320	3.132	3.712	4.292	4.872	5.452	6.032	6.612	7.192	7.708
	13,00	2.509	3.388	4.015	4.642	5.270	5.897	6.524	7.152	7.779	8.337
	13,50	2.706	3.653	4.330	5.006	5.683	6.359	7.036	7.712	8.389	8.991
	14,00	2.910	3.929	4.656	5.384	6.112	6.839	7.567	8.294	9.022	9.669
III	15,00	–	4.510	5.345	6.181	7.016	7.851	8.686	9.522	10.357	11.100
IV	16,00	–	5.132	6.082	7.032	7.983	8.933	9.883	10.833	11.784	12.629
	18,00	–	6.495	7.697	8.900	10.103	11.306	12.508	13.711	14.914	15.984
V	20,00	–	8.018	9.503	10.988	12.473	13.958	15.442	16.927	18.412	19.733
	22,00	–	9.702	11.499	13.295	15.092	16.889	18.685	20.482	22.279	23.877
	24,00	–	11.546	13.684	15.823	17.961	20.099	22.237	24.375	26.513	28.416

Abb. 12 Bruchkraft von Fliesen und Platten in Abhängigkeit von Dicke und Biegefestigkeit Gruppen. Je geringer die Bruchkraft der Fliese, desto geringer dürfen mögliche Belastungen sein. (Aus: ZDB Merkblatt Mechanisch hoch belastbare Bodenbeläge. 10/2005)

5 Fazit

Unter Berücksichtigung der aufgeführten Punkte lassen sich mit der Großkeramik völlig neue Wege gehen, ganz zu schweigen von den erweiterten Gestaltungsmöglichkeiten auch im Bereich des Möbelbaus (Küchenarbeitsplatten, Waschtische, etc.), worauf hier jedoch nicht eingegangen wurde.

Dipl.-Ing. Mario Sommer Studium des Bauingenieurwesens an der FH Wiesbaden, Schwerpunkt Baubetrieb mit betontechnologischer Zusatzausbildung; 1997–1999 Bautechnischer Berater der Ato Findley Deutschland GmbH; 1999–2003 Stellvertretender Leiter der Abteilung Anwendungstechnik der Sopro Bauchemie GmbH mit dem Schwerpunkt Estrich, Abdichtung, Fliesen, Platten, Naturstein, Betonsanierung und Straßenbau; 2004–2006 Leiter der Abteilung Objektberatung; seit 2006 Leitung der Abteilung Anwendungstechnik/Objektberatung; seit März 2009 Prokurist bei Sopro Bauchemie GmbH, Wiesbaden; seit 2014 öffentlich bestellter und vereidigter Sachverständiger für Schäden an Konstruktionen mit keramischen Belägen; Mitarbeit in verschiedenen Arbeitskreisen und Normenausschüssen.

Stand der Normung zum Schutz vor Radon

Thomas Hartmann

Die RICHTLINIE 2013/59/EURATOM DES RATES vom 5. Dezember 2013 zur Festlegung grundlegender Sicherheitsnormen für den Schutz vor den Gefahren einer Exposition gegenüber ionisierender Strahlung musste innerhalb von vier Jahren in nationales Recht umgesetzt werden.

Mit dem Strahlenschutzgesetz (StrSchG – Inkrafttreten 01.10.2017/31.12.2018) und der Strahlenschutzverordnung (Inkrafttreten 31.12.2018) wird im nationalen Strahlenschutzrecht erstmalig auch der Schutz der Gebäudenutzer und Arbeitnehmer vor Radon in Gebäuden gesetzlich verankert. Im Strahlenschutzgesetz wird für Aufenthaltsräume und Arbeitsplätze für die Radon-222-Aktivitätskonzentration im Jahresmittel ein Referenzwert (kein Grenzwert!) von 300 Bequerel pro Kubikmeter festgelegt. Dazu sind zunächst generell im Neubau die Maßnahmen zum Feuchteschutz einzuhalten. Wird im Gebäudebestand im Bereich von Aufenthaltsräumen und Arbeitsplätzen durch bauliche Maßnahmen der Luftwechsel deutlich reduziert, sind Maßnahmen zum Radonschutz zu prüfen.

In der Strahlenschutzverordnung wird für Neubauten dazu unter anderem konkretisiert, dass durch die Bundesländer auf Basis der bestehenden Verwaltungsgrenzen Gebiete festzulegen sind, in denen aufgrund einer möglichen Radonexposition im Erdreich geeignete Maßnahmen zur Vermeidung des Radoneintritts in Gebäude zu ergreifen sind. Als geeignete Maßnahmen gelten danach:

1. Verringerung der Radonkonzentration unter dem Gebäude
2. Beeinflussung der Luftdruckdifferenz zwischen Gebäudeinnerem und Bodenluft
3. Begrenzung der Rissbildung in Wänden und Böden mit Bodenkontakt

---

Prof. Dr.-Ing. T. Hartmann
ITG Institut für Technische Gebäudeausrüstung, Dresden, Deutschland

4. Absaugung von Radon an Randfugen und unter Abdichtungen
5. Einsatz diffusionshemmender, konvektionsdicht verarbeiteter Materialien oder Konstruktionen

Die Festlegung der Gebiete mit einer möglichen Radonexposition durch die Bundesländer steht noch aus, möglich wäre u. a. eine Orientierung an der Radonaktivitätskonzentration in der Bodenluft, z. B. in Anlehnung an Abb. 1.

Zur Konkretisierung des baulichen und lüftungstechnischen Radonschutzes durch die Erarbeitung eines Normenpakets DIN SPEC 18117 „Bauliche und lüftungstechnische Maßnahmen zum Radonschutz" hat sich 2015 beim DIN der Gemeinschafts-Arbeitsausschuss NABau/NHRS NA 005-01-38 GA zum radongeschützten Bauen konstituiert, der sich zum Ziel gesetzt hat, die technischen Möglichkeiten aufzuzeigen und in Form von Regelungen zu dokumentieren. Dem Arbeitsausschuss gehören Vertreter aus dem Bereich der öffentlichen Hand (u. a. Bundesamt für Strahlenschutz und Deutsches Institut für Bautechnik), der Wissenschaft, der Anwendung (Planer, Architekten, Sachverständige und Bauausführende) sowie von Industrieverbänden (u. a. Zentralverband des Deutschen Baugewerbes [ZDB]) an.

In der Normenreihe DIN SPEC 18117 sind folgende Teile geplant:

- Teil 1: Begriffe, Grundlagen und Beschreibung von Maßnahmen
- Teil 2: Klassifizierung, Auswahl und Handlungsempfehlungen
- Teil 3: Messung (Erstellung noch offen)

Am weitesten fortgeschritten ist DIN SPEC 18117-1, dessen Erscheinen als Entwurf 2019 zu erwarten ist. Teil 1 beschreibt Maßnahmen zum radongeschützten Bauen für Innenräume, um die Einhaltung von Anforderungen des Strahlenschutzgesetzes gegen das Eindringen von Radon aus dem Baugrund abschätzen zu können. Die beschriebenen Maßnahmen berücksichtigen die Nutzung der Innenräume, unterscheiden zwischen neu zu errichtenden oder zu sanierenden Gebäuden und umfassen bauliche und lüftungstechnische Maßnahmen. Teil 1 enthält folgende wesentlichen Abschnitte.

- Grundlagen für Vorsorgemaßnahmen bei Neu- und Bestandbauten
- Bauliche Maßnahmen
- Lüftungstechnische Maßnahmen
- Theoretische Grundlagen Radon – Quellen, Gebiete, Konzentration, Messung (informativer Anhang)
- Berechnungsformular zur Abschätzung (informativer Anhang)

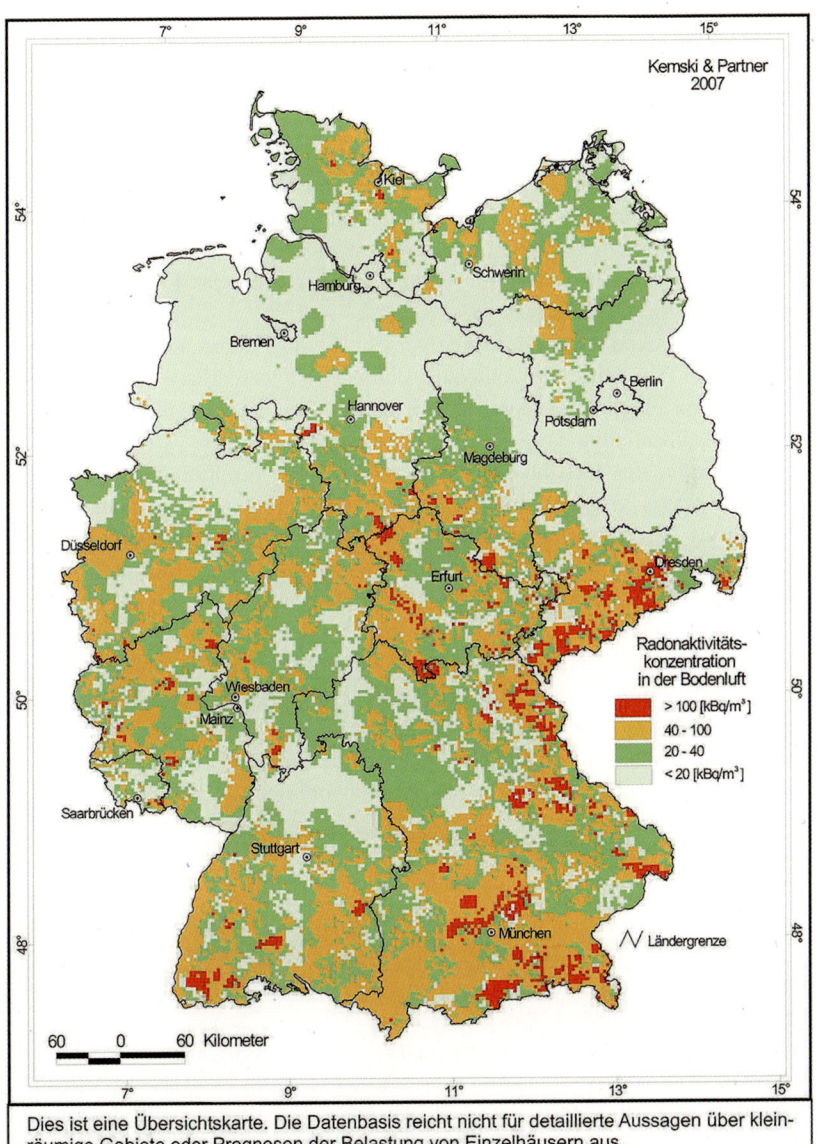

Abb. 1 Radonkonzentrationen in der Bodenluft in Deutschland. (Quelle: Kemski und Partner, beratende Geologen, www.kemski-bonn.de)

Bei den Grundlagen für Vorsorgemaßnahmen wird zunächst darauf hingewiesen, dass bei Auswahl und ggf. der Kombination von Schutzmaßnahmen die örtlichen Randbedingungen, die Art des Bauvorhabens und der Nutzung sowie das gewünschte Schutzziel zu berücksichtigen sind. Insbesondere durch die Gebäudekonzeption kann unter Beachtung von ökologischen Aspekten, wirtschaftlicher Bauweise und energieeffizientem Betrieb Einfluss auf die spätere Radonkonzentration genommen werden. Um den Fokus der Anforderungen auf Aufenthaltsräume und Arbeitsplätze zu beachten, sind die Nutzungsbedingungen möglichst klar zu definieren. Für Wohngebäude enthält der Entwurf der DIN 1946-6 einen Ansatz (Tab. 1).

Im Regelfall kommen dem Schutz vor Eintritt des Radons aus dem Baugrund sowie einem ausreichenden Außenluft-Luftwechsel wesentliche Bedeutung zu. Daneben sind mögliche Radonexhalationen aus Baumaterial und Wasser sowie die Radonkonzentration der Außenluft zu beachten.

Im Rahmen der Gebäudekonzeption kommt der Ermittlung der Radonbelastung aus dem Baugrund eine wesentliche Bedeutung zu. Vorteilhaft sind die Reduzierung der erdberührten Gebäudeflächen sowie eine Außenluftversorgung aus Bereichen mit möglichst geringer Radonkonzentration. Erhöhte Radonkonzentrationen können z. B. in Lichtschächten oder Kellertreppen auftreten und über Außenbauteile (z. B. Fensterfugen oder Lüftungsgitter) in Innenräume gelangen. Gegebenenfalls kommt eine lufttechnische Trennung zwischen Gebäudeteilen mit und ohne Aufenthaltsräume bzw. Arbeitsplätzen in Betracht. Die Trennung soll eine Verbreitung radonhaltiger Luft im Gebäude reduzieren. Räume in Bereichen mit hoher Radonkonzentration sollten dann nicht für eine Nutzung als Aufenthaltsraum oder Arbeitsplatz vorgesehen werden.

Tab. 1 Kategorien der Raumnutzung für Wohnungen nach E DIN 1946-6:2018

Raumnutzung	Geschätzte Aufenthaltsdauer pro Tag	Resultierende Aufenthaltsdauer pro Jahr[a]
Praktisch ungenutzter Kellerraum (z. B. Abstellraum)	1–10 min/d	6–55 h/a
Wenig genutzter Kellerraum (z. B. Waschküche, Hauswirtschaftsraum)	10–120 min/d	55–660 h/a
Wohnraum (z. B. Schlafraum)	120–1440 min/d (2–24 h/d)	6600 h/a (bei 20 h/d)

[a]Es wird von 330 Tagen pro Jahr ausgegangen, da sich die Bewohner im Normalfall nicht 365 Tage im Jahr in der Wohnung aufhalten.

Bauliche Maßnahmen beinhalten Baumaterialien sowie Bauweisen, die zu einer Reduzierung des Radoneintritts in schutzbedürftige Räume bzw. Bauwerke führen. Bei einem Großteil der Baumaterialien und Bauweisen handelt es sich um Maßnahmen, die sowieso zur Errichtung von Bauwerken angewendet werden. Ziel der baulichen Maßnahmen ist die Begrenzung des konvektiven sowie des diffusiven Eintritts von Radon sowie die Beschränkung von Radonexhalation aus Baumaterial. Daneben kann durch bauliche Maßnahmen die erdseitige Konzentration des Radons reduziert sowie die Ausbreitung von Radon innerhalb des Gebäudes eingeschränkt werden. Tab. 2 gibt einen Überblick über mögliche bauliche Maßnahmen zur Reduzierung von Radonkonzentrationen in schutzbedürftigen Räumen bzw. im Bauwerk. Wenig gebräuchlich sind in Deutschland bisher Radonbrunnen, Abb. 2 verdeutlicht das Grundprinzip. Bei Anordnung des Radonbrunnens neben dem Gebäude ist auch eine Nachrüstung im Gebäudebestand relativ einfach möglich.

Lüftungstechnische Maßnahmen können nach DIN SPEC 18117-1 ebenfalls zu einer Reduzierung der Radonkonzentration in schutzbedürftigen Räumen bzw. Bauwerken führen. Bei einem Großteil der lüftungstechnischen Maßnahmen handelt es sich um Maßnahmen, die sowieso zur Errichtung von Bauwerken angewendet werden. Bei der Auslegung von lüftungstechnischen Maßnahmen zum Schutz vor Radon sind Zielkonflikte mit anderen Anforderungen, z. B. der Nutzung beabsichtigter Energieeinsparpotenziale oder dem Feuchteschutz, möglich. Diese Zielkonflikte können durch Beachtung weiterer normativer Rahmenbedingungen, wie den Auslegungsnormen für Wohnungslüftungsanlagen (DIN 1946-6) und für RLT-Anlagen in Nichtwohngebäuden (DIN EN 16798-3) gelöst werden. Tab. 3 gibt einen Überblick über mögliche lüftungstechnische Maßnahmen zur Reduzierung von Radonkonzentrationen in schutzbedürftigen Räumen.

Freie Lüftung kann als Sofortmaßnahme zur Reduzierung der Radonkonzentration ohne zusätzlichen technischen Aufwand angewendet werden. Mit freier Lüftung lässt sich nur im Mittel über einen Zeitraum eine Erhöhung des Luftwechsels erreichen.

Mit Abluftsystemen wird eine Unterdruckerzeugung in einzelnen (ungenutzten) Kellerräumen erreicht, in denen es dann allerdings zur Erhöhung der Radoneintrittsrate hauptsächlich durch Konvektion aus dem Baugrund und damit zu höheren Radonkonzentrationen kommen kann. Mit dieser Methode soll die Ausbreitung des Radons im Gebäude und insbesondere der Radontransport in Aufenthalts- und Arbeitsräume unterbunden bzw. deutlich reduziert werden.

Zum Radonschutz sind Überdrucksysteme, also reine Zuluftsysteme oder Zu-/Abluftsysteme mit Zuluftüberschuss, grundsätzlich ein probates Mittel, um das konvektive Eindringen des Radons aus dem Erdreich in angrenzende Gebäudeteile

Tab. 2 Überblick über bauliche Maßnahmen zum Radonschutz nach DIN SPEC 18117-1

Eintrittspfad	Bauliche Einordnung	Umsetzung
Konvektion aus dem Erdreich	Flächige Eintrittspfade	Bauteile
		Folien
		Abdichtungen
		Beschichtungen
		Sonstiges
	Lineare Eintrittspfade	Fugen/Rissverschluss
		Durchführungen
		Öffnungen, Fenster usw.
		Sonstiges
Diffusion aus dem Erdreich	Diffusionsbremsen	Bauteile
		Folien
		Abdichtungen
		Beschichtungen
		Sonstiges
Radonausbreitung im Gebäude	Nutzungstrennung	Siehe Maßnahmen zu Konvektion und Diffusion
		Beschilderung
		Bedarfslüftung
Erdseitige Radonkonzentration	Radonbrunnen	Radonbrunnen unter Gebäude
		Radonbrunnen neben Gebäude
	Radondrainagen	Radondrainagen mit freier Lüftung
		Radondrainagen mit mechanischer Lüftung
	Absaugungen	Unterbodenabsaugung
Radonexhalierendes Baumaterial	Materialauswahl	Vermeidung bzw. kontrollierter Einsatz

zu reduzieren. Reine Zuluftsysteme sind bisher in Deutschland allerdings wenig gebräuchlich, Abb. 3 verdeutlicht das Grundprinzip.

Grundsätzlich gilt für alle lüftungstechnischen Maßnahme, dass sie mit dem Ziel der Luftwechselerhöhung oder der Veränderung der Druckverhältnisse zwischen den schutzbedürftigen Räumen und der Umgebung (ungenutzte Räume oder Erdreich) umgesetzt werden.

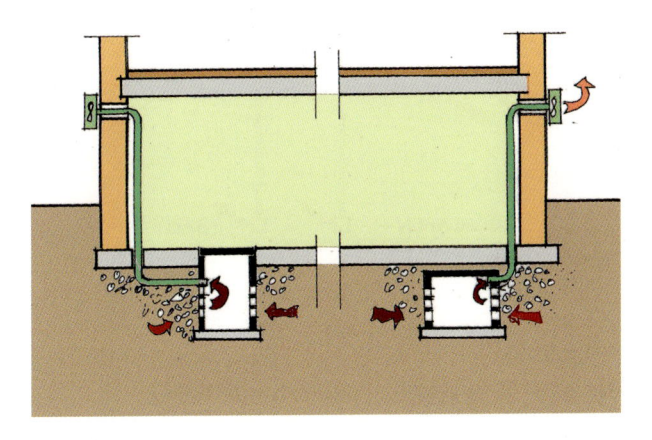

Abb. 2 Schematische Darstellung eines Radonbrunnens (Quelle: Prof. Uhlig, HTW Dresden)

Tab. 3 Überblick über lüftungstechnische Maßnahmen zum Radonschutz nach DIN SPEC 18117-1

Lüftungssystem	Lüftungstechnische Einordnung	Umsetzung
Manuelle Lüftung	–	Fensteröffnen durch Nutzer
Freie Lüftung	Querlüftung	Außenluftdurchlass (ALD) (auch als motorisches Fensteröffnen)
		Sensorgesteuerter Außenluftdurchlass (auch als motorisches Fensteröffnen)
	Schachtlüftung	Anbindung Kellerräume an Lüftungsschächte
Ventilatorgestützte Lüftung	Zu-/Abluftsystem	Gleichdrucksysteme (balancierte Systeme)
		Überdrucksysteme (geringer Zuluftüberschuss)
	Zuluftsystem	Überdrucksysteme mit mechanischer Zuluftzufuhr und freier Abluftabfuhr z. B. über ALD
	Abluftsystem	Unterdrucksysteme mit mechanischer Abluftabfuhr und freier Zuluftzufuhr z. B. über ALD

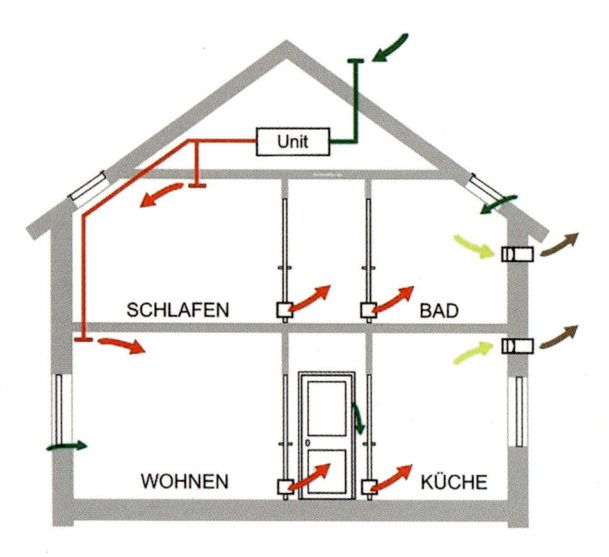

Abb. 3 Schematische Darstellung einer Zuluftanlage (Quelle: ITG Dresden)

Im Anhang zu den theoretischen Grundlagen wird in der DIN SPEC 18117-1 u. a. detailliert auf typische Radoneintrittspfade eingegangen (siehe Abb. 4 und Tab. 4). Die im Baugrund vorhandene Radonmenge kann mit dem Radonpotenzial quantifiziert werden. In diese Größe gehen die Radonkonzentration in der Bodenluft und dessen Permeabilität ein. Es ist ein Maß dafür, wie viel Radon im Untergrund zum Eintritt in ein Gebäude zur Verfügung steht. Punktuelle kurzzeitige Messungen der Radonkonzentration und der Luftpermeabilität im Boden sind aufgrund räumlicher und zeitlicher Variationen nur von begrenzter Aussagekraft.

Alternativ kann eine Einstufung nach den Bodeneigenschaften und dem sich daraus ergebenden Radonpotential erfolgen:

- Festgestein (radonführende Klüfte → Radonpotenzial hoch)
- Grundgebirge (Granit, Gneis, stark geklüfteter oder verkarsteter Kalkstein → Radonpotenzial hoch; wenig geklüfteter Kalkstein → Radonpotenzial niedrig)
- Lockergestein (radonführende Porenhohlräume → Radonpotenzial ggf. erhöht)
- Grundwasserspiegel nahe (< 1,5 m) an (zukünftiger) Bodenplatte (→ Radonpotenzial gering).

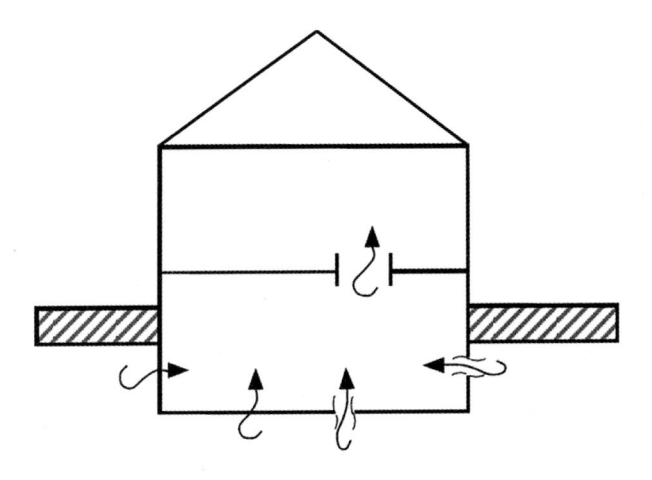

Abb. 4 Vereinfachte Darstellung häufiger Radoneintrittspfade in Gebäude (Quelle: ITG Dresden)

Tab. 4 Radonquellen und -eintrittspfade nach DIN SPEC 18117-1

Radonquelle bzw. Radoneintrittspfad	Beschreibung
Konvektion aus dem Baugrund	Luftundichtheiten zwischen Gebäudehülle und Erdreich, z. B. • fehlende Bodenplatte • Risse in Bodenaufbau und Wänden • fehlende oder defekte Feuchteabdichtung der Wände und des Bodens • nicht oder fehlerhaft abgedichtete Leitungsdurchführungen • Schächte mit direkter Anbindung zum Boden
Diffusion durch erdberührte Bauteile	Baukonstruktionen mit geringem Diffusionswiderstand
Exhalation aus Baustoffen	Baumaterialien mit hohen Exhalationsraten
Konvektion aus der Umgebungsluft	Gebäudestandort mit erhöhter Radonkonzentration in der Außenluft (z. B. Bergbaugebiete)
Ausgasen aus Trinkwasser (im Wesentlichen beim Duschen)	Grundwasser an Standorten mit erhöhter Radonkonzentration in der Bodenluft (z. B. saure magmatische Gesteine)

Stand der Normung zum Schutz vor Radon

Da in allen mineralischen Baustoffen Uran vorhanden ist, gelangt aus diesen ebenfalls Radon in die Innenraumluft von Gebäuden. Die Freisetzung des gebildeten Radons variiert in Abhängigkeit der Materialeigenschaften erheblich. Bei in Deutschland derzeit am Markt angebotenen Baumaterialien werden in aller Regel keine erhöhten Radonexhalationen festgestellt. Allerdings sind bei Natursteinen sowie bei Material in Bestandsgebäuden höhere Exhalationsraten möglich.

Bei der Entstehung des Radons im Boden kann dieses in Wasser gelöst und mit diesem transportiert werden. Mit der Nutzung von Grund- und Trinkwasser gelangt das gelöste Radon in die Innenraumluft. Insbesondere die Nutzung von Wasser aus privaten Brunnen an Standorten mit erhöhter Radonkonzentration in der Bodenluft kann einen relevanten Beitrag zur Radonkonzentration in Innenräumen leisten.

Zusammenfassend können folgende Hinweise bzw. grundsätzliche Handlungsempfehlungen gegeben werden:

- Gesetzgebung und Normensetzung führen in einem vergleichsweise kurzen Zeitraum (ca. 5 Jahre) zu einem geregelten Umgang mit Radon an Arbeitsplätzen und in Aufenthaltsräumen.
- Voraussichtlich in großen Gebieten Deutschlands – die Festlegung erfolgt durch die Bundesländer, steht aber noch aus! – wird es durch den Radonschutz keine zusätzlichen Anforderungen an das Bauen geben, die Feuchteabdichtung gegen Erdreich wird dort voraussichtlich als ausreichend angesehen werden.
- Im Neubau sollte die Priorität auf baulichen Maßnahmen zur Verhinderung von Konvektion und Diffusion liegen.
- Im Bestand können nachträgliche Abdichtung und Lüftung (im und unter dem Gebäude) zum Radonschutz beitragen.
- Die Kombination von Aufgaben, wie z. B. Feuchte- und Radonschutz, erfordern Prioritätensetzung und insbesondere auch im Hinblick auf die Winter-Sommer-Thematik durchdachte Lösungen.

Prof. Dr.-Ing. Thomas Hartmann 1993 Abschluss des Studiums für TGA an der TU Dresden; Fachplaner und Bauleiter in einer Firma für TGA; wissenschaftlicher Mitarbeiter an der TU Dresden; 2001 Promotion; Fachplaner und Bauleiter in einer TGA-Firma und einem Planungsbüro; 2002–2004 Leiter Lüftungstechnik am Institut für Thermodynamik und TGA der TU Dresden; seit 2004 Geschäftsführer am ITG Institut für Technische Gebäudeausrüstung Dresden Forschung und Anwendung GmbH; seit 2009 Lehrtätigkeit Kälte- und Klimatechnik an der Hochschule für Technik, Wirtschaft und Kultur in Leipzig (FH); Forschungsprojekte und Gutachten mit den Themenschwerpunkten Lüftung, Raumlufthygiene, thermische Behaglichkeit und Klimatisierung; Mitarbeit in verschiedenen nationalen und internationalen Normungsgremien in Verbindung mit Normungsarbeit zu Energieeffizienz und Auslegung von TGA-Anlagen; Ausbildung von Energieberatern.

1. Podiumsdiskussion am 08.04.2019

Zöller:
Heutzutage haben wir mit den Auswirkungen von Asbest, Lindan, PCB etc. zu tun. Probleme, die uns unsere Väter hinterlassen haben. Wie können wir verhindern, dass wir heute die Probleme der Zukunft schaffen, mit denen dann unsere Kinder umgehen müssen?
Sind Bioprodukte grundsätzlich besser als Produkte aus dem herkömmlichen Handel?

Jann:
Bei Bioprodukten verhält es sich genauso wie bei allen anderen Produktgruppen. Es gibt emissionsreiche und emissionsarme Produkte. Pauschale Aussagen sind nicht möglich. Sofern ein Produkt ein Label aufweist, gibt es auch eine Grundlage für die Vergabe des Labels und somit Daten. Daher sollte versucht werden, diese Informationen vom Hersteller zu erhalten.

Zöller:
Die Bauprodukteverordnung verlangt, dass sich Bauprodukte nicht schädlich auf Menschen und Umwelt auswirken können. Wenn aber im Rahmen der CE-Kennzeichnung keine Deklaration möglicher Emissionen erfolgen muss, ist diese Kennzeichnung für den Anwender hinsichtlich dieser Anforderung nicht brauchbar. Gibt es ein Anrecht darauf, dass die Bauprodukteverordnung eingehalten wird?

Jann:
Die CE-Kennzeichnung weist zurzeit eine Lücke auf, die allerdings durch nationale Regelungen geschlossen werden kann. Mit der neuen Fassung der MVV TB wird die Bauaufsicht konkrete Anforderungen stellen, Bauprodukte hinsichtlich möglicher Emissionen zu untersuchen.

© Springer Fachmedien Wiesbaden GmbH, ein Teil von Springer Nature 2020
M. Oswald und M. Zöller (Hrsg.), *Aachener Bausachverständigentage 2019*,
https://doi.org/10.1007/978-3-658-27446-7

Früher waren Produkte mit Ü-Zeichen emissionsgeprüft. Diese Datensätze existieren noch. Auf konkrete Nachfrage können die Emissionsmessdaten in Erfahrung gebracht werden. Für Anwender ist es allerdings schwierig, an diese Informationen zu kommen.

Das ist keine zufriedenstellende Situation, aber ich kann nur darstellen, wie es zurzeit ist.

Frage:
Lässt sich für einen Neubau aufgrund der ausgeschriebenen bzw. gelieferten Einbauprodukte vorhersehen, mit welcher Raumluftbelastung gerechnet werden muss?

Jann:
Bei Einbau von Bauprodukten ohne vorherige Prüfung der möglichen Emissionsabgabe lässt sich keine Prognose über eventuelle Emissionsbelastungen erstellen. Sofern Sie im Vorfeld besonders emissionsarme Produkte auswählen und keine Baufehler auftreten, sollten Sie sich auf der sicheren Seite befinden. Um nicht immer nur den Blauen Engel zu benennen, könnte z. B. ein Bodenbelag Klebstoff nach EC1+ ausgewählt werden, das ist ein Klebstoff mit der zurzeit geringsten Emission.

Außerdem können Vorentscheidungen helfen, ob z. B. ein Teppichbodenbelag oder einen Fliesenbelag gewählt wird. Fliesen haben in der Regel keine Emissionen. Auch Laminatbeläge sind üblicherweise vergleichsweise emissionsarm.

Die Wahl von Holzprodukten bedeutet von vornherein ein gewisses Emissionsspektrum. Aber vielleicht wird das bewusst in Kauf genommen, vielleicht sogar gewünscht, dass das Haus nach Holz, einem Naturprodukt, riecht. Dann sollten nicht unbedingt Raumluftmessungen oder eine Geruchsbewertung vorgenommen werden.

Zöller:
Wie gehen Sachverständige mit dieser Frage um? Zum Glück werden wir oft erst im Nachhinein eingeschaltet. Die Beratungssituation im Stadium der Planung und Ausführung ist deutlich schwieriger. Sachverständige sollten hinsichtlich dieser Problematik sensibilisiert werden.

Die Prüfkriterien der BAM sind sehr streng. Produkte, die dort geprüft wurden, können als brauchbar eingestuft werden. Im Bereich der CE-Kennzeichnung gibt es eine Diskrepanz, die keine ausreichende Prüfung für viele Produkte erfordert. Dies muss auf freiwilliger Ebene erfolgen.

Jann:
Diese Dinge sind aus gutem Grund national geregelt und dies muss auch europäisch umgesetzt werden. Aus meiner Sicht kann es in Zukunft keine europäische Norm geben, in der nicht im Anhang ZA die Emissionsanforderungen hinterlegt sind, möglicherweise durch Festlegung einer gesonderten Klasse. Momentan konzentriert sich auf europäischer Ebene alles auf den Brexit und die Europawahlen. Aber hoffentlich werden, nachdem die Voraussetzungen für die Umsetzung gegeben sind, auch die Anforderungen weiter geregelt. Soweit ich weiß, sind aber die Anforderungen der DIN EN 16516 *Bauprodukte – Bewertung der Freisetzung von gefährlichen Stoffen – Bestimmung von Emissionen in die Innenraumluft* von Januar 2018 zum heutigen Stand, im April 2019, bisher in noch keiner weiteren Produktnorm umgesetzt worden – das ist ein Unding.

Zöller:
Wir reden über die Frage, ob es zu viel oder zu wenig Regeln gibt. Das *Zu wenig an Regeln* wird derzeit auf dem Rücken der Baubeteiligten ausgetragen. An dieser Stelle brauchen wir mehr Regeln, um die Baubeteiligten und die Verbraucher zu schützen.
Herr Cosler, muss ein Planer und bzw. oder der Handwerker dafür einstehen, wenn sie nicht erkennen (können), dass bei einem Produkt, das z. B. in einem Kindergarten verbaut wurde, mit Emissionen zu rechnen ist? Wie kann ein Produkt ausgewählt, wie bei der Abnahme geprüft werden?

Cosler:
Wenn es eine Möglichkeit gibt, eine Eigenschaft zu fordern, muss diese Anforderung bereits in der Angebotsphase einfließen. Es steht jedem frei, in einer frühen Phase zu fordern, dass ein Produkt bestimmte Eigenschaften, wie z. B. begrenzte Emissionswerte, erfüllen muss. Allerdings sind in dieser Phase üblicherweise weder Sachverständige, noch Juristen involviert.

Zöller:
Wie gehen wir damit um, wenn beispielsweise Kindergärten nicht genutzt werden können? Wer wird dafür in die Verantwortung genommen? Besteht eine Prüfpflicht?

Cosler:
Wenn bekannt ist, wie ein Gebäude genutzt wird, sind die Anforderungen der Bauprodukte an diese Nutzung, zum Beispiel an die eines Kindergartens, abzustellen. Wenn die Nutzung nicht möglich ist, wird der vertraglich vorausgesetzte

Zweck nicht erfüllt, das Werk ist mangelhaft. Dabei gibt es eine Vielzahl von Haftungsansprüchen und -gründen, jeder hängt mit drin.

Zöller:
Die Haftung kann sowohl verschuldensabhängig als auch verschuldensunabhängig eintreten. Ist in Fachkreisen der Architekten bzw. Unternehmer diese Thematik bekannt? Wie gehen wir Sachverständige in der Praxis damit um?

Cosler:
Für Juristen ist die Situation durch die gesamtschuldnerische Haftung entspannt. Wir werden den ansprechen, bei dem die Inanspruchnahme am einfachsten erscheint. Das ist i. d. R. der verschuldensunabhängige betroffene Unternehmer, der ggfls. Rückgriff auf andere Baubeteiligte hat.

Zöller:
Dennoch haften Architekten nur, wenn zwei Voraussetzungen gleichzeitig erfüllt sind: der kausale Zusammenhang eines Schadens mit ihrer Tätigkeit und Verschulden bezüglich der Ursache des Mangels. Wenn der Architekt wegen Ausfall eines der beiden Haftungsgründe nicht in Anspruch genommen werden kann, wird es für den Unternehmer eng.

Sie sprachen vorhin den § 377 aus dem Handelsgesetzbuch (HGB) an, nachdem der *„Käufer die Ware unverzüglich nach der Ablieferung durch den Verkäufer (...) zu untersuchen und, wenn sich ein Mangel zeigt, dem Verkäufer unverzüglich Anzeige zu machen"* hat.

Wie sieht eine übliche Prüfung bei der Entgegennahme eines Bauprodukts aus? Reicht beispielsweise die Prüfung eines Bodenablaufs für eine Wohnanlage hinsichtlich möglicher Risse aus oder müssen alle Abläufe vor dem Einbau geprüft werden? Ist der Maßstab übliches Handeln oder gibt es eine Pflicht, alles zu untersuchen? Wie weit geht eine Prüfpflicht, wann kann sich der Hersteller nicht der Haftung entziehen?

Frage:
Hat § 377 HGB Einfluss auf die Gewährleistung im kaufrechtlichen Sinn? Wenn die Mängelrechte ausgeschlossen werden, handelt es sich dabei nur um eine Beweislastumkehr wie bei der Unterscheidung zwischen vor und nach der Abnahme?

Cosler:
Die Frage ist berechtigt und die Antwort lautet: Nein! Der § 377 HGB ist ein sehr scharfes Rechtsmittel. Die Gewährleistungsansprüche fallen nämlich vollständig weg. Erfolgt eine Abnahme trotz Kenntnis eines Mangels, kann dieser Mangel im Nachhinein nicht mehr gerügt werden. Es gibt keine Gewährleistung für Dinge, die bei ordnungsgemäßer Untersuchung hätten erkannt werden können. Es ist erschreckend, wie wenig bei der Abnahme von Produkten untersucht wird, insbesondere im Mittelstand.

Bis in welche Tiefe diese Prüfpflicht geht, ist wiederum ein Ansatzpunkt für die Juristen. Beispielsweise wird zur Prüfung einer Abdichtung vielleicht noch eine Dichtheitsprüfung durchgeführt, aber mit Sicherheit ist keine chemische Untersuchung des Stoffs erforderlich.

Zöller:
Es kommt also immer auf die Situation im Einzelfall an und auf das was üblich ist.

Cosler:
Es kristallisiert sich heraus, dass für den Architekten keine umfassende, sondern nur eine beispielhafte Prüfpflicht besteht. Eine anlasslose Überprüfung eines Produkts im Labor ist nicht üblich und kann den Hersteller nicht von der Haftung nach § 377 HGB befreien.

Zöller:
Die übliche Frage des Richters an den Sachverständigen lautet: Ist das Problem in den betroffenen Fachkreisen der Architekten bekannt oder nicht?

Cosler:
Genau, es geht um die Frage, ob es einen Anlass gab, etwas genauer zu kontrollieren. Deswegen ist immer der Einzelfall entscheidend. Wenn es bereits eine Diskussion zur Problematik in den jeweiligen Fachkreisen geben sollte und diese dort allgemein bekannt ist, ist eine höhere Kontrolltiefe erforderlich.

Zöller:
Dessen müssen wir uns bei der Beantwortung der Frage nach der anerkannten Regel der Technik bewusst sein. Ralf Mai, Richter am LG München I, hat mich darauf hingewiesen, dass die Frage, ob etwas in den betroffenen Fachkreisen bekannt ist, von Sachverständigen nicht beantwortet werden kann. Die eigene, persönliche Einschätzung deckt sich oft nicht mit der Wirklichkeit. Diese Frage

kann von einem Forschungsinstitut nach entsprechender Untersuchung mit statistisch repräsentativen Umfragen beantwortet werden.

Cosler:
Vor ein paar Jahren hatte ich einen Fall eines verfaulten Holzdachs mit Wärmedämmung in Tragwerksebene und beidseitig dichter Abdeckung, bei dem das Gericht zum Architekten gesagt hat, er hätte diesen Sachverhalt kennen und berücksichtigen müssen und von dem Unternehmer habe man dieses Wissen noch nicht erwarten können.

Zöller:
Der Unternehmer haftet nach § 633 BGB verschuldensunabhängig. Warum fragen Gerichte, ob der Unternehmer etwas hätte wissen und daher Bedenken anmelden müssen?

Cosler:
Es ist die Frage, welchen Anteil der Leistung er gemacht hat. Im genannten Beispiel ging es darum, woher die Feuchtigkeit kommt und wer für den Einbau der Dampfsperre von innen verantwortlich war. Der Trockenbauer konnte keine Bedenken haben, er wusste es, wie seine Fachkollegen, nicht.

Zöller:
Bedenkenanzeigen schützen den Unternehmen nur, wenn er Bedenken haben kann. Wegen des verschuldensunabhängig herzustellenden Werkerfolgs wird er nicht von der Haftung befreit, wenn er wegen des fehlenden Wissens in den betroffenen Fachkreisen keine Bedenken haben kann.

Cosler:
Absolut richtig! Die Erfolgshaftung ist verschuldensunabhängig. Im Beispiel des Holzdachs stellt sich die Frage, wo der Erfolg bleibt, wenn das Dach verrottet ist und die Balkenlage kaum noch existiert.

Bei Fertigstellung des Holzdachs mit oberseitiger Abdichtung und Wärmedämmung zwischen den Trägern war auf der Innenseite des Dachs keine Folie vorhanden. Baufeuchtigkeit von Estrich und Putz konnte von unten in die Dachebene vordringen und den Schaden verursachen. Die Verantwortung lag nach Auffassung des Gerichts nicht beim Trockenbauer, sondern beim koordinierenden Architekten, weil er die Problematik früher hätte erkennen müssen als der Trockenbauer.

Zöller:
Es ist fraglich, ob das Dach funktioniert hätte, wenn vor dem Einbau von Putz und Estrich die Folie als Dampfsperre montiert worden wäre. Aufgrund vieler Schadensfälle wissen wir inzwischen, dass solche Dächer zwar funktionieren können, aber grundsätzlich erst einmal wenig fehlertolerant sind und zu Schäden neigen. Dann stellt sich die Frage, ob eine verschuldensabhängige oder eine verschuldensunabhängige Haftung besteht. Wenn in beiden Fachkreisen, in denen des Unternehmers und in denen des Architekten, das Problem nicht bekannt ist, muss rechtsdogmatisch wohl der haften, der verschuldensunabhängig haften muss, auch wenn das nicht gerecht erscheint.

Frage:
Warum plädieren Sie, Herr Zöller, für eine weitere Differenzierung hinsichtlich der flächenbezogenen Anforderungen in den Abdichtungsnormen?

Zöller:
Diese Differenzierung ist praxisnah. Zuviel Pauschalierung führt dazu, dass in Teilbereichen Dinge gefordert werden, die dort, an diesen Teilflächen, nicht erforderlich sind. Dies widerspricht dem Gedanken der anerkannten Regel der Technik, die jeweils den Mindeststandard für den Werkerfolg beschreiben soll, aber nicht überflüssige Maßnahmen. Deswegen plädiere ich dafür, dass in Regelwerken differenziert wird, wo dies sinnvoll ist. Das ist bei Bodenplatten und erdberührten Wänden der Fall, weil die Einwirkungen an diesen Flächen unterschiedlich sind und nicht vereinheitlicht werden dürfen.

Frage:
Ist die Frage nach der Abdichtung gemäß den Ausführungen der gängigen Normung neu zu überdenken? Wann ist z. B. eine Abdichtung in und unter Wänden noch sinnvoll oder wann ist sie nicht erforderlich?

Zöller:
DIN 18533 muss nicht in jeder Situation angewendet werden. In Teil 1 der Norm steht, dass die Norm nicht für die nachträgliche Abdichtung in der Bauwerkserhaltung oder in der Baudenkmalpflege gilt, es sei denn, es können hierfür Verfahren angewendet werden, die in dieser Norm geregelt sind. Sie gilt weiterhin nicht für wasserundurchlässige Bauteile, z. B. Konstruktionen und Bauteile nach DAfStb-Richtlinie für wasserundurchlässige Bauwerke aus Beton.

Wenn beispielsweise eine wasserundurchlässige Bodenplatte vorhanden ist, gilt diese Norm nicht, dann ist auch keine Abdichtung zwischen Bodenplatte und Mauerwerk erforderlich.

Die Abdichtung unter Wänden hat tatsächlich nicht die Aufgabe, kapillar aufsteigendes Wasser abzuhalten, sondern sie soll gegen eindringendes Tagwasser schützen. Auf Bodenplatten können Abdichtungen unter Wänden diese Funktion nicht erfüllen, da das Wasser seitlich in den Stein eindringt. Zum Schutz gegen Tagwasser müssten erste Steinreihen seitlich abgedichtet werden, und das nicht nur auf Bodenplatten, sondern auch auf Geschossdecken. Abdichtung unter oder über die ersten Steinreihe sind baupraktisch dann nicht mehr erforderlich.

Diffusion ist ebenfalls nicht Gegenstand dieser Norm.

2. Podiumsdiskussion am 08.04.2019

Zöller:
Herr Kempen hat einen wichtigen Vorschlag eingebracht, nämlich an den Produkten QR-Codes anzubringen. Mit diesen können von den Baubeteiligten sehr einfach alle erforderlichen, hinterlegten Informationen eines Produkts in Erfahrung gebracht und dokumentiert werden. Sollten Hersteller nicht verpflichtet werden, dies zu tun?

Kempen:
Wir leben in einer digitalisierten Welt und auch auf Baustellen sind Smartphones weit verbreitet. Da liegt es nahe, Bauprodukte mit einem QR-Code zu kennzeichnen. Früher oder später wird es sowieso dazu kommen, warum sollte dies also nicht bereits jetzt einheitlich vorgegeben werden? Die einzige zusätzliche Arbeit für Hersteller besteht darin, ein entsprechendes Programm zu schreiben, sonst halten sie ohnehin alle Daten vor.

Zöller:
Und dieser Mehraufwand sollte leistbar sein.

Kempen:
Außerdem: Welcher Fachbauleiter möchte alle erforderlichen Unterlagen auf der Baustelle als Papier ausgehändigt bekommen? Unter der Voraussetzung, dass der Unternehmer überhaupt alle Unterlagen vor Ort hat!

Für ein Einfamilienhaus sind die Unterlagen noch überschaubar, aber beim Bau einer Klinik bräuchte man einen Handwagen, um die Verwendbarkeitsnachweise von Raum zu Raum zu bringen. Analoge Datensammlungen werden schnell unübersichtlich. In großen Bauvorhaben kommen schnell mehrere tausend Mängel zusammen, die analog nicht mehr verwaltet werden können.

Zöller:
Zur Matrix von Herrn Ziegler mit den Feldern der Verwendbarkeit als nationale Voraussetzung und der Brauchbarkeit in der Ebene des Werkvertragsrechts: Können Bauprodukte brauchbar, aber nicht verwendbar sein? Sind sie mangelfrei oder doch mangelhaft, weil kein Verwendbarkeitsnachweis geführt wird? Wie wird mit handwerklichen Einzelanfertigungen umgegangen, also z. B. mit Bauprodukten, die Handwerker vor Ort herstellen? Zum Beispiel bei Estrichlegern der Mörtel oder bei Zimmerleuten die angepassten Holzbalken? Wer ist dann Hersteller, der Baum oder der Zimmermann?

Hemme:
Für auf der Baustelle hergestellte Produkte greift das System der Kennzeichnung nicht. Sowohl das Ü-Zeichen als auch das CE-Zeichen richten sich nur an die werksmäßige Vorfertigung. Dadurch wird die Herstellung von Produkten auf der Baustelle nicht verboten, sie unterliegen nur nicht der Kennzeichnungspflicht. Selbstverständlich sind auch dann die technischen Baubestimmungen wie z. B. Nachweise der Standsicherheit etc. einzuhalten.

Ziegler:
Man muss genau überlegen, auf welcher Ebene man sich befindet. Bauprodukte werden hergestellt, für Bauprodukte sind nach den Landesbauordnungen grundsätzlich Kennzeichnungen erforderlich.

Auf der Produktebene ist daher ein Ü-Zeichen einschließlich der entsprechenden werkseigenen Produktionskontrollen erforderlich.

Befindet man sich dagegen auf der allgemeinen Ebene der technischen Baubestimmungen, liegt kein Bauprodukt vor, ein Ü-Zeichen wird nicht benötigt. Diese Abgrenzung ist allerdings problematisch.

Hemme:
Diese Abgrenzung lässt sich auch nicht regeln, weil Bauprodukte zu unterschiedlich sind. Mörtel kann z. B. aus Zement, Zuschlag und Wasser auf der Baustelle gemischt werden – er ist dann kein Werkmörtel. Er kann aber auch aus einer werkmäßig gefertigten Trockenmischung nach Herstellerangaben gemischt werden, dann handelt es sich um ein aus einem Werk kommendes Bauprodukt. Das Endprodukt ist in beiden Fällen Mörtel.

Wenn eine beschädigte Fensterglasscheibe ausgetauscht wird, darf kein Fenster mit CE-Kennzeichnung erwartet werden. Selbstverständlich ist es dennoch zulässig, eine defekte Fensterglasscheibe auszutauschen.

Kempen:
Sofern keine Brandschutzanforderungen eingehalten werden müssen. Eine Brandschutzverglasung ist aber ein Bausatz aus dem Brandschutzrahmen und dem Brandschutzglas. Nach fünf Jahren ist die Verglasung beschädigt und muss ausgetauscht werden. Auch wenn sie das Produkt genau benennen können, wird der Hersteller vermutlich sagen: „Sie wollen so ein altes Produkt einbauen? Das führen wir schon lange nicht mehr und die Zulassung wurde daher auch nicht verlängert. Wir können Ihnen eine neue Scheibe empfehlen. Die passt dann allerdings nicht mehr in den alten Rahmen. Der muss ebenfalls ausgetauscht werden. Damit wird die Wand beschädigt, die auch entsprechend den Brandschutzanforderungen instand zu setzen ist."

Es gibt leider einzelne Hersteller, die kein Interesse daran haben, einzelne Bestandteile auszutauschen. Lieber verkaufen sie dann einen neuen kompletten Bausatz.

Zöller:
Das ist ja wie im billigen Discounter. Auf den ersten Blick kostet es fast nichts, aber schon bei nur einem kleinen Fehler braucht man ein vollständig neues Produkt. Wo bleibt da die Nachhaltigkeit und wo der Qualitätsanspruch? Ist es nicht ein wichtiges Merkmal für seriöse Hersteller, mit der Vorhaltung von Ersatzteilen und damit für die Dauerhaftigkeit des Produkts werben zu können?

Kempen:
Ein anderer schöner Fall: Gefordert war eine T30 RS Tür in einem Laborgebäude mit Glasausschnitt. Die Tür musste zusätzlich Anforderungen für Labore erfüllen. Der Hersteller hat aber nur eine T90 Labor-Tür mit abZ. In den Rahmen der Tür mit abZ kann die Scheibe auch eingebaut werden. Auf der Baustelle wird aber festgestellt, dass die Scheibe ein CE-Kennzeichen hat, die Tür aber ein Ü-Zeichen. Frau Hemme, wie geht man damit um?

Hemme:
Alles gut, solange die Anforderungen erfüllt sind. Es ist nicht verboten, aus zwei verschiedenen Bauprodukten etwas zusammenzusetzen.

Ziegler:
Wenn ich im Bestand etwas verändere, geht es nicht nur darum, was richtig oder falsch ist, es ist auch die Übereinstimmung mit der Verwendbarkeit nach öffentlichem Baurecht geschuldet. Und im Zweifelsfall muss gesagt werden, dass etwas

eben nicht geht. Der bauausführende Unternehmer muss sich vergewissern, dass er keine Ordnungswidrigkeit begeht.

Zöller:
Also privatrechtlich ist das Problem lösbar, und bauordnungsrechtlich?

Hemme:
Im Regelfall werden Veränderungen im Bestand bauordnungsrechtlich nicht geregelt. Das Baurecht richtet sich an den Neubau und die Neuausführung. Wenn nach ein paar Jahren etwas repariert werden muss, kann nicht verlangt werden, dass ein Gebäude von Grund auf saniert wird, nur weil irgendwo vielleicht eine Fensterscheibe auszutauschen ist. Bei Maßnahmen im Bestand greift das Bauordnungsrecht eher informativ. Natürlich gibt es auch Anforderungen für den Bestand, aber dort muss die jeweils beste technische Lösung gefunden werden ohne sich um CE oder Ü kümmern zu müssen. Im Zweifelsfall müsste eine Abstimmung mit den örtlichen Baubehörden erfolgen.

Zöller:
Ab wann darf ein Hausherr so vorgehen? Wenn alles gerade fertig ist, wenn Gewährleistungsansprüche nicht mehr durchsetzbar sind oder wenn die öffentlich-rechtliche Abnahme erfolgte? Ab wann fängt der Bestandszustand an?

Hemme:
Das lässt sich nicht genau festlegen. Wenn z. B. eine Dachabdichtung vollständig ausgetauscht wird, ist das eine Neuausführung. Bei der Ausbesserung einer Dachabdichtung handelt es sich sicherlich um Arbeiten im Bestand. Auch hier kommt es auf den Einzelfall an.

Zöller:
Sicherlich wird der Anteil eine Rolle spielen, der zu ersetzen ist. In der EnEV ist die Bagatellgrenze auf 10 % eines Bauteils festgesetzt, früher waren es 20 % von Bauteilen einer Richtung. Die 10 % Grenze mag eine Orientierungshilfe sein, ab wann keine wesentliche Änderung mehr vorliegt.

Kempen:
Beim Brandschutz ist das relativ einfach. Sobald eine Nutzungsänderung geplant ist, gibt es keinen Bestandsschutz. Bei einer nicht genehmigungspflichtigen Änderung besteht Bestandsschutz.

Wenn im Rahmen von Instandsetzungen zwei Bauteile zu einem Produkt zusammengefügt werden, gäbe es keine Zulassung mehr, was eine wesentliche Änderung wäre – also geht das formal nicht. Im Bestand müssen die Dinge zumindest so instandgesetzt werden, dass die Funktion wieder erfüllt wird. An dieser Stelle helfen die Hersteller leider oft nicht weiter.

Frage:
Es gibt immer noch Bundesländer, die die MVV TB noch nicht eingeführt haben. Wie soll man in der Praxis damit umgehen?

Hemme:
Es können nicht mehr viele Bundesländer sein, in denen die MVV TB noch nicht eingeführt ist.
   Formal ist es einfach: Bauordnungsrecht ist Länderrecht. Es gilt daher das, was in dem jeweiligen Land eingeführt ist und das kann die Bauregelliste sein. Aber ich gehe davon aus, dass in Kürze in allen Ländern die MVV TB eingeführt ist.

Frage:
Sind in der praktischen Anwendung die als DIN-Norm eingeführten technischen Baubestimmungen als Ersatz der CE-Kennzeichnung zu sehen?

Hemme:
Bei Vorhandensein einer CE-Kennzeichnung nach harmonisierter Norm gilt diese und nicht noch zusätzlich eine DIN-Norm. Wenn allerdings eine CE-Kennzeichnung auf Basis einer ETA vorliegt, sind beide Wege möglich. Der Hersteller entscheidet dann, ob er die CE-Kennzeichnung oder das Ü-Zeichen verwendet.

Frage:
Ist es nicht Aufgabe von Dübelherstellern, Angaben zur Haftzugfestigkeit von Mauerwerksuntergründen zu machen, anstatt Planer bzw. Bauleiter in die Verantwortung zu nehmen, indem Haftzugversuche auf der Baustelle gefordert werden?

Scheller:
Die große Vielzahl von Mauersteinen macht es den Dübelherstellern unmöglich, ihre Produkte im Rahmen von Zulassungsverfahren in allen vorhandenen Verankerungsgründen von Prüfinstituten untersuchen zu lassen. Die Durchführung

von Dübelversuchen am Bauwerk ermöglicht es den am Baubeteiligten aber in vielen Fällen, die Dübeltragfähigkeit im Rahmen einer vorhandenen Dübelzulassung zu ermitteln, ohne dass gleich eine Zustimmung im Einzelfall beantragt werden muss.

Mit der Zulassung des Dübels ist aber immer nur der Nachweis der unmittelbaren örtlichen Krafteinleitung in den Verankerungsgrund erbracht. Durch die Baustellenversuche lässt sich die charakteristische Tragfähigkeit für diese unmittelbare örtlichen Krafteinleitung in den Verankerungsgrund ermitteln. Dabei wird die Durchführung von Baustellenversuchen von den Dübelherstellern als Serviceleistung angeboten.

Doch sowohl bei der Festlegung, welche Art von Versuchen durchgeführt werden sollen (Bruchversuche, Probebelastungen oder Abnahmeversuche), als auch bei der Ableitung der charakteristischen Tragfähigkeit des Dübels aus den dann durchgeführten Versuchen ist umfangreiches Wissen zum vorhandenen Gebäude erforderlich:

- Welcher Verankerungsgrund ist tatsächlich vorhanden?
- Welcher „Referenzstein" aus der Dübel-Zulassung kann als vergleichbar mit dem „Baustellen-Verankerungsgrund" angesetzt werden?
- Welche Kräfte wirken wie an welchen Stellen ein?
- Wie ist der Kraftverlauf von der Einwirkungsstelle bis zur Gründungsebene?
- …

Über dieses Wissen verfügt aber nur der verantwortliche (Tragwerks-) Planer bzw. „Fachplaner", wie dieser jetzt vom DIBt definiert wird. Der Dübelhersteller kann hier nur teilweise mit entsprechender Beratung unterstützen. Daher empfiehlt sich in jedem Fall eine rechtzeitige Planung und Abstimmung der Baustellenversuche im Dialog zwischen „Fachplaner", „Versuchsleiter" und „sachkundigem Personal".

Was nicht (mehr) funktioniert für Dübelverankerungen ist ein Handeln nach dem Motto „das haben wir doch immer schon so gemacht": Leider sagen einige Planer, dass Befestigungen mit Dübeln durch die ausführenden Firmen zu planen und auszuführen sind. Einige ausführende Firmen handeln dann wiederum – mangels eigener Planungsabteilung – leider häufig ohne Statik und ohne Versuche am Bauwerk, da die Dübel ja bisher auch „immer ohne Planung gehalten hätten".

Frage:
Im Ingenieurblatt 2018 gab es den Bericht eines ö. b. u. v. Sachverständigen über eine Untersuchung von FLK, die zum Ergebnis kam, das FLK nicht den a. R. d. T. entspricht. Was ist davon zu halten?

Klingelhöfer:
Diese Aussage kann in dieser Grundsätzlichkeit nicht bestätigt werden.

Problematisch ist allerdings, dass unter dem Begriff Flüssigkunststoff-Abdichtung viele unterschiedliche Materialien zusammengefasst werden. Es wird häufig nicht unterschieden, ob es sich um ein qualifiziertes Material handelt mit entsprechender Nachweisführung nach ETAG 005, wie es verarbeitet und auf welchen Untergründen es aufgebracht wird.

Einer der größeren Hersteller von FLKs hat mir erst kürzlich gesagt, dass sie eine Datenbank mit ca. 400 getesteten Materialien haben und sie bereit sind, innerhalb eines Tages zu testen, ob das FLK-Produkt auf dem vorhandenen Untergrund dauerhaft hält oder nicht.

Seit über 30 Jahren werden weltweit FLK-Produkte angewendet, die bei richtiger Verarbeitung und Anwendung funktionieren. Selbstverständlich sind die Geeignetheit des Untergrunds sowie dessen richtige Vorbereitung, die richtige Verarbeitung als auch die klimatischen Verhältnisse bei der Verarbeitung ausschlaggebend. FLKs sind in der Zwischenzeit auch soweit in den Abdichtungsregeln (z. B. ETAG 005, DIN 18531 bis DIN 18535, Flachdachrichtlinie, abP's u. ä.) angekommen, dass man bei qualifizierten FLK-Abdichtungen von anerkannter Regel der Technik sprechen kann.

Zöller:
Im Rahmen unseres Forschungsberichtes zur Dauerhaftigkeit von Übergängen zwischen flüssigen und bahnenförmigen Abdichtungen am Beispiel genutzter und nicht genutzter Flachdächer von 2015 wurden sehr gute Ergebnisse mit FLKs erzielt. Das gilt auch bei der Anhaftung auf beschieferten Bahnen, wenn zuvor lose Bestandteile sorgfältig entfernt wurden. Auf Sand oder losem Split hält eine FLK nicht, an Bahnenoberflächen mit fest anhaftenden Körnern aber besser als solche ohne Körner.

Grundsätzlich würde ich den Begriff *anerkannte Regel der Technik* vorsichtiger verwenden. Es geht für Sachverständige im Kern ausschließlich um die Verwendungseignung, aber nicht darum, ob eine Technik in irgendwelchen Fachkreisen bekannt ist oder nicht, weil es für die Prognose nicht auf diesen Aspekt ankommt. Auch lässt sich die Praxisbewährung für Baubeteiligte oder

Sachverständige nicht feststellen. Aber diese Inhaltsdiskussion ist jetzt nicht unser Thema.

Ziegler:
Ich riet einem Mandanten, der nur die Bauüberwachung übernommen hat und nicht gleichzeitig auch plante, dass er Bedenken anmelden soll, wenn etwas nicht nach Richtlinien eines Herstellers oder solchen von Fachverbänden gemacht werden soll. Dies ist ein wichtiger Schutz gegen Inanspruchnahme, aber auch zur Bewahrung seines Versicherungsschutzes.

Kempen:
Für Brandschützer ist das einfach. Wir kommen in der Regel als Fachbauleiter auf die Baustelle, von dem erwartet wird, dass er ein Bedenkenträger ist. Aber die Qualität der eigenen Arbeit zeigt sich, wenn zu den Bedenken auch Lösungen angeboten werden.

Ziegler:
Das stimmt, aber aus juristischer Sicht muss man Bedenken anmelden, um sich den Rücken frei zu halten.

Frage:
Wie lauten die Definitionen von Handelbarkeit, Verwendbarkeit und Brauchbarkeit? Regelt das CE-Zeichen lediglich die Handelbarkeit und nicht die Verwendbarkeit?

Ziegler:
Zunächst regelt das CE-Zeichen die Handelbarkeit. Aber dadurch, dass in den Bauordnungen steht, dass Produkte die ein CE-Zeichen tragen, verwendet werden dürfen, wird mittelbar auch die Verwendbarkeit geregelt. In Deutschland werden wesentliche Produkteigenschaften nicht zusätzlich durch Gesetze oder Verordnungen geregelt. Das ist ein Problem.

Kempen:
Das CE-Zeichen regelt die Verwendbarkeit in Europa. Deswegen steht in den jeweiligen Landesbauordnungen, dass geprüft werden muss, ob die Anforderungen der LBO mit den Leistungserklärungen des Produkts übereinstimmen. Eine bestimmte Brandschutztür kann das richtige Produkt für Portugal oder Polen sein, möglicherweise aber nicht für einen bestimmten Einsatzzweck in Deutschland.

Ziegler:
Deswegen stellt das CE-Zeichen in erster Linie die Handelbarkeit sicher. Sofern national für wesentliche Eigenschaften Anforderungen festgelegt sind, muss dies entsprechend der Bauprodukteverordnung zusätzlich vermerkt werden. Ein Hinweis auf die MVV TB bzw. VV TB reicht dabei nicht, da die jeweilige Landes-VV TB kein Gesetz ist. In einer CE-Kennzeichnung kann ein wesentliches Merkmal nicht erklärt werden, auf das Sie aber Wert legen.

Kempen:
Am Ende wollen Sie doch eine Abnahme durch die Genehmigungsbehörde. Für die gilt die jeweilige Landes-VV TB als gesetzt.

Frage:
CE-Zeichen werden im Labor ermittelt. Sichern sie die Verwendbarkeit, aber auch die Brauchbarkeit?

Zöller:
Der Begriff *anerkannte Regel der Technik* steht in den Landesbauordnungen und in der MVV TB. Dort ist aber nicht der werkvertragliche Inhalt gemeint, sondern ausschließlich die theoretisch-wissenschaftliche Richtigkeit. Die weiteren Aspekte, die die a. R. d. T. nach juristischem Verständnis beinhalten, werden nicht abgefragt. So kommt es nicht darauf an, ob eine Regel bzw. ein Produkt und dessen Verwendung in Fachkreisen bekannt ist und auch nicht, ob sie bzw. es sich in der Praxis bewährt hat. Die CE-Kennzeichnung beinhaltet in der Leistungserklärung nur Aspekte, die dort benannt sind. Die nach unserem werkvertraglichen Verständnis notwendigen Kriterien wissenschaftlicher Richtigkeit sind aber nicht (immer) vollständig. Die CE-Kennzeichnung ist daher zunächst Voraussetzung der Handelbarkeit, über die Landesbauordnungen vielleicht auch die Kennzeichnung der Verwendbarkeit, sie stellt möglicherweise auch die Brauchbarkeit sicher. Die Anforderungen der Brauchbarkeit können aber andere sein.

Frage:
Was bedeutet DIN SPEC?

Zöller:
Die Bedeutung lautet: Specification. DIN SPEC ist die Nachfolge der früheren Vornorm DIN V. Der Unterschied liegt im Verfahren. Während DIN-Normen zunächst als Entwurf ausgearbeitet werden und erst nach einer Einspruchsphase

erscheinen, ist das bei DIN SPEC-Normen nicht unbedingt erforderlich, auch wenn dort solche Verfahren gewählt werden können.

Es gibt auch DIN SPEC PAS, „Publicly Available Specification". Das PAS-Verfahren ermöglicht Industrievertretern oder Verbänden unter der Betreuung des DIN innerhalb weniger Monate Standards zu erstellen. DIN SPEC PAS werden kostenfrei zur Verfügung gestellt.

- Herr Scheller, Sie sprachen in Ihrem Vortrag über Pads, die mit Wasser reagieren. Sind diese Pads wasseraktivierbar oder wasserlöslich? Ist das ein einmaliger Vorgang? Durch erneute Befeuchtung wird er nicht wieder gelöst? Das würde ja sonst zu Problemen bei eventuellen späteren Feuchtigkeitsschäden führen.

Scheller:
Die Pads bestehen aus Leichtdünnbettmörtel und wasserlöslichem Schmelzkleber. Für zusätzliche Stabilität sorgt ein integriertes Glasfasergewebe. Nach Zugabe des Wassers bindet der Zementleim hydraulisch ab und formt eine vollflächige Mörtelfuge. Der Abbindevorgang und die Eigenschaften des ausgehärteten Mörtels sind analog zu herkömmlichen mineralischen Mauermörteln.

Frage:
Wie verhält sich der Aerobrick-Stein bei Durchfeuchtung? Nimmt das Aerogel Feuchte auf, lässt sich der Stein trocknen und wenn ja, wie?
Wie ist die Recyclingfreundlichkeit des Systems einzuschätzen?

Scheller:
Die Entwicklung dieses Steins gehört zu einem Forschungsvorhaben. Details sind mir leider auch noch nicht bekannt.

Bezüglich der Durchfeuchtung ist es bei diesem Stein genauso wie bei jedem anderen Mauerwerk. Während der Bauphase und danach muss er vor Feuchtigkeit durch eine Abdichtung oder einen Putz geschützt werden.

Dieses System wird sich – meiner Meinung nach – nur durchsetzen können, wenn vergleichbare Recyclinggrade wie bei Steinen erreicht werden, die z. B. mit Perlite oder Mineralwolle gefüllt sind.

Frage:
Wie ist die Umweltverträglichkeit von PU-Klebern einzustufen?

Hemme:
Die Umweltverträglichkeit von Klebstoffen für Mauerwerk im Sinne von BWR 3 (Innenraumluft bzw. Auswirkungen auf Boden und Grundwasser) wird

üblicherweise nicht bewertet. Unabhängig davon benötigen die Klebstoffe aber eine allgemeine bauaufsichliche Zulassung mit allgemeiner Bauartgenehmigung. In diesem Zusammenhang wird auch die wesentliche Zusammensetzung geprüft.

Scheller:
Alle relevanten Daten zur Umweltverträglichkeit des Planziegel-Klebers (System Dryfix) können dem zugehörigen Sicherheitsdatenblatt entnommen werden. Danach sind bei der Verarbeitung Handschuhe, Schutzkleidung und Brille zu tragen. Darüber hinaus darf der Planziegel-Kleber nach der zugehörigen Zulassung nur von geschultem Personal verwendet und eingebaut werden. Bezüglich der fertigen verputzen Wand (die ausgehärtete Fuge ist dünner als bei einem Dünnbettmörtel) sind keine Umweltunverträglichkeiten bekannt.

Frage:
Sind heutzutage Mauersperrbahnen im Wassereinwirkungsfall aufsteigende Feuchtigkeit bei Stahlbetonbodenplatten überhaupt noch erforderlich?

Klingelhöfer:
Die neue DIN 18533 sieht im Teil 2 bahnenförmige und im Teil 3 flüssig zu verarbeitende mineralische Dichtungsschlämmen mit rissüberbrückenden Eigenschaften als horizontale Abdichtungen gegen aufsteigende Feuchtigkeit in und unter Wänden vor (s. W4-E).
Sobald eine qualifizierte WU-Betonbodenplatte vorliegt, befindet man sich außerhalb des Anwendungsbereiches der DIN 18533 und braucht daher keine Mauersperrbahn o. ä.
Es kann aber unter Umständen ein vertragsrechtliches Problem geben, wenn beispielsweise die VOB vereinbart ist und nach DIN 18336 sehr wohl eine Mauersperrbahn vorgesehen ist. Bei einem Fall in Gießen sollte deswegen im Nachhinein abschnittsweise das Mauerwerk ausgetauscht werden, obwohl sowohl die Bodenplatte als auch die Wand trocken waren. Hier sollte man doch vernünftig bleiben und den gesunden Menschenverstand einschalten.

Zöller:
In heutigem Konstruktionsbeton dringt Wasser an der Unterseite von Bodenplatten üblicherweise nicht mehr als 2–3 cm, maximal 5 cm ein. Bodenfeuchte kann daher heutige Bodenplatten nicht durchdringen. Die Bodenplatte ist so gegen Bodenfeuchte wasserundurchlässig. Zusätzliche Mauersperrbahnen tragen nicht zur Verwendungseignung bei. Für wasserundurchlässige Bauteile gilt zudem

nicht der Anwendungsbereich der DIN 18533, sodass sie keine Regelung für solche Bodenplatten enthält.

Dieses Problem müsste sich aber auch juristisch einfach lösen lassen, da durch die Maßnahme kein Mehrwert erzielt wird und der Einwand der Unverhältnismäßigkeit greift. Außerdem ist VOB/C zunächst nur Preisrecht. Ob die darin enthaltenen Regelungen über den Weg der anerkannten Regeln der Technik Vertragsbestandteil werden, steht dann auf einem anderen Blatt.

Ziegler:
Bei der Beurteilung eines Einzelfalls ist danach zu unterscheiden, was vereinbart wurde, um daraus die richtigen Schlüsse zu ziehen. Der Bundesgerichtshof ist sehr zurückhaltend mit der Zulassung des Einwands der Unverhältnismäßigkeit.

Zöller:
Ja, der Einwand setzt voraus, dass die Verwendungseignung uneingeschränkt gegeben ist. Erst dann kommt die Prüfung, ob darüber hinaus ein Interesse an der nachträglichen Leistung bestehen kann.

Wenn aber keine Vereinbarung zu Abdichtungen auf Bodenplatten getroffen wurde und auch nicht aus dem Vertrag abgeleitet werden kann, besteht kein Anlass, dass diese Selbstzweck sind, dann wird kaum etwas anderes gelten als der Maßstab der uneingeschränkten Verwendungseignung. Dann gibt es noch nicht einmal Anlass, den Einwand der Unverhältnismäßigkeit zu erheben, weil solche Abdichtungen nicht vertraglicher Bestandteil sind.

Frage:
Wie ist mit nicht auszuschließendem Wasserzutritt durch Trennrisse in WU-Bodenplatten umzugehen?

Zöller:
Wenn Wasser von unten durch eine Bodenplatte durchkommt, liegt eine Druckwasserbeanspruchung vor. Dann ist gegen Druckwasser zu schützen. Wenn aber nur Bodenfeuchte vorliegt, gibt es nur an Kapillare gebundenes Kapillarwasser, aber kein Druckwasser. Dann kann auch kein Wasser von unten durch die Bodenplatte in den Innenraum fließen. Das sind zwei verschiede Beanspruchungs- oder Einwirkungsklassen.

1. Podiumsdiskussion am 09.04.2019

Zöller:
Frau Mantscheff, Sie haben darauf hingewiesen, dass Sachverständige ausschließlich Sachverhalte aufklären und keine Rechtfragen behandeln sollen. Diese Aufgabenstellung ergibt sich aus der Zivilprozessordnung, die die Würdigung des Beweismittels *Sachverständiger* dem Gericht zuweist.
 Während die technische Betrachtung auf den Durchschnitt von vielen, nicht in den Vertrag Involvierten abstellt, muss die rechtliche Bewertung auch die jeweils konkrete Beschaffenheitsvereinbarung und die Bestellererwartung nach Art des Werks berücksichtigen. Die Trennung zwischen der objektiv-technischen Bewertung und der Beurteilung juristischer Rechtsansprüche ist aber nicht immer einfach. Sachverständigen fällt es – verständlicherweise – schwer, vertragliche Ansprüche in Form der Beschaffenheitsvereinbarung oder der Erwartungshaltung des Bestellers unberücksichtigt zu lassen.
 Bei der Beurteilung einer Leistung in einem konkreten vertraglichen Verhältnis ist aber auch die Psyche des Bestellers und des Nutzers zu berücksichtigen, der könnte z. B. hypersensibel sein. Selbstverständlich kann einem Sachverständigen eine solche Vorgabe gemacht werden, der damit nicht nur die objektive Verwendungseignung, sondern auch – als Aufklärungsmittel – zur Rechtsfindung im konkreten Vertragsverhältnis beiträgt.

Mantscheff:
Ja, die Hypersensibilität muss dann Vertragsgegenstand sein. Sie muss entweder als Beschaffenheitsvereinbarung formuliert sein oder die durch Vertragsauslegung zu ermittelnde, vom Üblichen abweichende Erwartung beinhalten.
 Meines Erachtens liegt die Schwierigkeit vor allem in der Vermischung von Sach- und Rechtsfragen. Wenn beispielsweise eine EU-Norm zur Rechtsnorm

wird und der Richter dies entsprechend anwenden sollte, dann sollte man ihn darauf hinweisen. Von sich aus kennen Richter oder Anwälte keine EU-Norm mit eigentlich technischem Inhalt.

Zöller:

Dr. Seibel sagte einmal zu mir: „Herr Zöller, glauben Sie nicht, dass Sie Verträge auslegen dürfen, nur weil Sie als Sachverständiger der Einzige sind, der es kann!" Das klingt auf den ersten Blick befremdlich, trifft aber genau den Kern. Die Folge daraus ist für mich, dass das Gericht der Unterstützung durch einen Sachverständigen als Aufklärungsmittel bedarf, das Gericht aber dem Sachverständigen vorgeben muss, wo die Grenzen der Aufklärung liegen. Die Vertragsauslegung ist damit ein Gemeinschaftsprojekt.

Bei der Tätigkeit als Sachverständiger müssen wir unsere Grenzen kennen und wissen, wann unsere Beratung über das eigene Sachgebiet hinausgeht. Das betrifft auch die Mangelberatung. Wer eine Mangelberatung durchführt, sollte dies in dem Bewusstsein tun, dass die rechtlichen Aspekte wie Klärung einer Beschaffenheitsvereinbarung oder einer Bestellererwartung nicht in das Sachbereich eines Technikers fallen. Der Aspekt *Art des Werks* beinhaltet allerdings rechtliche und technische Aspekte, denn die Frage nach der *Art des Werks* stellt auch auf die übliche Beschaffenheit ab, die wiederum oft eine technische Frage ist.

Mantscheff:

Der Mangelbegriff ist einerseits eine gängige, umgangssprachliche Bezeichnung, die allgemein und damit auch von Sachverständigen verwendet wird. Andererseits ist er ein juristischer Begriff, der als „Abweichung vom Soll" beschrieben werden kann.

Die Auslegung von Verträgen kann selbstverständlich auch technische Inhalte und Bedeutungen betreffen, die damit auch eine Frage an Sachverständige ist. Die Interpretation von Leistungsverzeichnissen als Bestandteil von Verträgen ist oft nur durch technische Sachverständige möglich. Weil beispielsweise Leistungsverzeichnisse so auszulegen sind, wie die beteiligten Fachkreise sie verstehen, benötigt der Richter das Verständnis von Sachverständigen für seine Rechtsauslegung.

Zöller:

Wenn aber ein Sachverständiger in der Akte eine umfangreiche Leistungsbeschreibung vorfindet und vom Gericht die allgemein gehaltene Aufgabe bekommt, festzustellen, ob *Mängel vorliegen,* stellt sich zunächst die Frage, ob ein solcher Beweisbeschluss grundsätzlich zulässig ist oder ob er einen Ausforschungsauftrag darstellt. Ich rate, bei solchen allgemeinen Fragen beim Gericht nachzufragen, was genau getan werden soll.

Weiterhin bleibt im Unklaren, ob solche Unterlagen rechtsrelevant sind. Liegen eventuell Vertragsveränderungen oder Vertragsfortschreibungen vor? *Beim Essen kommt der Appetit,* es ist üblich, dass während des Bauens die ursprüngliche Planung geändert wird. Fließen solche Vertragsfortschreibungen in die vertraglichen Unterlagen ein oder werden, wie so oft, im besten Fall Besprechungsnotizen angefertigt? Daher muss das Gericht – nach Parteivortrag – dem Sachverständigen vorgeben, von was er im Detail auszugehen hat.

Um sich selbst zu schützen, sollten Sachverständige den Mangelbegriff zur Vermeidung von Missverständnissen besser nicht benutzen. Grundsätzlich habe ich nichts gegen die Verwendung des Begriffs, aber Sachverständige sollten wissen, was sie tun, wenn Sie sich gegebenenfalls unklar und damit intransparent ausdrücken. Das kann ihnen möglicherweise zur Last gelegt werden.

Ein Richter sollte ebenfalls wissen, wie er mit dem Begriff umzugehen hat. Er muss verstehen, dass Sachverständige bei der Verwendung des Begriffs nicht einer Rechtswürdigung vorgreifen. Aber genau das ist das Problem. Viele Gerichte sind an dieser Stelle überfordert. Ich sehe das Problem nicht darin, dass der Sachverständige den Begriff *Mangel* verwendet, sondern darin, dass Gerichte nicht richtig damit umgehen können. In ihrer Überlastung neigen manche dazu, nicht so genau hinzusehen und ohne Würdigung des Beweises ein Urteil zu schreiben.

- Herr Moriske, ich habe Sie gebeten, an der Podiumsdiskussion teilzunehmen. Sie haben bereits neunmal zum Thema Schimmel referiert und dabei das Umweltbundesamt (UBA) vertreten. Was können sie über die Bedeutung der verschiedenen Versionen des Schimmelleitfadens sagen?

Moriske:
Vorab, es freut mich sehr, dass die Referenten zum Thema „Schimmel in Bauteilen" keine Schwarz-Weiß-Malerei betrieben, sondern sehr differenziert über die Problematik berichtet haben.

Mit Erscheinen des UBA-Schimmelleitfadens 2017 wurden die vorhergehenden Ausgaben von 2002/2005 zurückgezogen und sollten nicht mehr verwendet werden, auch wenn es sich um Empfehlungen und nicht um Normen im Rechtssinn handelt. Bei gerichtlichen Auseinandersetzungen ist es dem Gericht zudem schwer vermittelbar, wenn man sich als Sachverständiger auf zurückgezogene Schriften und nicht auf die neueste Ausgabe bezieht.

Heute wurde mehrfach das Problem der Schimmelbildung in einem Spitzdach angesprochen. Bautechnisch lässt sich das Problem einfach lösen. Wenn der Spitzboden nicht genutzt wird, sollte die Dämmung nicht in der Dachschräge bis zum First geführt werden. Stattdessen sollte die Decke über der genutzten Dachgeschossebene wärmegedämmt und der Spitzboden mit Lüftungsziegeln oder vergleichbaren Einrichtungen belüftet werden, damit innerhalb des Dachbodens nicht die höhere Luftfeuchte des Wohnhauses, sondern die geringere des Außenraums vorliegt. Auf diese Weise kann Schimmelbildung weitgehend vermieden werden.

Bei bereits entstandenem Befall im Spitzboden stellt sich die Frage, ob der Zugang über die Bodentreppe den Spitzboden vom Wohnraum ausreichend abschottet. Durch die Einführung der Nutzungsklassen im Schimmelleitfaden wurde eine Grundlage geschaffen, differenzieren zu können. Im Beispiel bedeutet das, dass bei einem Ein- oder Zweifamilienhaus i. d. R. nur der Schornsteinfeger und selten Bewohner in den Dachraum gehen. Durch einmaliges Betreten werden die Personen sicher nicht krank. Aber was ist mit den Sporen, die von dort in die Wohnebene getragen werden können? Die Dachluke ist zwar fast immer zu, aber eben nicht immer. Für diese seltenen Male besteht eine gewisse Gefahr. Bei Zugängen von Wohnräumen in Spitzböden können diese, wenn die Luken nicht dicht sind oder wenn der Spitzboden häufiger begangen wird, auch der Nutzungsklasse II der Wohnungsnutzungsebene zugerechnet werden.

Bei einem Mehrfamilienhaus wird ein Spitzboden üblicherweise über eine Bodentreppe im Treppenhaus betreten, also außerhalb des Wohnbereichs. In diesem Fall reichen abgestufte Maßnahmen (oberflächlichen Schimmel entfernen, Lüften, ggf. Biozidbehandlung), da es sich um die Nutzungsklasse III handelt.

Sofern es baulich machbar ist, sollte entweder im Spitzboden eine Lüftung eingebaut oder die Bodenluke richtig abgedichtet werden. Wenn die Lebensgrundlagen für den Schimmel im Dach nicht mehr vorhanden sind, wird er auch nicht weiterwachsen. Ein Rückbau und Austausch des Dachstuhls sind daher nicht erforderlich.

Zöller:
Zur Klarstellung: die Aufgabe des Umweltbundesamtes ist die Gefahrenabwehr und die Sicherstellung der gesundheitlichen Unversehrtheit. Die Klärung von Rechtsfragen gehört nicht zu den Aufgaben des UBA.

Moriske:
Richtig, das UBA kann nur Vorgaben machen, zum Beispiel über zulässige Schimmelkontamination in der Raumluft von z. B. 10^5 KBE (koloniebildende Einheiten).

Herr Warscheid fragte berechtigterweise, warum dieser Wert immer noch im Schimmelleitfaden steht, obwohl er bereits durch normale Kontamination durch die Außenluft oder andere Verschmutzungen erreicht werden kann. Die Nennung dieses Wertes dient ausschließlich zur Orientierung, um überhaupt eine Zahl zu haben. So kann besser eingeschätzt werden, ob eventuell ein aktives Schimmelwachstum vorhanden ist oder ob nur Verschmutzungen vorliegen. Es ist ein Orientierungswert und kann nicht als Basis für eine Entscheidung genommen werden. Das geht nur unter Berücksichtigung des Gesamtkontextes vor Ort. Diese Beurteilung muss der Sachverständige treffen. Gerichtsurteile, bei denen allein auf Grund der Überschreitung dieses Wertes entschieden wird, dass das Gebäude zurückgebaut werden muss, machen keinen Sinn, was auch ein Richter erkennen sollte.

Zöller:
Ein Richter handelt nach der ZPO. Er muss sich nach dem Parteivortrag richten und sich auf die Einschätzung des Sachverständigen verlassen. Er darf nicht willkürlich urteilen, was ihm schnell unterstellt werden kann, wenn er auf Grundlage seiner eigenen, juristischen Kenntnisse technische Sachverhalte bewertet. Wenn der Sachverständige schwächelt, dann schwächelt auch das Gerichtsurteil, solange sich nicht mindestens eine der Parteien gegen die Schwächen der Bewertung des Sachverständigen wehrt. Das kann aber erfolgreich sein. Privatsachverständige sind Beweismittel neben gerichtlichen Sachverständigen, die gleichberechtigt zu würdigen sind.

Es wurde die Differenzierung nach Nutzungsklassen angesprochen und im Beispiel mit der Schimmelbildung im Spitzboden die Nutzungsklasse III genannt. Ist die Einstufung, der von Ihnen beschriebene Situation, wirklich nur von dem tätigen Sachverständigen abhängig? Muss der Sachverständige in diesem Punkt die Verantwortung auf sich nehmen, wie eine mögliche Schimmelbelastung durch die Bodentreppe hindurch einzustufen ist?

Richardson:
In diesem Beispiel würde ich die Einstufung in Nutzungsklassen nicht in den Vordergrund stellen, sondern die Tatsache, dass dort regelmäßig Menschen ein- und ausgehen. Kaminreinigende sind ja nicht nur in einem mit Schimmel belasteten Haus unterwegs. Als Gesellschaft sind wir verpflichtet, Risiken zu

minimieren und dieses zusätzliche Gesundheitsrisiko sollten wir den Kaminkehrenden nicht zumuten.

Zöller:

Dann ist es in diesem Fall eher eine Frage des Arbeitsschutzes als die Zuteilung einer Nutzungsklasse.

Ich möchte an dieser Stelle nochmal klarstellen: ein Regelwerk ist insbesondere bei der Bewertung nur eine Hilfestellung, eine Orientierungshilfe. Ob es bei der Bewertung anzuwenden ist oder nicht ist keine technische, sondern eine rechtliche Frage. Sachverständige sind Beweis- und Aufklärungsmittel, sie sollen technische Sachverhalte erklären. Dabei dürfen sie sich nicht nur auf Regelwerke beziehen, sie werden sich damit nicht der eigenen Verantwortung entledigen können.

Warscheid:

Mit Freude lese ich das, was jetzt in dem Leitfaden steht. Es ist das Ergebnis langer und teilweise sehr heftiger Diskussionen, die sich darin auch widerspiegeln. Aber man muss ihn genau lesen und nicht nur die Zahlenwerte rausgreifen.

Richardson:

Ich wurde aus dem Auditorium gebeten nochmal darauf hinzuweisen, dass bei Untersuchungen von Dämmungen aus dem Fußbodenaufbau nicht der Estrichrandbereich beprobt wird. Die Proben müssen mit etwas Abstand vom Wandanschlussbereich genommen werden, da die Wand selbst schon belastet sein kann. Dieser Hinweis ist auch im Schimmelleitfaden des UBA enthalten.

Frage:

Können Sie uns den aktuellen Sachstand zum Patentantrag von Dr. Führer mitteilen?

Richardson:

Dr. Führer versucht, ein Patent für eine Methode bei der Schimmelpilzbewertung zu erlangen.

Bei von Sachverständigen regelmäßig angewendeten Kombinationen aus z. B. Feuchtigkeitsmessungen, Temperaturmessungen oder riechen, hätte Herr Führer, sofern das Patent rechtskräftig würde, Anspruch auf eine Bezahlung, sobald bei einer Begutachtung die dann geschützte Kombination angewendet würde.

Der BVS ist dagegen vorgegangen. Vor dem europäischen Patentgericht in Den Haag wurde vor 1½ bzw. 2 Jahren sein Antrag abgelehnt und darf nicht veröffentlicht werden. Herr Dr. Führer hat dagegen Einspruch erhoben. Das Verfahren liegt jetzt in München bei einem Sachbearbeiter. Wir warten, was an neuen Argumenten eingebracht wird. Ein teures und ärgerliches Verfahren, bei dem glücklicherweise der BVS für die Finanzierung eines Patentanwalts eingesprungen ist. Alle Mitglieder und darüber hinaus die Sachverständigen werden hoffentlich davon profitieren.

Frage:
Würden Sie einen durch einen Wasserschaden verursachten Schimmelbefall im Bauteil lassen?

Warscheid:
Das lässt sich nicht einfach beantworten.

Ein Beispiel: Bei einem Wasserschaden kannte man nach drei Tagen die Ursache und hat sie beseitigt. Bevor aber der Bodenaufbau getrocknet wurde, sollte erst überprüft werden, ob bereits Schimmel vorhanden ist, da die Bauherrin Angst vor einem möglichen Befall hatte. Sofern vorhanden, hätte die Konstruktion sowieso ausgetauscht werden müssen. Für den Fall wollte man sich also das Trocknen ersparen.

Dies ist aber die falsche Vorgehensweise. Es muss sofort (im Unterdruckverfahren) getrocknet werden. Dann kann geprüft werden, ob eventuell erhöhte Schimmelbelastungen vorhanden sind. Bitte bedenken Sie die Schadensminderungspflicht. Eine sofortige Einleitung des Rückbaus ohne Überprüfung eventueller Trocknungsmöglichkeiten sollte nicht geschehen.

Dann ist festzulegen, was bei der Untersuchung bestimmt werden soll. Auf jeder Baustelle sind bauartbedingt Sporen oder Hyphenbruchstücke vorhanden, also müsste zum Beispiel ein wachsender Schimmel als eventuelle Folge des Wasserschadens gefunden werden. Wir nennen das dann strukturierten Schimmelbewuchs. Leider gibt es wenig wissenschaftliche Untersuchungen dazu, wie lange Sporen lebensfähig sind. In der Regel wird bei Schimmelpilzen als Folge von Feuchteschäden von 2–3 Jahren Lebensdauer ausgegangen. Es gibt allerdings auch Schwärzepilze (z. B. Cladosporien), die durchaus auch mehr als 10 Jahre überdauern können. Die kommen allerdings genauso auch draußen in der Umwelt vor. Aber, ihre Lebensdauer ist begrenzt, den Fluch des Pharao mit 2000 Jahre alten Schimmelpilzen, die so spät wieder aufkeimen, gibt es nicht.

Noch eine Bemerkung zum Thema Gipskarton. Ja, in doppelt beplankten Gipskartonwänden kann Schimmel vorhanden sein, aber sicherlich nicht grundsätzlich. Das Vorhandensein von Schimmel in diesen Konstruktionen hängt viel von der Lagerung der Materialien auf der Baustelle ab. Es gibt eine Arbeitsgruppe im BVS, die sich mit dem Thema Sauberkeit auf der Baustelle beschäftigt.

Zöller:
Es stellten sich eine Reihe von Fragen nach der üblichen Beschaffenheit.
Worin unterscheidet sich eine Bautrocknung von einer Trocknungsphase während der Bauzeit? Welche Feuchtebelastungen sind auf Baustellen üblich? Welche mikrobielle Belastungen kommen in Neubauten, welche in Altbauten typischerweise vor? Was ist üblich in einem jahrhundertealten Gebäude, etwa einer Burg oder einem Altbau in der Innenstadt mit Lehmausfachungen? Können solche alten Gebäude überhaupt noch genutzt werden, wenn die bisherigen Anforderungen als Grundlage von Entscheidungen auch dort gelten sollten? Wenn nicht, müssten Altbauten immer entweder grundlegend unter mikrobiellen Gesichtspunkten gereinigt oder gar abgebrochen und ausgetauscht werden?

In den seltensten Fällen wird über den Aspekt der Üblichkeit eine Schimmelfreiheit verlangt werden können, da Schimmelpilze ubiquitär sind.

Wie lange ist also die zulässige Zeitspanne zwischen Schadensereignis und Beginn von Trocknungen?

Warscheid:
Die Angaben dazu variieren zwischen einigen Wochen bzw. Monaten. Bei massiven Wasserschäden wird der Trocknungsvorgang sicher nicht nach drei Wochen abgeschlossen sein. Wichtig ist, dass so schnell wie möglich mit der technischen Trocknung begonnen wird. Zeitgleich können Proben genommen und untersucht werden. Mit Ergebnissen der mikroskopischen Untersuchung ist nach 2–3 Tagen zu rechnen. Dann kann immer noch entschieden werden, ob es sinnvoll ist, die Trocknungsmaßnahmen weiter fortzuführen.

Moriske:
Wichtig ist der sofortige Beginn der Trocknung. Wie lange getrocknet werden muss, kann nicht allgemein festgelegt werden. In Abhängigkeit vom Trocknungsgerät und dem Umfang des Wasserschadens lautet die Faustregel zwei bis drei Wochen. Alles, was deutlich darüber hinausgeht, muss im Einzelfall sehr gut begründet sein, damit es nicht nur der weiteren Verdienstmöglichkeit der mit der Trocknung beauftragten Firmen dient.

Zöller:
Und was passiert, wenn nicht sofort oder innerhalb eines Zeitraums von 2–3 Wochen getrocknet wird?

Bei der Beurteilung eines vier Jahre alten Schadens, der durch eine undichte Abwasserleitung einer Toilette verursacht wurde, waren zunächst zwei Sachverständige tätig, die nicht untersucht haben. Alleine wegen Ursache und Dauer rieten sie dazu, den Estrich in der gesamten Wohnung auszutauschen und dabei alle Vorkehrungen bei der Durchführung von Schimmelpilzinstandsetzungen zu treffen. Das aber wollten die Beteiligten nicht, auch nicht die betroffene Bewohnerin, die Ansprüche gegen den Bauträger und ihre Leitungswasserversicherung hatte. Der dritte Sachverständige untersuchte und stellte fest, dass kein Schimmel oder sonstiger Befall im Estrich gewachsen war. Die Umgebung war so alkalisch und damit biozid, dass Schimmel nicht gedeihen konnte. Lediglich die einbindenden Gipskartonwände waren auf der Innenseite verschimmelt, deren Platten wurden in den befallenen Bereichen ausgetauscht. Der Fehler der zuvor tätigen Sachverständigen bestand also darin, nicht zu untersuchen. Es kommt also – wieder einmal – auf die Betrachtung durch den Sachverständigen an.

Richardson:
Vier Jahre nach einem Eintreten eines Fäkalschadens sind selbstverständlich keine Fäkalkeime mehr vorzufinden. Die sind in diesem Zeitraum abgetrocknet und abgestorben. Schimmelpilze könnten allerdings noch im Dämmmaterial vorhanden sein. Das muss durch Untersuchungen überprüft werden und wenn nichts vorhanden ist, dann gibt es keinen Anlass, etwas auszutauschen.

Zöller:
Schwarz auf weiß Gedrucktes verleitet, daraus ein rechtliches Fixum abzuleiten. Dabei sind solche Zahlen als Orientierungshilfen gedacht. Sachverständige können bzw. müssen auch bei der Bewertung von technischen Sachverhalten davon abweichen. Aber ein Jurist, der solche Zahlen liest, läuft schnell Gefahr, dieses mit in Fachkreisen bekannt und anerkannt und damit mit anerkannten Regeln der Technik gleichzusetzen.
Regelwerke und Normen ersetzen aber nicht den Sachverstand. Wenn in einem Regelwerk oder einer Richtlinie oder was auch immer eine Zahl von drei Wochen steht, besteht die Gefahr der rechtsmissverständlichen Auslegung.

Richardson:
Ich unterstütze voll und ganz, was Sie sagen. Die Arbeit des Sachverständigen besteht doch darin, sich mit Sachverhalten auseinanderzusetzen und nicht rechtsmissverständlicherweise ungeprüft Zahlen oder anderes aus Regelwerken zu übernehmen. Sachverständige sollen transparent arbeiten, ihre Vorgehensweise

offenlegen und dabei auch ihren Ermessensspielraum erläutern. Wir als Sachverständige wären doch die ersten, die genaue Angaben in einem Schriftwerk kritisierten, weil die Realität von solchen Zahlen in einem zweistelligen Prozentbereich abweichen können.

Vielleicht muss in die Sachverständigenausbildung mehr investiert werden, damit sich Sachverständige zutrauen, solche Entscheidungen zu treffen.

Zöller:

Frau Richardson, Sie haben in ihrem Beitrag anhand von Grundrissbeispielen gezeigt, dass ein Befall in der Größenordnung von vielleicht etwa 15 % eine übliche Situation darstelle und nicht zu bemängeln sei, während man bei einer Größenordnung ab vielleicht ca. 35 % dazu neige, von einem unüblich hohen Befall und damit von einem Mangel zu sprechen.

Auf der Rechtsebene ist es bei Anspruchsverhältnissen allerdings egal, ob es sich um einen „kleinen" oder um einen „großen" Mangel handelt. Ein Mangel ist, unabhängig von der Größe, ein Mangel und löst Mangelrechte und damit ggf. auch Nacherfüllungsansprüche aus. Wir müssen die Folgen unserer Aussagen überdenken. Wenn ein gleicher Sachverhalt nur durch dessen Größe ein Mangel wird, müssten wir überlegen, warum er keiner sein soll, wenn er etwas kleiner ist.

Moriske:

Die Entscheidung von Sachverständigen, eine Fußbodenkonstruktion eher rauszureißen als z. B. Trocknungsmaßnahmen durchzuführen, zeugt nicht unbedingt von Mut, sondern von der Angst, später in Haftungsfragen verwickelt werden zu können. Denn als Planer haftet man auch für falsche Empfehlungen in Bezug auf den Umgang mit Schimmel.

Leitfäden können nicht jeden Einzelfall beschreiben. Sie stellen ein Hilfsmittel dar. Die Besichtigung vor Ort und der Sachverstand kann durch sie nicht ersetzt werden. Und natürlich gibt es auch Gutachten, in denen der Leitfaden falsch interpretiert wird. Aber was gibt es für Alternativen? Soll dem Sachverständigen alles selbst überlassen werden, ohne Hilfsmittel und Vorgaben?

Zöller:

Für Sachverständige ist es keineswegs der sicherere Weg, aus Angst den Austausch einer Konstruktion zu empfehlen. Wenn er unnötig aufwendige Maßnahmen vorschlägt, kann er auf Schadenersatz in Anspruch genommen werden. Dies wird viel zu wenig bedacht. Sachverständige haben ein nachvollziehbares und richtiges Ergebnis zu liefern. Sie beraten am besten in Varianten mit Aufzeigen von den jeweiligen Folgen, um Entscheidungen vorzubereiten. Diese treffen aber die Richter oder die Auftraggeber der Sachverständigenleistung.

Mantscheff:
Das Merkwürdige ist: Wenn jemand von einem Sachverständigen überzeugt ist, dann bleibt er es in der Regel auch und nimmt ihn nicht in Regress.

Zöller:
Das kann ich aus meiner Erfahrung nur bestätigen. Selbst bei von beratenden Sachverständigen in Gerichtsverfahren bestätigten Schäden in Größenordnungen einer halben Million Euro, die auf falsche Beratung zurückzuführen waren, wird das Vertrauen in solche Sachverständige nicht erschüttert.

Moriske:
Noch eine Anmerkung zum Beispiel mit den oberflächlich mit Schimmel befallenen Dachbalken, bei dem der komplette Dachstuhl ausgetauscht werden sollte. Bitte nicht zurückbauen! Bitte nicht, sofern der Dachraum nicht genutzt wird, aber auch nicht bei Ausbau des Spitzbodens, da der Dachstuhl durch die raumseitige Abschottung der Nutzungsklasse IV zuzuordnen ist. Eine oberflächige Reinigung der Dachbalken und abstellen der Ursachen reicht. Das verhindert, dass sich eventuell Reste vom ehemaligen Schimmel im Innenraum auswirken können und dass neuer Schimmel auftritt.

Zöller:
Wir haben bislang noch nicht über Desinfektion gesprochen. Reicht die Behandlung mit Bioziden in abgeschotteten Bereichen aus? Ist damit ein üblicher Zustand hergestellt? Oder handelt es sich sogar um einen verdeckten Mangel, der ggf. zu Schadensersatzforderungen bis hin zum großen Schadensersatz führen kann?

Warscheid:
Beim Netzwerk Schimmel sprechen wir von der oxidativen Intensivreinigung. Bei dem eben angesprochenen Dachstuhl kann die Reinigung durch Trockeneisstrahlung erreicht werden, sofern sich der Aufwand lohnt. Das Holz kann auch abgeschliffen werden, das ist aber meistens bereits zu viel des Guten. Abreißen und austauschen dagegen bringt keinen Mehrwert.
  Herr Teibinger sprach es bereits an, es handelt sich meist um oberflächig wachsende Bläuepilze, die das Holz in keiner Weise schädigen oder sonst die

Verwendungseignung beeinträchtigten. Wer will, kann reinigen, bei solchen Pilzen muss es aber nicht sein, zumal die Verfärbungen bleiben. Desinfizierendes Reinigen verhindert aber u. U. weiteres Wachstum. Die tote Biomasse bleibt – Holz ist aber ja auch tote Biomasse. Nein, Spaß beiseite, die Entscheidung, ob für die uneingeschränkte Verwendungseignung zu reinigen ist oder nicht, hängt vom Einzelfall ab und darf nicht unabhängig von der Einbausituation getroffen werden. Baustoffe sollten nicht als Müll behandelt werden. Auch in dieser Hinsicht sollten Sachverständige ein bisschen über den Tellerrand schauen und vergleichend einschätzen, ob ein neuer Baustoff tatsächlich so viel besser als der vorhandene ist.

In der Regel sollten keine persistenten Biozide eingesetzt werden. Das kann höchstens in der Denkmalpflege oder anderen besonderen Situationen erforderlich werden, wenn sonst z. B. wichtige Kulturgüter nicht erhalten werden könnten.

Richardson:
Zum Thema Biozide wird regelmäßig gefragt, ob deren Einsatz in Hohlwandkonstruktionen oder in Fußbodenaufbauten ausreicht. Sie werden eingesetzt, um weiteres Schimmelwachstum zu verhindern bzw. zu vermindern. Auf bewachsenen Flächen können sie so viel Biozide anwenden, wie sie wollen, die Fläche wird ohne zusätzliche Maßnahmen anschließend immer noch bewachsen sein. Diese Behandlung führt nicht dazu, dass der Schimmelpilz verschwindet. Im Material wächst er dann nicht mehr, ist aber weiterhin nachweisbar. Dabei wird die Nachweisführung durch Messen der koloniebildenden Einheiten (KBE), ob 10^5 oder 10^6 KBE, berechtigterweise stark kritisiert. Wir favorisieren anstelle des Auszählens von Keimen die Mikroskopie, mit der ein strukturiertes Wachstum festgestellt werden kann.

Zöller:
Das Schutzziel vom Schimmelleitfaden des Umweltbundesamtes ist vorrangig die Gefahrenabwehr. Dazu muss man wissen, ob man sich in der Nutzungsklasse II oder IV befindet und ob dort der Einsatz von Bioziden eine ausreichende Maßnahme darstellt.

Wir müssen auch hier unterscheiden, ob oxidierende Mittel bei Reinigungen eingesetzt werden oder die von Herrn Warscheid genannten persistenten, bioziden Behandlungsmitteln.

Warscheid:
Quartäre Ammoniumverbindungen in persistenten Mittel sind zwar zugelassen, aber ich finde, damit sollte nicht gearbeitet werden.

Moriske:
Der Einsatz von Bioziden bezieht sich auf die Nutzungsklasse II. In der Nutzungsklasse IV müssen solche Maßnahmen nicht ergriffen werden, da Schimmel dann niemanden stört.

Zöller:
Wenn also Schimmel nicht behandelt werden muss, sind auch biozide Behandlungsmittel fehl am Platz. Das ist eine zentrale Aussage beim Umgang mit schimmelbedingten Schäden innerhalb von Baukonstruktionen, die der Nutzungsklasse IV zugeordnet werden können.

Ich komme nochmals auf die Frage zurück: Was muss getan werden, wenn nach einem Wasserschaden drei Wochen lang keine Trocknungsmaßnahmen eingeleitet wurden? Muss etwas unternommen werden, auch wenn keine Schimmelbelastung im Raum festgestellt wird? Ist das dann noch ein üblicher Zustand?

Frau Richardson, Sie haben in Ihrem Beitrag das Thema Geruch angesprochen. Wie geht man damit um? Sie führten aus, dass Geruch nicht messtechnisch erfassbar ist, sondern nur subjektiv über die Nase.

Richardson:
Aber eine Nase ist relativ empfindlich. Wenn beispielsweise zehn Probanden einen Raum betreten und feststellen, dass es dort unangenehm riecht, kann schon daraus ein statistischer Wert abgeleitet werden.

Zöller:
Solche statistischen Erhebungen sind die Objektivierung subjektiver Empfindungen. Das wäre also durchaus eine nachvollziehbare Methode, um die Verwendungseignung festzustellen.

Moriske:
Im Schimmelleitfaden ist beschrieben, dass erforderliche Trocknungsmaßnahmen unmittelbar nach dem Schadensereignis beginnen müssen. Wenn dies nicht gemacht wurde und deswegen Schimmelbildung im Schichtenaufbau entstanden ist, handelte es sich um die falsche Vorgehensweise. Die Verantwortung dafür liegt bei demjenigen, der dies angeordnet hat. Aus diesem Grund kann es sein, dass die Demontage des Fußbodens gefordert wird.

Zöller:
Wenn wir das Anspruchsdenken außen vorlassen, also den rechtsrelevanten Vorwurf, dass jemand etwas falsch gemacht hat und den daraus abzuleitenden

Schadensersatzanspruch, bleibt die Bewertung aus technischer Sicht. Dann stellt sich nur die Frage: Inwieweit kann sich Schimmel im Fußbodenaufbau auf den Innenraum auswirken und was ist ein üblicher, verwendungsgeeigneter Zustand? Es ist mir bewusst, dass diese Vorgehensweise ein Umdenken erfordert, weil Sachverständige – möglicherweise unbewusst – Anspruchsverhältnisse und technische Sachverhalte verknüpfen. Und dennoch sind wir als Sachverständige dazu da, nur technische Sachverhalte aufzuklären und nicht rechtlich zu beraten, auch wenn wir das vielleicht können. Wenn wir Letzteres tun, sollten wir das – zum eigenen Schutz – unter Vorbehalt machen.

Warscheid:

Ja, es kommt auf den Sachverstand und den gesunden Menschenverstand an. Regelwerke geben bestenfalls eine Orientierung. Bei der Beurteilung von Schadensfällen führen wir verschiedene Laboruntersuchungen durch und bekommen dadurch viele Daten. Zum Schluss stellt sich aber die entscheidende Frage in der Arbeitsgruppe: *„Würden wir das in unserem eigenen Haus akzeptieren?"* Die Psychologie ist neben technischen Sachverhalten durchaus ein wichtiger Faktor, den wir bei Beratungen und Bewertungen zumindest in Varianten berücksichtigen sollten. Die Psychologie ist auch fallbezogen ein wichtiger Faktor, denn die gesundheitliche Konstitution des Nutzers, Auftraggebers oder Bestellers kann ausschlaggebend sein.

Moriske:

Frau Mantscheff sprach von einer **erhöhten** Schadensgefahr. Ich finde das bemerkenswert, weil das ausdrückt, dass es keinen risikolosen Zustand ohne Schadensgefahr gibt.

Nicht nur juristisch sondern auch mikrobiologisch-technisch gibt es bei der Schimmelbewertung Grauzonen. So sind Messwerte über 10^5 KBE kein sicherer Hinweis auf eine Schimmelbelastung in Gebäuden. Der Kontext ist entscheidend. Befindet sich z. B. vor dem Haus ein Komposthaufen, kann der genauso die Ursache für höhere KBE-Werte sein. In der Vorbereitung der juristischen Würdigung ist das klar herauszustellen. Es gibt keinen Ausschluss von Gefahren, weder bei Schimmel, noch bei Asbest, auf das ich nachher eingehe. Die Schwierigkeit ist dabei, den Zustand zwischen mangelfrei und mangelbehaftet oder schadensfrei und schadhaft herauszuarbeiten.

Mantscheff:

Das Leben an sich ist lebensgefährlich. Wenn es ein bisschen gefährlicher wird, könnte ein Schaden vorliegen.

Zöller:
Ich möchte noch einmal auf das schon erwähnte Dachstuhlurteil eingehen. Der Sachverständige hat in seinem Gutachten auf die Frage nach dem Restrisiko für einen erneuten Schimmelbefall geantwortet, dass er das mit 10 % einschätze. Aus Sicht eines Technikers könnte ich mir vorstellen, dass er damit meinte, dass das Risiko klein bis sehr klein ist. Für den Juristen bedeutet eine solche Aussage aber, dass die Situation nicht mangelfrei war, sondern ein Restmangel bestand, der Mangelrechte auslöste. Das bedeutete in diesem Fall, dass der Dachstuhl ausgetauscht werden musste. Insofern ist das Urteil rechtsdogmatisch logisch.

Was allerdings fälschlicherweise nicht erwähnt wurde: Auch bei einem neu erstellten Dachstuhl gibt es ein Grundrisiko für Schimmelbefall, das vermutlich sogar höher anzusiedeln ist. Das genannte Restrisiko für Schimmelbildung befindet sich also im Rahmen des Üblichen. Nur unter Reinraumbedingungen könnte es minimiert werden. Hätte der Sachverständige anstelle den Begriff *Restmangel* den Begriff *Grundrisiko* verwendet, könnte ich mir vorstellen, dass das Urteil anders ausgegangen wäre. Eine übliche Beschaffenheit wird dann zum Mangel, wenn Abweichendes davon vereinbart wurde oder sich dies aus dem Vertrag ableiten lässt. Das dürfte üblicherweise bei Werkverträgen mit Zimmerleuten eher nicht der Fall sein, wenn, um auf den Scherz von Herrn Warscheid zurückzukommen, Holz als tote Biomasse verbaut wird, welches selbst tote Biomasse trägt.

2. Podiumsdiskussion am 09.04.2019

Zöller:
Abdichtungen nach DIN 18533 hatte Herr Klingelhöfer gestern vorgestellt, die gegen von außen einwirkendes, flüssiges Wasser schützen sollen. Nicht Gegenstand dieser Norm sind Baufeuchte, Diffusionsvorgänge und Schutz gegen Gase in der Bodenluft. Abdichtungen lassen sich auch nicht unbedingt gegen diese Einwirkungen verwenden, da z. B. ein Schutz gegen Kapillarität bereits durch eine kapillare Trennung erreichbar ist. Der Kapillartransport endet am Ende der Kapillare und damit an der Oberseite einer Bodenplatte.

Diffusion beruht auf der molekularen Eigenbewegung, bei Konvektion werden Stoffe in einem strömenden Medium mitgeführt. Die transportierten Stoffmengen sind bei der Diffusion im Vergleich zur Konvektion deutlich geringer. So bietet beispielsweise Beton einen hohen Widerstand, im Grunde ist Konvektion nur über Risse möglich. Eine Konvektion setzt zwei Dinge voraus, einen Spalt und Druckunterschiede.

Herr Hartmann, gibt es dazu quantitative Erkenntnisse?

Hartmann:
Es gibt Untersuchungen zum Thema, aber ich kann jetzt keine Zahlenwerte nennen.

Die Diffusion beschreibt den Transport durch Molekularbewegung durch die Bauteile hindurch. Übliche Betonbodenplatten behindern von sich aus sehr stark den Durchgang von Radon, sie gelten als stark radonhemmend. Eine geringe Restmenge Radon kann allerdings durch die Betonbodenplatte dringen.

Konvektiver Durchgang bedeutet, dass es eine gewisse Luftströmung durch Risse oder Bauteilfugen etc. gibt und diese Wege geschlossen werden müssen.

Zöller:
In einem Fall, den ich nicht selbst bearbeite, sollte das Gebäude abgerissen werden, da in der Bodenplatte Risse aufgetreten sind und so der Radonschutz für das Gebäude nicht mehr als sichergestellt angesehen wurde. Eine solche Maßnahme ist für mich nicht nachvollziehbar, denn ein Riss kann doch problemlos wieder geschlossen werden.

Hartmann:
Es ist, wie so oft, eine Frage der Verhältnismäßigkeit. Eine hundertprozentige Rissfreiheit gibt es nicht. Im Zweifelsfall müssen die Risse mit Epoxidharz oder anderen Stoffen geschlossen werden.

Frage:
Ist in Nordrhein-Westfalen das Bohren von Löchern in Wänden und Bodenflächen in Schulen verboten, solange nicht der Untergrund nach asbesthaltigen Stoffen untersucht wurde?

Moriske:
Ja, die Stadt Aachen und auch Hamburg preschen hier ziemlich vor. Deswegen halte ich auch die Einführung bundesweiter Regelungen für dringend erforderlich. Ich halte diese ergriffenen Maßnahmen allerdings für stark übertrieben. Leider wurden in die Diskussion um Maßnahmen im Umgang mit Altbauten, die Asbest enthalten könnten, die Verbände von Architekten, eine wichtige Zielgruppe, offenbar nicht genügend einbezogen. Die Entscheidungen wurden im Arbeitsministerium getroffen.

Frage:
Bei einer Abdeckung mit Asbestzementplatten sind vereinzelte Platten gebrochen, weiterhin haben sich einzelne Befestigungsschrauben gelöst. Dürfen Schrauben nachgezogen oder ausgetauscht werden? Dürfen einzelne Platten ausgetauscht werden oder sind alle gelösten Platten zu ersetzen?

Moriske:
Asbesthaltige Platten dürfen nicht ausgetauscht werden und durch andere (intakte) Asbestplatten ersetzt werden. Auch bei einer Fläche von 10–20 m², in der ein halber Quadratmeter beschädigt ist, darf die geschädigte Platte nicht einfach ausgetauscht werden. Bei gelösten Schrauben können diese nachgezogen werden, wenn die Asbestplatte dabei nicht beschädigt wird und keine neuen

Bohrlöcher erforderlich sind. Das Bohren neuer Befestigungslöcher ist untersagt. Sobald einzelne Platten gebrochen sind, sollte geprüft werden, ob auch benachbarte Platten vorsorglich zu entfernen sind.

Frage:
Ist ein „Überfliesen", z. B. bei einer Badezimmermodernisierung, weiterhin möglich oder besteht die Pflicht, den Untergrund vorher zu überprüfen, um ein unzulässiges „Überdecken" von möglicherweise vorhandener asbesthaltiger Spachtelmasse bzw. Fliesenklebers auszuschließen?

Moriske:
Das ist eine heikle Fragestellung. Streng genommen handelt es sich dabei um eine Überdeckung, die nicht zulässig ist. Es könnte schließlich sein, dass ein späterer Nutzer der Wohnung Bohrungen im Bad vornimmt und dadurch Asbest freigesetzt wird. Deswegen gibt es das Überdeckungsverbot. Allerdings stellt der Kleber unter den alten Fliesen kein besonderes Risiko dar. Solange die alten Fliesen festsitzen, sowieso nicht.

Anmerkung nach der Tagung: Im Nationalen Asbestdialog wird das Neuanbringen von Fliesen auf vorhandene Fliesen mit darunter befindlichem asbesthaltigen Kleber als unkritisch erlaubt sein.

Zöller:
Dann stellt sich zudem die Frage, wo der Unterschied liegt zwischen dem jetzigen Fliesenbelag und dem neueren. Beide überdecken den asbesthaltigen Kleber. Wo liegt der Unterschied in der Gefahr? Muss ein zukünftiger Nutzer ein anderes Vertrauen haben als ein jetziger? Ist es in Zukunft nicht eher so, dass die Risiken dann allgemein bekannter sind und später genauso vorsichtig agiert werden muss, wenn der Fliesenbelag abgenommen wird, wie man das jetzt einfordert?

Moriske:
Das stimmt, leider ist eine solche Situation nicht eindeutig geklärt. Die Expositionsrisiken werden durch verschiedene Arbeitsgruppen festgelegt. Regeln für den Umgang mit asbesthaltigem Abfall entwickelt die Arbeitsgruppe Asbest in dem Ausschuss für Gefahrstoffe mit den Technischen Regeln für Gefahrstoffe (TRGS, für Asbest TRGS 519). In dieser Arbeitsgruppe ist auch die Berufsgenossenschaft Bau vertreten. Dort wird ebenfalls festgelegt, wie viel Asbest in Abhängigkeit von den jeweiligen Arbeiten freigesetzt werden kann und welche Schutzmaßnahmen zu ergreifen sind. Bitte haben Sie noch etwas Geduld.

Frage:
Wer soll bei einer Hausbegehung zum Beispiel zur Beratung vor Erwerb einer Immobilie die möglichen Risiken einschätzen: der Sachverständige, der Architekt? Wer legt die Expositionsrisiken fest? Darf bei Hausbegehungen auf Asbestrisiken hingewiesen werden, ist das zukünftig sogar verpflichtend?
Welche Sachverständigen dürfen sich mit dem Thema Asbest befassen? Wird ein besonderer Sachkundenachweis gefordert?

Moriske:
Architekten und auch Sachverständige, die keine besondere Sachkunde für Asbest haben, sollten kein Risiko einschätzen. Eventuell überschreiten Sie Ihre Kompetenzen und machen sich ggf. haftbar.

Ein Sachkundenachweis Asbest ist von Vorteil, ob er aber notwendig wird, kann ich Ihnen noch nicht abschließend beantworten.

Zöller:
Umgekehrt könnte auch zur Last gelegt werden, wenn ein „Baufachmann" nicht darauf hinweist. Vor allem im Bereich der Immobilienbewertung ist ein spannendes Thema, ob z. B. bauzeittypische Gefahrstoffe vorhanden sind. Bis 1993 wurde Asbest in größeren Mengen auch in Bauklebern verarbeitet. Gibt es diesbezüglich eine grundlegende Hinweispflicht?

Moriske:
Das hängt von dem Auftrag ab. Wenn Sie beauftragt werden, (auch) zu beurteilen, ob im Gebäude Altlasten vorhanden sind, dann gehören auch die entsprechenden Untersuchungen dazu.

Die offiziellen Richtlinien und Empfehlungen befinden sich noch in der Entstehungsphase. So ist z. B. nicht geklärt, welche und wie viel Proben genommen werden müssen, um zu erkennen, ob Asbest im Baumaterial vorliegt oder nicht. Das muss der Sachverständige vor Ort entscheiden, was risikobehaftet ist.

Am einfachsten für den Sachverständigen der Immobilienbewertung ist natürlich, darauf hinzuweisen, dass er Gefahrstoffe nicht berücksichtigt hat und dazu gegebenenfalls gesonderte Untersuchungen erforderlich sein können. Wie will er sonst wertbezogene Größen für z. B. den Rückbau von asbesthaltigen Stoffen berücksichtigen?

Zöller:
Probleme entstehen dann, wenn solche Gefahrstoffe vorhanden sind und der Sachverständige nicht darauf hingewiesen hat. Dann gibt es nur noch die

Schutzmauer, dass in den betroffenen Fachkreisen der Immobilienbewertung möglicherweise nicht allgemein bekannt ist, dass diese Probleme bestehen können und deswegen kein schuldhaftes Handeln vorliegt, was wiederum Voraussetzung für Schadenersatz ist.

Frage:
Warum wurden bestimmte Einwände bei der Diskussion um Asbest nicht berücksichtigt?

Moriske:
Der Dialog ist noch nicht abgeschlossen. Eine öffentliche Diskussion findet gerade statt und deren Auswertung wird zwischen Mai und Juli erfolgen. Ich gehe davon aus, dass jeder Einwand „gehört" wird. Zusätzlich wird es eine öffentliche Anhörung (26. September 2019) geben, bei der jeder Teilnehmer die Möglichkeit bekommt, hinzuzukommen.

Frage:
Welche Sachverständigen dürfen Fragenstellungen im Zusammenhang mit Asbest bearbeiten?

Moriske:
Dazu gibt es keine Festlegung. Als Bausachverständiger kommt man dafür prinzipiell in Frage, aber es gibt auch klassische Asbestsachverständige mit entsprechenden Zusatzqualifikationen. Bei den hier angesprochen neuen Asbestproblemen ist noch nicht geklärt, ob andere Akkreditierungen erforderlich sind.

Frage:
Ist es möglich Fliesenbeläge von Verbundabdichtungen zu entfernen, ohne dabei die Abdichtung zu beschädigen?

Sommer:
Ja, die Arbeiten müssen sorgsam durchgeführt werden. Zunächst werden die Fugen zwischen den Fliesen aufgeschnitten, dann die zu entnehmende Fliese zertrümmert oder zerschnitten, die Fliesenteile entfernt. Der alte Fliesenkleber wird abgefräst. Dann kann die neue Fliese verlegt werden.

Frage:
Wie kann die Trockenschichtdicke bei Abdichtungen im Verbund mit den Fliesen (AIV), einzeln, also Fliesenkleber und Dispersionsabdichtung, rechtssicher nachgewiesen werden?

Sommer:
Eine Abdichtung kann man z. B. daran erkennen, dass sie in der Regel ein gummiartiges Verhalten aufweisen. Die Schichtdicke der entnommenen Materialproben können am einfachsten mit einer Schieblehre gemessen werden.
Fairerweise sollte die Kontrolle der Abdichtungsschichten zu einem Zeitpunkt erfolgen, in dem die Abdichtungsschichten noch gut zugänglich sind und nicht erst im Rahmen der Fertigstellung des Gebäudes, wenn z. B. 100 Bäder eines Hotels gebrauchsfertig sind.

Zöller:
Niederschlag, der auf die warme Seite einer Umkehrdachdämmung gelangt, wird erwärmt und fließt in Regenfallrohren ab. Somit geht Wärmeenergie verloren. Dieser „Energieverlust" bei Unterströmungen wird durch ΔU Zuschläge nach DIN EN ISO 6946 berücksichtigt, die erheblich sind. Unter bestimmten Voraussetzungen ist der Zuschlag allerdings nicht erforderlich, insbesondere bei einer wasserableitenden Decklage. Nimmt auch die jeweilige Zulassung eines Dämmstoffs Einfluss?

Fath:
Ich kenne leider keine Untersuchungen zu diesem sehr interessanten Thema.

Zöller:
Der Vorteil von WU-Betondächern mit Perimeterdämmung besteht doch darin, dass es keinen von Wasser durchströmbaren Spalt gibt. Der Durchdringungswiderstand zwischen der Wärmedämmung und dem Beton ist so hoch, dass selbst bei einer wasserfilmbrechenden und damit wasserdurchlässigen Decklage kein Wasser sickern kann, sondern im Spalt aufgrund von Adhäsionskräften hängenbleibt.
Wenn Abdichtungen auch so eben hergestellt werden können, gäbe es auch dort keine Unterströmungen. Problematisch sind bei Bitumenbahnen konstruktionsbedingte Unebenheiten an Überlappungen.

Fath:
Vermutlich ist das richtig, aber auch dazu kenne ich keine Untersuchungen. Ich versuche gerade verschiedene Hersteller dazu zu bewegen, diese Untersuchungen durchzuführen.

Zöller:
Der Nutzer wird es nicht merken, wenn auf der Deckenfläche die Dämmung eine andere Wärmeleitfähigkeit aufweist als geplant, weder an der Oberflächentemperatur an der Innenseite des Außenbauteils noch an der Heizwärmemenge. Praktische Unterschiede gibt es keine. Die Frage ist nur bezüglich der Finanzierung und auch nur über die KfW spannend.

Fath:
In der Bauphysik hat man oft einen gottähnlichen Charakter. Die durchgeführten Maßnahmen werden kaum überprüft oder die Prüfenden wissen es auch nicht unbedingt besser. Ich gehe davon aus, dass bei 90% aller Weißen Wannen, die mit Perimeterdämmung der Wärmeleitfähigkeit von z. B. 0,035 W/mK berechnet sind, die Dämmplatten tatsächlich diese Wärmeleitfähigkeit nicht aufweisen.

Zöller:
Die in der Berechnung angenommen Erdtemperaturen entsprechen auch nicht der Wirklichkeit. Wenn sich die Möglichkeit ergibt, messe ich Oberflächentemperaturen bei nicht gedämmten Kelleraußenwänden an deren Fußpunkten und an den Oberseiten von Bodenplatten. Die Temperaturen liegen i. d. R. bei ca. 18 °C.

Nach drei bis vier Jahren ist die Erdtemperatur an der Außenseite eines erdberührten Bauteils in einem Abstand von mehr als 2 m zur Außenluft identisch mit den Innenraumtemperaturen. Dann ist aber keine Dämmung erforderlich.

Fath:
In Bezug auf die Berücksichtigung des Erdreichs sind unsere Energieverlustrechnungen sehr rudimentär.

Frage:
Warum ist die Wärmeleitfähigkeit von Perimeterdämmstoffen auch von der Materialdicke abhängig? Liegt es an produktionsbedingten Unterschieden?

Fath:
Diese Dämmstoffe haben geschlossenzellige Poren, deren Diffusionsverhalten in Abhängigkeit von der Materialdicke verschieden ist. Die Feuchteaufnahme wird beeinflusst durch den vorhandenen Druck, der Wassernähe zur Oberfläche der Platte etc. Daraus ergeben sich unterschiedliche Durchfeuchtungsgrade der Stoffe und somit auch verschiedene Wärmeleitfähigkeiten.

Frage:
In welchen Räumen ist mit einer Radonbelastung zu rechnen?

Hartmann:
Als erstes sind Räume mit erdberührten Flächen zu nennen, insbesondere in den Gebieten, in denen mit erhöhter Radonbelastung aus dem Erdreich zu rechnen ist. Des Weiteren hängt es davon ab, ob diese Räume lüftungstechnisch von anderen Gebäudebereichen getrennt sind oder getrennt werden können. So sollte z. B. die innere Kellertür nicht offenstehen.

Mit einer Abdichtung an der Kellerdecke lässt sich das Untergeschoss gut von den oberen Geschossen des Gebäudes abkoppeln. Bei einem offenen Treppenhaus oder einer Schachtentlüftung, die über mehrere Etagen verläuft, ist das aber i. d. R. nicht so einfach möglich.

Frage:
Müssen bei ungenutzten Kellerräumen, die nicht mit anderen Räumen im Luftverbund stehen, besondere Maßnahmen zum Schutz vor Radon getroffen werden? Wie kritisch ist tatsächlich Radon, wenn es zu Therapiezwecken eingesetzt wird?

Hartmann:
Sofern es sich nicht um einen Aufenthaltsraum handelt, muss der Referenzwert von 300 Becquerel pro Kubikmeter nicht eingehalten werden.

Ich möchte allerdings darauf hinweisen, dass § 123 des Strahlenschutzgesetzes zum Radonschutz flächendeckend gilt. Allerdings reichen in den unkritischen Gebieten die ohnehin üblichen abdichtungstechnischen Maßnahmen aus, um den Radonschutz zu gewährleisten.

Der medizinische Therapieaspekt ist umstritten ob z. B. 100 Bq/m^3 als kritisch anzusehen sind. Mediziner sind nicht einer Meinung und führen untereinander kontroverse Diskussionen.

Zöller:
Zum Ende der Veranstaltung möchte ich die vergangenen beiden Tage nochmal Revue passieren lassen.

- Von Herrn Cosler haben wir die Information bekommen, dass sich bezüglich der Haftungsfragen Handelsrecht und Werkvertragsrecht weitgehend angeglichen haben.

Zur Prüfung von Bauprodukten bei Entgegennahme wurde festgehalten, dass Laborprüfungen seitens des Handwerkers nicht üblich und damit als nicht erforderlich anzusehen sind.

- Es wurde dargestellt, warum weiterhin an den Abdichtungsnormen gearbeitet wird.
- Die weiterhin vorhandenen Lücken bei der Kennzeichnung von Bauprodukten mit CE- oder Ü-Zeichen wurden aufgezeigt. Sie bestehen u. a. in der für Endkunden und Verbraucher wichtigen Frage von Emissionen in Innenräume.
- Die Rechtsgrundlagen zur Verwendung von Bauprodukten wurden unter verschiedenen Gesichtspunkten dargestellt. Dabei geht es um die Handelbarkeit, Verwendbarkeit und Brauchbarkeit im Sinne einer Qualitätssicherung. Sachverständige betrifft insbesondere die Frage der Brauchbarkeit, da dadurch der werkvertragliche Aspekt der Verwendbarkeit geklärt wird. In den anderen Bereichen, die die Handelbarkeit und die Verwendbarkeit betreffen und im Kern Rechtsfragen sind, kann er trotzdem beraten, insbesondere wenn es um die allumfassende Frage der Mangelfreiheit geht, die auch Rechtsaspekte beinhaltet.
- Es gab den guten Vorschlag, Bauprodukte mit QR-Codes zu versehen. Dies würde Vieles vereinfachen bzw. erst ermöglichen, etwa die Dokumentation der verwendeten Bauprodukte. Diese ist bei komplexen und komplizierten, größeren Baustellen sonst nicht leistbar. Daher nochmal der Appell an die Industrie, alle Produkte damit auszustatten.
- Zur Verarbeitung von Mauersteinen sind neue Techniken vorgestellt worden. In Zukunft wird sich auch in diesem Bereich mehr die Industrialisierung auf der Baustelle durchsetzen. Schon jetzt benötigen Maurer Hilfsgeräte für die immer größer werdenden Steine, vielleicht werden die Handwerker in Zukunft tatsächlich von Robotern ersetzt.
- Die Differenzen zwischen europäischen und nationalen Abdichtungsregeln wurden vorgestellt.
- Ebenso wurden die Lücken der Verwendbarkeit von Instandsetzungsprodukten am Beispiel der Betoninstandsetzung angesprochen.
- Mich selbst hat die Diskussion um eine traditionelle Bauweise, nämlich um die der Holzbauteile in belüfteten Dächern etwas überrascht. Trotz jahrzehntelanger Anwendung steckt das bauphysikalische Wissen noch in den Anfängen. Bei Einhaltung von Faustformeln zu Lüftungsquerschnitten, Lüftungsöffnungen und Lüftungsspaltlängen gilt sie als nachweisfrei. Wenn die Anforderungen an auch nur einer Stelle unterschritten werden, kann eine Konstruktion immer noch als belüftet betrachtet werden. Sie ist dann nicht

nachweisfrei, aber auch nicht nachweisbar, weil die thermodynamischen Rechenansätze als Nachweisgrundlage fehlen.
Was ist beispielsweise in Bezug auf den Feuchtigkeitsgehalt in der Dachkonstruktion günstiger: große oder kleine Lüftungsquerschnitte? Bei großen Lüftungsquerschnitten kann eine gute Lüftung auch viel Feuchtigkeit von außen in die Dachkonstruktion hineinbringen, das sich als Tauwasser niederschlägt, wenn der Belüftungsspalt kühler als die Außenluft ist. Viel Lüftung ist nicht in jeder Situation besser.

- Ist Schimmel ein Schaden am Gebäude oder nur ein psychologischer Schaden, wenn er sich nicht auf Innenräume auswirken kann? Immerhin sind Schimmelpilze üblicherweise keine Schädiger von Bausubstanz.
- Der psychologische Faktor bei der Beseitigung von Schimmelschäden mag ein werkvertraglicher Aspekt sein, zählt aber zu den subjektiven Vertragseigenschaften und weniger zu denen der Verwendungseignung, die der objektiven Betrachtung unterliegen. Wenn sich Schimmelpilze nicht auf Innenräume auswirken und die Bausubstanz nicht schädigen können, ist die Verwendungseignung nicht eingeschränkt, können aber gegen eine Beschaffenheitsvereinbarung verstoßen oder möglicherweise eine Bestellererwartung unerfüllt lassen – wobei diese der Gesetzgeber einschränkt: *nach Art des Werks*. Sind Schimmelpilze innerhalb von Bauteilschichten nach *Art des Werks*? Dabei ist es kein Argument, nicht von Schimmelpilzen zu wissen, weil man nicht nachgesehen hat. Wenn die physikalischen und biologischen Gegebenheiten vorhanden sind, kann auch ohne Untersuchung zum Vorkommen ein Schimmelpilzbefall innerhalb von Bauteilen eine übliche Beschaffenheit sein.

Mir hat es gefallen, dass die eigentlich als Gegensatz gedachten Beiträge von Frau Richardson und Herrn Warscheid auf Vernunft basierten. Streit muss nicht provoziert werden, wenn es keinen Grund dazu gibt.

- Die Üblichkeit von Schimmelpilzen wurden unter werkvertraglichen, versicherungsvertraglichen und anderen vertraglichen Verhältnissen als juristische Aspekte begleitend dargestellt.
- Zum Umgang mit Asbest wurden neue Probleme vorgetragen. So ist z. B. das Bohren in den Platten und Absaugen des Bohrstaubs meistens zulässig, dieser darf aber nicht einfach im Hausmüll entsorgt werden.
- Wir haben gehört, dass Wärmeleitfähigkeit von Baustoffen nicht gleich deren Wärmeleitfähigkeit im eingebauten Zustand ist. Die Wärmeleitfähigkeit variiert zum Teil erheblich in Abhängigkeit der Dämmstoffdicke und der Einbausituation.

- Der Umgang mit großformatigen Fliesen – im Extremfall eine Fliese pro Badezimmer – wurde angesprochen. Wie können Austrocknungsprozesse funktionieren, wie kann eine Baustelle organisiert werden, sodass die Riesenplatten sicher verlegt werden können? Was macht ein Eigentümer, wenn ihm später eine Glasflasche herunterfällt und ein Stück der Oberfläche abplatzt? Ich meine, dass zumindest Verbraucher über diese Eigenschaften informiert werden sollten, um Haftungsfallen der Beratung zu entgehen, auch wenn technisch heute vieles machbar ist. Ich persönlich halte so große Fliesen ohne nennenswerten Fugenanteile für eine Geschmacksfrage und wage die Prognose, dass sich dieser Geschmack mittelfristig auch wieder ändert. Ein Fliesenbelag ist etwas mit Fugen.
- Als letzten Beitrag haben wir die Risiken des aus der Erde kommenden, radioaktiven Gases Radon gehört und die in der entsprechenden neuen Norm vorgesehenen Maßnahmen. Zunächst sind dies Maßnahmen zum Widerstand gegen Eindringen von Radon in das Gebäude, zum anderen Maßnahmen, um Radon innerhalb eines Gebäudes abzulüften. Die Norm unterscheidet nach primären Maßnahmen des Widerstands und nach sekundären zum Ablüften. Was allerdings primär und sekundär ist, betrifft bereits werkvertragliche Rechtsaspekte, die Normen als technische Hilfestellungen nicht lösen sollen. Unter technischen Aspekten sind beide Maßnahmen möglich, um die Grenzwerte in Innenräumen einhalten zu können.

Verzeichnis der Aussteller Aachen 2019

Während der Aachener Bausachverständigentage wurden in einer begleitenden Informationsausstellung den Sachverständigen und Architekten interessierende Messgeräte, Literatur und Serviceleistungen vorgestellt:

ACO Hochbau Vertrieb GmbH
Neuwirtshauser Straße 14, 97723 Oberthulba/Reith
www.aco-hochbau.de
Tel.: (0 97 36) 41 60
Fax: (0 97 36) 41 38
ACO Betonlichtschacht – der robuste Allrounder
ACO Profiline Free – das Rinnensystem für die barrierefreien Schwellensysteme der Firma Profine

adicon®
Gesellschaft für Bauwerksabdichtungen mbH
Odenwaldstraße 74, 63322 Rödermark
www.adicon.de
Tel.: (0 60 74) 89 51 0
Fax: (0 60 74) 89 51 51
Fachunternehmen für WU-Konstruktionen, Mauerwerksanierung und Betoninstandsetzung

Allegra Trocknungstechnik Vertriebs GmbH
Berliner Allee 303, 13088 Berlin
www.allegra24.de
Tel.: (0 30) 51 11 60 0
Fax: (0 30) 47 48 30 59
Entwicklung, Verkauf, Vermietung und Service von Trocknungsgeräten, Schulung und Beratung sowie Mess- und Prüfgeräte für Sachverständige

AllTroSan Baumann + Lorenz
Trocknungsservice GmbH & Co KG
Stendorfer Straße 7, 27721 Ritterhude
www.alltrosan.de
Tel.: (0 42 92) 81 18 0
Fax: (0 42 92) 81 18 13
Schadenminimierung durch Sofortmaßnahmen, zerstörungsarme Leckageortung, technische Trocknung, Sanierung nach Wasser- Feuchte- und Schimmelschäden, Klimaüberwachung, Schulung und Beratung

ALUMAT Frey GmbH
Im Hart 10, 87600 Kaufbeuren
www.alumat.de
Tel.: (0 83 41) 47 25
Fax: (0 83 41) 7 42 19
Schwellenlose und schlagregendichte Magnet-Doppeldichtungen für alle Außentüren mit werkseitig vormontierter Bauwerksabdichtung

anLabo GmbH
Labor für biologische Analysen
Forumstraße 18a, 41468 Neuss
www.anlabo.de
Tel.: (0 21 31) 38 18 118
Fax: (0 21 31) 38 18 113
Laboranalysen von Schimmelpilzen, Bakterien und Hausfäule- und Bauholzpilzen, Proben aus RLT-Anlagen nach VDI 6022, Luftmessungen und Sanierungskontrollen in Innenräumen

ARCHademie
c/o ennac GmbH
Theaterstraße 24, 52062 Aachen
www.ARCHademie.de
Tel.: (02 41) 44 68 83 95
Unterstützung einer Dissertation zur Hochschuldidaktik in der Architektur (Praxisbezug in Planungsbüros)

BC Restoration Products GmbH
Zeppelinstraße 2, 85375 Neufahrn
www.bc-rp.de
Tel.: (0 81 65) 79 93 40 0
Fax: (0 81 65) 79 93 42 0
Mitglied im BBW, siehe Bundesverband der Brand- und Wasserschadenbeseitiger e. V.

BELFOR Deutschland GmbH
Keniastraße 24, 47269 Duisburg
www.belfor.de
Tel.: (02 03) 75 64 04 00
Fax: (02 03) 75 64 04 55
Brand- und Wasserschadensanierung

Beuth Verlag GmbH
Saatwinkler Damm 42/43, 13627 Berlin
www.beuth.de
Tel.: (0 30) 26 01 22 60
Fax: (0 30) 26 01 12 60
Normungsdokumente und technische Fachliteratur

BiolytiQs GmbH
Labor für biologische Analysen
Karschhauser Straße 23,
40699 Erkrath
www.biolytiqs.de
Tel.: (0 21 04) 95 37 40
Fax: (0 21 04) 95 37 42 0
Laboranalysen von Schimmelpilzen und holzzerstörenden Pilzen, Hygieneuntersuchungen nach VDI 6022, Sanierungskontrollen, Luftmessungen, Test-Kit: Schimmelpilze

BlowerDoor GmbH
Zum Energie- und
Umweltzentrum 1, 31832
Springe-Eldagsen
www.blowerdoor.de
Tel.: (0 50 44) 9 75 40
Fax: (0 50 44) 9 75 44
MessSysteme für Luftdichtheit

BOTT Begrünungssysteme GmbH
Robert-Koch-Straße 3d, 77815 Bühl
www.systembott.de www.shop.systembott.de
Tel.: (0 72 23) 95 11 89 0
Fax: (0 72 23) 95 11 89 10
Systemlösung für urbanes Grün und Objektbegrünung; Leckageortung von Dachabdichtungen mit und ohne Begrünung

Buchladen Pontstraße 39
Pontstraße 39, 52062 Aachen
www.buchladen39.de
Tel.: (02 41) 2 80 08
Fax: (02 41) 2 71 79
Fachbuchhandlung, Versandservice

Bundesanzeiger Verlag GmbH
Amsterdamer Straße 192, 50735 Köln
www.bundesanzeiger-verlag.de
Tel.: (02 21) 97 66 83 06
Fax: (02 21) 97 66 82 36
Fachinformationen für Bausachverständige, Architekten und Ingenieure

Bundesverband der Brand- und Wasserschadenbeseitiger e. V.
Jenfelder Straße 55 a, 22045 Hamburg
www.bbw-ev.de
Tel.: (0 40) 66 99 67 96
Fax: (0 40) 44 80 93 08
Beseitigung von Brand-, Wasser- und Schimmelschäden, Leckortung

Bundesverband Feuchte & Altbausanierung e. V.
Dorfstraße 5, 18246 Groß Belitz
www.bufas-ev.de
Tel.: (01 73) 2 03 28 27
Fax: (03 84 66) 33 98 17
Veranstalter der „Hanseatischen Sanierungstage", Förderung des wissenschaftlichen Nachwuchses, Vermittlung von Forschungsergebnissen aus der Altbausanierung

BVS e. V.
Charlottenstraße 79/80, 10117 Berlin
www.bvs-ev.de
Tel.: (0 30) 25 59 38 0
Fax: (0 30) 25 59 38 14
Bundesverband öffentlich bestellter und vereidigter sowie qualifizierter Sachverständiger e. V.; Bundesgeschäftsstelle Berlin

Cabot Aerogel GmbH
Industriepark Höchst, Geb. D 660, 65926 Frankfurt
www.cabotcorp.de/Aerogel
Tel.: (0 69) 30 52 93 31
Weltweit führender Hersteller von Aerogel-Granulat, dem innovativen hochdämmenden Zuschlagstoff. Zur Anwendung z. B. in Dämmputzen, Dämmplatten, Tageslichtpaneelen und Betonen

Calsitherm Silikatbaustoffe GmbH
Hermann-Löns-Str. 170, 33104 Paderborn
www.calsitherm.de www.klimaplatte.de
Tel.: (0 52 54) 99 09 20
Fax: (0 52 54) 99 09 21 7
Hochqualitative Calciumsilikatwerkstoffe zur Schimmelsanierung/ Schimmelprävention, als Brandschutz und zur Innendämmung

Ceravogue GmbH & Co. KG
Holtenstraße 7, 32457 Porta Westfalica
www.ceravogue.de
Tel.: (0 57 31) 1 53 34 58
Fax: (0 57 31) 1 53 34 76
Das System zur optischen Wiederherstellung von keramischen Bodenbelägen nach Wasserschäden

Compono® – Bennert GmbH
Meckfelder Straße 2, 99102 Klettbach
www.compono.de
Tel.: (03 62 09) 48 01 23
Fax: (03 62 09) 48 01 55
Tragfähigkeitserhöhung für alte, geschädigte und überlastete Holzbalkendecken unter fast vollständigem Erhalt der Originalsubstanz

DEKRA Automobil GmbH
Handwerkstraße 15, 70565 Stuttgart
www.dekra.com
Tel.: (07 11) 78 61 39 00
Die akkreditierten DEKRA Prüflabors bieten das komplette Spektrum für Werkstofftechnik und Schadensanalytik; mit eigener technischen Ausstattung übernehmen sie direkt am Schadensort alle erforderlichen Probenahmen, Materialprüfungen im Labor inklusive eigener Probefertigung, Auswertung und Gutachten

Deutsche FOAMGLAS GmbH
Itterpark 1, 40724 Hilden
www.foamglas.de
Tel.: (0 21 03) 24 95 721
Wärmedämmung für die gesamte Gebäudehülle

Driesen + Kern GmbH
Am Hasselt 25, 24576 Bad Bramstedt
www.driesen-kern.de
Tel.: (0 41 92) 81 70 0
Fax: (0 41 92) 81 70 99
Sensoren, Messwertgeber, Handmessgeräte und Datenlogger für Feuchte, Temperatur, Luftgeschwindigkeit, Luftdruck (barometrisch und Differenz), Staubpartikel und CO_2 sowie Lichtstärke, Rissbewegung und DMS-Brücken

Dywidag-Systems International GmbH
Bereich Gerätetechnik, Germanenstraße 8, 86343 Königsbrunn
www.dsi-equipment.com
Tel.: (0 82 31) 96 07 0
Fax: (0 82 31) 96 07 70
Spezialprüfgeräte für das Bauwesen, Bewehrungssuchgerät, Betonprüfhammer, Haftzugprüfgerät, Potentialfeldmessgerät u. a.

EIPOS GmbH/EIPOSCERT GmbH
Freiberger Straße 37, 01607 Dresden
www.eipos.de www.eiposcert.de
Tel.: (03 51) 404 70 442
Tel.: (03 51) 404 70 460
Fax: (03 51) 404 70 490
Berufsbegleitende Weiterbildung – Brandschutz, Bauwesen, Immobilienwirtschaft/DAkkS-akkreditierte Zertifizierungsstelle – Prüfungsverfahren zum Zertifizierten Sachverständigen nach DIN EN ISO/IEC 17024

Entsorgungsgesellschaft Rhein-Wied mbH
An der Commende 5-7, 56588 Waldbreitbach
www.erw-entsorgung.de
Tel.: (0 26 38) 2 01 40 30
Fax: (0 26 38) 2 01 40 37
Mitglied im BBW, siehe Bundesverband der Brand- und Wasserschadenbeseitiger e. V.

Ernst & Sohn Verlag für Architektur und technische Wissenschaften GmbH & Co. KG
Rotherstraße 21, 10245 Berlin
www.ernst-und-sohn.de
Tel.: (0 30) 47 03 12 00
Fax: (0 30) 47 03 12 70
Fachbücher und Fachzeitschriften für Bauingenieure

Frankenne GmbH
An der Schurzelter Brücke 13, 52074 Aachen
www.frankenne.de
Tel.: (02 41) 30 13 01
Fax: (02 41) 30 13 03 0
Vermessungsgeräte, Messung von Maßtoleranzen, Zubehör für Aufmaße, Rissmaßstäbe, Bürobedarf, Zeichen- und Grafikmaterial

Fraunhofer-Informationszentrum Raum und Bau IRB
Nobelstraße 12, 70569 Stuttgart
www.irb.fraunhofer.de
Tel.: (07 11) 9 70 25 00
Fax: (07 11) 9 70 25 08
Literaturservice, Fachbücher, Fachzeitschriften, Datenbanken, elektronische Medien zu Baufachliteratur, SCHADIS® Volltext-Datenbank zu Bauschäden

GTÜ
Gesellschaft für Technische Überwachung mbH
Vor dem Lauch 25, 70567 Stuttgart
www.gtue.de
Tel.: (07 11) 9 76 76 600
Fax: (07 11) 9 76 76 605
Schadengutachten, Baubegleitende Qualitätsüberwachung

hf sensor GmbH
Weißenfelser Straße 67, 04229 Leipzig
www.hf-sensor.de
Tel.: (03 41) 49 72 60
Fax: (03 41) 49 72 62 2
Entwicklung, Herstellung und Verkauf von zerstörungsfreier und versalzungsunabhängiger Mikrowellen-Feuchtemesstechnik zur Analyse von Feuchte-schäden in Bauwerken und auf Flachdächern. WAM 100: Wasseraufnahmegerät zur Ermittlung des w-Wertes an Wänden und Fassaden

Hottgenroth Software GmbH & Co. KG
Von-Hünefeld-Straße 3, 50829 Köln
www.hottgenroth.de
Tel.: (02 21) 70 99 33 40
Fax: (02 21) 70 99 33 44
Software für energetische Planung und Bewertung von Gebäuden, Simulation, kaufmännische Software, digitale Raumerfassung, CAD und Internetservice

ICOPAL GmbH
Capeller Str. 150, 59368 Werne
www.icopal.de
Tel.: (0 23 89) 79 70 0
Fax: (0 23 89) 79 70 61 20
Hersteller von Produkten und Systemen für das Flachdach, für die Bauwerksabdichtung und für Detailabdichtungen aus Elastomerbitumen, Kunststoffen und Flüssigkunststoff auf Basis PMMA

ILD Deutschland GmbH
Am Steinbuckel 1, 63768 Hösbach
www.ild-group.com
Tel.: (0 60 21) 59 95 14
Fax: (0 60 21) 59 95 55
Leckortung und Dichtigkeitsprüfungen auf Abdichtungsbahnen (Flachdächer), Leckortungssysteme für Flachdächer

Ingenieurkammer-Bau NRW (IK-Bau NRW)
Körperschaft des öffentlichen Rechts
Zollhof 2, 40221 Düsseldorf
www.ikbaunrw.de
Tel.: (02 11) 13 06 70
Fax: (02 11) 13 06 71 50
Berufsständische Selbstverwaltung und Interessenvertretung der im Bauwesen tätigen Ingenieurinnen und Ingenieure in Nordrhein-Westfalen

Institut für Sachverständigenwesen e. V. (IfS)
Hohenstaufenring 48-54, 50674 Köln
www.ifsforum.de
Tel.: (02 21) 91 27 71 12
Fax: (02 21) 91 27 71 99
Aus- und Weiterbildung, Literatur und aktuelle Informationen für Sachverständige

ISOTEC GmbH
Cliev 21, 51515 Kürten-Herweg
www.isotec.de
Tel.: (08 00) 1 12 11 29
Fax: (0 22 07) 8 47 65 11
Bereits seit über 25 Jahren ist die ISOTEC-Gruppe spezialisiert auf die Sanierung von Feuchte- und Schimmelpilzschäden an Gebäuden

JatiProducts
Merklinghauser Straße 8, 59969 Hallenberg
www.jatiproducts.de
Tel.: (0 29 84) 93 49 30
Fax: (0 29 84) 93 49 32 9
Entwicklung, Herstellung und Vertrieb von Biozid-Produkten auf Basis von Aktivsauerstoff und Fruchtsäuren zur Bekämpfung von Schimmelpilzen, Sporen, Bakterien und Biofilmen in Innenräumen

KERN ingenieurkonzepte
Hagelberger Straße 17, 10965 Berlin
www.bauphysik-software.de
Tel.: (0 30) 78 95 67 80
Fax: (0 30) 78 95 67 81
DÄMMWERK Bauphysik- und EnEV-Software, Software für Architekten und Ingenieure

KEVOX®
Universitätsstraße 60, 44789 Bochum
www.kevox.de
Tel.: (02 34) 60 60 99 90
Smart dokumentieren mit System: Dokumentation vor Ort, effizientes Mängelmanagement, Berichte und Gefährdungsbeurteilungen erstellen

Lobbe Entsorgung West GmbH & Co. KG
Tiegelstraße 6-10, 58093 Hagen
www.lobbe.de
Tel.: (0 23 31) 78 88 0
Fax: (0 23 31) 78 88 289
Fallrohrsanierung / Kanalsanierung, Rohrreinigung, Kanal-TV, Dichtheitsprüfung, 24-h-Havariemanagement, Ölwehr, Ölspurbeseitigung, Entsorgung, Industrieservice

MBS Maier Brand & Wasser Schadenmanagement GmbH
Carl-Benz-Straße 1-5, 82266 Inning
www.mbs-service.de
Tel.: (0 81 43) 44 77 0
Fax: (0 81 43) 44 77 60 1
Brand- und Wasserschaden, Leckortung, Bautrocknung/-beheizung, Messtechnik, Renovierung, Bauwerksabdichtung, Verkauf

MIGUA Fugensysteme GmbH
Dieselstraße 20, 42489 Wülfrath
www.Migua.com
Tel.: (0 20 58) 77 40
Fax: (0 20 58) 77 448
Fugenprofilsysteme aller Art, Bewegungsfugenbänder, Fugenlösungen. Schwerlastprofile, Industriebodenprofile, wasserdichte Profilsysteme, Sonderausführungen

OVER DACH GmbH
Ottostraße 6, 50170 Kerpen
www.over-dach.com
Tel.: (0 22 73) 98 53 0
Fax: (0 22 73) 98 53 33
Partner für Sachverständige und das Baugewerbe in der praktischen Abwicklung von Bauablaufstörungen, Bauvertragskündigungen und streitbefangenen Objekten. Experte für Dach- und Fassadentechnik.

PCI Augsburg GmbH
Piccardstraße 11, 86159 Augsburg
www.pci-augsburg.de
Tel.: (08 21) 59 01 0
Fax: (08 21) 59 01 37 2
Geprüfte Produkte und Systemlösungen für die normgerechte Abdichtung erdberührter Bauteile. Universelle, sehr emissionsarme Verlegesysteme für Fliesen und Naturwerkstein, für Betoninstandsetzung, Tiefbau und Schachtsanierung, sowie Garten- und Landschaftsbau

Pöppinghaus & Wenner Trocknungs-Service GmbH
Daimlerstraße 32-34, 50170 Kerpen
www.poeppinghaus-wenner.de
Tel.: (0 22 73) 5 30 24
Fax: (0 22 73) 5 79 79
Mitglied im BBW, siehe Bundesverband der Brand- und Wasserschadenbeseitiger e. V.

PROCERAM GmbH & Co. KG
Tiefenbroicher Weg 35, 40472 Düsseldorf
www.cerabran.com
Tel.: (02 11) 24 79 25 0
Fax: (02 11) 24 79 25 22
Produzent funktioneller Gebäudefarben, Grundierungen und System-Hersteller innovativer Wärmedämmputz- und Brandschutzputz-Systeme. Vertrieb unter CERABRAN® Systembaustoffe

Ralf Liesner Bautrocknung GmbH & Co. KG
Kampstraße 2, 46359 Heiden
www.bautrocknung-nrw.de
Tel.: (0 28 67) 90 82 10 0
Fax: (0 28 67) 90 82 10 19
Mitglied im BBW, siehe Bundesverband der Brand- und Wasserschadenbeseitiger e. V.

RecoSan GmbH
Nordring 28, 47495 Rheinberg
www.reco-san.de
Tel.: (0 28 43) 90 82 00
Fax: (0 28 43) 90 82 01 5
Brand- und Wasserschadensanierung, Schimmelsanierung, Trocknungsservice

Remmers GmbH
Bernhard-Remmers-Straße 13, 49624 Löningen
www.remmers.de
Tel.: (0 54 32) 8 30
Fax: (0 54 32) 39 85
Systeme zur Bauwerksabdichtung und Mauerwerkssanierung, Fassadeninstandsetzung, Schimmelsanierung, Energetische Gebäudesanierung

REVOPUR GmbH
Wörthstraße 9, 97318 Kitzingen
www.revopur.de
Tel.: (0 93 21) 927 164 0
Fax: (0 93 21) 927 164 99
Flüssigkunststoffabdichtungen – schnell, geruchsneutral und ökologisch

Roeder Mess-System-Technik
Textilstraße 2/Eingang G, 41751 Viersen
www.roeder-mst.de
Tel.: (0 21 62) 50 12 48 0
Fax: (0 21 62) 50 12 48 4
Messgeräte und Systemlösungen für Industrie, Handwerk und Dienstleister

Saint-Gobain Weber GmbH
Schanzenstraße 84, 40549 Düsseldorf
www.de.weber
Tel.: (02 11) 91 36 90
Fax: (02 11) 91 36 93 09
Baustoffhersteller in den Segmenten Putz- und Fassadensysteme, Boden- und Fliesensysteme sowie Bautenschutz- und Mörtelsysteme

Sanierungsservice Küpper GmbH
Mercatorstraße 40, 21502 Geesthacht/Hamburg
www.sanierungsservice.de
Tel.: (0 41 52) 88 516 0
Fax: (0 41 52) 88 516 99
Mitglied im BBW, siehe Bundesverband der Brand- und Wasserschadenbeseitiger e. V.

san-tax Gesamtschadensanierung GREV GmbH
Lindenstraße 65, 41515 Grevenbroich
www.san-tax.de
Tel.: (0 21 81) 23 88 0
Fax: (0 21 81) 23 88 10
Mitglied im BBW, siehe Bundesverband der Brand- und Wasserschadenbeseitiger e. V.

Santeq GmbH
Nürnberger Straße 43, 91244 Reichenschwand
www.santeq.de
Tel.: (09 11) 13 13 34 0
Fax: (09 11) 13 13 34 99
Mitglied im BBW, siehe Bundesverband der Brand- und Wasserschadenbeseitiger e. V.

Saugnac Messgeräte
Hirschstraße 26, 70173 Stuttgart
www.saugnac-messgeraete.de
Tel.: (07 11) 66 49 85 3
Fax: (07 11) 66 49 84 0
Messgeräte zur langfristigen Erfassung und Dokumentation von Rissbewegungen und anderen Verformungen an Gebäuden und Bauwerken

Scanntronik Mugrauer GmbH
Parkstraße 38, 85604 Zorneding
www.scanntronik.de
Tel.: (0 81 06) 2 25 70
Fax: (0 81 06) 2 90 80
Datenlogger für Klima, Temperatur, Luft- und Materialfeuchte, Rissbewegungen, Spannung, Strom, Datenfernübertragung u. v. m.

Sita Bauelemente GmbH
Ferdinand-Braun-Straße 1, 33378 Rheda-Wiedenbrück
www.sita-bauelemente.de
Tel.: (0 25 22) 83 400
Fax: (0 25 22) 83 40 100
Hersteller von Entwässerungssystemen, Lüftung und Rohrdurchführungen flacher Dächer

Sopro Bauchemie GmbH
Biebricher Straße 74, 65203 Wiesbaden
www.sopro.com
Tel.: (06 11) 17 07 0
Fax: (06 11) 17 07 25 0
Innovative Produkte und Produktsysteme für die Gewerke Fliesen- und Natursteinverlegung, Estricharbeiten, Putz- und Spachtelarbeiten, Abdichtungsarbeiten, Tiefbau und Schachtsanierung, Vergussmörtel, Betoninstandsetzung sowie Garten- und Landschaftsbau

Speidel System Trocknung GmbH
Opitzstraße 10, 40470 Düsseldorf
www.trocknung.com
Tel.: (0 800) 400 0800
Fax: (02 11) 58 58 87 78
Mitglied im BBW, siehe Bundesverband der Brand- und Wasserschadenbeseitiger e. V.

Spontan Grahl GmbH
Glockengasse 5, 47608 Geldern
www.Spontan-Grahl.de
Tel.: (0 28 31) 1 34 82 50
Fax: (0 28 31) 1 34 82 51
Mitglied im BBW, siehe Bundesverband der Brand- und Wasserschadenbeseitiger e. V.

Springer Vieweg
Springer Fachmedien Wiesbaden GmbH
Abraham-Lincoln-Straße 46, 65189 Wiesbaden
www.springer.com/springer+vieweg
Tel.: (06 11) 78 78 0
Fax: (06 11) 78 78 78 20 4
Verlag für Bauwesen, Konstruktiver Ingenieurbau, Baubetrieb und Baurecht

Sprint Sanierung GmbH
Düsseldorfer Straße 334, 51061 Köln
www.sprint.de
Tel.: (02 21) 96 68 30 0
Fax: (02 21) 96 68 10 0
Bundesweit schnelle Hilfe nach Brand-, Wasser-, und Unwetterschäden, Leckageortung, Trocknung, Schimmelbeseitgung, Wiederherstellung, Beseitigung von Einbruch- und Vandalismusspuren

STO SE & Co. KGaA
Ehrenbachstraße 1, 79780 Stühlingen
www.sto.de
Tel.: (0 77 44) 57 10 10
Fax: (0 77 44) 57 20 10
Fassadensysteme, Fassaden- und Innenbeschichtungen, Lasuren, Lacke, Werkzeuge

SV-Artikel – Jens Kestler
Am Seewasen 22, 97359 Schwarzach
www.sv-artikel.de
Tel.: (0 93 24) 980 45 49
Fax: (0 93 24) 980 45 47
Messgeräte und Zubehör für Sachverständige, Software, Bildbearbeitung, Gutachten-Manager und Seminare für Sachverständige; Nachfolger von Rolf H. Steffens

svt Brandsanierung GmbH
Xantener Straße 14, 45479 Mülheim a. d. R.
www.Sanierung.svt.de
Tel.: (02 08) 694 071 10
Fax: (02 08) 694 071 11
Ihr zuverlässiger Partner für Brand-, Wasser-, Schimmel- und Elementarschadensanierung

Texplor Exploration & Environmental Technology GmbH
Am Bürohochhaus 2-4, 14478 Potsdam
www.texplor.com
Tel.: (03 31) 70 44 00
Fax: (03 31) 70 44 02 4
Zerstörungsfreie Untersuchung von Feuchteschäden/Bauwerksabdichtungen im Spezial-, Hoch- und Tiefbau

Triflex GmbH & Co. KG
Karlstraße 59, 32423 Minden
www.triflex.de
Tel.: (05 71) 38 78 00
Fax: (05 71) 38 78 07 38
Hersteller von Abdichtungen und Beschichtungen auf Basis von Flüssigkunststoff für die Bereiche Balkone, Dächer, Parkhäuser und zur Bauwerksabdichtung

Trotec GmbH & Co. KG
Grebbener Straße 7, 52525 Heinsberg
www.trotec.de
Tel.: (0 24 52) 96 24 00
Fax: (0 24 52) 96 22 00
Messgeräte zur Feuchte-, Temperatur- und Klimamessung, Thermografie, Bauwerksdiagnostik, Leckageortung

URETEK Deutschland GmbH
Weseler Straße 110, 45478 Mülheim an der Ruhr
www.uretek.de
Tel.: (02 08) 37 73 25 0
Fax: (02 08) 37 73 25 10
Tragfähigkeitserhöhung und Anhebung von Betonböden und Fundamenten mittels Injektion von Expansionsharzen

Verlagsgesellschaft Rudolf Müller GmbH & Co. KG
Stolberger Straße 84, 50933 Köln
www.baufachmedien.de www.rudolf-mueller.de
Tel.: (02 21) 54 97 0
Fax: (02 21) 54 97 32 6
Baufachinformationen, Technische Baubestimmungen, Normen, Richtlinien

WEBAC-Chemie GmbH
Fahrenberg 22, 22885 Barsbüttel
www.webac.de
Tel.: (040) 670 57 0
Fax: (040) 670 32 27
Dauerhaft solide und wasserstoppende bauchemische Produkte und Systeme für die Abdichtung, Instandsetzung und Ertüchtigung von Mauerwerk und Beton

Wöhler Technik GmbH
Wöhler-Platz 1, 33181 Bad Wünnenberg
www.woehler.de
Tel.: (0 29 53) 7 31 00
Fax: (0 29 53) 7 39 61 00
Blower-Check, Messgeräte für Feuchte, Wärme, Schall, Thermografie, Gebäudeluftdichtheit und Videoinspektion

WOLFIN Bautechnik GmbH
Am Rosengarten 5, 63607 Wächtersbach-Neudorf
www.wolfin.de
Tel.: (0 60 53) 70 80
Fax: (0 60 53) 70 81 30
Lösungen und Systeme für Flachdach- und Bauwerksabdichtungen mit qualitativ hochwertigen Kunststoff-Dach- und -Dichtungsbahnen

Xella Deutschland GmbH
Düsseldorfer Landstraße 395, 47259 Duisburg
www.multipor.de
Tel.: (0 94 35) 393 0
Fax: (0 94 35) 94 79
Mineralische Dämmsysteme: Innendämmung WI, Deckendämmung DI, Dachdämmung DAA/DAD und Wärmedämm-Verbundsystem WAP

Zentrum für Mykologie Köln
Horbeller Straße 18-20, 50858 Köln
www.mykologie-koeln.de
Tel.: (02 21) 940 505 505
Fax: (02 21) 940 505 504
Umfangreiches Leistungsspektrum DAkkS-akkreditierter und kosteneffizienter Analysen von Schimmel, holzzerstörenden Pilzen und Bakterien in den Bereichen Bau, Trinkwasser, RLT-Anlagen und Hygiene. Probenahmen, Sanierkontrollen, Geräteverleih, leistungsfähige Laborlogistik und Fortbildungen, ärztliche Expertise

Dr.-Ing. Michael Zinnmann
Völklinger Weg 15, 60529 Frankfurt
http://www.fachwissen-abt.de
Tel.: (0 69) 35 35 29 85
Fax: (0 69) 35 35 29 86
Vertrieb der Tagungsbände der Aachener Bausachverständigentage auf CD, Projektrealisierung, Softwareentwicklung

Register 2009–2019

Rahmenthemen   Seite 323
Autoren   Seite 325
Vorträge   Seite 328
Stichwortverzeichnis Seite 345

Rahmenthemen der Aachener Bausachverständigentage

1975	Dächer, Terrassen, Balkone
1976	Außenwände und Öffnungsanschlüsse
1977	Keller, Dränagen
1978	Innenbauteile
1979	Dach und Flachdach
1980	Probleme beim erhöhten Wärmeschutz von Außenwänden
1981	Nachbesserung von Bauschäden
1982	Bauschadensverhütung unter Anwendung neuer Regelwerke
1983	Feuchtigkeitsschutz und -schäden an Außenwänden und erdberührten Bauteilen
1984	Wärme- und Feuchtigkeitsschutz von Dach und Wand
1985	Rißbildung und andere Zerstörungen der Bauteiloberfläche
1986	Genutzte Dächer und Terrassen
1987	Leichte Dächer und Fassaden
1988	Problemstellungen im Gebäudeinneren – Wärme, Feuchte, Schall
1989	Mauerwerkswände und Putz
1990	Erdberührte Bauteile und Gründungen
1991	Fugen und Risse in Dach und Wand

© Springer Fachmedien Wiesbaden GmbH, ein Teil von Springer Nature 2020
M. Oswald und M. Zöller (Hrsg.), *Aachener Bausachverständigentage 2019*,
https://doi.org/10.1007/978-3-658-27446-7

1992	Wärmeschutz – Wärmebrücken – Schimmelpilz
1993	Belüftete und unbelüftete Konstruktionen bei Dach und Wand
1994	Neubauprobleme – Feuchtigkeit und Wärmeschutz
1995	Öffnungen in Dach und Wand
1996	Instandsetzung und Modernisierung
1997	Flache und geneigte Dächer. Neue Regelwerke und Erfahrungen
1998	Außenwandkonstruktionen
1999	Neue Entwicklungen in der Abdichtungstechnik
2000	Grenzen der Energieeinsparung – Probleme im Gebäudeinneren
2001	Nachbesserung, Instandsetzung und Modernisierung
2002	Decken und Wände aus Beton – Baupraktische Probleme und Bewertungsfragen
2003	Leckstellen in Bauteilen – Wärme – Feuchte – Luft – Schall
2004	Risse und Fugen in Wand und Boden
2005	Flachdächer – Neue Regelwerke – Neue Probleme
2006	Außenwände: Moderne Bauweisen – Neue Bewertungsprobleme
2007	Bauwerksabdichtungen: Feuchteprobleme im Keller und Gebäudeinneren
2008	Bauteilalterung – Bauteilschädigung – Typische Schädigungsprozesse und Schutzmaßnahmen
2009	Dauerstreitpunkte – Beurteilungsprobleme bei Dach, Wand und Keller
2010	Konfliktfeld Innenbauteile
2011	Flache Dächer: nicht genutzt, begangen, befahren, bepflanzt
2012	Gebäude und Gelände – Problemfeld Gebäudesockel und Außenanlagen
2013	Bauen und Beurteilen im Bestand
2014	Qualitätsklassen im Hochbau: Standard oder Spitzenqualität?
2015	Außenwände und Fenster
2016	Praktische Bewährung neuer Bauweisen – ein (un-)lösbarer Widerspruch?
2017	Bauwerks-, Dach- und Innenabdichtung: Alles geregelt?
2018	Fehlerfrei und doch mangelhaft: Hinzunehmende Unregelmäßigkeiten, hinnehmbare oder zu beseitigende Mängel
2019	Haftungsfalle Europa – Handelbarkeit versus Verwendbarkeit
Verlage:	bis 1978 Forum-Verlage, Stuttgart
	ab 1979 Bauverlag, Wiesbaden/Berlin
	ab 2001 Friedrich Vieweg & Sohn Verlagsgesellschaft mbH, Wiesbaden
	ab 2008 Vieweg + Teubner Verlag/GWV Fachverlage GmbH, Wiesbaden
	ab 2012 Springer Vieweg/Springer Fachmedien Wiesbaden GmbH

Autoren der Aachener Bausachverständigentage

(die fettgedruckte Ziffer kennzeichnet das Jahr; die zweite Ziffer die erste Seite des Aufsatzes)

Abert, Bertram, **10**/28
Albrecht, Wolfgang, **09**/58; **13**/122
Anders, Christian, **17**/27

Becker, Norbert, **12**/112
Beyen, Kai, **14**/140
Bleutge, Katharina, **13**/16
Boldt, Antje, **17**/1
Borsch-Laaks, Robert, **09**/119; **10**/35; **12**/50
Bosseler, Bert, **12**/137; **17**/49
Brüggemann, Thomas, **17**/49
Buecher, Bodo, **13**/105

Cosler, Markus, **19**/27

Deitschun, Frank, **12**/107
Dupp, Alexander, **15**/147

Ebeling, Karsten, **09**/69; **14**/84; **17**/121
Eckrich, Wolfgang, **16**/79
Ertl, Ralf, **18**/59

Fath, Friedrich, **19**/227
Feist, Wolfgang, **09**/41
Fischer, Erik, **17**/166
Flohrer, C., **11**/75
Fouad, Nabil A., **12**/92

Götz, Jürgen, **12**/71
Graubner, Carl-Alexander, **14**/39

Günter, Martin, **17**/142

Halstenberg, Michael, **16**/105
Harazin, Holger, **13**/56
Hartmann, Thomas, **14**/121; **19**/249
Hegger, Thomas, **11**/50
Heide, Michael, **10**/103
Heinrich, Gabriele, **09**/142
Held, Ludwig, **18**/85
Hemme, Bettina, **19**/89
Henseleit, Rainer, **17**/23
Herold, Christian, **11**/99; **14**/66; **16**/135; **17**/70; **17**/90
Herzberg, Heinz-Christian, **15**/119
Hirschberg, Rainer, **13**/135
Hoch, Eberhard, **11**/67
Holm, Andreas, **15**/109
Honsinger, Detlef J., **15**/123
Horstmann, Michael, **17**/96

Irle, Achim, **10**/139

Jäger, Wolfram, **13**/87
Jann, Oliver, **19**/65
Jansen, Günther, **13**/1

Käser, Reimund, **13**/145
Karg, Gerhard, **12**/63
Kehl, Daniel, **15**/101; **19**/169
Kempen, Thomas, **19**/109
Keppeler, Stephan, **10**/62

Keskari-Angersbach, Jutta, **10**/83; **18**/114
Klingelhöfer, Gerhard, **10**/70; **15**/131; **17**/58; **19**/125
Kniffka, Rolf, **14**/1
Kodim, Corinna, **14**/114
König, Norbert, **13**/43
Köpcke, Ulf, **18**/20
Kohls, Arno, **17**/33
Kotthof, Ingolf, **13**/108
Krajewski, Wolfgang, **17**/41
Krause, Hans-Jürgen, **17**/96
Krug, Reiner, **18**/106
Krupka, Bernd W., **11**/84

Lange, Michael, **15**/51
Liebert, Géraldine, **10**/50; **12**/126; **15**/20; **16**/1; **17**/6; **18**/1; **19**/1
Liebheit, Uwe, **09**/10; **09**/148; **11**/1; **12**/1; **14**/10; **15**/01

Maas, Anton, **13**/8; **14**/49
Mantscheff, Heide, **19**/213
Meiendresch, Uwe, **10**/1
Meyer, Günter, **10**/93
Meyer, Udo, **10**/100
Meyer-Ricks, Wolf D., **12**/23
Michels, Kurt, **11**/32; **11**/108
Mohrmann, Martin, **16**/50; **18**/97; **19**/169
Moriske, Heinz-Jörn, **10**/12; **12**/117; **14**/127; **15**/37; **16**/144; **17**/154; **19**/219

Neubrand, Harold, **16**/161
Niepmann, Hans-Ulrich, **09**/136
Nitzsche, Frank, **09**/159

Oswald, Martin, **11**/41; **12**/81; **16**/21; **18**/192

Oswald, Rainer, **09**/1; **09**/133; **09**/172; **10**/89; **11**/91; **11**/146; **12**/30; **12**/104; **13**/101; **13**/128; **14**/100

Patitz, Gabriele, **13**/73
Pohl, Sebastian, **14**/39
Pohlenz, Rainer, **09**/35; **10**/119; **14**/27; **16**/86
Pruß, Rainer, **15**/89

Raupach, Michael, **17**/106; **19**/143
Resch, Michael K., **17**/160
Richardson, Nicole, **19**/185
Rossa, Michael, **14**/145
Ruhnau, Ralf, **18**/119
Rühle, Josef, **11**/59; **14**/59

Scheller, Eckehard, **19**/115
Scherer, Christian, **13**/115
Schmidbauer, Willi, **18**/173
Schulze-Hagen, Alfons, **10**/07
Schürger, Uwe, **13**/64
Seibel, Mark, **14**/107; **16**/99
Sommer, Hans-Peter, **11**/95
Sommer, Mario, **14**/76; **16**/31; **19**/237
Sous, Silke, **10**/50; **12**/81; **16**/149; **18**/210
Spilker, Ralf, **10**/19; **18**/70
Spitzner, Martin H., **11**/132
Stürmer, Sylvia, **16**/41
Szewzyk, Regine, **12**/117

Tanner, Christoph, **13**/33
Teibinger, Martin, **19**/169
Thees, Erik, **18**/161
Treeck, Christoph van, **17**/166

Ulonska, Dietmar, **12**/144
Ulrich, Jürgen, **18**/142

Urbanek, Dirk H., **15**/64

Vater, Ernst-Joachim, **11**/112
Vogel, Klaus, **16**/149
Volland, Johannes, **15**/139

Walther, Wilfried, **13**/51
Warkus, Jürgen, **16**/61; **17**/130
Warscheid, Thomas, **16**/71; **18**/210; **19**/195
Weißert, Markus, **12**/35
Wigger, Heinrich, **15**/80

Wilmes, Klaus, **11**/120
Winter, Stefan, **09**/109

Zander, Joachim, **17**/166
Ziegler, Martin, **09**/95
Ziegler, Thomas, **19**/75
Zöller, Matthias, **09**/84; **10**/132; **11**/21; **11**/120; **12**/17; **13**/25; **13**/142; **14**/37; **14**/133; **15**/40; **15**/114; **16**/94; **16**/116; **17**/111; **18**/41; **18**/127; **18**/133; **18**/203; **19**/35; **19**/157

Die Vorträge der Aachener Bausachverständigentage, geordnet nach Jahrgängen, Referenten und Themen

(die fettgedruckte Ziffer kennzeichnet das Jahr; die zweite Ziffer die erste Seite des Aufsatzes)

09/1
Oswald, Rainer
Die Ursachen des Dauerstreits über Baumängel und Bauschäden
Ein Rückblick auf Dauerstreitpunkte aus 35 Jahren Aachener Bausachverständigentage

09/10
Liebheit, Uwe
Sind Rechtsfragen für Sachverständige tabu?
Zur Aufgabenabgrenzung zwischen Richtern und Sachverständigen

09/35
Pohlenz, Rainer
DIN-gerecht = mangelhaft?
Zur werkvertraglichen Bedeutung nationaler und europäischer Regelwerke im Schallschutz

09/51
Feist, Wolfgang
Wie viel Dämmung ist genug?
Wann sind Wärmebrücken Mängel?

09/58
Albrecht, Wolfgang
Ist der Dämmstoffmarkt noch überschaubar?
Erfahrungen und Probleme mit neuen Dämmstoffen

09/69
Ebeling, Karsten
Ist Bauwerksabdichtung noch nötig?
Zu den Leistungsgrenzen von WU-Betonbauteilen und Kombinationsbauweisen

09/84
Zöller, Matthias
Bahnenförmig oder flüssig, mehrlagig oder einlagig, mit oder ohne Gefälle?
Zur Theorie und Praxis von Bauwerksabdichtungen

09/95
Ziegler, Martin
Hydraulischer Grundbruch bei tiefen Baugruben

09/109
Winter, Stefan
Ist Belüftung noch aktuell?
Zur Zuverlässigkeit unbelüfteter Wand- und Dachkonstruktionen

09/119
Borsch-Laaks, Robert
Wie undicht ist dicht genug?
Zur Zuverlässigkeit von Fehlstellen in
Luftdichtheitsschichten und Dampfsperren

09/133
Oswald, Rainer
Wie ungenau ist genau genug?
Zum Detaillierungsgrad von Baubeschreibungen…Einleitung:…aus der
Sicht des Bausachverständigen

09/136
Niepmann, Hans-Ulrich
Wie ungenau ist genau genug?
Zum Detailliertheitsgrad von Baubeschreibungen…1. Beitrag:…aus der
Sicht der Bauträger

09/142
Heinrich, Gabriele
Wie ungenau ist genau genug?
Zum Detailliertheitsgrad von Baubeschreibungen…2. Beitrag:…aus
Sicht der Verbraucher

09/148
Liebheit, Uwe
Wie ungenau ist genau genug?
Zum Detailliertheitsgrad von Baubeschreibungen…3. Beitrag:…aus der
Sicht des Juristen

09/159
Nitzsche, Frank
Wie viel Untersuchungsaufwand muss
sein und wer legt ihn fest? – Zur Gutachtenpraxis des Bausachverständigen

09/172
Oswald, Rainer
Wie viel Abweichung ist zumutbar?
Zum Diskussionsstand über hinzunehmende Unregelmäßigkeiten

10/1
Meiendresch, Uwe
Abschied vom Bauprozess?
Helfen Schiedsgerichte, Schlichter
oder Mediation?

10/07
Schulze-Hagen, Alfons
Neuerungen im Gewährleistungsrecht:
Auswirkungen auf die Begutachtung
von Mängeln

10/12
Moriske, Heinz-Jörn
Schadstoffe im Gebäudeinnern – Chancen und Gefahren einer Zertifizierung

10/19
Spilker, Ralf
Wichtige Neuerungen in bautechnischen Regelwerken – ein Überblick

10/28
Abert, Bertram
Was nützen Schnellestriche und Faserbewehrungen?

10/35
Borsch-Laaks, Robert
Zur Schadensanfälligkeit von Innendämmungen
Bauphysik und praxisnahe Berechnungsmethoden

10/50
Liebert, Géraldine/Sous, Silke
Baupraktische Detaillösungen für Innendämmungen bei hohem Wärmeschutzniveau

10/62
Keppeler, Stephan
Innendämmungen mit einem kapillaraktiven Dämmstoff, Praxiserfahrungen

10/70
Klingelhöfer, Gerhard
Verbundabdichtungen in Nassräumen – Regelwerkstand 2010
Erfahrungen mit bahnenförmigen Verbundabdichtungen und Entkopplungsbahnen

10/83
Keskari-Angersbach, Jutta
Dünnlagenputze, Tapeten, Beschichtungen: Typische Beurteilungsprobleme und Rissüberbrückungseigenschaften

10/89
Oswald, Rainer
Sind Rissbildungen im modernen Mauerwerksbau vermeidbar?
Einleitung: Die Zulässigkeit von Rissen im Hochbau

10/93
Meyer, Günter
Sind Rissbildungen im modernen Mauerwerksbau vermeidbar?
1. Beitrag: Verhalten von großformatigem Mauerwerk aus bindemittelgebundenen Baustoffen

10/100
Meyer, Udo
Sind Rissbildungen im modernen Mauerwerksbau vermeidbar?
2. Beitrag: Risssicherheit bei Ziegelmauerwerk

10/103
Heide, Michael
Sind Rissbildungen im modernen Mauerwerksbau vermeidbar?
3. Beitrag: Regeln für zulässige Rissbildungen im Innenbereich

10/119
Pohlenz, Rainer
Schallschutz von Treppen
Fehlerquellen und Instandsetzung

10/132
Zöller, Matthias
Sind Schäden bei Außentreppen vermeidbar?
Empfehlungen zur Abdichtung und Wasserführung

10/139
Irle, Achim
Streitpunkte bei Treppen

11/1
Liebheit, Uwe
Neue Entwicklungen im Baurecht – Konsequenzen für den Bausachverständigen

11/21
Zöller, Matthias
Planerische Voraussetzungen für Flachdächer mit hohen Zuverlässigkeitsanforderungen

11/32
Michels, Kurt
Sturm, Hagelschlag, Jahrhundertregen – Praxiskonsequenzen für Dachabdichtungs-Werkstoffe und Flachdachkonstruktionen

11/41
Oswald, Martin
Der Wärmeschutz bei Dachinstandsetzungen – Typische Anwendungen und Streitfälle bei der Erfüllung der EnEV

11/50
Hegger, Thomas
Brandverhalten Dächer

11/59
Rühle, Josef
Das abdichtungstechnische Schadenspotential von Photovoltaik- und Solaranlagen

11/67
Hoch, Eberhard
50 Jahre Flachdach – Bautechnik im Wandel der Zeit

11/75
Flohrer, Claus
Sind WU-Dächer anerkannte Regel der Technik?

11/84
Krupka, Bernd W.
Typische Fehlerquellen bei Extensivbegrünungen

11/91
Oswald, Rainer
Normen – Qualitätsgarant oder Hemmschuh der Bautechnik?
1. Beitrag: Nutzen und Gefahren der Normung aus der Sicht des Sachverständigen

11/95
Sommer, Hans-Peter
Normen – Qualitätsgarant oder Hemmschuh der Bautechnik?
2. Beitrag: Einheitliche Standards für alle Abdichtungsaufgaben – Zur Notwendigkeit einer übergreifenden Norm für Bauwerksabdichtungen

11/99
Herold, Christian
Normen – Qualitätsgarant oder Hemmschuh der Bautechnik?
3. Beitrag: Notwendigkeit und Vorteile einer Neugliederung der Abdichtungsnormen aus der Sicht des Deutschen Instituts für Bau-technik (DIBt)

11/108
Michels, Kurt
Normen – Qualitätsgarant oder Hemmschuh der Bautechnik?
4. Beitrag: Gemeinsame Abdichtungsregeln für nicht genutzte und genutzte Flachdächer – Vorteile und Probleme

11/112
Vater, Ernst-Joachim
Normen – Qualitätsgarant oder Hemmschuh der Bautechnik?
5. Beitrag: Zur Konzeption einer neuen Norm für die Abdichtung von Flächen des fahrenden und ruhenden Verkehrs

11/120
Wilmes, Klaus/Zöller, Matthias
Niveaugleiche Türschwellen – Praxiserfahrungen und Lösungsansätze

11/132
Spitzner, Martin H.
DIN Fachbericht 4108-8:2010-09 – Vermeiden von Schimmelwachstum in Wohngebäuden – Zielrichtung und Hintergründe

11/146
Oswald, Rainer
Sind Schimmelgutachten normierbar? Kritische Anmerkungen zum DIN-Fachbericht 4108-8:2010-09

12/1
Liebheit, Uwe
Verantwortlichkeiten der Planenden und Ausführenden im Sockelbereich

12/17
Zöller, Matthias
Die Wasserführung auf der Geländeoberfläche – typische Streitpunkte zur Wasserbelastung im Sockelbereich und an Eingängen

12/23
Meyer-Ricks, Wolf D.
Landschaftsgärtnerische Planungen im Sockelbereich – Regeln, Problempunkte

12/30
Oswald, Rainer
Sockel-, Querschnitts- und Fußpunktabdichtungen in der neuen DIN 18533

12/35
Weißert, Markus
Sockelausbildung bei Putz und Wärmedämm-Verbundsystemen (verputzte Außenwärmedämmung)

12/50
Borsch-Laaks, Robert
Sockelausbildung bei Holzbauweisen – Abdichtung, Diffusionsprobleme, Dauerhaftigkeit

12/63
Karg, Gerhard
Schädlingsbefall und Kleintiere im Sockelbereich

12/71
Götz, Jürgen
Zur Effektivität und Wirtschaftlichkeit bei Gründungen von nicht unterkellerten Gebäuden ohne Frostschürzen

12/81
Oswald, Martin/Sous, Silke
Zur realistischen Berücksichtigung des Erdreichs bei der Wärmeschutzberechnung: Randzonen und Wärmebrücken

12/92
Fouad, Nabil A.
Lastabtragende Wärmedämmschichten – Einsatzbereiche und Anwendungsgrenzen

12/104
Oswald, Rainer
Schimmelpilz und kein Ende – Schimmelpilzsanierung
1. Beitrag: Sachstand zum DIN-Fachbericht 4108-8

12/107
Deitschun, Frank
2. Beitrag: Sachstand zur BVS-Richtlinie

12/112
Becker, Norbert
3. Beitrag: Sachstand zum DHBV-Merkblatt/WTA-Merkblatt

12/117
Moriske, Heinz-Jörn/Szewzyk, Regine
4. Beitrag: Aktuelle Anforderungen des Umweltbundesamtes an die Sanierung und den Sanierer bei Schimmelpilzbefall

12/126
Liebert, Géraldine
Wichtige Neuerungen in Regelwerken – ein Überblick

12/137
Bosseler, Bert
Erfassung und Bewertung von Schäden an Hausanschluss- und Grundleitungen – Typi-sche Schadensbilder und -ursachen, Inspektionstechniken, Wechselwirkungen

12/144
Ulonska, Dietmar
Lagesicherheit von Belägen im Außenbereich

13/1
Jansen, Günther
Besondere Anforderungen und Risiken für den Planer beim Bauen im Bestand

13/8
Maas, Anton
Auswirkung der künftigen Energieeinsparverordnung auf das Bauen im Bestand

13/16
Bleutge, Katharina
Zerstörende Untersuchungen durch den Bausachverständigen – Resümee zu einem langjährigen Juristenstreit

13/25
Zöller, Matthias
Risiken bei der Bestandsbeurteilung: Zum notwendigen Umfang von Voruntersuchungen

13/33
Tanner, Christoph
Sachgerechte Anwendung der Bauthermografie: Wie Thermogrammbeurteilungen nachvollziehbar werden

13/43
König, Norbert
Messtechnische Bestimmung des U-Wertes vor Ort

13/51
Walther, Wilfried
Typische Fehlerquellen bei der Luftdichtheitsmessung

13/56
Harazin, Holger
Erfahrungen beim Umgang mit einem Messgerät auf Mikrowellenbasis zur Feuchtebestimmung am Baustoff Porenbeton

13/64
Schürger, Uwe
Feuchtemessung zur Beurteilung eines Schimmelpilzrisikos, Bewertung erhöhter Feuchtegehalte

13/73
Patitz, Gabriele
Ultraschall- und Radaruntersuchungen: Praktikable Methoden für den Bausachverständigen?

13/87
Jäger, Wolfram
Typische konstruktive Schwachstellen bei Aufstockung und Umnutzung

13/101
Oswald, Rainer
Das aktuelle Thema: Wärmedämm-Verbundsysteme (WDVS) in der Diskussion
1. Beitrag: Einleitung

13/105
Buecher, Bodo
2. Beitrag: Ist das Überputzen und Überdämmen von WDVS zulässig?

13/108
Kotthoff, Ingolf
3. Beitrag: WDVS aus Polystyrolpartikelschaum: Brandschutztechnisch problematisch? – Fragen und Antworten

13/115
Scherer, Christian
4. Beitrag: Mikrobieller Aufwuchs auf WDVS

13/121
Albrecht, Wolfgang
5. Beitrag: Sind WDVS Sondermüll? Flammschutzmittel, Rückbaubarkeit und Recyclingfreundlichkeit

13/128
Oswald, Martin
Die Restlebens- und Restnutzungsdauer als Entscheidungskriterium für Baumaßnahmen im Bestand

13/135
Hirschberg, Rainer
Modernisierung gebäudetechnischer Anlagen – Strategien und Probleme

13/135
Zöller, Matthias
Einleitung des Beitrags: „Energetisch modernisierte Gebäude ohne Lüftungs-system, ein Planungsfehler?"

13/145
Käser, Raimund
Energetisch modernisierte Gebäude ohne Lüftungssystem, ein Planungsfehler?

14/1
Kniffka, Rolf
Qualitäten am Bau – Übersicht zur Rechtsprechung

14/10
Liebheit, Uwe
Qualitäten am Bau: Vertragsauslegung durch den Richter – Beratung des Gerichts bei der Vertragsauslegung durch den Sachverständigen

14/27
Pohlenz, Rainer
VDI 4100 Schallschutz im Hochbau

14/37
Zöller, Matthias
Einleitung des Beitrags Massivhaus vs. Holzleichtbau

14/39
Graubner, Carl-Alexander; Pohl, Sebastian
Nachhaltigkeitsqualität von Wohngebäuden – Massivhaus vs. Holzleichtbau

14/49
Maas, Anton
Wärmeschutz und Energieeinsparung: Typische Streitpunkte und Beurteilungsprobleme zum geschuldeten Wärmeschutzstandard

14/59
Rühle, Josef
Praktische Erfahrungen mit den Anwendungskategorien K1 und K2 bei Flachdächern

14/66
Herold, Christian
Qualitätsstufen bei Parkdecks: Abdichtung oder Oberflächenschutz?

14/76
Sommer, Mario
Hoch beanspruchte Nassräume: alleiniger Schutz durch Verbundabdichtung angemessen?

14/84
Ebeling, Karsten
Qualitätsklassen bei Weißen Wannen – Gleichwertige Lösungen trotz verschiedener Abdichtungsstrategien

14/100
Das aktuelle Thema: Qualitätsanforderungen an die Trockenheit an Nebenräumen – was ist geschuldet?
Oswald, Rainer
1. Beitrag: Zur Entwicklung der Anforderungen an Nebenräume des Wohnungsbaus – Einleitende Vorbemerkungen

14/107
Seibel, Mark
2. Beitrag: Modernes Wohnen benötigt trockene Kellerräume

14/114
Kodim, Corinna
3. Beitrag: Bei Wohngebäuden im Bestand ist mit Feuchtigkeit im Keller zu rechnen

14/121
Hartmann, Thomas
4. Beitrag: Lüften und Heizen im Untergeschoss

14/127
Moriske, Heinz-Jörn
5. Beitrag: Handlungsempfehlung zur mikrobiologischen Beurteilung von Feuchteschäden in Fußböden und Nebenräumen

14/133
Zöller, Matthias
6. Beitrag: Feuchteschutztechnische Maßnahmen und deren Bewertung im Altbau

14/140
Beyen, Kai
Qualitätsklassen bei Wärmedämm-Verbundsystemen

14/145
Rossa, Michael
Qualitätsunterschiede bei Fenstern:
Welche Qualität ist geschuldet?

15/01
Liebheit, Uwe
Merkantiler Minderwert – auch nach einer Mängelbeseitigung?

15/20
Liebert, Géraldine
Wichtige Neuerungen in Regelwerken – ein Überblick

15/37
Moriske, Heinz-Jörn
Nutzungsabhängige Hygienestufen – neue Lösungsansätze zur Beurteilung von Schimmelschäden („Raumklassenkonzept" bei Schimmelbefall)

15/40
Zöller, Matthias
Die Zukunftsfähigkeit von Wärmedämmverbundsystemen

15/51
Lange, Michael
Wenn Fenster und Glasfassaden in die Jahre kommen

15/64
Urbanek, Dirk H.
Außen hui – Innen pfui?
Korrosionsschutz verdeckt liegender Fassadenteile, Bewährung hinterwässerter Fassaden, Fehlerquellen bei der Wasserführung

15/80
Wigger, Heinrich/Westermann, Carolin
Nachträgliche Hohlraumdämmung von zweischaligem Mauerwerk unter Berücksichtigung des Schlagregenschutzes

15/89
Pruß, Rainer
Immerwährende Bauruinen? Desaster Großprojekte

15/101
Kehl, Daniel
Simulierte Wirklichkeit oder abgehobene Theorie? Aussagewert hygrothermischer Simulationen

15/109
Holm, Andreas
Entwicklung neuer Dämmstoffe – zukunftsweisende Innovation oder Sackgasse?

15/114
Zöller, Matthias
1. Beitrag: Einleitung

15/119
Herzberg, Heinz-Christian
2. Beitrag: Flachdachabdichtung DIN 18531, Ausgabe 2015/2016 – Was wird sich ändern?

15/123
Honsinger, Detlef J.
3. Beitrag: Abdichtung von erdberührten Bauteilen, DIN 18533

15/131
Klingelhöfer, Gerhard
4. Beitrag: Nassraumabdichtung, DIN 18534

15/139
Volland, Johannes
Bodenlose Probleme: Zur Schimmelpilz- und Tauwassergefahr bodentiefer Fensteranlagen

15/147
Dupp, Alexander
Schäden an Fenstern, Türen, Rollläden, Beschlägen: Montage und Einbruchhemmung

16/1
Liebert, Géraldine
Wichtige Neuerungen in bautechnischen Regelwerken – ein Überblick

16/21
Oswald, Martin
Auswirkungen der EnEV 2016 – Sind die Grenzen des sinnvoll Machbaren erreicht?

16/31
Sommer, Mario
Nassraumabdichtung (AIV): Probleme mit neuen Materialien und Ausführungsdetails

16/41
Stürmer, Sylvia
Loch im Putz = alles neu? Instandsetzung von kleinflächigen Beschädigungen in Putzen

16/50
Mohrmann, Martin
Flachgeneigte Holzdächer nach aktuellen Normen – welche Bauweisen erfüllen die a. R. d. T.?

16/61
Warkus, Jürgen
Korrosionsschutz in Tiefgaragen: Stand der anerkannten Regeln der Technik

16/71
Warscheid, Thomas
Schimmelpilzbewuchs – gilt noch das 80 % r. F. Kriterium?

16/79
Eckrich, Wolfgang
Streit um Schimmelpilzinstandsetzung: Desinfektion oder Rückbau?

16/86
Pohlenz, Rainer
Welche Schallschutzanforderungen sind a. a. R. d. T.? Beispiel Balkone: welcher Maßstab gilt?

16/94
Zöller, Matthias
Das aktuelle Thema: „Anerkannte Regeln der Technik" an der Schnittstelle zwischen Recht und Technik
1. Beitrag: Einleitung

16/99
Seibel, Mark
2. Beitrag: Inhalt und Konkretisierung in der Praxis (status quo)

16/105
Halstenberg, Michael
3. Beitrag: Grenz- und Problemfälle

16/116
Zöller, Matthias
4. Beitrag: Der Übergang neuer Bauweisen zu anerkannten Regeln der Bautechnik – ein Bewertungsproblem für Sachverständige

16/135
Herold, Christian
5. Beitrag: Entwicklung von DIN-Normen zur Einführung als a. R. d. T. und ihre Anwendung

16/144
Moriske, Heinz-J.
Nach der Neubewertung von Formaldehyd – Auswirkung für die Schadensbeurteilung

16/149
Vogel, Klaus/Sous, Silke
Bedeutung kleiner Leckagen in Luftdichtheitsschichten – Ergebnisse aus der Bauforschung

16/161
Neubrand, Harold
Unerkannte Schadstoffrisiken bei vorhandenen und neuen Baustoffen

17/1
Boldt, Antje
Quellenverwendung in privaten und gerichtlichen Gutachten

17/6
Liebert, Géraldine
Wichtige Neuerungen in bautechnischen Regelwerken – ein Überblick

17/23
Henseleit, Rainer
Flachdachabdichtung – Neuerungen DIN 18531

17/27
Anders, Christian
Neuerungen in der Flachdachrichtlinie

17/33
Kohls, Arno
Abdichtung von erdberührten Bauteilen – Neuerungen DIN 18533

17/41
Krajewski, Wolfgang
Wassereinwirkung auf der Unterseite von Bodenplatten in gering durchlässigem Baugrund

17/49
Bosseler, Bert/Brüggemann, Thomas
Sind Dränanlagen nach DIN 4095 noch zeitgemäß oder sogar schadensträchtig?

17/58
Klingelhöfer, Gerhard
Innenraumabdichtungen – Neuerungen DIN 18534

17/70
Herold, Christian
DIN 18532 – Abdichtung befahrbarer Verkehrsflächen aus Beton, Änderungen und Neuregelungen

17/90
Herold, Christian
DIN 18535 – Abdichtung von Behältern und Becken, Änderungen und Neuregelungen

17/96
Krause, Hans-Jürgen/Horstmann, Michael
WU-Konstruktionen mit außenliegendem Frischbetonverbundsystem

17/106
Raupach, Michael
Tiefgaragen: Sind Abdichtungen mit Schutzestrich zuverlässiger als Oberflächenschutzsysteme?

17/111
Zöller, Matthias
Das aktuelle Thema: Sind Regelwerke als Planungsinstrumente zur Beurteilung geeignet? Diskussion am Beispiel Beton
1. Beitrag: Einleitung

17/121
Ebeling, Karsten
2. Beitrag: Neuerungen in der WU-Richtlinie 2017

17/130
Warkus, Jürgen
3. Beitrag: Bewertung von Betonbauwerken – Wann gelten die Regelwerksanforderungen?

17/142
Günter, Martin
4. Beitrag: Bedeutung von Regelwerken bei der Instandsetzung von Fassaden aus Beton

17/154
Moriske, Heinz-Jörn
UBA-Schimmelleitfaden: Auswertung der Einsprüche aus dem öffentlichen Diskussionsverfahren

17/160
Resch, Michael K.
Leckortung an Flachdachabdichtungen

17/166
Van Treeck, Christoph/Fischer, Erik/ Zander, Joachim
BIM (Building Information Modeling) – Nutzen für Sachverständige

18/1
Liebert, Géraldine
Wichtige Neuerungen in bautechnischen Regelwerken – ein Überblick

18/20
Köpcke, Ulf
Hinzunehmende Unregelmäßigkeiten und Hinnehmbarkeit aus juristischer Sicht; Kostenangaben in Gerichtsgutachten

18/41
Zöller, Matthias
Bagatellen – Minderung – Nacherfüllung: subjektive Werteigenschaften; Ausstrahlungsfaktoren; Minderung bei Unausführ-barkeit, Unzumutbarkeit oder Unverhältnismäßigkeit

18/59
Ertl, Ralf
Maßtoleranzen: Sind Passungen als Bewertungsgrundlage optischer Eigenschaften geeignet?

18/70
Spilker, Ralf
Feuchte in Dämmstoffen – Bericht aus der Forschung

18/85
Held, Ludwig
Fehlerfrei und doch mangelhaft – Hinzunehmende Unregelmäßigkeiten, hinnehmbarer oder zu beseitigender Mangel bei Dachabdichtungen

18/97
Mohrmann, Martin
Oberflächen von Holz: Risse, Äste, Verfärbungen und Bearbeitungsspuren

18/106
Krug, Reiner
Beläge aus Naturstein, Fliesen, Pflaster: Neue Fertigungstechniken und gesteigerte Verbrauchererwartung

18/114
Keskari-Angersbach, Jutta
Putz, Beschichtungen: Unebenheiten; Bedeutung von Lücken der Fugenfüllung; Flecken; Hohllagen; Ausblühungen; Abplatzungen; Risse

18/119
Ruhnau, Ralf
Stahlbetonfertigteile: nach Herstellung, Transport und Montage makellos?

18/127
Zöller, Matthias
Sichtbeton: Zeitliche Veränderungen des Aussehens; Umsetzbarkeit optischer Zielvorstellungen

18/133
Zöller, Matthias
Das aktuelle Thema: Der merkantile Minderwert: technische und rechtliche Widersprüche
1. Beitrag: Einleitung

18/142
Ulrich, Jürgen
2. Beitrag: Der „merkantile Minderwert" bei deutschen Immobilien: Standard oder Axiom, gar Chimäre, bloß ein Irrtum?

18/161
Thees, Erik
3. Beitrag: Zur Versachlichung der Ermittlung der Höhe eines (bautechnisch irrationalen) merkantilen Minderwertes

18/173
Schmidbauer, Willi
4. Beitrag: Merkantiler Minderwert: (K)ein Thema für die Immobilienbewertung

18/192
Oswald, Martin
Minderung bei Erhalt oder Austausch? Betrachtungen unter Nachhaltigkeitsaspekten

18/203
Zöller, Matthias
Fluch und Segen von Qualitätsklassen in Regelwerken; Variantenbildung

18/210
Sous, Silke
Warscheid, Thomas
Schimmelpilz im Bauteil: Abschottungen von Innenräumen – Ergebnisse aus der Bauforschung

19/1
Liebert, Géraldine
Wichtige Neuerungen in bautechnischen Regelwerken – ein Überblick

19/27
Cosler, Markus
Schuldrechtsreform 2018: Haftungserleichterung oder aktionistische Augenwischerei?

19/35
Zöller, Matthias
Änderungen in den Abdichtungsnormen – schon wieder und warum?

19/65
Jann, Oliver
Schadstoffe im Innenbereich – Fachhandel-, Baumarkt-, Bioprodukte: Nicht deklarierte Emissionen versus Verwendbarkeit – eine Qual der Wahl!

19/75
Ziegler, Thomas
Harmonisierte Bauprodukte – besser als ihr Ruf?! Lücken zwischen Handelbarkeit, Verwendbarkeit und Brauchbarkeit

19/89
Hemme, Bettina
CE, Ü, hEN, EAD, ETA, aBG, abZ, abP – Was ist das? Unterschiede? Schließung der Lücken durch die MVV TB

19/109
Kempen, Thomas
CE, Ü, hEN, EAD, ETA, aBG, abZ, vBG – Lösungsansätze im Dschungel der Regelungen

19/115
Scheller, Eckehard
Mauersteine, Mauersteinbausätze: Mauern oder Montieren, Kleben und Verankern – Praxisbewährung neuer Verarbeitungstechniken

19/125
Klingelhöfer, Gerhard
Europäische und nationale Regeln für Abdichtungen – Widersprüche und Lösungen

19/143
Raupach, Michael
Produkte für die Betoninstandsetzung – aktueller Diskussionsstand zur Instandhaltungs-Richtlinie des DAfStb

19/157
Zöller, Matthias
Pro + Kontra – Das aktuelle Thema: Schimmel in Bauteilen

19/169
Teibinger, Martin
Kehl, Daniel
Mohrmann, Martin
Pro + Kontra – Das aktuelle Thema: Schimmel in Bauteilen

19/185
Richardson, Nicole
Pro + Kontra – Das aktuelle Thema: Schimmel in Bauteilen

19/195
Warscheid, Thomas
Pro + Kontra – Das aktuelle Thema: Schimmel in Bauteilen

19/213
Mantscheff, RAin Heide
Pro + Kontra – Das aktuelle Thema: Schimmel in Bauteilen

19/219
Moriske, Heinz-Jörn
Asbest: alte und neue Risiken – wie nicht gefährdende Gesundheitssituationen zum Problemfall warden

19/227
Fath, Friedrich
Wärmeleitfähigkeiten von Perimeterdämmung – Fallstricke bei Prospektangaben!

19/237
Sommer, Mario
Grenzen und Möglichkeiten der Machbarkeit am Beispiel großformatiger Fliesen

19/249
Hartmann, Thomas
Stand der Normung zum Schutz vor Radon

Stichwortverzeichnis

(die fettgedruckte Ziffer kennzeichnet das Jahr; die zweite Ziffer die erste Seite des Aufsatzes)

Abdichtung **11**/95; **11**/99; **11**/108; **11**/112
Abdichtung, Anforderungen **11**/91
- Neugliederung **11**/91
- Gefahren **11**/91
- Nutzen **11**/91
- Anwendungsbereiche **11**/91
Abdichtung, Anschluss **11**/120
- mehrlagig, einlagig **09**/84
- Nassraum **10**/70
- Theorie und Praxis **09**/84
Abdichtungsbauarten **17**/90
Abdichtung, befahrbarer Flächen **14**/66; **17**/90
Abdichtung, Nassraum **16**/31; **17**/58
Anwendungskategorie **17**/23; **17**/27
Abdichtungsnorm **15**/114; **19**/35; **19**/125
Abdichtungssystem **11**/21
Abdichtungsverfahren **09**/69
Abnahme **18**/20
Abschottung **18**/210
Abstandhalter **14**/84
Abweichung **09**/172; **19**/109
Adjudikation **10**/1
Aerogele **15**/109
Aerosoldesinfektion **16**/79
Algen; siehe auch → Mikroorganismen **13**/115; **16**/116
allgemeine Bekanntheit **09**/01
Altlasten in Gebäuden **16**/161

Aluminium-Fenster **15**/51
Ameisen **12**/63
Änderungsklausel **09**/148
anerkannte Regeln der Technik,
a. R. d. T. **09**/35; **11**/75; **16**/94; **16**/99; **16**/105; **16**/116; **16**/135
Anforderungsklasse **14**/133
Ankerwertverfahren **13**/8
Anspruch, nachbarrechtlicher **19**/213
Anstriche
- wärmedämmend **15**/109
Anwendungskategorie **11**/155; **14**/59
Anwendungsnorm **19**/89
Architekt, Leistungsbild
- Haftung **10**/7
Architektenvertrag **13**/1
Asbest **16**/144; **19**/219
Asbestbewertungsbogen **19**/185
Asbestdialog **19**/219
Asbestleitlinie **19**/219
Aufdachdämmung **16**/50
Aufklärungspflicht **12**/1
Ausblühungen **18**/114
siehe auch → Salze
Ausführungsempfehlungen niveaugleiche Türschwellen **11**/120
Ausgleichsschicht **11**/155
Außentreppen **15**/20

Bauaufsichtliche Regelung **11**/99
Bauaufsichtliches Prüfzeugnis **11**/170

- Baubeschreibung **09**/193
- Detailliertheitsgrad **09**/133; **09**/136; **09**/142; **09**/148

Baubestimmung, technische **16**/105; **19**/89

Baugruben **09**/95

Baugrund; siehe auch → Setzung; Gründung; Erdberührte Bauteile **12**/71; **15**/20

Baugrunduntersuchung **13**/25

Baumangel **15**/1

Bauordnung **11**/50; **11**/99; **19**/109

Bauprodukte **16**/105; **19**/65; **19**/75; **19**/109

Bauprozess **10**/1

Bauradar **13**/73

Baurecht **11**/1; **11**/41; **11**/50

Bausachverständiger **09**/133; **09**/159

Bauschnittholz **18**/97

Baustellenrezeptmörtel **16**/1

Bautagebuch
- Bautechnik **11**/67

Bauteile, erdberührt **15**/123

Bauteilöffnungen **09**/159; **09**/198; **10**/50; **13**/16; **13**/25

Bauteilschutz **14**/66; **17**/70

Bautenschutz **09**/51

Bauträger **09**/136

Bauträgerverordnung **09**/136

Bauvertrag **10**/7; **14**/1; **19**/213

Bauvertragsrecht **16**/105

Bauwerksabdichtung **11**/95; **11**/99; **11**/108; **11**/112; **12**/126; **15**/123

Bauwerksschutz **17**/70

Beanspruchungsklasse **14**/76; **17**/121; **17**/96

Beanspruchungsstufen, -klassen **14**/59

Becken **17**/90

Bedenkenhinweispflicht; siehe auch → Hinweispflicht **12**/1

Befangenheit **13**/16

Begrünungsverfahren **11**/84

Behaglichkeit, thermische **09**/51

Behälter **17**/90

Beibringungsgrundsatz **09**/10

Belastung, mikrobielle **19**/195

Belüftung; siehe auch → Lüftung **09**/109

Belüftungsebene **09**/109

Beratungspflicht **12**/1; **13**/1

Beschaffenheitsvereinbarung **11**/1; **14**/10; **16**/116; **09**/10; **18**/41

Beschichtungen **18**/114

Beschläge, Montagerichtlinien **15**/147

Bestandsaufnahme **13**/87

Beton **14**/84; **19**/143

Betonbauteil, befahrbar **14**/66

Betonfertigteile **18**/119

Betonkosmetik **18**/119

Betonoberfläche, Beschädigung Parkhaus **16**/61

Betonpflasterdecke **12**/144

Beurteilungskriterien **13**/25

Bewehrung, Korrosion **16**/61

Beweisbeschluss **09**/10

Beweislast **19**/27

Bewertung; siehe auch → Mangelbewertung **17**/111

Biozide **13**/115; **17**/154

Bildreferenzkatalog NRW **12**/137

Blockheizkraftwerk-Entscheidung **11**/1

BlowerDoor **13**/51

Bodenfrost **12**/71

Bodenmechanik **12**/71

Bodenplatte **14**/84; **17**/41
- Abdichtung **12**/30

Bodenplatte (nicht unterkellert) **12**/17

Boxprinzip **19/1**
Brandklassen, europäische **09/58**
Brandprüfung **13/108**
Brandriegel **13/108**
Brandschutz **11/50**; **13/101**; **13/105**;
13/108
– konstruktiv **11/161**
Brandverhalten von Dämmstoffen
13/108
Building Information Modeling (BIM)
17/166

Calciumsilicat; siehe auch →
Kalziumsilikat Calciumsilicatplatte
10/62
Calciumsulfat-Estrich; siehe → Kalzi-
umsulfatextrich
CE-Kennzeichnung **19/75**; **19/89**;
19/109
Chloridgefährdung **16/61**
Chloridgehalt **16/61**
Chloridkontamination **17/130**
CM-Messgerät **13/64**

Dach; siehe auch → Flachdach,
geneigtes Dach, Steildach **11/155**;
15/20
– Brandschutz **11/50**
– flachgeneigt **16/50**
– geneigt **10/19**
– genutztes; siehe auch → Dach-
terrassen, Parkdecks
– genutztes **11/108**
– genutzt, nicht genutzt **15/119**
– leichtes; siehe auch → Leichtes
Dach

– nicht genutztes **11/108**
– Wärmeschutz **11/41**
Dachabdichtung **11/99**; **11/108**;
11/155; **11/161**
– Aussehen **18/85**
– Fügebreiten **18/85**
– Nahtbreite **18/85**
– Stoffdicken **18/85**
Dachdurchbrüche
– Dachentwässerung **11/32**
Dachgeschossdecke **13/87**
Dachkonstruktion **09/109**; **09/188**;
11/50; **11/59**
Dachschalung, Schimmelpilzbildung
18/210
Dachstuhl **13/87**
Dachterrasse **10/132**
Dämmplatten; siehe auch → Wärme-
dämmung
– Hinterströmung **10/35**; **10/50**
Dämmschürze **12/81**
Dämmstoffe
– Feuchtegehalte **18/70**
– EPS **18/70**
– kapillaraktiv **10/35**
– neue, Leistungsfähigkeit **09/58**
– Mineralwolle **18/70**
– Schaumglas **18/70**
– Wärmeleitfähigkeit **18/70**
Dämmstoffdicke **16/21**
Dämmstoffnormen
– europäische **09/58**
Dampfsperre **09/119**; **10/35**
Darrmethode **13/56**; **13/64**
Dauerhaftigkeit **14/37**
Dauerstreitpunkte **09/01**
DEGA (Deutsche Gesellschaft für
Akustik) **16/86**

Desinfektion 12/112; 16/79
- Dichtheitsprüfung 09/119
- Grundleitungen 12/137
Dichtungsschlämme 09/69
- mineralische (MDS) 10/19
Diffusionstechnische Eigenschaften 10/50
DIN 18065 10/139
DIN 18195 11/95; 11/108; 11/112; 19/35
DIN 18195; 18531; 18532; 18533; 18534; 18535 11/91; 11/99; 15/123; 17/70; 17/33; 17/58; 17/90
DIN 18202 18/59; 19/1
DIN 18531 12/126; 17/23; 19/35
DIN 18533 19/35
DIN 18534 19/35
DIN 276 19/1
DIN 4095 17/49; 19/35
DIN 4108; siehe auch → Wärmeschutz 12/126; 19/1
DIN 4108-10 09/58; 17/6
DIN 4108 Bbl. 2 18/1
DIN 4109 09/35; 16/86; 17/6; 18/1
DIN 4122 11/95
DIN 68800 12/126
DIN EN 13967 19/125
DIN EN 14909 19/125
DIN EN 15814 19/125
DIN-Fachbericht 4108-8 11/132; 11/146; 11/172; 12/104; 13/142
DIN-Normen; siehe auch → Norm 09/35; 16/1; 16/99; 16/105; 16/116
- Entstehung 16/135
DIN-Gläubigkeit 16/99
DIN-Norm 17/1; 17/111

DIN V 18599 12/126
Dola-Dach 11/67
Dränung 17/49; 19/35
Drei-Säulen-Modell 18/192
Dübelsystem 19/115
Dünnbettkleber 19/237
Dünnbettmörtel 19/115
Dünnbettmauerwerk 10/93
Dünnlagenputz 10/83
- Armierung 10/83
Duo-Dach 11/67
Durchgangshöhe/-breite 10/139
Durchwurzelung 11/84

Ebenheitsabweichung 18/106
Effizienz 13/135
Einbruchhemmung 14/145; 15/147
Einschaliges Flachdach 11/67
EN-Code, Bedeutung 09/58
Energetische Beurteilung 13/33
Energetische Gebäudequalität 14/49
Energetische Mindestqualität 13/8
Energieausweis 13/8
Energieeinsparung 13/135; 14/49
Energieeinsparverordnung; siehe auch → EnEV 11/41; 13/8; 13/51
Energieverbrauch
- Nachweisverfahren 14/49
EnEV 11/161; 16/21
EnEV 2016; Änderungen, Grenzen 16/21
Entkernung 13/87
Entkopplungsbahn 10/70
Entwässerungseinrichtung 12/23
Entwässerungsrinne 12/144
EPBD 13/135
EPS 13/108; 13/121

EPS-Dämmstoffplatten **12/92**
EPS mit Infrarot aktiven Zusätzen
09/58
Erdberührte Bauteile; siehe auch →
  Gründung; Setzung **15/20**; **15/123**;
  17/33; **17/41**; **17/49**
Erddruckverteilung **09/95**
Estrich **10/28**; **15/20**
– Trocknung **10/28**
Estrichprüfung **13/25**
ETAG 005 **19/125**
ETAG 022 **19/125**
Euratom **19/125**; **19/249**
Eurocode **16/105**; **19/89**; **19/125**
Extensivbegrünung **11/166**; **11/84**

Fachwerkkonstruktion **12/50**
Fälligkeit **18/133**
Fassade
– hinterlüftet **15/101**
– hinterwässert, Wasserführung
  15/64
Fassade, Beton **17/142**
Fassadensanierung **15/51**
Fehlerbegriff
– subjektiv **09/148**; **18/20**
– werkvertraglich **18/20**
Fehlertolerante Konstruktion **09/119**
Fenster **14/145**; **15/51**; **15/139**
Fensteranschluss; siehe auch →
  Fugendichtung, Fenster-, Tür-
  leibung **10/50**
Fertigbauteil **19/115**
Fertigstellungspflege **11/84**; **11/166**
Feuchtemessung **13/25**
Feuchtemessverfahren **10/28**
Feuchtequellen **11/132**
Feuchteschäden **14/127**

Feuchteschutzprinzipien **10/132**
Feuchteschutz, klimabedingter **15/20**
Feuchtetransport; siehe auch →
  Wassertransport **09/69**; **09/119**;
  15/101
Feuchtigkeitsmessung **13/56**; **13/64**
Flachdach; siehe auch → Dach **10/19**;
  11/91; **11/95**; **11/99**; **11/108**;
  11/161; **18/70**; **19/35**
– Abdichtung **15/119**
– genutzt **11/155**
– Geschichte **11/67**
– Instandsetzung **11/41**
– Schadensrisiko **11/59**
– Zuverlässigkeit **11/21**; **14/59**
Flachdach, Belüftung **19/169**
Flachdachabdichtung **11/59**; **15/119**;
  17/23
Flachdachrichtlinien **12/126**; **17/27**;
  19/35
Flachgründung **12/71**
Flächenbefestigung **12/144**
Flächen, direkt/indirekt beanspruchte
  10/70
Flammschutzmittel **13/108**; **13/121**
Fliesen **18/106**
– Großformatverlegung **19/237**
– Verfugung **19/237**
– Verlegung **19/237**
Fließestrich **10/28**
FLL-Regelwerk **12/126**
Flüssigabdichtung **09/84**; **11/67**;
  11/166; **17/111**
Flüssigkunststoff (FLK) **10/19**; **17/70**
Formänderung des Untergrundes
– Mauerwerk **10/93**; **10/103**
Formaldehyd **16/144**
Formaldehydquellen **16/144**
Freifläche **12/23**

Frischbetonverbundbahn siehe auch →
  Frischbetonverbundsystem
Frischbetonverbundsystem **17/96**
Frostschürze **12/71**
Fuge; siehe auch → Dehnfuge
  – Fugenabdichtung **14/84**
Fugenausbildung, -abdichtung **11/75**
Funktionstauglichkeit **09/179**
Fußboden **14/127**
Fußpunktabdichtung **12/30**

Garten- und Landschaftsbau **12/23**
Gebäudeschadstoffe **16/161**
Gebäudetechnische Anlagen **13/135**
Gebäudezertifizierung **10/12**
Gebrauchstauglichkeit **16/116**
Gefälle **09/84**; **11/21**; **14/59**; **17/27**;
  17/111; **18/85**
Gelände, Gefällegebung **12/17**
Geländeausbildung **12/23**
Gerichtsgutachten **09/198**
Geruchsbelästigung **19/185**
Großkeramik **19/237**
Gewährleistung **10/7**
Gitterrostrinne **11/172**
Glasfassade **15/51**
Glasfassadenurteil **11/1**
Glaser-Verfahren **16/50**
Graue Energie **13/128**
Großprojekt **15/89**
Grundleitungen **12/137**
Grundstücksentwässerungsanlagen
  12/137
Grundwasser; siehe auch → Druck-
  wasser **09/95**
Gründung **12/71**
Gründungsplatten **12/92**
Gutachten

– privates **11/155**
Gutachtenpraxis **11/155**

Haftung
  – des Sachverständigen; siehe
    auch → Bausachverständiger,
    Haftung **13/16**
Haftungsausschluss **12/1**
Hagelschlag **11/32**
Handelbarkeit **19/75**
Handläufe **10/139**
Handwerkliche Holztreppen **10/139**
Hausanschlussleitungen **12/137**
Heißdesinfektion **16/79**
Heizkasten, kalibriert **13/43**
Heizungsempfehlungen **11/132**
Hinnehmbarkeit **18/20**; **18/41**; **18/85**
Hinterlüftete Fassade **15/101**
Hinterlüftung, Flachdach **19/169**
Hinterströmung **10/35**
Hinweispflicht siehe auch → Prü-
  fungs- und Hinweispflicht
Hochspannungsverfahren **17/160**
Höhenabweichungen **10/139**
Hohllagen **18/114**
Hohlraumdämmung, nachträglich
  15/80
Holz
  – Oberflächenbeschaffenheit **18/97**
  – Unregelmäßigkeiten **18/97**
Holzbalkendecke, Trocknung
  – Diffusion **12/50**
  – Sockel **12/50**
Holzdächer **09/188**
  – flach geneigt **16/50**
Holzfeuchte **19/169**
Holzleichtbau **14/37**; **14/39**
Holzschutz **10/19**

Holzschutznorm **12**/50
Holzwerkstoffe **16**/144
Hygiene-Fachbegleiter **10**/12
Hygrometrische Messverfahren **13**/64
Hygroskopische Feuchte **13**/64
Hygrothermische Simulation **15**/101

Immobilienbewertung **15**/1
Innenbauteile, Zwangseinwirkungen **10**/100
Innendämmung **09**/119; **09**/183; **10**/35; **10**/50; **10**/62; **15**/101
Innenputz **16**/1
Innenraumluft **19**/65; **19**/195
Instandhaltung **17**/23
Instandhaltungs-Richtlinie **19**/143
Instandsetzung **17**/142
Ist-Beschaffenheit **14**/10

Käfer 12/63
Kaltdesinfektion **16**/79
Kandidatenliste **16**/161
Kaufvertragsrecht **19**/27
Keilplatte **10**/62
Keller, Nutzung **14**/100; **14**/107; **14**/114; **14**/121; **14**/127; **14**/133
Kellerlüftung **16**/1
Kerndämmung **15**/80
KfW-Kriterien **10**/12
Kimmstein **12**/81
Klassifizierung **14**/84
KMB **09**/69
KMB-Richtlinie **12**/126
Kombinationsabdichtung **09**/69; **10**/19
Konstruktionsvollholz **18**/97
Kontrollrecht **09**/10
Konvektion **10**/35

Korrosion, Leitungen
– Korrosionsschutz **15**/64
Korrosionsschutz **16**/61; **17**/142
Kosten **19**/1
Kostenschätzung **18**/20
Kritischer Wassergehalt **13**/64
Kunststoff-Fenster **15**/51
Kunststoffmodifizierte Bitumen-dickbeschichtungen, PMBC **17**/33

Label **19**/65
Lastabtragende Wärmedämmschichten **12**/92
Lebenszyklus **17**/166
Lebenszykluskosten **13**/128; **18**/161
Leckagesimmulation **16**/149
Leckortungsverfahren **17**/160
Leichte Trennwände **10**/100
Leistungsbestimmungsrecht **09**/148
Leistungserklärung **19**/75
Leopoma **17**/160
Luftdichtheit **09**/109; **09**/119; **10**/19; **10**/50; **14**/49; **16**/149
Leckagebewertung **16**/149
Luftdichtheitsmessung **13**/51
Lufthygiene **10**/12
Luftkeimmessung **18**/210
Luftschallschutz **09**/35, siehe auch → Schallschutz
Luftundichtheit, Kosten **09**/119
Luftundichtigkeit, Kosten **09**/119
Lüftung; siehe auch → Belüftung; Wohnungs-lüftung
– Keller **14**/121
Lüftungsempfehlungen **11**/132
Lüftungskonzept **13**/145
Lüftungsplanung **13**/145
Lüftungssystem **13**/142; **13**/145

Mangel **19**/27
Mängelvorbehalt **18**/20
Mangel **09**/172; **10**/7; **12**/1; **14**/10; **16**/116; **16**/135; **18**/85
– Umgang **18**/133
– verborgener **15**/1
Mangelanspruch **14**/107
Mangelbeseitigung **18**/203
Mangelbewertung **09**/01
Mangelfolgekosten **09**/198
Mangelfolgeschäden **18**/142
Mangelhaftung **11**/1
Massivhaus **14**/37; **14**/39
Maßtoleranzen **18**/59
Mauersteinbausatz **19**/115
Mauerwerk **19**/115
– Ebenheit **10**/83
– großformatig **10**/93; **10**/103
– zweischalig **15**/80
Mäuse **12**/63
„Mediation"; siehe → Schlichtung **10**/1
Messgeräte **13**/43
Messmethoden **11**/132; **13**/33; **13**/43; **13**/51; **13**/56; **13**/64; **13**/73
Metallleichtbau **15**/64
Mietrecht **14**/107
Mikrobieller Aufwuchs **13**/115
Mikrowellenmessgerät **13**/56
Minderungsrecht **18**/20
Minderwert **18**/41
– Ermittlung **18**/161
– merkantil **18**/133; **18**/142; **18**/161; **18**/173
– technisch, merkantil **15**/1
Mindeststandard **16**/99
Mindesttrockenschichtdicke **16**/31
Mindestwärmeschutz **10**/50; **11**/132; **11**/146; **11**/172

Mineralwolle **13**/121; **15**/109
Mini-Heizplatte **13**/43
Mitwirkungsrecht **09**/10
Modernisierung **11**/161; **13**/8
Monitoring **13**/25
Musterbaubeschreibung **09**/133; **09**/142
MVV TB **19**/89; **19**/109; **19**/125; **19**/143

Nachbesserung **09**/10; **10**/7
Nacherfüllung **11**/1; **11**/41; **15**/1; **19**/27
Nacherfüllungsarbeiten **11**/161
Nachhaltigkeit **14**/39; **15**/40; **17**/166; **18**/192
Nachhaltigkeitsstrategie **14**/37; **14**/39
Nassraum **10**/19
– Abdichtung **09**/84; **10**/70; **14**/76; **15**/131; **16**/31; **17**/58
Naturstein
– Ebenheit **18**/106
– Oberflächenbearbeitung **18**/106
Nebenpflicht **12**/1
Nebenraum **14**/100; **14**/107; **14**/114; **14**/121; **14**/127; **14**/133
Netzwerk Schimmel **12**/107; **12**/112
Neue Regelwerke **18**/1
Niveauausgleich **11**/120
Norm, siehe auch → DIN-Normen, **19**/1
– harmonisierte technische **19**/75
– Prüfkriterien **11**/170
Normenarbeitsausschuss **11**/170
Normen, Normung **11**/50; **11**/95; **11**/91; **11**/99; **11**/108; **11**/112; **15**/20; **15**/114; **15**/119; **16**/135
Normung **19**/125

Normungsarbeit **16**/135
Nutzenergie **13**/135
Notentwässerung **11**/32
Nutzungsklassen **09**/69; **11**/166; **17**/121; **17**/154; **17**/70
Nutzwertanalyse **18**/161

Oberflächenentwässerung **12**/144
Oberflächenschutzsysteme **17**/70; **17**/106; **19**/143
Oberflächentemperatur **11**/132
Oberflächenversickerung **12**/17
Oberflächenwasser **12**/17
Ökologie **09**/51
Ökologischer Rucksack **18**/192
Ökonomie **09**/51
Optische Eigenschaften **18**/59
Ordinalskala **18**/161
Organisationsverschulden **10**/7
Ortschaumdach **11**/67
Öffnungsarbeit **13**/16

Pads **19**/115
Parkdeck **11**/99; **11**/112; **14**/66
Parkdeck **16**/61
Perimeterdämmung **19**/227
Periodenbilanzverfahren **19**/1
Pflaster **18**/106
Pflasterbelag **12**/144
Pfützenbildung **18**/85
Phenolharz-Hartschaum **09**/58
Photovoltaikanlagen **11**/59; **11**/161
Pilz
 – holzverfärbender **19**/169
 – holzzerstörender **19**/169
Planer **13**/1
Planelement **19**/115

Polyurethan-Hartschaum **09**/58
Polystyrol **15**/109
Polystyrol-Dämmstoffplatten **12**/92
Polystyrolpartikelschaum **13**/101; **13**/108
Polyurethan **15**/109
Potentialdifferenz-Verfahren **17**/160
Primärenergiebedarf **13**/135
Primärenergiebilanz **09**/183
Primärenergieeffizienz **14**/37
Primärenergiegehalte **13**/128
Privatgutachter **09**/10
Privatwirtschaft **15**/89
Produktnorm **19**/65
Projektsteuerung **15**/89
Prüfungs- und Hinweispflicht **11**/1; **12**/1
Putz; siehe auch → Außenputz **18**/114
 – Putz **12**/35; **15**/20; **16**/1; **16**/41
Putz, historisch **16**/41
Putzinstandsetzung **16**/41

Qualität am Bau **14**/1; **14**/10
Qualitätsanforderungen **14**/1
Qualitätsklasse **09**/84; **14**/84; **14**/140; **18**/203; **19**/35
 – Fenster **14**/145
Qualitätskontrolle **09**/193
Qualitätsmerkmale **14**/1
Qualitätssicherung **17**/166
Qualitätsstufe **14**/66
Qualitätsvereinbarung **18**/119
QualiThermo **13**/33
Quellenverwendung **17**/1
Querschnittsabdichtung; siehe auch → Horizontalabdichtung; Abdichtung, Erdberührte Bauteile **12**/30

Radaruntersuchung 13/73
Radon 14/121; 19/249
Radonbrunnen 19/249
Radonexposition 19/249
Radonschutz, Lüftung 19/249
Ratten 12/63
Rauchgasverfahren 17/160
Raumklassenkonzept 15/37
Raumklima 11/132; 11/146
Raumluftfeuchte 11/146
Raumluftqualität 16/144
Raumlüftung; siehe auch →
    Wohnungslüftung
Raumnutzungsklassen 15/123
REACH-Verordnung 16/161
Rechtsfragen für Sachverständige
    16/116
– Aufgabenverteilung 09/10
Recycling 13/121
Referenz-Wohngebäude 16/21
Regelwerke 15/20; 17/111; 17/130
Regelwerke, Aussagewert 09/01;
    18/203
Regelwerke, europäisch 09/35
Regelwerke, nationale 09/35
Regelwerke, neue 12/126; 16/1; 17/6;
    19/1
Regendichtheit, Lagerhalle 09/10
Regensicher 09/179
Ressourcenverbrauch 18/192
Restlebensdauer 13/128
Restnutzungsdauer 13/128
Riss 11/75
– Berurteilungsprobleme 10/83
– Innenbauteile 10/83; 10/89;
    10/93; 10/100; 10/103
– Mauerwerk 10/89; 10/93; 10/100
– Weite, Änderungen 11/166
– Zulässigkeit 10/89; 10/103

Rissklassen 15/123; 17/90
Rissneigung
– Reduzierung 10/103
– von Baukonstruktionen 10/103
Risssicherheit 10/100
– Wirtschaftlichkeit 10/103
Rissüberbrückung 10/83
– Leistungsfähigkeit 10/83
Roboter im Mauerwerksbau 19/115
Rügepflicht 19/27

Sachkundenachweis 12/117
Sachverständigenhaftung 10/7; 11/1
Sachverständigenpflichten 11/1
Sachverständigentätigkeit 16/1;
    18/192; 18/203
Salzverteilung 13/73
Sanierung; siehe auch → Instand-
    setzung; Modernisierung 13/1
Sättigungsfeuchte 13/64
SBI 13/108
Schachttest 13/108
Schadensanfälligkeit von Bauweisen
– Schadensanfälligkeit, Flachdach
    11/59
Schadensersatz 18/20
Schadenserfahrung 09/01
Schadensvermeidung, -begrenzung
    11/21
Schadstoffemmision 19/65
Schadstoffimmission 10/12
Schadstoffrisiken 16/161
Schädlinge 12/63
Schallschutz 09/179; 14/27; 16/1
– -anforderungen 14/27; 16/86
– Balkone 16/86
– im Hochbau DIN 4109 09/35;
    16/86

- -klassen **14**/27
- Treppen **10**/119
- -stufen **14**/27

Schaumglasplatten **12**/92
Schaumglasschüttungen **12**/92
Schiedsgericht **10**/1
Schiedsgutachten **10**/1
Schimmelleitfaden **19**/195
Schimmelpilz **11**/146; **18**/210
- Bewertungsstufe **19**/185
- Eigenschaften **16**/71
- Estrich **19**/195
- Leitfaden **15**/37; **17**/154
- Sanierung **12**/104; **12**/107; **12**/112; **12**/117; **15**/37; **17**/6
- Raumluftbelastung **19**/157; **19**/185; **19**/195
- Rechtsfragen **19**/213
- Sanierung **16**/79
- Üblichkeit **19**/157
- Vermeidung **15**/40
- Wachstumsbedingungen, Beurteilung **11**/172

Schimmelpilzbildung; siehe auch →
Pilzbefall **11**/132; **11**/146; **13**/64; **13**/142; **13**/145; **14**/100; **14**/127; **15**/40; **15**/139
- Dächer **19**/157; **19**/169
- Dachüberstand **19**/157; **19**/169

Schimmelpilzleitfaden **19**/157; **19**/185
Schimmelpilzsanierungs-Leitfaden **12**/117
Schimmelpilz-Vermeidung **11**/146
Schimmelpilzwachstum **11**/132; **16**/71
Schimmelpilze, Wachstumsbedingungen **16**/71
Schlagregenbeanspruchungsgruppen **11**/120

Schlagregenschutz **10**/50; **15**/80
- Einfluss auf Innendämmung **10**/35

Schlichtung **10**/1
Schlitzwand **09**/95
Schnellestrich **10**/28
Schuldrechtsreform **19**/27
Schutzestrich **17**/106
Schutzlage **11**/84
Schweißbahn **11**/67
Schwelle **12**/17
Selbstheilung von Rissen **09**/69
Sichtbeton **16**/1; **17**/142
- Alterung **18**/127
- Farbwechsel **18**/119
- Fleckenbildung **18**/119
- Kunstwerkstein **18**/127
- Muster **18**/119
- Transportschäden **18**/119

Sichtbetonklasse **18**/127
Sichtmauerwerk; siehe auch → Verblendschale **10**/50
Sickerschicht; siehe auch → Dränung
Simulation
- hygrothermische **15**/101

Sockel **12**/81
Sockelabdichtung **12**/30
Sockelanschluss **12**/35
Sockelputz **12**/35
Sockelzone **12**/17; **12**/23
Solaranlagen **17**/23
Soll-Beschaffenheit **14**/10
Sommerlicher Wärmeschutz **14**/49
Sondermüll **13**/121
Sorption
- Isotherme **13**/64

Spritzschutzstreifen **12**/23
Stahlbeton; siehe auch → Beton

Stahlbetonbau **17**/130
Stahlbetonfertigteile **18**/119
Standsicherheit **13**/87; **17**/130
Steildach **11**/84
Steintreppen **10**/139
Strahlenschutzgesetz **19**/249
Sturmschaden **11**/32
Substrat **11**/84
Swingfog **16**/79
Symptom-Rechtsprechung **14**/10
Systemwandelement **19**/115

Tapete **10**/83
Tauwasser **15**/139
– Fenster **14**/145
Toleranzen **19**/1
thermische Konditionierung **13**/8
Thermoelemente **13**/43
Thermografie **13**/25; **13**/33
Thermografie im Bestand **18**/1
Tiefgarage **11**/170; **16**/61; **17**/106
Tiefgaragendecke **11**/166
Toleranzen **14**/10; **18**/20
Tracergas-Verfahren **17**/160
Tragfähigkeit **13**/87
Transmissionswärmeverlust; siehe auch → Wärmeverlust; Wärmeschutz **09**/183
Transparenzgebot **09**/148
Traufplatte **12**/23
Treppen **10**/139
– außen **10**/132
– Dränung **10**/132
– Gefällegebung **10**/132
– leicht **10**/119
– massiv **10**/119
– Regelwerke **10**/139
– schwimmend **10**/119

Treppengeländer **10**/139
Treppenkonstruktionen **10**/119
Teppenpodest, entkoppelte Auflager **10**/119
Treppensysteme, geregelt/ungeregelt **10**/139
Trittschallschutz **09**/35; **10**/119; **16**/86
Trocknungsschwinden, baupraktisches **10**/93
Türschwellen **11**/120

Ü-Zeichen, **19**/89
UBA **17**/154
Ultraschalluntersuchung **13**/73
Umkehrdach **11**/67; **19**/227
Umnutzung **13**/87; **14**/133
Unebenheiten **18**/114
Unregelmäßigkeit **18**/20; **18**/119
Untergrundvorbehandlung **11**/21
Unterläufigkeit **11**/21
Untersuchungsaufwand **13**/25
Unverhältnismäßigkeit **09**/172; **18**/41
Urheberrecht **17**/1
Ursachenanalyse **09**/01
U-Wert Messung **13**/43

Vakuum Isolations Paneele **15**/109
VDI 4100 **09**/35; **14**/27; **16**/86
Vegetationstragschicht **11**/84
Verantwortlichkeit
– Verblendschale; siehe auch → Sicht-mauerwerk **10**/19; **12**/30
Verbraucherberatung **09**/142
Verbundabdichtung **09**/84; **10**/70; **14**/76; **16**/31; **17**/58
Verbundestrich; siehe auch → Estrich
Verformung (Dach) **11**/75

Verglasung **15**/51
Verkehrsflächen **12**/144; **17**/90
Verklebung, Luftdichtheitsebene **09**/119
Verschmutzung, bauartbedingte **19**/195
verschuldensabhängige Anspruchsverhältnisse **16**/116
Vertragsauslegung **14**/1; **14**/10
Verwendbarkeit **19**/89
Verwendbarkeitsnachweis **19**/143

Wand **15**/20
Wandabdeckung **15**/64
Wandkonstruktionen **09**/109
Warmdachaufbau; siehe auch → Dach, einschalig, Flachdach
Warme Kante **15**/139
Wärmebrücke **15**/80
 – Bewertung **09**/51
 – erdberührte Bauteile **12**/81
Wärmedämmende Anstriche **15**/109
Wärmedämmung; siehe auch →
 Dämmstoff, Wärmeschutz **09**/51; **09**/58; **11**/161
Wärmedämmverbundsystem **13**/101; **13**/108; **13**/115; **13**/121; **14**/140; **15**/40; **17**/6
 – Brandschutz **16**/1
 – Recycling **13**/101
 – Reparierbarkeit **13**/101
 – Sockelausbildung **12**/35
 – Überdämmen **13**/105
 – Überputzen **13**/105
Wärmeleitfähigkeit, Perimeterdämmung **19**/227
Wärmeleitfähigkeit von Dämmstoffen **15**/109

Wärmeschutz **11**/21; **11**/120; **11**/146; **13**/43; **14**/49; **15**/20; **16**/1; **16**/21
 – Dach **11**/41
 – Innendämmung **10**/50
Wärmeschutzanforderungen **11**/161
Wärmeschutzberechnung **12**/81
Wärmeschutzstandard **11**/172
Wärmestrommesser HFM **13**/43
Wartung **11**/21
Wasserbeanspruchung **14**/84
 – Einstufung **11**/120
Wasserdampfdiffusion; siehe auch →
 Diffusion **12**/50
Wasserdurchlässigkeitsbeiwert **17**/41
Wassereinwirkungsklassen **15**/123; **15**/131; **16**/31; **17**/33; **17**/41; **17**/90; **19**/35
Wasserführung **12**/17
Wasserspeicherung
 – Außenwand **10**/35
Wasserspeier **12**/23
Wassertransport; siehe auch →
 Feuchte-transport
Wassertransport **10**/35
Wasserwirtschaft **17**/49
WDVS **18**/1
 – DIN 55699 **18**/1
 – dunkle Beschichtung **18**/1
Weiße Decke **11**/166
Weiße Wanne; siehe auch WU-Beton **11**/75; **14**/84; **17**/121
Weisungsrecht des Gerichtes **13**/16
Werkvertrag **10**/7; **13**/1; **16**/135; **19**/213
Werkvertragsrecht **16**/116
Wertbegriff **18**/173
Werteigenschaften, subjektiv **18**/41
Wertminderung; siehe auch →
 Minderwert **18**/142

Widerstandsklassen **15**/147
Winddichtheit **09**/109
Windsogsicherung **11**/32
Wirtschaftlichkeit **13**/8
Wohnhygiene **09**/51
Wohnungslüftung **11**/132; **11**/146; **11**/172
WU-Beton **10**/19; siehe auch →
 Beton, wasserundurchlässig; Sperrbeton; Weiße Wanne
WU-Beton **09**/183; **17**/111; **17**/96
WU-Beton, Leistungsgrenzen **09**/69
WU-Dach **11**/75
WUFI **09**/188
WU-Richtlinie **11**/78; **11**/166; **17**/96; **17**/121

Wurzeln **11**/166

XPS-Dämmstoffe **09**/58
XPS-Dämmstoffplatten **12**/92

Ziegelmauerwerk **10**/100
Zielbaummethode **18**/142
Zitatrecht **17**/1
zulässige Abweichungen **18**/106
Zuverlässigkeit **15**/131; **17**/27
zweischaliges Flachdach **11**/67
zweischaliges Mauerwerke **15**/80